国家重点研发计划项目（2016YFC0401305、2017YFC0506603）资助
国家自然科学基金项目（51679007、41530635）资助

区域水资源承载力及利用效率综合评价与调控

杨晓华　孙波扬　著

科学出版社
北京

内 容 简 介

本书对水资源承载力、水资源利用效率综合评价与调控进行了全面系统的梳理、模型构建、理论和应用研究。从水量、水质、水生态空间和水流更新等方面，构建了区域水资源承载力诊断评价指标体系，提出了水资源承载力诊断评价的多属性综合评价理论。从载荷均衡出发，构建了水资源承载力的人口-负荷-能力评价模型、水资源承载力模拟系统动力学预测与调控模型；建立了水资源利用效率评价复杂指标集和多层次熵权数据包络分析模型，结合投入产出平衡原理及水资源系统理论构建了区域水资源调控模型。并将所建立的理论和模型，应用于北京市、吉林省、河北省等地区，并为各地区水资源承载力与水资源利用效率的提升提出了对策建议。

本书可供从事水文水资源、环境科学与工程等有关领域的科技工作者和研究生参考。

审图号：GS(2021)932 号

图书在版编目(CIP)数据

区域水资源承载力及利用效率综合评价与调控/杨晓华，孙波扬著．—北京：科学出版社，2021.4

ISBN 978-7-03-068443-1

Ⅰ.①区… Ⅱ.①杨… ②孙… Ⅲ.①区域-水资源-承载力-研究-中国②区域-水资源利用-研究-中国 Ⅳ.①TV211②TV213.9

中国版本图书馆 CIP 数据核字（2021）第 050269 号

责任编辑：杨逢渤 / 责任校对：樊雅琼

责任印制：吴兆东 / 封面设计：无极书装

科学出版社 出版

北京东黄城根北街 16 号

邮政编码：100717

http://www.sciencep.com

北京建宏印刷有限公司 印刷

科学出版社发行 各地新华书店经销

*

2021 年 4 月第 一 版 开本：787×1092 1/16

2021 年 4 月第一次印刷 印张：17 1/2

字数：420 000

定价：198.00 元

（如有印装质量问题，我社负责调换）

前　言

作为影响可持续发展最主要的环境因素及人类生存和发展必不可少的资源，水资源开发利用不仅保障了生活用水需求，而且有力地促进了社会进步和经济发展。随着我国经济社会的不断发展和取、耗、排水量的不断增加，水资源总量、水环境容量和水生态空间等方面的约束日益显现，部分地区水资源开发利用程度已接近甚至超过了水资源承载能力，引发河流断流、河湖生态退化及地面沉降等一系列问题。这些由人类活动引起的一系列问题，将影响水资源系统自身的稳定性，从而引发水资源危机，制约各国国民经济持续、健康与协调发展。随着全球人口的大幅增加，经济社会发展对水资源需求的不断增长，水资源的供需矛盾突出，不同行业、地区用水空间不均程度不断增加。解决用水不均，保护地球不受水资源压力的影响，提高水资源承载力是当前国内外水资源研究的热点和难点问题。

本书结合水资源承载力载荷均衡原理、水资源利用效率分析与人工智能方法，对区域水资源承载力诊断评价与调控进行了全面梳理、模型构建、理论和应用研究。在理论方面，结合分数阶遗传算法优化熵权法和层次分析法，提出了 FOGA-EW-AHP 指标筛选方法，从“量-质-域-流”和“能力-负荷”构建了水资源承载力诊断评价指标体系。从载荷均衡原理出发，结合区域人口数量，构建了水资源承载指数模型和水资源承载力的人口-负荷-能力评价模型。根据水资源载荷系统的特点，建立了水资源承载力系统动力学预测与调控模型；构建了水资源利用效率和承载能力分析框架，建立了水资源利用效率评价复杂指标集和多层次熵权数据包络分析模型。在对水资源利用效率评价研究的基础上，结合投入产出平衡原理及水资源系统理论构建了区域水资源调控模型。在应用方面，将所建立的模型应用于中国典型省级行政区，给出了区域水资源承载力评价结果与调控措施。本书是在参考近年来国内外相关研究的基础上，对作者主持和参与的有关国家重点研发计划项目（2016YFC0401305、2017YFC0506603）、国家自然科学基金项目（51679007、41530635）科研工作的总结。

全书共分 6 章。

第 1 章，从概念、理论与方法等不同角度对水资源承载力诊断评价与水资源系统调控进行系统梳理，提出本书的主要研究内容。

第 2 章，重点介绍用于水资源承载力综合评价相关的数学模型，主要包括突变级数评价模型、多目标决策-理想区间模型、主成分分析评价模型、基于熵权的 TOPSIS 评价模型、模糊综合评价模型、人工神经网络，以及用于不确定性分析的 Logistic 集对分析评价模型、遗传投影寻踪插值模型等数学模型。

第 3 章，以北京市为例，从水量、水质、水生态空间、水流更新四要素入手，分析四要素与水资源承载力的互馈机制，耦合模糊综合评价，建立北京市水资源承载力模糊智能评价模型；引入系统动力学模型，建立北京市水资源承载力模拟系统动力学模型，并设计优化北京市水资源承载力的调控方案。

第 4 章，基于载荷均衡原理，构建吉林省水资源承载力诊断指标体系、水资源承载指数模型、水资源承载力的人口-负荷-能力评价模型和水资源承载力模拟系统动力学模型，并对吉林省及其 9 个市（州）的水资源承载力进行“诊断-评价-预测-调控”的多阶段研究，为改善吉林省水资源承载状况和提升水资源承载力提出建议。

第 5 章，构建投入产出视角下的水资源利用效率和承载能力分析框架，结合数据包络分析和 Malmquist 指数方法，构建中国区域水资源利用效率评价模型，分析各区域的直接水资源利用效率，结合投入产出理论对各区域的虚拟水资源利用效率进行评价；基于系统复杂性以及产业结构和虚拟水的影响，建立水资源利用效率评价复杂指标集和多层次熵权数据包络分析模型，并对中国 31 个省级行政区水资源利用效率进行综合评价。

第 6 章，结合投入产出平衡原理及水资源系统理论构建区域水资源调控模型。给出水资源调控模型投入产出表及经济模块的核心方程，结合系统动力学方法建立经济模块与人口模块、资源供给模块和生态环境模块的关系方程，以及模型的相关约束方程。以河北省作为典型区域，开展模型的应用研究，并对河北省的水资源管理和产业转型升级提出对策建议。

本书总结凝练了作者近年来的主要研究成果，并力图系统反映区域水资源承载能力评价与调控的新发展。本书可作为水文水资源、环境科学、资源科学、管理科学、水利工程、系统工程、技术经济、应用数学、人工智能、土木工程、市政工程、地理科学等有关领域的科技工作者的参考书。由于作者水平有限，书中不足之处在所难免，诚望同行专家和读者批评指正。

本书参考和引用了大量国内外学者的有关论著，吸收了同行们的辛勤劳动成果，在此谨向各位学者表示衷心的感谢！衷心感谢北京师范大学环境学院杨志峰院士、崔保山院长、沈珍瑶书记给予的热心指导和帮助！衷心感谢南京水利科学研究院耿雷华教授、合肥工业大学金菊良教授、水利部水利水电规划设计总院郦建强教授的关心和支持！本书的完成得到作者主持和参与的国家重点研发计划项目（2016YFC0401305、2017YFC0506603）、国家自然科学基金项目（51679007、41530635）的资助，在此表示衷心的感谢！

另外，北京师范大学学生叶逸、刘童、陈晓娟、武翡翡、边得会、李美水、薛淇芮、易则吉、雒钰昆、项玮琦、陈雅静、袁紫星、张殷、马婉莹、乔灵霞、郦宇琦、王凯文等在写作过程中付出了辛勤的汗水，在此表示感谢。

作　者

2020 年 3 月于北京师范大学

E-mail：xiaohuayang@ bnu. edu. cn

目　　录

第1章　绪　论

本章从概念、理论与方法等不同角度对区域水资源承载力（water resource carrying capacity）诊断评价与水资源系统调控的国内外研究现状进行了系统梳理和分析，并给出了本书的主要思路和研究内容。

1.1　研究背景

水作为生命之源，既是自然环境的重要组成，又是人类社会可持续发展的基础条件。随着全球人口的大幅增加，经济社会发展对水资源需求的不断增长，水资源的供需矛盾突出，不同行业、地区用水空间不均程度不断增加（D'Agostino and Bertoldi，2014；GWP，2015；Sun et al.，2017；Udimal et al.，2017；Alamanos et al.，2019；Cheng et al.，2019）。世界可利用的水资源量不仅少，而且分布不均。在世界最为缺水的多个国家中，居民每天仅能用上 2gal① 水的不在少数，而我国人口远远超过按国际标准计算的水资源承载能力（Song et al.，2011）。解决用水不均、保护地球不受水资源压力的影响是联合国《2030 年可持续发展议程》之一，水资源承载能力及其空间均衡越来越成为制约人类社会发展的重要瓶颈（Cheng et al.，2019；Wang B H et al.，2019）。

目前我国人均水资源量为 2100m^3，仅为世界人均水资源量的 1/4，位列世界第 121 位，是联合国认定的"水资源紧缺"的国家（Yong，2009；Sun et al.，2017）。此外，我国水资源空间分布不均，各地社会经济对水的需求不一致。例如，京津冀地区作为中国的"首都圈"，是经济最具活力、产业最为发达、人口最为密集的区域之一，水资源是其发展的最大短板。京津冀地区 GDP 总量占全国的 10% 左右，而水资源总量仅占全国的 0.67%，是我国水资源与经济社会发展不相适应、供需矛盾极为突出的地区之一。再如，黄淮海地区耕地和 GDP 均占全国的 1/3 左右，而水资源总量仅占全国的 7.2%，也是我国水资源供需矛盾极为突出的地区之一（何君，2014；Sun et al.，2019）。区域发展迫切需要具有可持续性的水资源管理新策略。为实现水资源可持续利用，国家"十三五"规划纲要明确提出要实施水资源消耗总量和强度双控行动。2014 年、2019 年习近平总书记先后提出了"节水优先、空间均衡、系统治理、两手发力"的治水方针，并指出"要坚持以水定城、以水定地、以水定人、以水定产，把水资源作为最大的刚性约束，合理规划人口、城市和产业发展，坚决抑制不合理用水需求"。当前水安全保障的主要矛盾已逐步从供给不足转向为承载过度，提高水资源承载力，保证水资源承载空间均衡是水资源规划管理面临的一

① 1gal（UK）= 4.546 09L。

个重大挑战（郦建强等，2019）。区域水资源承载力及其调控研究成为当前国内外水资源研究的热点和难点问题（Wouters et al.，2004；Udimal et al.，2017；Wang B H et al.，2019）。

本书通过梳理以往国内外水资源承载力诊断评价与调控研究成果，从概念、内涵、理论和方法等不同角度对区域水资源承载力评价与调控进行了系统总结和分析。

1.2 水资源承载力概念及内涵

“承载力”一词最早出自生态学，指某一生境所能支持的某一物种的最大数量（Odum，1971，1972）。随着可持续发展概念的提出，承载力成为探讨可持续发展问题的主体内容之一。Arrow 等于 1995 年在 *Science* 上发表的《经济增长、承载力和环境》，引起了巨大反响。水资源承载力是承载力概念与水资源领域的结合，是当今社会经济发展、水资源可持续利用研究的热点。自 20 世纪 80 年代以来，国内外学者不断发展量化人类对水资源系统所产生的影响和压力的方法，直接或间接度量水资源承载力。近年来随着城市“空间限制”“生态文明建设”“节水优先、空间均衡、系统治理、两手发力”等水资源可持续高质量发展理念的出现，目前已发展为既要考虑水量、水质、水生态空间（或水域）、水流更新等资源环境属性，又要考虑水资源高效利用与人口、经济、生态环境的空间均衡协同效应（Wouters et al.，2004；Udimal et al.，2017；Wang B H et al.，2019；郦建强等，2019），并针对水资源利用与空间不均衡性进行合理调控。

随着承载力概念的扩展，国外学者相继在自然科学领域和社会科学领域开展了多种承载力研究（Daily and Ehrlich，1996；Johnson et al.，2011；Widodo et al.，2015；Tuffa and Treydte，2017）。然而，水资源承载力内容主要出现在可持续发展相关研究中，专门进行水资源承载力的研究相对较少（朱运海等，2010）。我国水资源承载力研究起步较晚，在 20 世纪 80 年代末期才由新疆水资源软科学课题研究组完成国内就相关问题的首次探讨（新疆水资源软科学课题研究组，1989）。随后，水资源承载力的概念由施雅风院士于 90 年代初明确提出（龙腾锐和姜文超，2003）。通过查阅中英文文献发现，专门以“水资源承载力”为题的研究报道主要由我国学者发布。需要指出的是，国外学者也提出了可利用水量、河流开发极限等相近概念（Falkemark and Lundqvist，1998；Jonathan，1999；Rijisberman and Frans，2000；Gleick and Palaniappan，2010）。本研究以“水资源承载力”一词为主题词，发表时间为“1989 年 1 月 1 日至 2020 年 1 月 1 日”，在中国知网（CNKI）系统中检索到 4260 篇文献，其发文量随时间分布如图 1-1 所示；其主题词共现关系如图 1-2 所示；其主题词热度随时间变化关系如图 1-3 所示；其主题词热点分布如图 1-4所示。

由图 1-1 可见，1999 年之后，国内水资源承载力研究相关的发文量迅猛增长，表明水资源承载力研究成为热点；2010 年之后，发文量略有下降，表明水资源承载力研究进入瓶颈期；2016 年之后，发文量与之前几年相比又逐渐增加，表明水资源承载力研究逐渐复苏，重新成为新的研究热点。基于水资源承载力研究状况和发文量的时间变化走势，本研究将水资源承载力研究历程分为萌芽阶段、初步研究阶段、逐步完善阶段、艰难发展阶段和创新发展阶段五个阶段，具体见表 1-1。

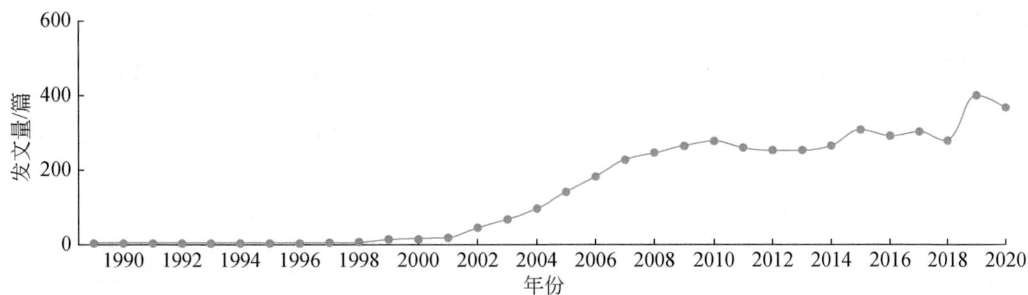

图 1-1　水资源承载力 CNKI 文献时间分布

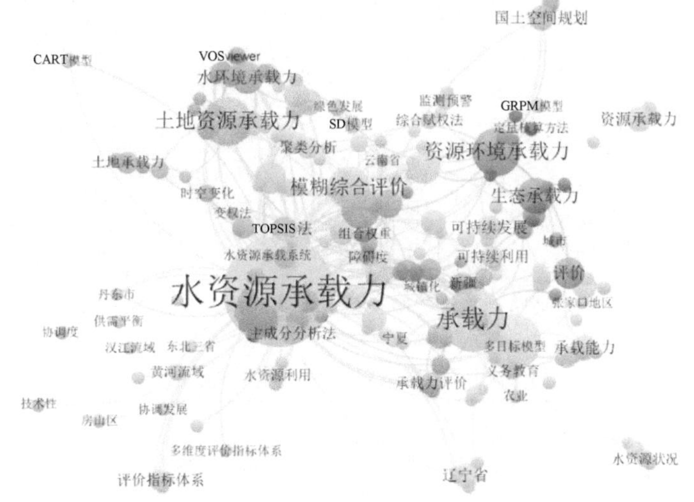

图 1-2　水资源承载力主题词共现关系

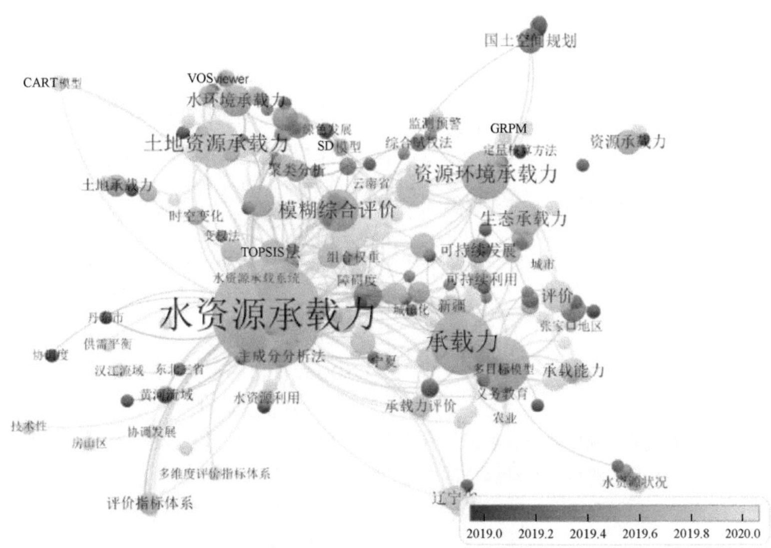

图 1-3　水资源承载力主题词热度随时间变化关系

此图为软件出图，未进行调整

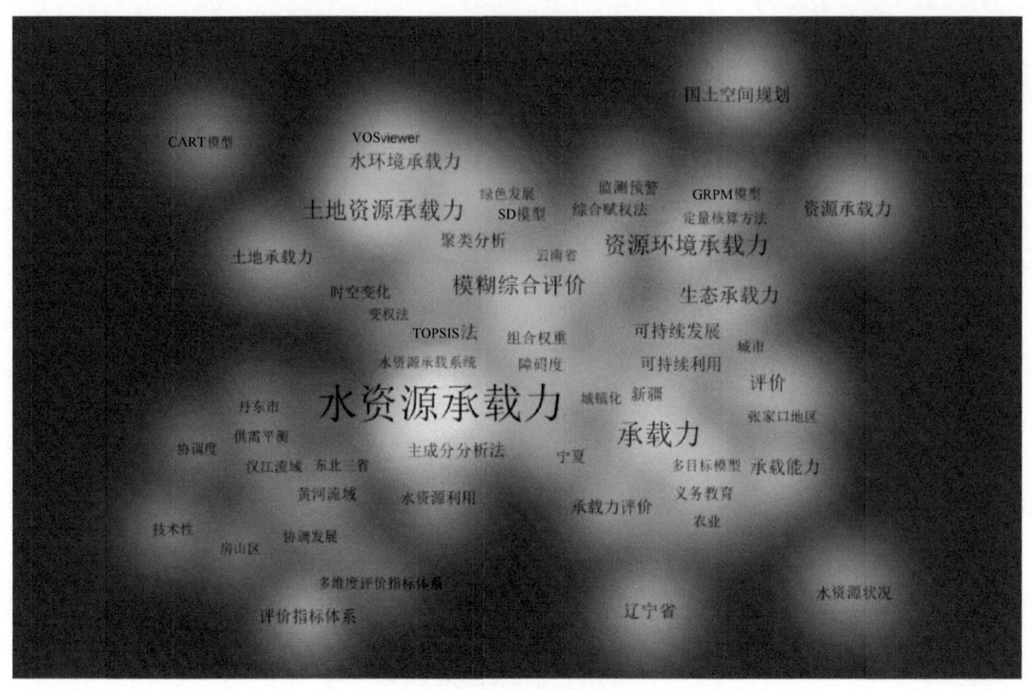

图 1-4　水资源承载力主题词热点分布

表 1-1　水资源承载力研究历程

历程	时间	特征	相关研究成果
萌芽阶段	20 世纪 80 年代末至 90 年代初	水资源短缺、水环境污染等问题频发，促使公众开始重视水资源承载问题，但未提出水资源承载力概念	1）新疆水资源软科学课题研究组（1989）首次就水资源承载力进行探索研究。 2）曲耀光和刘凤景（1991）在对乌鲁木齐河流域进行研究时，发现该区域水资源被过度开发
初步研究阶段	20 世纪 90 年代初至 21 世纪初	明确提出水资源承载力概念，但未形成主流定义，理论探讨较多，定量计算欠缺	1）施雅风院士首次提出水资源承载力的概念（龙腾锐和姜文超，2003）。 2）牟海省和刘昌明（1994）针对多个应当探索的问题，提出了我国城市设置应与区域水资源承载力相协调的原则。 3）魏斌和张霞（1995）运用指数模型和系统模型探讨了如何对水资源承载力进行定量表示。 4）阮本青和沈晋（1998）运用系统工程方法建立了区域水资源适度承载力的分析计算模型
逐步完善阶段	21 世纪初至 2010 年	呈系统性研究，形成了有代表性的概念和计算方法	1）曲耀光和樊胜岳（2000）从水资源的供需关系计算了黑河流域中游地区的水资源承载力。 2）惠泱河等（2001）建立了能反映水资源承载力概念的评价指标体系，以及相应的评价方法。 3）夏军和朱一中（2002）认为建设水资源安全保障体系需要对水资源承载力进行研究。 4）郦建强等（2009）对模糊物元模型进行了改进，并将改进后的模型用于水资源承载力评价

续表

历程	时间	特征	相关研究成果
艰难发展阶段	2011～2015年	应用成果较多，理论方法创新匮乏	1）刘佳骏等（2001）运用综合评价模型分析了全国的水资源承载力状况。 2）张军等（2012）采用生态足迹法对疏勒河流域的水资源承载力进行了研究。 3）邢旭光等（2013）从7项指标入手，运用主成分分析（principal component analysis，PCA）法对西安市的地下水资源承载力进行了评价
创新发展阶段	2016年以后	在国家主要部门的推动下，水资源承载力研究出现创新热潮	1）王建华等（2017）首次从量、质、域、流四方面构建了水资源承载力评价指标体系。 2）金菊良等（2018a）基于不同承载标准，建立了水资源承载力评价模型

在水资源承载力内涵分析方面，水资源系统是一个综合自然、社会经济、生态环境等的复合系统，其承载系统的演变受自然因素和人类因素的综合影响。其中，自然因素主要表现在降水和蒸发等方面，人类因素主要表现在取水、用水、耗水、排污等方面（王浩和刘家宏，2016；Epele et al.，2018）。水资源承载相关研究主要集中在水资源承载能力（也称水资源承载力）。目前国外研究一般在可持续发展文献中涉及，如可持续利用水量、河流湖泊开发利用率极限、水资源供需比、支撑的最大人口数等（Falkemark and Lundqvist，1998；Jonathan，1999；Rijisberman and Frans，2000；Milano et al.，2013；Ait-Aoudia and Berezowska-Azza，2016）。Rijisberman 和 Frans（2000）在研究城市水资源评价和管理体系时将承载力作为城市水资源安全保障的衡量标准。Ngana 等（2004）在坦桑尼亚东北部水资源综合管理战略研究中，认为当地的水资源已不能满足用水需求，并分析了其没有得到可持续利用的原因。Milano 等（2013）采用“水资源供需比”，评估了埃布罗河流域水资源满足现状与未来需求的能力。Ait-Aoudia 和 Berezowska-Azza（2016）基于需水和供水因素，确定了阿尔及尔水资源可以支撑的最大人口数。国外目前大多侧重于某一方面的研究，从水资源系统角度的研究相对较少，对水资源承载力的概念、内涵、特征还未有系统分析，量化方法也没有形成成熟的理论体系，不同的研究方法又各有侧重，总体上承载力的理论和实践研究尚处于探索阶段。

我国对水资源承载力的研究始于20世纪80年代后期，以水资源供需关系作为研究思路，分析西北干旱区的水资源及其承载对象的结构、规模与未来发展变化。水资源承载力广泛应用于研究某一区域尤其是缺水地区的工业、农业、城市乃至整个地区的经济发展所需要的水资源供需平衡和生态系统保护。部分专家和学者着重从水资源承载力的概念、理论、内涵方面进行探讨，如许有鹏（1993）强调水资源承载力是水资源的最大开发容量；王浩等（2004）探讨了水资源承载特性并定量给出了西北内陆区水资源承载的规模；郦建强等（2004a）认为水资源承载力是水资源对社会经济发展的最大支撑能力；夏军等

(2006) 提出水资源承载力为能够维系有限发展目标的最大社会经济规模；张丽等(2003) 提出了水资源可持续承载能力的概念和研究思路。自水资源承载力概念提出以来，国内外学者发表了大量富有成效的研究成果，但水资源承载力定义尚未形成共识。目前，主要存在4种类型的定义，分别为抽象能力、外部作用、用水容量、人口或社会经济发展规模（Zyoud and Kaufmann，2016；左其亭，2017；金菊良等，2018b；Wang Y X et al.，2019；刘童等，2019a）。其中，第1种“抽象能力”和第2种“外部作用”未有相关的量化研究出现，常用于量化研究的是第3种“用水容量”和第4种“人口或社会经济发展规模”。同时，国外常用第3种定义来量化承载力，而国内则更多采用的是第4种定义。4种类型的相关定义和内涵详见表1-2。

表1-2　水资源承载力定义

定义类型	作者	定义内容
抽象能力	惠泱河等（2001）；程国栋（2002）；王建华和江东（1999）	水资源承载力为某一地区的水资源在某一具体历史发展阶段下，以可预见的技术、经济和社会发展水平为依据，以可持续发展为原则，以维护生态环境良性循环发展为条件，经过合理优化配置，对该地区社会经济发展的最大支撑能力
外部作用	曾维华和程声通（1997）	一个地区（水资源）在给定的技术和人类偏好的水平下随时间所能承载的最大人口作用
用水容量	许有鹏（1993）；张丽等（2003）；高彦春和刘昌明（1997）	在一定社会技术经济阶段，在水资源总量的基础上，通过合理分配和有效利用所获得的最合理的社会、经济与环境协调发展的水资源开发利用的最大规模或在一定经济技术水平和社会生产条件下，水资源可供给工农业生产、人民生活和生态环境保护等用水的最大能力，即水资源的最大开发容量
人口或社会经济发展规模	施雅风和曲耀光（1992）；阮本青和沈晋（1998）；朱一中等（2003）；李令跃和甘泓（2000）	水资源承载力是指某一区域在特定历史阶段的特定技术和社会经济发展水平条件下，以维护生态良性循环和可持续发展为前提，当地水资源系统可支撑的社会经济活动规模和具有一定生活水平的人口数量

由表1-2可知，众多学者对水资源承载力定义存在一个共识，即认为水资源承载力在一定社会发展水平下是水资源系统自身的特性。此外，在水资源承载力量化上，均以最大极限值为参考，而未探讨最大值是否为最优值。因此，可以看出，目前常用的水资源承载力定义均存在一定程度的缺陷：①未给出具体的标准，难以判断社会经济发展是否超标；②多将水资源载荷系统中各子系统孤立看待，欠缺整体性思考；③在相关量化研究中，虽然可以得到水资源承载力的确切绝对值，但难以判断区域水资源载荷的均衡度。

综上可知，水资源承载力是水资源系统分析的一个重要概念，随着对水资源系统研究的深入，水资源承载力的概念与内涵不断得到丰富和发展。目前，水资源承载力尚未有公认的定义，总体来说，就是以维系良好的水生态环境系统为前提，在特定的经济条件与技术水平下，区域水资源的最大可开发利用规模或对经济社会发展的最大支撑能力。

1.3　水资源承载力诊断评价理论和方法

1.3.1　水资源承载力诊断评价理论

水资源承载力评价是水资源系统分析与调控研究的重要基础。目前水资源承载力评价多集中在现状条件下的评价，通过建立静态的综合评价指标体系，结合数学方法综合评价现状条件下的水资源承载力水平，构建表征水资源承载力概念与内涵的综合指标体系或指数是目前区域水资源承载力评价研究的重要内容。

在水资源承载力评价研究中，建立一套完整、合理的指标体系至关重要。目前，学者通常依据“人类-自然”二元理论，将与水资源载荷系统联系密切的水资源、生态环境、社会经济等要素纳入承载力评价指标体系，从而细分出水资源准则层、生态环境准则层、社会经济准则层（Zhang F et al., 2019；Cheng et al., 2019；Zhang J et al., 2019）。在这类研究中，水资源准则层主要体现区域水资源系统供给社会经济系统用水的能力，常包含人均水资源量、水资源开发利用率等指标。生态环境准则层主要体现水环境系统容纳社会经济子系统所排放污染物的能力，常包含污水处理率、水功能区达标率等指标。社会经济准则层主要体现人类活动的强烈程度，常包含人均 GDP、人口密度、万元 GDP 用水量等指标。根据系统论观点，上述准则层及其所包含的指标可以归纳为两类，即主体和客体，分别相应产生支持力和压力。显然，力在物理学中总是成对存在。因此，有必要将承载力分为支持力和压力，建立基于载荷均衡的水资源承载力评价模型。通过比较支持力和压力之间的大小关系，便可判断区域水资源载荷系统的状态，如王建华等（2017）通过分析天津市入境和本地水总量、生态补水量、出境水量和污水处理厂出水水质标准，确定了天津市水资源承载力，并与实际人口相比，判断天津市水资源系统处于超载状态。为了解决评价中的不确定性问题，水资源承载力评价的遗传投影寻踪法、集对分析等智能综合评价方法应运而生（郦建强等，2004b；刘童等，2019b）。随着对水资源承载力研究的逐渐深入，水资源承载力评价内涵不断扩展，基于空间均衡的水资源承载力研究已引起关注。Wang Q R等（2019）结合空间分析方法评估了中国 31 个省级行政区的水资源综合承载能力和空间外溢效应。

在水资源承载力诊断方面，诊断与评价密切相关，主要有评价前后影响因子诊断，包括关键驱动因子诊断、关键障碍因子诊断等。在水资源承载力的关键驱动因子诊断方面，目前有学者采用单因素灵敏性分析法和情景分析法诊断水资源承载力驱动因素（刘朝露等，2019）；也有学者采用主成分分析法、熵权法进行水资源承载力影响因素、关键驱动的有效识别（侍孝瑞等，2018）。也有学者采用集对势-偏联系数等方法对安徽省水资源承载力的整体状况进行定量评价，从指标层面诊断分析出人均水资源量是导致安徽省各市水资源承载状况空间差异的最主要因素（金菊良等，2018b）；或通过单项评价超载状态的叠加分析，开展水资源载荷归因识别和影响因素诊断（Cortelezzi et al., 2019；Fang et al.,

2019)。刘童等（2020）利用系统动力学模型，得出区域经济社会是影响水资源承载力指数最终驱动力的结论。在水资源承载力的关键障碍因子诊断方面，为有效提高区域的水资源承载力，需要找出对区域水资源承载力产生负面影响的主要障碍因素。目前障碍度诊断模型的研究还处于初级阶段，通常方法是采用因子贡献度、指标偏离度和障碍度，对水资源承载力评价与关键障碍因子诊断。由于水资源系统的复杂性、动态性和不确定性，影响水资源承载力的因子众多，如何在评价前后进行多因素定量分析，合理构建诊断指标体系以及识别出不同层次的水资源承载力的关键驱动因子和关键障碍因子还需要深入研究。

由于受传统水资源承载力概念的约束，水资源承载力诊断评价的指标多与水量、水质相关，但现阶段水资源载荷系统内部的交互方式更加多样。在水资源载荷系统中，社会经济子系统中的取水和排污活动对生态环境子系统的水域空间与水文过程造成破坏和干扰，进而产生压力。同时，水资源子系统和生态环境子系统通过供水与消纳污染物产生支持力，用于满足社会经济子系统的发展需求。由此可见，为维持水资源载荷系统的均衡发展，水量、水质、水域和水流四要素的支撑缺一不可。总体而言，国内外水资源承载力评价研究越来越深入，但多数评价结果为水资源承载力综合指数，考虑水资源承载力在支持力和压力上成对性研究不足。此外，现有诊断评价模型难以解决水资源载荷系统与区域空间均衡的复杂交互作用。

1.3.2 水资源承载力诊断评价方法

水资源承载力诊断评价方法主要有指标体系评价法、多目标决策分析法、系统动力学法、背景分析法、常规趋势法、动态模拟递推法、BP 人工神经网络（artificial neural network，ANN）法等。

指标体系评价法是目前应用较为广泛的一种量化模式，主要有向量模法、层次分析法（analytic hierarchy process，AHP）、模糊综合评价（fuzzy comprehensive assessment，FCA）法、主成分分析（principal components analysis，PCA）法、盲数理论等方法。多目标分析决策法采用分解-协调的系统分析思路，将特定地区的水资源-人类社会经济系统划分成若干个子系统，并采用数学模型对其进行刻画，各子系统模型之间通过多目标核心模型的协调关联变量相连接。通过将表征承载力的各项指标作为优化目标，解出同时满足多个目标整体最优的发展方案，其所对应的人口或社会经济发展规模即为水资源承载力。系统动力学法从系统的内部要素和结构分析入手，通过一阶微分方程组来反映系统各个模块的变量之间的因果反馈关系，进而建立系统动力学模型。对不同的发展方案采用系统动力学模型进行模拟，并对决策变量进行预测，从而得到最佳的发展方案。

为反映水资源承载问题的多元性、非线性、动态性、多重反馈等特征，实现对水资源承载能力的估算和动态变化过程的预测，系统动力学法、多目标决策分析法、BP 人工神经网络等方法应用较为广泛。例如，徐中民（1999）开展情景基础的水资源承载力多目标分析。郭晓英等（2015）利用粗糙集约简冗余指标，将约简后的指标作为 BP 人工神经网络的输入，从而进行区域水资源承载力动态变化分析。姜秋香等（2015）利用系统动力学方法，建立了佳木斯市水资源承载力动态仿真模型，并结合区域资源利用和社会经济发展特点，设计了现状延续、治污开源、限采节流和综合协调四种提高水资源承载能力的方案。

目前，经验公式法、综合评价法和系统分析法是水资源承载力研究中常用的方法，各类方法的优缺点见表1-3。

表1-3　水资源承载力诊断评价方法及其优缺点

方法种类	方法名称	优点	缺点
经验公式法	背景分析法	方法简单，计算便捷，易于推广	对水资源载荷系统的机制过于简化处理，难以反映子系统间的联系，研究结果对后续调控部分的贡献不足
	常规趋势法		
	简单定额法		
综合评价法	模糊综合评价法	方法的数学理论应用比较深入，在评价研究中不受研究区域的区位限制	在系统性考虑水资源载荷系统方面较为匮乏，且评价指标及其标准难以确定，导致对同一对象的评价可能出现不同结果
	主成分分析法		
	投影寻踪法		
	层次分析法		
	人工神经网络法		
系统分析法	系统动力学法	考虑了水资源载荷系统的复杂性和系统性，并采用数学公式定量反映系统内部各要素间的联系	计算方法较为复杂、不直观，且对基础数据的要求较高，推广应用较难
	多目标决策分析法		

（1）经验公式法

经验公式法，顾名思义就是运用以往相关研究中得出的经验公式来计算水资源承载力的一类方法。其中，经验公式的选择在这类研究中起着至关重要的作用，往往决定着研究结果的合理性、可靠性。这类方法因较为简单、便于计算常在大尺度研究中应用。但同时，这类方法过于简化水资源载荷系统的运行机制，为水资源调控提供的帮助较少。

目前，背景分析法、常规趋势法和简单定额法是常用的经验公式法。背景分析法是把水资源载荷系统组成相似的两个区域进行比较，进而对目标区域的水资源承载力进行类比推算。例如，Song等（2011）将天津市的水资源利用效率与同期的北京市相比，指出天津市的水资源载荷系统处于超载状态。常规趋势法是从水资源供需入手，分析供水量、用水量等单因子的发展趋势，统计分析区域可利用的水资源满足其各部门用水需求的能力，如新疆水资源软科学课题研究组（1989）运用常规趋势法计算了新疆水资源可承载的人口规模。简单定额法首先确定区域可利用水资源的总量，然后分析区域内各主体用水定额的变化趋势，由此计算水资源承载力。例如，杨瑞祥等（2019）先对雄安新区现状和未来规划条件下的可供水量进行计算，接着计算两个时期水资源可以承载的人口总量，判断出雄安新区未来面临着严峻的缺水危机，提出同时从工程性和非工程性措施来缓解水资源载荷系统超载的问题。

（2）综合评价法

综合评价法的基本思路是先选择与水资源承载力密切相关的指标，然后对各指标设定相应的分级标准，最后采用某种评价方法进行综合计算，得到水资源承载力评价结果。这类方法的数学理论比较完善，且在评价研究中不受研究区域地理位置的限制。此外，这类方法所建立的指标体系，往往包含多个准则层，如水资源准则层、社会经济准则层和生态环境准则层等。但这类方法在运用过程中也存在诸多问题：①指标体系差异大，不同研究人员建立的指标体系往往不同；②评价标准的级别数和相应的阈值很难统一；③隶属度函数种类多，既有三角形、梯形等线性隶属度函数，也有 S 形等非线性隶属度函数。运用综合评价法得到的评价结果往往是一个无量纲的综合指数，而非严格意义上的具有量纲的水资源承载力。因此，这类方法与其说是用于水资源承载力评价，不如说是用于反映水资源载荷系统内部各要素间协调度的承载状态评价。

目前，模糊综合评价法、主成分分析法、投影寻踪法是常用的综合评价法。模糊综合评价法通过隶属度函数建立指标与评价标准之间的模糊关系矩阵，对水资源承载力进行综合评价。例如，尹杰杰等（2016）运用模糊综合评价法对赣抚平原灌区的水资源承载力进行了评价，结果显示，灌区水资源承载力因供水量分配减少在 2020 年将会出现小幅下降。主成分分析法运用统计学原理，将原有高维变量通过线性变化进行简化综合，建立主成分关系式，最终用于计算水资源承载力综合指数。例如，黄垒等（2019）运用主成分分析法发现河南省水资源承载力随时间的变化特征主要与其社会经济发展水平、水资源供需水平和人类活动的强度有关，随空间的变化特征则主要与其社会经济发展水平、农业发展状况和水资源自然禀赋条件有关。该方法避免了模糊综合评价法中计算隶属度时取大取小的主观随意性，但易受极端值的影响。投影寻踪法首先对数据进行归一化处理，再挖掘数据自身的特性来构建并求解最优投影指标函数，最终用于水资源承载力评价。例如，李宁等（2016）运用投影寻踪法对鄂尔多斯的水资源承载力进行了评价。

（3）系统分析法

系统分析法是从整体性和系统性计算水资源承载力的一类方法。这类方法采用数学方程来定量刻画水资源载荷系统的运行机制，能清晰反映系统中各变量对水资源承载力的影响途径。此外，系统模型中存在的决策变量，能较好地将决策者的思想融入模型，并为后续水资源载荷系统的“强载”和“减负”双向调控提供途径。但这类方法在运用过程中，对数据的要求较高，在处理复杂巨系统时也存在困难。

目前，系统动力学法、多目标决策分析法是常用的系统分析法。系统动力学法通过一阶微分方程来反映水资源载荷系统内的各种正负反馈关系，从而定量计算水资源承载力。姜秋香等（2015）在研究佳木斯市水资源承载力时，采用其所建立的系统动力学仿真模型对研究区域的水资源载荷系统进行多方案模拟。多目标决策分析法采用分解–协调的系统分析思路，将研究区域的水资源载荷系统划分为水资源、人口、经济、环境等多个子系统，然后通过数学模型来刻画系统并求解优化目标的整体最优发展方案，从而得到水资源承载力，如郝芝建等（2018）运用多目标决策分析法对钦州市水资源承载力进行了研究，提出了未来水资源可承载的经济发展指标。

在总结现有研究的基础上，可以发现上述研究方法的运用情况往往与研究者对水资源承载力的定义相关。例如，模糊综合评价法和主成分分析法等综合评价法多应用于量化区域水资源对社会经济的支撑能力和区域水资源的最大开发容量，常规趋势法和多目标决策分析法多应用于量化区域水资源承载力所能承载的社会经济规模。近些年，随着水资源承载力研究从完善、艰难发展阶段进入创新发展阶段，其研究方法日趋多样，数据包络分析（data envelopment analysis，DEA）法、云模型法（周云哲等，2019）、人工神经网络法（贺辉辉等，2017）、集对分析法（刘童等，2019b）、突变级数法（宋帆和杨晓华，2018）、生态足迹法（门宝辉和蒋美彤，2019）等方法也被广泛应用于水资源承载力研究。

1.4　区域水资源系统调控理论和方法

1.4.1　水资源调控理论内涵及其研究进展

调控本身有调节和控制的含义，一般意义上的资源调控是指在有限的资源条件下通过合理的目标对资源的供给和需求进行调控（李原园等，2004）。水资源是组成生态环境的重要自然资源，对我国而言同时也是由政府部门提供的公共商品和服务。水资源经过社会循环的使用必然会产生相应的经济效益和社会效益。因此我国水资源的优化配置必须经过政府部门的宏观调控，同时政府对水资源的调控必然会对经济社会结构产生影响。而本研究对水资源调控的目标就是在各种政府调控策略和生态资源的约束下实现社会综合效益的最大化。

最早对水资源调控的研究始于20世纪40年代，Masse等从系统科学的角度出发，对水库的优化调度问题进行了研究（杨明杰，2018）。水资源调控理论于第二次世界大战之后运筹学的兴起而正式兴起，通过应用运筹学的原理来建立水资源系统模型并寻求数学上的最优解（姜文来，1998；刘昌明和成立，2000；彭少明，2004）。1962年美国哈佛大学编写出版了《水资源系统分析》，系统地将运筹学和规划方法引入到水资源系统的分析中，开启了基于流域的水资源调控研究的热潮。20世纪70年代以后，随着计算机技术的快速发展，复杂算法开始引入到水资源调控的研究中。《水资源科学分配》一书中系统地描述了线性规划和动态优化方法在水资源配置中的应用，并率先提出了水资源系统仿真模拟的相关思想和技术。随后有学者对流域水资源系统的精细模拟和水资源优化调控进行了深入研究。我国在水资源调控方法及其理论方面的研究起步较晚。在20世纪80年代，张勇传等（1981）将变向搜索算法引入到水库调蓄及水资源动态规划中。同一时期，施熙灿等（1982）利用马氏决策规划对水库的调蓄优化问题进行了研究。华士乾教授统筹考虑了区域水资源开发利用程度和潜在开发利用效率、水资源利用效率、区域之间的水量调控、社会经济发展状态及水利工程要素，构建了一套包含地表水和地下水资源系统综合水资源调控模型，并出版了《水资源系统分析指南》。尽管这一时期我国的学者进行了很多卓有成效的研究，但是相对于国外同时期的研究，我国学者的研究仍存在一定的局限性。我国这一时期处于经济发展的恢复期，因此首要解决的是水资源供需矛盾的问题，研究调控的侧重点主要是水量的分配，目的是尽可能满足我国经济发展带来的日益增长的水资源需求。

因此这一时期我国的水资源调控忽略了对水环境和水生态的考量，由此带来了诸如水体污染、河道断流、地下水位降低、海水倒灌及水资源浪费等一系列严重的水资源问题。

自 20 世纪 80 年代之后，伴随着水资源相关理论研究的深入和成熟以及计算机处理能力的不断提高，综合考虑水质和水量的多目标优化方法日益完善，国际上主流的研究方向从单一考虑水量配置逐步转向对水质水量联合调控的研究，从追求区域经济产值的最大化逐步转向对追求区域整体效益的最大化（Alvaro et al.，2011；Beatriz et al.，2016；Dixon and Rimmer，2016；Moorthi et al.，2018），从而实现水资源合理配置的研究。同时国内越来越多的研究开始重点关注水资源开发利用过程中水资源同社会经济的协调发展（王好芳，2003；张恒，2009；刘金华等，2010；邓晓军等，2013；杜湘红，2014；Du and Zhang，2014）。有学者根据水资源的多重属性，重点考虑了水质对水资源系统的约束，并兼顾了环境效益和可持续发展的理念，构建了实现水资源优化配置的多层次调控模型。Afzal 和 Adams（1992）在巴基斯坦灌区构建了针对不同来水水质的水资源优化模型。Percia 等（1997）根据以色列不同部门对水质的不同要求，结合经济效益最优的目标函数，开发了一套考虑污水排放的水资源管控模型。

21 世纪以后，水资源调控理论又迎来了新的发展浪潮。

1）由于人类活动的影响加剧，对水资源和水生态的影响强度已经达到无以复加的地步，并因此诞生了人工水循环的概念（崔琬茁等，2009）。基于这一因素，在对水资源的调控过程中也必须考虑与人类社会的相互作用，因此越来越多的社会学、管理学和经济学中的相关理论与概念被引入到水资源系统的调控和优化配置研究之中。王浩和刘家宏（2006）提出了“二元水循环模式”，扩展了传统水文学的研究范畴。随着人类社会经济系统同水资源系统越来越密不可分，水资源投入产出理论在水资源调控领域得到了越来越广泛的应用（许新宜等，2013；杨硕等，2018）。姚水萍（2006）根据富阳市 7 部门价值型投入产出线性模型，结合水资源实际情况构建了富阳市水资源调控模型，实现了对富阳市水资源的优化配置。周必翠（2008）通过构建宿迁市沿运灌区的水资源投入产出表，分析了各行业的耗水强度和水污染负荷，并结合线性规划构建了水资源投入产出调控宏观模型，研究结果表明，当经济发展速度较快时，该模型有良好的应用效果。秦涛（2010）构建了宝鸡市水资源投入产出表，并对宝鸡市的行业用水效率和用水效益进行了分析，通过粒子群算法求解在资源约束条件下宝鸡市的最优产业结构，进而实现了水资源的优化配置和调控。方国华等（2010）依据投入产出原理和水污染数据设计编制了水污染防治投入产出表并建立了水污染防治投入产出模型，以江苏省为研究区域，应用该模型求解满足江苏省社会经济发展要求和水污染防治约束下的最优发展速度、最适水资源使用量及允许的最大污染物入河量。陈妍彦和张玲玲（2014）以总产值最大化和耗水量最小化为目标，以投入产出结构数据、经济发展期望及水资源总量为约束条件，并引入动态投资数据，构建了江苏省水资源动态投入产出模型，通过 MATLAB 软件计算得出优化配置后的江苏省产业结构和水资源消耗数据，为江苏省实施最严格水资源管理制度提供了参考和可行性分析。张捷和熊俊（2019）利用比较优势理论对水资源投入产出模型进行了改造，建立了产业结构优化模型，并从虚拟水的角度分析了胡焕庸线附近地区的分部门虚拟水资源消耗量，研究结果表明，在保证区域总产值不变的情况下，仅通过优化产业结构即可有效削减虚拟水资源的消耗量。通过上述研究可以看出，依据投入产出模型对区域的产业结构进行调整，可以有效地帮助各区域削减水资源消耗量、防控水污染、缓解水资源短缺、促进建设节水型社会。

2）水资源调控理论的另一大突破是水资源系统复杂性理论的发展。水资源系统是一个结构复杂、变量众多，有着时、空、量、序变化的动态且开放的大系统，水资源系统受到的影响因素也是复杂而众多的（徐敏，2007；Chaplin-Kramer et al.，2019）。水资源系统的复杂性主要体现在两个方面：水资源系统的结构复杂性和各子系统的内部关系复杂（游进军，2005）。水资源系统的复杂性示意如图 1-5 所示。

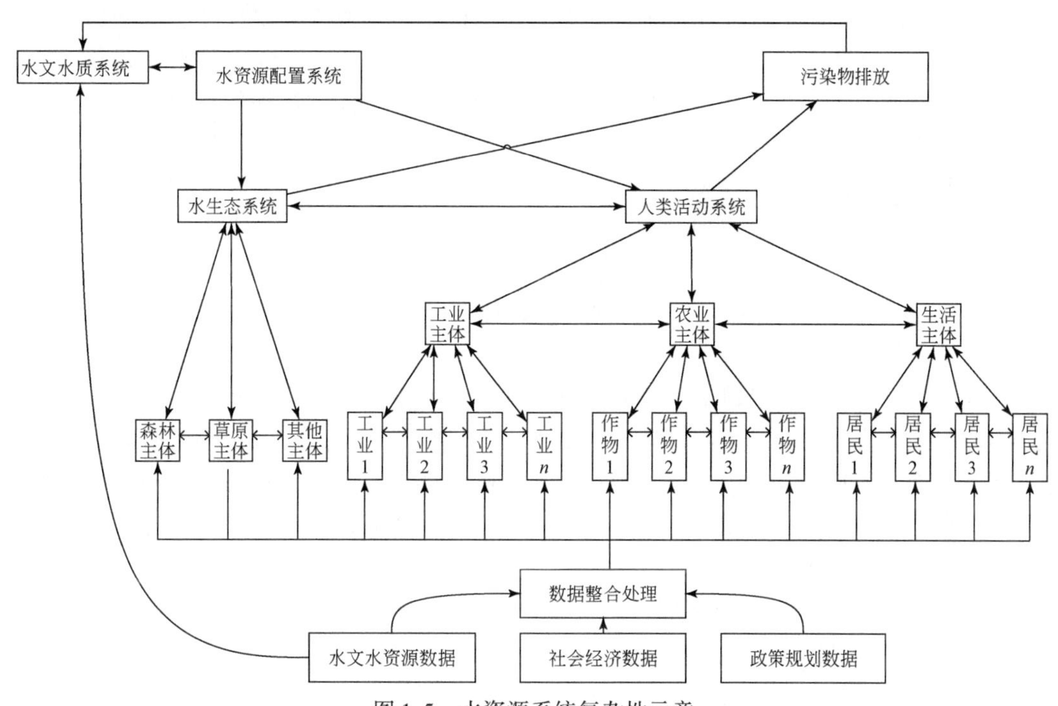

图 1-5　水资源系统复杂性示意

为了更为精准地对水资源进行合理调控，国内外学者对水资源系统复杂性理论进行了大量研究，并将研究成果同水资源调控理论相结合。Holland（1995）认为是系统内部的微观个体的适应性造成了系统宏观上的复杂性，并根据这一思想提出了复杂适应性系统理论。我国学者赵建世（2003）根据复杂适应性系统理论对包含社会经济和水文要素的水资源系统进行了解析建模，创建了水资源优化配置的整体模型，并将该模型应用于黄河流域水量的统一调控工作中。高飞（2012）认为水资源复杂适应性系统具有主客体的本质，并建立了基于流域尺度的水资源系统复杂适应性调控模型，模型整合了管理学、运筹学、经济学、水文学和生态学等多学科的理论与思想，能够分析评估涉及水资源利用的经济、环境、规划等各个方面。另一个常用的描述系统复杂性的方法是多主体系统（multi-agent system，MAS）建模，通常在一个系统中会包含一个以上的主体，也称为 Agent，每一个

Agent 都是一个单独的计算个体，能够对外界环境的变换进行响应，同时各 Agent 之间也可以相互传递信息（Katsuhiro，2000；Li H Y et al.，2011；Yang et al.，2012；Benoit et al.，2013；杨永健，2014；Guo et al.，2016；Kroner et al.，2019）。牛文娟和王慧敏（2007）基于演化博弈论建立了水资源多 Agent 系统，并将该模型应用于南水北调工程的分析中。黄家伟（2007）基于 Vensim 平台构建了多 Agent 水资源系统分析模型，在政府宏观调控的影响下各用水单元会根据刺激响应原则生成自身的用水策略，以适应外界环境的变化，这一群体行为促进了水资源系统的不断演化，实现了对水资源系统的动态模拟。

随着我国对水资源、水环境问题的日益重视以及“节水优先”这一根本方针，只有不断提高水资源的利用效率，才能从根本上解决中国的水资源危机，实现经济社会的繁荣可持续发展（刘春生等，2011；李志敏和廖虎昌，2012）。通过对多区域的水资源利用效率进行评价，能够给水资源调控提供合理的参考，为水资源调控政策提供有力支撑。同时水资源调控理论的内涵及方法也在不断完善和创新，这些理论并不是孤立的，多学科交叉融合的趋势明显，如何将多科学思想和方法进行有效整合，并纳入水资源调控系统之中已成为水资源调控领域的研究热点问题和难点所在。

1.4.2 水资源利用效率评价内涵及其研究进展

水资源利用效率是指通过对水资源的开发获取，经由人类在生产和生活活动中所使用并最终转化为经济、社会和生态环境效益的能力，反映了在一定技术条件下研究区域的水资源管理水平和经济社会发展水平。截至目前，国内外学者已经针对水资源利用效率的研究评价开展了大量的工作，总体来看，对水资源利用效率的评价主要有三类方法：单指标评价法、综合指标评价法和 DEA 法（沈满洪和陈庆能，2008；曹雷，2015）。

单指标评价法最为简单和常用，通常是指某一行业的水资源投入量与其产出的比值（Statyukha et al.，2009），如很多学者的研究和统计公报中经常将万元工业增加值耗水量作为重要依据来衡量某一区域的水资源利用效率（高晓冬等，2013；杨芳瑜等，2013；边杨子，2017）。也有一些学者将不同农作物在生产过程中的耗水量与农作物产量的比值作为衡量水资源利用效率的指标，用来分析不同种农作物的经济效益，进而指导农业增产增收，提高农民收入（Li and Barker，2004；蔡守华等，2004；Bouman，2007；Gregg and Gross，2007；张金萍和郭兵托，2010；白惠婷等，2019）。此外，还有一些学者在分析水资源利用效率时考虑了水环境污染的因素，将污水排放量与水资源使用量的比值作为考察指标，与一般指标不同的是，包含污染因素的指标通常为负指标或称为非期望产出（郑玉昕，2013；白桦等，2018；郜俊峰，2019；陈涛，2019）。单指标评价法操作简单，所需要的数据资料少，且能专注于主要问题的研究，便于基层工作者快速可靠的开展工作，不足之处在于，由于水资源系统和社会经济系统都是参数众多的复杂大系统，单一指标难以有效地反映系统整体特征。

整个经济社会的水资源利用效率受到多种因素的制约，需要构建一套综合评价指标体系来分析水资源利用效率，即水资源利用效率综合指标评价法（孟钰，2014）。该方法需要系统地考察和分析影响水资源利用效率的因素，并根据这些影响因素进行归类，确定各指标的分层和权重，最终得到水资源利用效率的综合评分（沈雪娇和田兆伟，2011；郑二伟等，2014；孟钰，2014；童绍玉和彭海英，2015）。郑玉萍等（2018）综合考虑了天津市社会经济的运行指标、产业结构数据、生态环境约束、社会综合效益等因素，构建了由40个原始指标组成的三级评价指标体系，采用层次分析法和模糊综合评价法对天津市的水资源利用效率进行了分析和评价。张杰等（2018）利用基于熵权法的综合评价法对广西壮族自治区的水资源利用效率进行了评价。刘学智等（2017）、苏晟霖（2017）、王震（2014）和马玉龙（2018）从可持续性、用水效率和用水效益等角度出发，构建了区域农业水资源利用效率综合评价模型。李世祥等（2008）和马璐璐（2013）基于因子分析法构建了中国区域间水资源利用效率评价指标体系，对我国水资源利用效率区域间差异及其影响因素进行了研究。孟令爽等（2018）和王震（2014）利用分部门的用水数据，基于用水效率约束构建了城市用水效率评价指标体系，采用主成分分析法对上海市的水资源利用效率演变趋势和提高途径进行了分析。综合指标评价法简单易行，可以根据研究区域和侧重点进行灵活调整（田永旌，2015），不足之处在于该方法主观性较强，经过因子分析和主成分提取后的指标会损失部分原始信息，且提取之后的主成分有时无法给出有合理物理意义的解释（杨丽英等，2009）。

根据以上表述，水资源利用效率评价是用于分析人类获取水资源并将之应用于生产生活过程中的效率水平，在这一概念下，水资源不仅是人类赖以生存的重要资源，同时也具有生产要素的属性（Dewan and Min，1997）。因此，部分学者从投入产出的角度对水资源利用效率进行分析（Wang et al.，2018），DEA是主要方法。

DEA是一种非参数技术效率分析方法，由美国得克萨斯大学的Charnes、Cooper和Rhodes教授在1978年首次提出，是运筹学、管理科学与数理经济学交叉研究的一个新领域。其原始模型以三人的首字母命名，简称CCR模型（Charnes et al.，1978）。由于DEA法具有应用范围广、适用于多投入多产出的特殊优势，自DEA法首次提出以来，DEA理论与方法发展迅速，应用数量逐年增长，广泛应用于农业、水资源、环境生态、宏观经济等领域的研究工作中（Cook and Seiford，2008；买亚宗等，2014；Xiang et al.，2016；Wu et al.，2018）。

目前水资源利用效率评价方法多基于DEA法进行。例如，Hu等（2006）最早提出了将水资源作为投入要素之一的水资源利用效率评价模型，分析了水资源利用效率的区域差异和水资源有效配置程度。朱启荣（2007）和张磊（2013）利用这一方法对我国各地区的工业用水效率进行了评价，并对影响工业用水效率的因素和我国工业节水潜力进行了研究，研究表明我国不同区域的工业用水效率存在较大差异，而这种差异主要是由工业产业结构和发展水平不同导致的。刘渝等（2007）利用这一方法以湖北省内17个子区域的数据为样本，分析了湖北省的农业水资源利用效率，并对各子区域的用水效率进行了排序，进而分析了水资源利用效率低下的区域影响因素，结果表明，生态效益和农业效益对区域水资源的整体利用效率有较大影响。孙才志和李红新（2008）根据辽宁省多年统计数据，以生产用水、生活用水、劳动力等要素作为输入指标，以地区生产总值作为输出指标，运用 DEA 法对辽宁省的水资源利用效率的时空分布进行了研究。钱文婧和贺灿飞（2011）利用 DEA 法对我国各区域的多年水资源利用效率进行了评价，研究结果表明，我国水资源利用效率整体上呈先降后升的趋势，东、中、西部地区的水资源利用效率由东向西逐步降低，区域水资源禀赋对水资源利用效率有明显的影响。马海良等（2012）根据 30 个省级行政区近 10 年的面板数据，利用 Malmquist 指数对水资源利用效率进行了测算，结果表明，随着经济社会的发展，各地区的经济水平和产业结构差异增大，导致各区域的水资源利用效率差距扩大。苏时鹏等（2012）利用 DEA 法基于规模收益可变的 BCC 模型（Banker et al., 1984）对我国 26 个典型省级行政区域水资源利用效率进行了测算，并根据规模收益可变的假设对水资源利用的规模收益和纯技术效率进行了分析，结果表明，通过改变各部门的水资源利用规模可以有效地提高水资源综合利用效率。韩雅清和苏时鹏（2015）选用规模收益可变的 DEA 模型结合全要素生产力指数对福建省的水资源利用效率开展了研究，并以此为基础对福建省各地市级区域的水资源综合利用效率进行了动态特征分析和评价。任俊霖等（2016）选用超效率 DEA 模型并以全要素生产力指数对沿长江经济带的 11 个省会城市进行水资源利用效率评价研究，并结合 Tobit 函数检验其影响因素，研究结果表明，沿长江经济带的 11 个省会城市的水资源利用效率整体有衰退的趋势，该区域整体的技术效率较低，这将是制约长江经济带水资源利用效率提升的关键因素。近年来，随着我国对生态环境治理的重视程度加大，一些学者在研究水资源利用效率时会将水污染问题作为重要的考虑因素（赵良仕，2014）。王竞优（2017）、马海良等（2017）、孙才志等（2017）、汪克亮等（2017）、陆泉志等（2018）基于 DEA 中的非期望产出理论，构建了考虑水环境污染的绿色水资源利用效率评价模型。研究结果一致表明，环境约束条件下的绿色水资源利用效率明显低于各区域在无约束条件下的水资源利用效率。这也说明了我国目前的经济社会发展在一定程度上是以破坏水生态环境为代价的。

1.5 本书的主要思路和研究内容

本书在系统梳理水资源承载力诊断评价与水资源系统调控国内外研究进展的基础上，提出了区域水资源承载力、水资源利用效率诊断评价与调控的理论和方法，结合载荷均衡原理、人工智能方法、系统动力学方法、投入产出原理，从不同角度对区域水资源承载力进行了评价和案例分析，并提出了提高区域水资源承载力和水资源利用效率的宏观调控对策。本书的主要思路和研究内容如下：先介绍理论与评价方法，再进行应用案例分析，最后提出调控与管理对策。

本书主要包括三大部分内容。

第一部分：由第 1、2 章组成。主要介绍区域水资源承载力与水资源系统调控理论和方法，主要包括概念梳理、综合评价数学模型的建立。

第二部分：由第 3、4 章组成。构建了水资源承载力诊断指标体系、水资源承载指数模型、水资源承载力人口–负荷–能力评价模型和水资源承载力模拟系统动力学模型，开展了典型地区北京市、吉林省水资源承载力诊断评价、预测与调控研究，并给出了提升水资源承载力的对策建议。

第三部分：由第 5、6 章组成。构建了投入产出视角下的水资源利用效率和水资源承载力分析框架，对中国 31 个省级行政区水资源综合利用效率评价和区域间水资源投入产出进行了分析；基于水资源利用效率评价结果和影响因素，构建了区域水资源调控模型，以河北省作为典型区域开展模型应用研究，分析了不同水资源调控方案的影响，为区域水资源调控提供了重要的理论支持和决策依据。

第 2 章　水资源承载力综合评价数学模型

本章从水资源承载力多属性特征出发，建立了可用于水资源承载力综合评价的系列数学模型，主要包括突变级数评价模型、多目标决策-理想区间模型（multi-objective decision-making ideal interval model，MODMIIM）、基于熵权的 TOPSIS（technique for order preference by similarity to an ideal solution，TOPSIS）评价模型、主成分分析（principal components analysis，PCA）评价模型、遗传投影寻踪（projection pursuit，PP）插值模型、模糊综合评价（fuzzy comprehensive assessment，FCA）模型、人工神经网络（artificial neural network，ANN）评价模型、Logistic 集对分析（set pair analysis，SPA）评价模型等。本章重点介绍这些数学模型的基本原理与过程，并检验这些模型的适用性，为以后评价提供理论分析方法。

2.1　突变级数评价模型

各类生态系统的平衡都不是绝对稳定的，一旦受到扰动就会迅速从一种稳定态转化为另一种稳定态，这个过程叫作突变。而突变理论研究的就是自然现象与社会活动中事物连续性中断的质变过程，描述其现象以及一般规律（郑雯等，2011），它是非线性科学的重要组成部分。突变级数法是在突变理论的基础上发展起来的，它以势函数 $f(x)$ 为研究对象，通过状态变量以及外部控制参量 $f=f(x, A)$ 来描述系统突变。通过求解 $f'(x)$ 和 $f''(x)$ 可分别得到系统的临界点方程以及奇点集方程，再通过联立求解 $f'(x)$ 和 $f''(x)$ 消去 x，得到系统分叉集方程，处于分叉集中的控制变量值会使势函数 $f(x)$ 发生突变，即发生了系统状态的改变。由于控制变量的数值单位不统一，需要通过分叉集导出归一化公式，将系统各个控制变量不同的质态化为统一质态。当状态变量为 1 时，常见的突变模型主要有以下 4 种，见表 2-1（麻秋玲和林惠花，2013）。

表 2-1　一维状态变量的突变模型

突变模型种类	控制变量维数	势函数	分叉集	归一化公式
折叠模型	1	$f(x)=x^3+ax$	$a=-3x^2$	$x_a=a^{\frac{1}{2}}$
尖点模型	2	$f(x)=x^4+ax^2+bx$	$a=-6x^2$	$x_a=a^{\frac{1}{2}}$
			$b=8x^3$	$x_b=b^{\frac{1}{3}}$
燕尾模型	3	$f(x)=\frac{1}{5}x^5+\frac{1}{3}ax^3+\frac{1}{2}bx^2+cx$	$a=-6x^2$	$x_a=a^{\frac{1}{2}}$
			$b=8x^3$	$x_b=b^{\frac{1}{3}}$
			$c=-3x^4$	$x_c=c^{\frac{1}{4}}$

续表

突变模型种类	控制变量维数	势函数	分叉集	归一化公式
蝴蝶模型	4	$f(x)=\frac{1}{6}x^6+\frac{1}{4}ax^4+\frac{1}{3}bx^3+\frac{1}{2}cx^2+dx$	$a=-10x^2$	$x_a=a^{\frac{1}{2}}$
			$b=20x^3$	$x_b=b^{\frac{1}{3}}$
			$c=-15x^4$	$x_c=c^{\frac{1}{4}}$
			$d=4x^5$	$x_a=d^{\frac{1}{5}}$

2.1.1 突变级数的计算步骤

突变级数法主要步骤如下：

1）根据系统内部的作用机理将系统分解多层次结构，建立指标体系，并在每一层对相关指标进行重要性排序。

2）自下而上建立水资源承载力评价的突变级数模型。

3）原始数据标准化处理。

原始数据在数值单位方面存在较大差异，无法直接进行合并计算，因此采用模糊数学法将原始数据转化为［0，1］的无量纲数值。时间尺度上对单省份多年数据进行标准化处理，空间尺度上对多省份多年数据共同进行标准化处理。

标准化处理公式为

$$x=\frac{X-X_{\min}}{X_{\max}-X_{\min}}\quad X_{\min}<X<X_{\max} \tag{2-1}$$

$$x=\frac{X_{\max}-X}{X_{\max}-X_{\min}}\quad X_{\min}<X<X_{\max} \tag{2-2}$$

式中，$X_{\max}$、$X_{\min}$分别为所有指标样本中的最大值以及最小值。式（2-1）适用于越大越好型指标，式（2-2）适用于越小越好型指标。

4）归一化运算。将标准化后的数据进行归一化计算，求出评价系统各要素以及总承载力的突变隶属度值。

本研究主要从以下两个方面对突变级数法进行改进：①排序方式的改进。传统的排序方式多采用主观排序法，近年来演化为熵权法客观排序，但都不可避免地对排序结果的准确性产生影响。为最大限度地减少这种影响，本研究采用主客观相结合的方法，即要素层采用层次分析法，指标层采用熵权法。既对各要素层进行了合理排序，在各要素层内部又充分体现了各指标自身的特征。②对隶属度计算结果的改进。由于评价隶属度值集中在 0.8～1 且分数之间相差很小，本次研究对评价结果进行了改进，具体步骤如下，一是将指标层各指标全部赋值｛0，0.1，0.2，0.3，…，1｝，根据所建立的突变级数模型逐级进行计算，得到各评价等级隶属度值 r_i。二是将 r_i 当作等级刻度对水资源承载力评价值进行调整，不同等级相对应的评分区间是（r_i，r_{i+1}）（$i=0$，1，2，…，9）。假设水资源评价系统隶属度得分为 $R_j(j=1，2，…，n)$，若$r_i\leqslant R_j\leqslant r_{i+1}$，则调整隶属度为

$$R_j'=\left[\left(\frac{R_j-r_i}{r_{i+1}-r_i}\right)+i\right]\times 0.1 \tag{2-3}$$

2.1.2 突变级数评价模型应用与验证

2.1.2.1 指标体系的构建与排序

指标选取主要考虑以下两方面的因素：①在评价区域客观条件的基础上，选取本地区水资源发展的主要制约指标。②全部选取人均数据、单位面积数据等具有通常可比性的指标或者可转化为此类型的指标进行空间对比分析。本次评价在参考已有文献（刘佳骏等，2001；屈小娥，2017）的基础上进行指标选取，评价指标体系见表 2-2，包括 4 个要素层 17 个指标。

表 2-2　水资源承载力评价指标体系

目标层	要素层	子要素层	指标层	含义
W 水资源承载力	A 水资源供需系统	A_1	A_{11} 人均水资源量/m^3	水资源的人均拥有量
			A_{12} 产水模数/(万 m^3/km^2)	单位面积的产水能力
			A_{13} 供水模数/(万 m^3/km^2)	单位面积的供水能力
			A_{14} 水资源开发利用率/%	水资源的开发利用程度
		A_2	A_{21} 年平均降水量/mm	地区水资源自然补给能力
	B 生态环境系统	B_1	B_{11} 城镇污水处理率/%	城镇的水清洁状况
			B_{12} 建成区绿化覆盖率/%	绿色可持续能力
			B_{13} Ⅲ类水以上占比/%	区域水资源质量
		B_2	B_{21} 环保投资占 GDP 的比例/%	对环保的重视程度
			B_{22} 生态环境用水率/%	生态环境的保障程度
	C 经济系统	C_1	C_{11} 人均 GDP/元	区域经济发展水平
			C_{12} 工业用水定额/(m^3/万元)	工业用水效率
			C_{13} 农业用水定额/(m^3/万元)	农业用水效率
			C_{14} 万元 GDP 用水量/m^3	经济系统用水效率
	D 社会系统	D_1	D_{11} 人口密度/(人/km^2)	区域人口对水资源的压力
			D_{12} 人口自然增长率/‰	区域人口对水资源的动态压力
			D_{13} 人均日居民生活用水量/L	城市居民用水情况

参考已有评价标准采用层次分析法对要素层以及子要素层进行重要性排序，见表 2-2；采用熵权法对指标层进行权重计算，以确定其重要性排序，见表 2-3。

表 2-3　各省（直辖市）指标排序结果

目标层	要素层	子要素层	指标层	江西省	安徽省	江苏省	浙江省	上海市
W 水资源承载力	A 水资源供需系统	A_1	A_{11}人均水资源量	A_{13}	A_{13}	A_{13}	A_{13}	A_{13}
			A_{12}产水模数	A_{12}	A_{12}	A_{12}	A_{12}	A_{12}
			A_{13}供水模数	A_{11}	A_{11}	A_{11}	A_{11}	A_{11}
			A_{14}水资源开发利用率	A_{14}	A_{14}	A_{14}	A_{14}	A_{14}
		A_2	A_{21}年平均降水量	A_{21}	A_{21}	A_{21}	A_{21}	A_{21}
	B 生态环境系统	B_1	B_{11}城镇污水处理率	B_{11}	B_{11}	B_{13}	B_{13}	B_{13}
			B_{12}建成区绿化覆盖率	B_{13}	B_{13}	B_{11}	B_{11}	B_{11}
			B_{13}Ⅲ类水以上占比	B_{12}	B_{12}	B_{12}	B_{12}	B_{12}
		B_2	B_{21}环保投资占 GDP 的比例	B_{22}	B_{22}	B_{21}	B_{22}	B_{22}
			B_{22}生态环境用水率	B_{21}	B_{21}	B_{22}	B_{21}	B_{21}
	C 经济系统	C_1	C_{11}人均 GDP	C_{11}	C_{11}	C_{11}	C_{11}	C_{11}
			C_{12}工业用水定额	C_{13}	C_{12}	C_{13}	C_{13}	C_{12}
			C_{13}农业用水定额	C_{14}	C_{14}	C_{12}	C_{12}	C_{14}
			C_{14}万元 GDP 用水量	C_{12}	C_{13}	C_{14}	C_{14}	C_{13}
	D 社会系统	D_1	D_{11}人口密度	D_{12}	D_{11}	D_{11}	D_{11}	D_{11}
			D_{12}人口自然增长率	D_{11}	D_{12}	D_{13}	D_{12}	D_{12}
			D_{13}人均日居民生活用水量	D_{13}	D_{13}	D_{12}	D_{13}	D_{13}

2.1.2.2　构建突变模型

结合表 2-1 中突变模型的分类及表 2-3 中指标的排序，以江西省为例建立水资源承载力评价基本突变模型（图 2-1）。以要素层 A 为例，A_{11} ~ A_{14}四个指标组成了蝴蝶模型，根据蝴蝶模型的分叉集以及归一化公式可对 A_1 隶属度进行计算，同理得到 A_2隶属度。A_1和 A_2又组成了一个尖点模型，可得 A 要素层隶属度。待四个要素层隶属度全部计算完毕，可根据蝴蝶模型计算总的水资源承载力隶属度，同理可得其他四省（直辖市）突变模型。值得注意的是，指标进行评判时要考虑两个原则：“互补”和“非互补”原则，若各控制变量之间存在明显的关联，即为“互补”型，此时一般用平均值法取值；反之，若各控制变量之间没有明显的关联，即为“非互补”型，按照“大中取小”的原则取值（白金生，2015）。本次突变模型中指标间关系比较紧密，均为“互补”型指标。

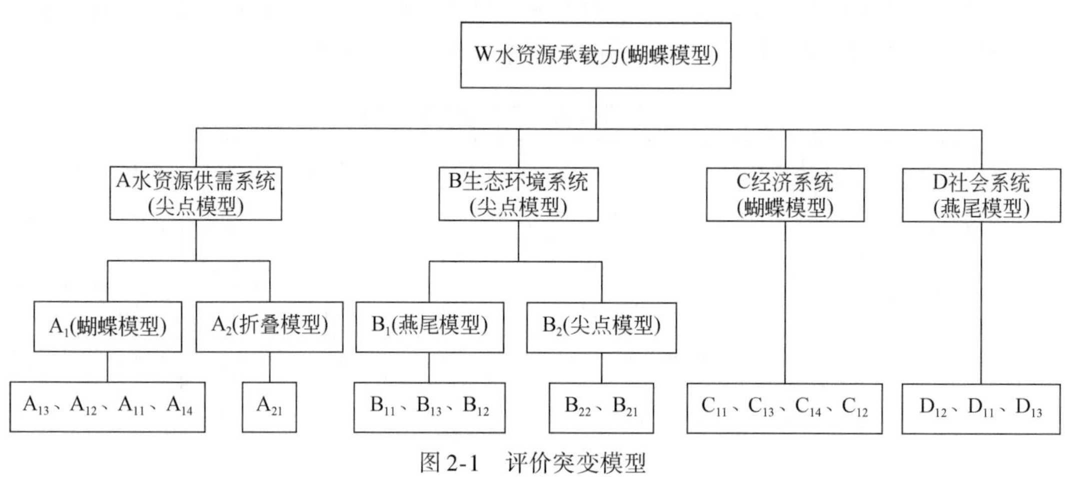

图 2-1　评价突变模型

2.1.2.3　归一化计算

(1) 时间尺度

根据归一化公式以及标准化处理后的数据，得到五省（直辖市）水资源承载力评价值以及改进值，见表 2-4。

表 2-4　各省（直辖市）水资源承载力评价值以及改进值

年份	江西省		安徽省		江苏省		浙江省		上海市	
	评价结果	改进结果	评价结果	改进结果	评价结果	改进结果	评价结果	改进结果	评价结果	改进结果
2005	0.4664	0.0547	0.8219	0.0964	0.6930	0.0813	0.6499	0.0762	0.6828	0.0801
2006	0.8802	0.1682	0.7126	0.0836	0.9142	0.2827	0.8900	0.1921	0.9076	0.2565
2007	0.8381	0.0983	0.9198	0.3068	0.9397	0.4171	0.9316	0.3703	0.9117	0.2728
2008	0.9267	0.3436	0.9204	0.3098	0.9352	0.3897	0.9266	0.3432	0.9334	0.3797
2009	0.9205	0.3102	0.9246	0.3323	0.9334	0.3800	0.9368	0.3983	0.9205	0.3103
2010	0.9676	0.6313	0.9564	0.5366	0.8802	0.1680	0.9614	0.5766	0.9314	0.3693
2011	0.8584	0.1150	0.9398	0.4183	0.9452	0.4544	0.8058	0.0945	0.8363	0.0981
2012	0.9681	0.6365	0.9603	0.5681	0.9390	0.4129	0.9545	0.5207	0.9419	0.4324
2013	0.9405	0.4227	0.8463	0.0993	0.8369	0.0982	0.9363	0.3955	0.9340	0.3832
2014	0.9506	0.4913	0.9622	0.5838	0.9783	0.7371	0.9301	0.3618	0.9392	0.4139
2015	0.9612	0.5750	0.9409	0.4257	0.9863	0.8254	0.9661	0.6176	0.9771	0.7248

(2) 空间尺度

与时间尺度计算方法相同，将五省（直辖市）数据合并进行标准化处理以及模型构建，得到各省（直辖市）水资源评价隶属度改进值，如图 2-2 所示。

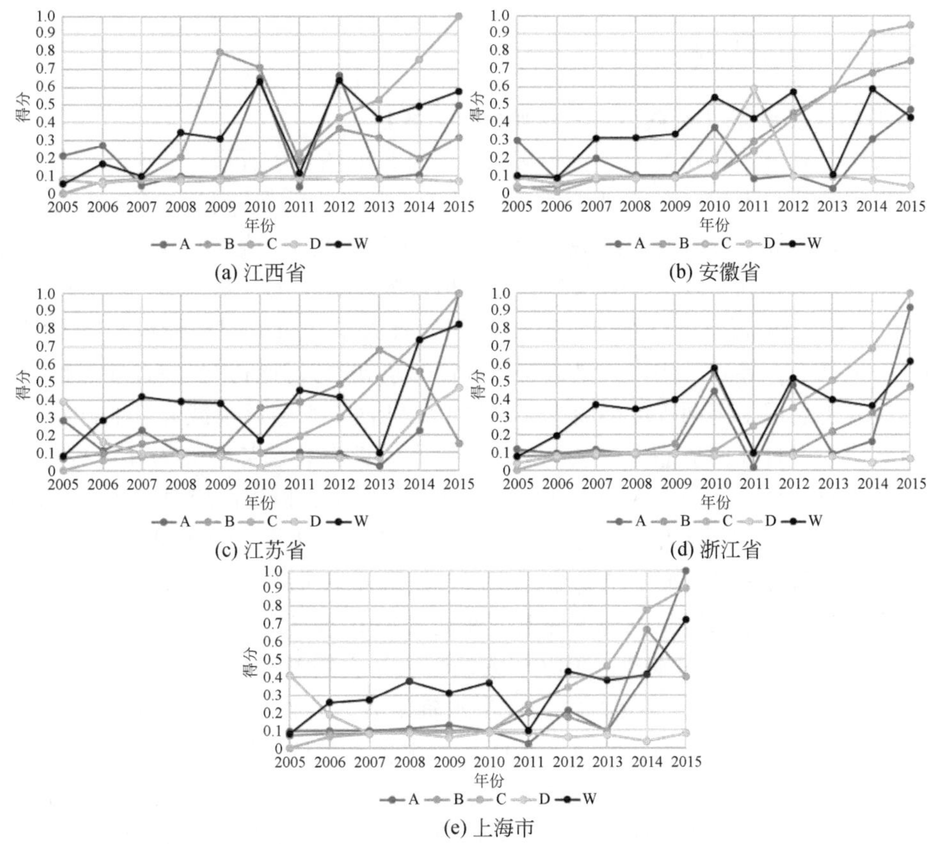

图 2-2　各省（直辖市）水资源承载力评价结果

（3）要素层

综合各省（直辖市）计算数据，得到长江下游地区总的水资源承载力以及各要素层隶属度评价改进值，如图 2-3 所示。

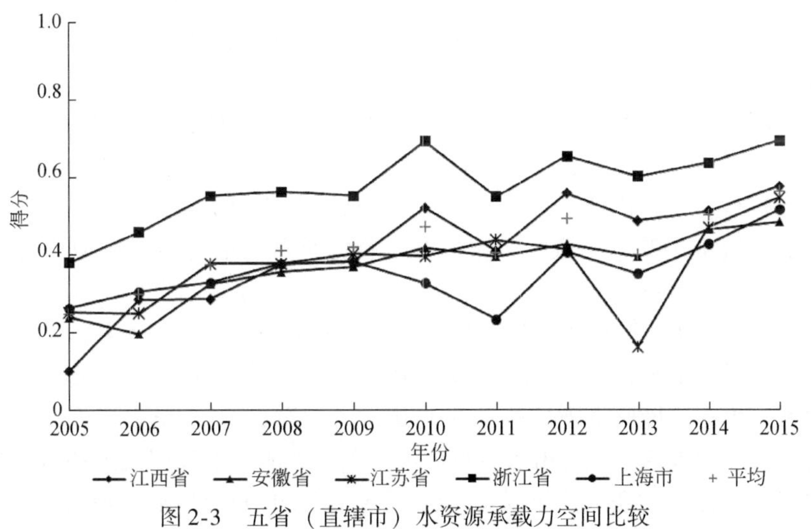

图 2-3　五省（直辖市）水资源承载力空间比较

2.1.2.4 结果与讨论

(1) 时间尺度五省(直辖市)水资源承载力评价

时间尺度五省(直辖市)水资源承载力评价结果如图 2-2 所示,从单省份分析,江西省经济要素得分稳步上升,社会要素得分较低且几乎不变,其余两个子系统均有较大波动,由重要性排序导致的水资源承载力综合得分也随之波动。值得注意的是 2011 年,四个子系统得分全部在 0.3 以下,导致综合得分出现断崖式下滑,从 2010 年的 0.63 直接跌到了 0.11。通过历史资料可以发现,2011 年江西省大旱,历史同期降水量以及河流水位都达到了历史低点,导致可用水大量减少,水资源承载力大打折扣,并且环保投资以及生态用水的投入也出现了不同程度的减少。总体上,江西省水资源承载力呈上升趋势,但过于依赖自然气候,自我调节能力较差,年份波动大。此变化趋势与安彬和肖薇薇(2016)的研究结果一致,今后需加强水利设施建设,在汛期储水,以提高应对灾变年份的能力。

2005~2015 年,安徽省生态环境要素和经济要素稳步上升。社会要素除了 2011 年较好外,其余年份得分较低且有下滑趋势,人口自然增长率居高不下是其主要原因。水资源承载力综合得分主要随水资源供需系统上下波动,2010 年以后(除 2013 年外)基本稳定在 0.4~0.6。通过查阅资料发现,2013 年安徽省大旱,高温气候为 1961 年以来最强,主汛期降水为 2005 年来最少,特别是淮河以南水资源匮乏、作物减产严重。此综合得分变化符合实际情况,并且与余盼和熊峰(2015)的水生态足迹研究结果变化趋势完全一致。总的来看,安徽省近年来水资源承载能力一般,小范围内波动但并没有明显的上升趋势,需采取措施提高其承载能力,使其做到稳中有升,建议除了完善水资源调配制度外,还要控制人口增长。

江苏省经济要素逐年上升,水资源供需要素和社会要素在 2005~2013 年得分较低且略有下降,但在 2013 年以后迅速增长。与此相反,生态环境要素在 2005~2013 年得分稳定上升,在 2013 年以后迅速下降,主要原因是生态环境用水量的降低。在作为转折点的 2013 年,江苏省同样遭遇了旱灾,但程度较安徽省轻。整体来看,江苏省近两年水资源承载力上升明显,今后提升水资源承载力的主要措施应放在生态环境要素上,同时提高生态环境治理投资以及生态用水率。

浙江省经济要素稳定上升,社会要素得分较低且几乎不变,主要归因于人口自然增长率的居高不下甚至略有上升。水资源供需要素和生态环境要素经过 2011 年和 2013 年两个旱年之后逐渐好转。在此背景下,整体水资源承载力在波动中略有上升,此变化趋势与周丽(2016)的研究成果基本一致。今后提升水资源承载力的主要措施应该是控制人口增长,减轻社会对水资源系统的压力。

上海市是五个省级行政区中水资源承载力波动最小的地区。作为我国的经济中心,上海市过量的人口涌入造成巨大的用水压力,因此社会要素得分一直偏低。水资源供需要素、经济要素、生态环境要素则呈稳定的上升趋势,除 2011 年旱灾年外,整体水资源承载力稳中有升。总的来说,上海市虽然整体水资源承载能力不强但发展趋势是好的,这与丁华和邱卫国(2013)的研究成果保持一致。今后的工作重点应放在提高用水效率上,增加中水回用，形成水资源的多级利用体系，使有限的水资源发挥最大的效用。

综合五省（直辖市）整体情况，2005～2015 年长江下游五省（直辖市）综合水资源承载力整体处于上升趋势，但个别年份波动较大，对自然降水依赖较强。经济要素评分稳定上升，但社会要素评分很低，人口对水资源压力依然巨大。

（2）空间尺度五省（直辖市）水资源承载力评价

空间尺度长江下游五省（直辖市）水资源承载力比较结果如图 2-3 所示。可分为两个时间段来看，2005～2009 年五省（直辖市）水资源承载力增长趋势大致相同且波动不大，除浙江省外，其他四省（直辖市）2009 年水资源承载力得分在 0.389～0.422，而浙江省水资源承载力明显大于其他四省（直辖市），原因如下：首先是 2005～2009 年各省（直辖市）水资源供需系统指标变化不明显。以人均水资源量为例，2005～2008 年各省（直辖市）人均水资源量与 2009 年平均差距分别是 6.27%（浙江省）、8.21%（安徽省）、9.58%（上海市）、13.51%（江苏省）、23.97%（江西省），而 2010～2015 年这一数值分别是 30.28%、16.69%、29.14%、18.24%、51.81%。除此之外，2005～2009 年经济发展速度还比较慢，并且对于生态环境的重视程度还不够。综合这些因素导致了上述变化趋势的产生，而浙江省得分较高的原因将在后文说明。2010～2015 年，五省（直辖市）水资源承载力都有较大幅度波动，主要原因是自然降水条件变化较大。但由于科技的进步以及对水环境保护的重视，水资源承载力在波动中有上升。此阶段各省（直辖市）水资源承载力强弱排序比较明显：浙江省>江西省>安徽省>江苏省>上海市。若将得分等级区间{[0，0.2]，(0.2，0.4]，(0.4，0.6]，(0.6，0.8]，(0.8，1]}分别对应承载力{极弱，弱，中等，强，极强}，可得各省（直辖市）水资源承载力空间对比，见表 2-5。

表 2-5　五省（直辖市）水资源承载力评价等级

指标	江西省	安徽省	江苏省	浙江省	上海市
“极弱”年份数	1	1	1	0	0
“弱”年份数	4	6	5	1	8
“中等”年份数	6	4	5	5	3
“强”年份数	0	0	0	5	0
“极强”年份数	0	0	0	0	0
超过区域平均值年份数	6	0	3	11	2
各年平均值	0.409（中等）	0.370（弱）	0.372（弱）	0.576（中等）	0.356（弱）

由表 2-5 可知，长江下游五省（直辖市）2005～2015 年水资源承载力排名为浙江省>江西省>江苏省>安徽省>上海市，表现最好的是浙江省，得分接近“强”，究其原因是浙江省在生态环境治理以及环保投入上得分远远领先其他省（直辖市），并且有五省（直辖市）中最高的降水量和得分第二的水资源供需系统。江西省是另一个“中等”承载力省份，得益于较高的降水量以及较低的用水量，江西省水资源量尤为充足，2005～2015 年江

西省平均降水量达到 1666mm，比五省（直辖市）平均量 1362mm 多 22.3%，而 145 000m^3/km^{2}的供水模数更是远远低于其他四省（直辖市）。但由此也引发了水资源浪费、废水处理率低等一系列问题。江西省需加强用水效率，增加在水处理上的投入，使水资源承载力得到进一步提升并具有较强的抵御灾害年的能力。安徽省和江苏省水资源承载力大致相当，属于第三梯队，两者在水资源供需上表现相仿，安徽省在水环境保护以及治理方面大幅度高于江苏省，生态环境用水率高达 1.04%，仅次于浙江省。但江苏省在经济能力以及控制人口对水资源压力上的表现远远好于安徽省，今后两省需在薄弱处加以改进。上海市在四个省（直辖市）中水资源承载力表现最差，除经济要素外，其他三个子系统都很脆弱。由于拥有众多的人口以及发达的工业，符合用水条件的水资源不能自给自足，水资源开发利用率常年居高不下。上海市正在并将长期在产业区域转移上进行努力，在舒缓人口压力的同时进行高耗水行业的改革。当然，得益于经济要素和生态环境要素的稳定上升，上海市整体水资源承载力得分呈上升趋势。

（3）研究区水资源承载力整体评价

长江下游五省（直辖市）水资源承载力综合得分以及各要素得分平均值如图 2-4 所示，从图中可以看出，长江下游水资源承载力整体处于上升趋势，发展势头良好。2015 年已经接近“强”承载水平，与李燕和张兴奇（2017）的研究成果一致。从各要素来看，生态环境要素得分以及经济要素得分在十年间都得到了较大提升；由于长江下游经济的快速发展，人口压力的问题一直都没得到解决，社会要素得分一直较低且没有上升趋势。水资源供需要素年际变化非常大，2011 年和 2013 年两个旱灾年对水资源系统造成了非常大的冲击。未来一段时间内长江下游针对水资源承载力各要素的工作中心应该集中在以下几方面：加强水利设施建设以增强应对水资源年际变化的能力；加强对生态环保的投入，提高生态系统自身保水产水能力；保持科技、经济的发展，调整产业结构，降低高耗水行业的比例；增强用水效率，提高居民节水意识，最大化地弱化人居用水量给水资源系统带来的压力。

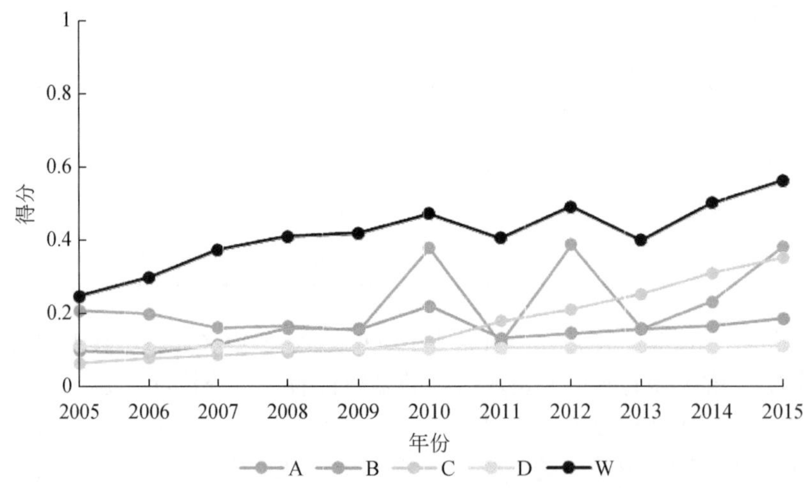

图 2-4　长江下游五省（直辖市）水资源承载力整体评价

2.1.3 小结

本研究利用改进突变级数法对长江下游五省（直辖市）水资源承载力进行评价，方法可行且评价结果准确。长江下游五省（直辖市）水资源承载力最强的是浙江省，最差的是上海市，长江下游整体水资源承载力在逐渐变强。今后的工作重点应放在水利设施建设上，要建立一套完整的水资源常态与应急综合管理机制来调节年份间的差异，同时要在提高用水效率上努力，形成水资源多级利用体系。

改进突变级数法优点非常明显，权重只参与指标排序而不参与计算，既可以保证指标排序的可信度，又可以最大限度地避免人为赋权的主观性。另外，突变级数法简单易懂便于操作，改进后的结果层次分明。本研究结果与之前学者的成果基本一致，证明突变级数法用于评价水资源承载力是切实可行的，差别在于本研究结果的年际变化幅度更大一些。如何削弱个别指标对结果的过大影响以及如何建立更为科学合理的指标体系将是今后研究的重点。

本研究为水资源承载力的评价开拓了新思路，并且拓展了突变级数法的应用领域。评价结果可为各省（直辖市）今后水资源的管理规划提供理论参考，有利于长江下游水资源的可持续发展。

2.2 多目标决策-理想区间模型

淮河流域水资源贫乏，全流域多年平均水资源总量为 854 亿 m^3，其中地表水资源为 621 亿 m^3，人均地表水资源量为 $411m^3$，平均每公顷为 $5085m^3$，均不足全国平均值的1/5，世界平均值的 1/20。近年来随着经济和人口的发展，淮河流域水资源供需矛盾日益明显，水资源的供需必须考虑其水资源承载能力（秦莉云和金忠青，2000）。水资源承载能力是指在某一历史发展阶段，以可预见的技术、经济和社会发展水平为依据，以可持续发展为原则，以维护生态环境良性发展为条件，在水资源得到合理的开发利用下，某一研究区域人口增长与经济发展的最大容量（王顺久等，2003）。可见，对水资源承载能力进行评价必然要涉及资源、经济、环境和人口等多种因素。由于实际水资源承载能力各项评价指标常常是相关的或不相容的，直接利用水资源承载能力评价标准表进行水资源承载能力的等级评判缺乏实用性。模糊综合评价法（贾嵘等，1999；杨纶标等，2001）、层次分析法（马云东和胡明东，1997；张礼兵等，2002）、灰色关联法（沈珍瑶和谢彤芳，1997；吕锋和崔晓辉，2002）、人工神经网络法（薛建军和姚桂基，1997）、投影寻踪法（Friedman and Tukey，1974；李祚泳，1997；金菊良等，2001）和多目标决策-理想点法（陈武等，2002；钱颂迪，2002；杨晓华和夏星辉，2016）等是各有特点的评价方法。其中多目标决策-理想点法虽然不受采样点和评价因子数目的限制，直观、简便，但由于实际水资源承载能力评价标准是一个区间，目前的多目标决策-理想点法把评价标准处理成点的形式也存在一定缺陷。因此，为了科学地对水资源承载能力问题进行综合评价，并使评价方法具有可操作性，本研究对多目标决策-理想点法进行改进，把评价标准处理成区间的形式，提出了多目标决策-理想区间模型，并进一步用于淮河流域水资源承载能力的综合评价（郦建强等，2004b）。

2.2.1 MODMIIM 的基本原理

水资源承载能力评价的多目标决策-理想点法的基本原理是把影响水资源承载能力的 n 个指标看成多目标决策中的 n 个目标函数 $f_j(x)$ （$j=1$，2，…，n）。而把反映水资源承载能力的 m 个等级视为 x。每个目标函数分别有其最优值 f_j^* （$j=1$，2，…，n），这里的最优值 f_j^* 指的是各等级所对应的第 j 个标准指标值。如果所有这些指标的最优解 X_j （$j=1$，2，…，n）（这里的最优解 X_j 指的是第 j 个标准指标值所对应的等级）都相同，设为 X^*，则在 X^* 处所有的目标函数都同时达到各自的最优值，其相应的解 X^* 即为各指标所代表的某一地区某一时间内的水资源承载能力评价的综合等级，但这种情况不太可能发生。多目标决策-理想点法把最优值 f_j^* （$j=1$，2，…，n）看成理想点，把某一地区某一时间内的水资源承载能力评价实际指标与在理想点处的水资源承载能力评价标准指标的距离作为评价该地区水资源承载能力评价指标与在理想点处的水资源承载能力评价标准指标的接近程度，把距离最小的理想点对应的等级找出来，近似看成该地区水资源承载能力评价的综合等级。

在水资源承载能力综合评价中，多目标决策-理想点法把监测样本的各实际指标值和每一等级的各标准指标值都视为点，把监测样本的各指标分布看成一条曲线，把评价标准的各级别视为一组曲线，进行多目标决策。然而作为一种新方法的尝试应用，应根据研究领域的特点对原方法进行改进，显然水资源承载能力综合评价各等级的指标值为区间。水资源承载能力评价标准表（秦莉云和金忠青，2000）见表 2-6，水资源利用率（%）Ⅱ级（表示水资源承载能力中等）标准指标值在 50%~75%，人均供水量（m^3）Ⅲ级（表示水资源承载能力较强）标准指标值>400m^3，均为区间。如果仍用传统的多目标决策-理想点法，结果则不够准确。本研究把监测样本的各指标值视为点和每一等级的各标准指标值视为区间，提出了一种更适合在水资源承载能力综合评价中应用的模型——MODMIIM。

表 2-6　水资源承载能力评价标准表

序号	评价指标	评价等级		
		Ⅰ（弱）	Ⅱ（中）	Ⅲ（强）
1	灌溉率/%	>60	20 ~ 60	<20
2	水资源利用率/%	>75	50 ~ 75	<50
3	水资源开发程度/%	>70	30 ~ 70	<30
4	供水模数/(万 m^3/km^2)	>15	1 ~ 15	<1
5	需水模数/(万 m^3/km^2)	>15	1 ~ 15	<1

续表

序号	评价指标	评价等级		
		Ⅰ（弱）	Ⅱ（中）	Ⅲ（强）
6	人均供水量/m^3	<200	200～400	>400
7	生态用水率/%	<1	1～5	>5

2.2.2 MODMIIM 的计算步骤

MODMIIM 基本步骤如下。

步骤 1：构造目标向量函数。选用水资源承载能力评价系统中的 n 个指标来综合评价水资源承载能力，由此构造目标向量函数 $F(x)$。

$$F(x)=[f_1(x),f_2(x),\cdots,f_j(x),\cdots,f_n(x)]^{\mathrm{T}} \tag{2-4}$$

式中，$f_j(x)$ 为第 j 个指标，$j=1$，2，…，n。

步骤 2：构造监测点指标向量。设第 k 个监测点指标向量 F_k。

$$F_k=[f_{1,k},f_{2,k},\cdots,f_{j,k},\cdots,f_{n,k}]^{\mathrm{T}} \tag{2-5}$$

式中，$k=1$，2，…，L，L 为监测点个数；$f_{j,k}$为第 k 个监测点第 j 个指标值。

步骤 3：构造理想区间向量。水资源承载能力评价标准表中的每一等级所对应的各标准指标的取值范围构成理想区间向量 F_i^*：

$$F_i^*=[f_{1,i}^*,f_{2,i}^*,\cdots,f_{j,i}^*,\cdots,f_{n,i}^*]^{\mathrm{T}} \tag{2-6}$$

$$f_{j,i}^*=[a_{j,i},\ b_{j,i}]$$

式中，$i=1$，2，…，m，m 为等级个数；$a_{j,i}$、$b_{j,i}$分别为第 i 个等级的第 j 个标准指标所对应区间的左右端点。本研究称 F_i^* 为第 i 个等级的理想区间向量。在这里，不妨设各指标在等级Ⅰ～Ⅲ中的数值是从小到大排列的，否则该指标只要进行倒代换处理即可。各监测点指标也应该进行相应的规范化处理。

步骤 4：计算监测点到各等级的理想区间向量的综合距离。为了提高评价结果的精度，取第 k 个监测点的监测值到第 i 个理想区间向量的综合距离 $d(i,\ k)$ 为

$$d(i,k)=\sum_{j=1}^{n}\lambda_j\Delta(i,k,j) \tag{2-7}$$

式中，$\Delta(i,\ k,\ j)$ 的计算如下：

1）当评价因子处于一级时，即 $i=1$ 时

$$\Delta(i,\ k,\ j)=\begin{cases}(f_{j,k}-a_{j,1})/(b_{j,1}-a_{j,1}) & f_{j,k}\in[a_{j,1},\ b_{j,1}]\\ 1+(f_{j,k}-a_{j,2})/(b_{j,2}-a_{j,2}) & f_{j,k}\in[a_{j,2},\ b_{j,2}]\\ 3 & f_{j,k}>b_{j,2}\end{cases}$$

2）当评价因子处于二级时，即 $i=2$ 时

$$\Delta(i,k,j)=\begin{cases}(f_{j,k}-a_{j,i})/(b_{j,i}-a_{j,i}) & f_{j,i}\in[a_{j,i},\ b_{j,i}]\\ 1+(f_{j,k}-b_{j,i-1})/(a_{j,i-1}-b_{j,i-1}) & f_{j,i}\in[a_{j,i-1},\ b_{j,i-1})\\ 1+(f_{j,k}-a_{j,i+1})/(b_{j,i+1}-a_{j,i+1}) & f_{j,i}\in(a_{j,i+1},\ b_{j,i+1}]\\ 3 & f_{j,i}<a_{j,i-1},\ f_{j,i}>b_{j,i+1}\end{cases}$$

3）当评价因子处于三级时，即 $i=3$ 时

$$\Delta(i,k,j)=\begin{cases}(f_{j,k}-a_{j,3})/(b_{j,1}-a_{j,3}) & f_{j,k}\in[a_{j,3},\ b_{j,3}]\\ 1+(f_{j,k}-b_{j,2})/(a_{j,2}-b_{j,2}) & f_{j,k}\in[a_{j,2},\ b_{j,2}]\\ 3 & f_{j,k}<a_{j,2}\end{cases}$$

同时，λ_j 为权重。$i=1$，2，…，m；$k=1$，2，…，L，L 为监测点的个数。

步骤5：求最小距离。对每一监测点 k，计算 $\min\limits_i d(i,k)$，其中 $\min\limits_i d(i,k)$ 对应的等级 i 即为第 k 个监测点水资源承载能力综合评价的等级。

以上5个步骤构成了水资源承载能力综合评价的MODMIIM。

2.2.3 水资源承载能力综合评价

影响水资源承载能力的因素有很多，根据流域水资源特征，选取的评价指标为灌溉率（%）、水资源利用率（%）、水资源开发程度（%）、供水模数（万 m^3/km^2）、需水模数（万 m^3/km^2）、人均供水量（m^3）、生态用水率（%）（郦建强等，2004b）。本研究将水资源承载能力分成弱（Ⅰ级）、中等（Ⅱ级）、强（Ⅲ级）三级。表2-6列出了7个指标的情况和对应的等级。淮河流域各监测点指标值见表2-7。这里 $n=7$，$m=3$，$L=6$，$j=1$，2，…，7。

表2-7 淮河流域各监测点指标值

评价指标	待评价区域					
	洪泽湖以上	淮河下游平原	泗水	淮河流域	山东半岛	淮河片
灌溉率/%	55.30	90.50	69.10	63.40	67.20	64.10
水资源利用率/%	51.10	71.50	72.10	59.30	59.30	59.30
水资源开发程度/%	42.90	94.20	68.40	55.80	53.70	55.50
供水模数/(万 m^3/km^2)	13.50	29.20	20.00	17.20	12.40	16.30
需水模数/(万 m^3/km^2)	12.90	43.30	26.70	23.70	15.40	22.20
人均供水量/m^3	244.1	495.8	319.3	296.8	222.6	283.80
生态用水率/%	1.00	1.00	1.00	1.00	1.00	1.00

由式（2-7）和表2-7的数据，可计算各监测点到Ⅰ～Ⅲ等级的理想区间向量的综合距离，详见表2-8。

表 2-8 各监测点到 Ⅰ ~ Ⅲ等级的理想区间向量的综合距离

待评价区域（k）	d（1，k）	d（2，k）	d（3，k）
洪泽湖以上	0.317	0.032	1.968
淮河下游平原	0.571	1.320	2.320
泗水	0.371	0.942	2.343
淮河流域	0.668	1.004	2.133
山东半岛	0.599	0.810	1.929
淮河片	0.656	0.997	2.143

根据表 2-8 的计算结果，在各监测点的 3 个距离中取最短距离，结果见表 2-9。从表 2-9我们可以得出评价结果：洪泽湖以上水资源承载能力中等；淮河下游平原、泗水、淮河流域、山东半岛、淮河片水资源承载能力较弱。

表 2-9 各监测点的综合距离的最小值及所属等级

待评价区域	最短距离 d	所属等级
洪泽湖以上	0.032	Ⅱ
淮河下游平原	0.571	Ⅰ
泗水	0.371	Ⅰ
淮河流域	0.668	Ⅰ
山东半岛	0.599	Ⅰ
淮河片	0.656	Ⅰ

采用遗传投影寻踪法（王顺久等，2003）、模糊综合评价法（秦莉云和金忠青，2001）对上述淮河流域各监测点的水资源承载能力进行评价，并与 MODMIIM 的评价结果进行比较，详见表 2-10。

表 2-10 各方法评价结果的对比

待评价区域	MODMIIM	模糊综合评价法	遗传投影寻踪法
洪泽湖以上	Ⅱ	Ⅰ ~ Ⅱ	Ⅱ
淮河下游平原	Ⅰ	Ⅰ ~ Ⅱ	Ⅰ
泗水	Ⅰ	Ⅰ ~ Ⅱ	Ⅰ
淮河流域	Ⅰ	Ⅰ ~ Ⅱ	Ⅰ
山东半岛	Ⅰ	Ⅰ ~ Ⅱ	Ⅱ
淮河片	Ⅰ	Ⅰ ~ Ⅱ	Ⅰ

2.2.4 小结

鉴于多目标决策–理想点法把评价标准处理成点存在的缺陷，为了更符合实际水资源承载能力评价标准，本研究对多目标决策-理想点法进行了改进，提出了一种多目标决策-理想区间模型，主要结论为：

1）将 MODMIIM 应用到淮河流域各监测点水资源承载能力综合评价中，所得结果科学、合理、具有可比性，其结果介于模糊综合评价法与投影寻踪模型之间。

2）MODMIIM 各指标值经规范化处理后，可直接套用式（2-7），模型简单易行。

3）MODMIIM 把评价标准处理成理想区间，比多目标决策-理想点法应用范围广，物理意义更加明确。另外，根据实际问题的特点和需要，可适当调整式（2-7）中的权值λ_j，因而 MODMIIM 既具有适用性，又具有灵活性，可广泛应用于其他水资源评价领域。

2.3 基于熵权的 TOPSIS 评价模型

TOPSIS 是由 Wang 和 Young 在 1981 年首次提出的。TOPSIS 法根据有限个评价对象与理想化目标的接近程度进行排序，并对现有的对象进行优劣评价（胡永宏，2002）。另外，熵是系统状态不确定性的一种度量（李旭宏等，2004），应用熵可以度量评价指标体系中指标数据所蕴含的信息量，并依此可以确定各指标的客观权重。本节给出了基于熵权，采取比例归一化的 TOPSIS 法原理与步骤。

2.3.1 TOPSIS 法的基本原理

TOPSIS 法是一种逼近于理想解的排序法，该方法只要求各分效用函数具有单调递增（或递减）性就行。其中“理想解”和“负理想解”是 TOPSIS 法的两个基本概念（陈强和杨晓华，2007；董璟琦等，2009）。理想解（记为 x^+）是一设想的最优解（方案），它的各个属性值都达到各备选方案中的最好值；而负理想解（记为 x^-）是一设想的最劣解（方案），它的各个属性值都达到各备选方案中的最坏值。方案排序的规则是把各备选方案与 x^-、x^+进行比较，若其中一个方案最接近 x^+，同时又最远离 x^-，则该方案是备选方案中的最好方案。

2.3.2 基于熵权的 TOPSIS 评价模型的计算步骤

基于熵权的 TOPSIS 评价模型可分为以下 6 个步骤。

步骤 1：构造规范化决策矩阵 $\boldsymbol{R}$。对于 n 个评价单元、m 个评价指标的水资源系统综合评价问题，其决策矩阵 $\boldsymbol{A}$ 为

$$
\begin{array}{c} \\ \boldsymbol{A}= \end{array}
\begin{array}{c} \\ x_1 \\ x_2 \\ \vdots \\ x_n \end{array}
\begin{array}{c}
\begin{array}{cccc} f_1 & f_2 & \cdots & f_m \end{array} \\
\begin{bmatrix} a_{11} & a_{12} & \cdots & a_{1m} \\ a_{21} & a_{22} & \cdots & a_{2m} \\ \vdots & \vdots & & \vdots \\ a_{n1} & a_{n2} & \cdots & a_{nm} \end{bmatrix}
\end{array}
$$

式中，$a_{ij}=f_j(x_i)$ 表示第 i 个评价单元（备选方案）的第 j 个评价指标值（$i=1$，…，n；$j=1$，2，…，m），并将 $\boldsymbol{A}$ 规范化处理成矩阵 $\boldsymbol{R}$：

$$\boldsymbol{R}=\begin{bmatrix} r_{11} & r_{12} & \cdots & r_{1m} \\ r_{21} & r_{22} & \cdots & r_{2m} \\ \vdots & \vdots & & \vdots \\ r_{n1} & r_{n2} & \cdots & r_{nm} \end{bmatrix} \tag{2-8}$$

其中，效益型公式为

$$r_{ij}=\frac{a_{ij}-a_j^{\min}}{a_j^{\max}-a_j^{\min}} \tag{2-9}$$

成本型公式为

$$r_{ij}=\frac{a_j^{\max}-a_{ij}}{a_j^{\max}-a_j^{\min}} \tag{2-10}$$

步骤 2：构造加权的规范化决策矩阵 $\boldsymbol{V}$。

采用熵权模型，计算权重。首先计算第 j 个指标的熵：

$$E_j=-K\sum_{i=1}^{n}p_{ij}\ln p_{ij} \tag{2-11}$$

其中，

$$p_{ij}=f_j(x_i)/\sum_{i=1}^{n}f_j(x_i) \quad K=1/\ln m \tag{2-12}$$

$f_j(x_i)$ 为第 i 个方案 x_i的第 j 个属性值。准则集的总熵为

$$E=\sum_{j=1}^{m}E_j \tag{2-13}$$

由于信息量与熵成反比，可以用下列的量表征信息量权系数

$$d_j=1-E_j \tag{2-14}$$

$$w_j=\frac{d_j}{\sum_{j=1}^{m}d_j} \quad j=1,2,\cdots,m \tag{2-15}$$

$$\boldsymbol{V}=\begin{bmatrix} v_{11} & v_{12} & \cdots & v_{1m} \\ v_{21} & v_{22} & \cdots & v_{2m} \\ \vdots & \vdots & & \vdots \\ v_{n1} & v_{n2} & \cdots & v_{nm} \end{bmatrix} \tag{2-16}$$

其中，$v_{ij}=w_j r_{ij}$，$i=1$，…，n；$j=1$，2，…，m；w_j是第 j 个属性（指标）的权值。

步骤 3：确定理想解 x^+和负理想解 x^-。

$$x^+=\{\max_i v_{ij}\mid i=1,2,\cdots,n\}=\{x_1^+,x_2^+,\cdots,x_m^+\}$$

$$x^-=\{\min_i v_{ij}\mid i=1,2,\cdots,n\}=\{x_1^-,x_2^-,\cdots,x_m^-\}$$

步骤 4：计算距离。每个方案到理想解的距离是

$$s_i^+ = \sqrt{\sum_{j=1}^{m} (v_{ij} - x_j^+)^2} \tag{2-17}$$

每个方案到负理想解 x^- 的距离是

$$s_i^- = \sqrt{\sum_{j=1}^{m} (v_{ij} - x_j^-)^2} \tag{2-18}$$

步骤5：计算每个方案对理想解的相对接近度指数。

$$c_i = \frac{s_i^-}{s_i^- + s_i^+} \tag{2-19}$$

步骤6：按 c_i 由大到小的顺序排列方案的优先次序。

以上6个步骤构成基于熵权的TOPSIS评价模型。本节所介绍的基于熵权的TOPSIS评价模型可用于区域水资源承载力综合评价。

2.4 主成分分析评价模型

主成分分析（PCA）也称为主分量分析，由Hotelling于1933年首先提出，并将该理论应用于心理学研究。1947年Karhunen独立地用概率论的形式再次将其研究，其后Loeve将该理论进一步扩充和完善，故PCA理论也称为Karhunen-Loeve变换。在实际问题中，为了全面系统地分析问题，必须考虑许多对某实际过程有影响的因素，也称为指标或变量。因为每个变量都在不同程度上反映了所研究问题的某些信息，指标之间或多或少有一定的相关性，因此得到的统计数据所反映的信息在一定程度上会有重叠；另外，在研究多变量问题时，变量太多会增大计算量，增加分析问题的复杂性，因此希望在定量分析的过程中涉及的变量少，得到的信息量又多。PCA就是解决这些问题的数学方法（杨晓华和沈珍瑶，2008）。

2.4.1 PCA的基本原理

PCA的目的是以较少数量的综合变量取代原有的多维变量，使数据结构简化，而这些综合变量互不相关。PCA实质上是一种数学变换方法，它把一组相关变量通过线性变换转换成另一组不相关变量，将这些新的不相关变量按照方差依次递减的顺序排列，就形成所谓的主成分。第一主成分具有最大的方差，第二主成分的方差次大，并且与第一主成分不相关，依次类推，形成 p 个主成分。因为每个主成分都是原始变量的线性组合，且各个主成分之间互不相关，这就使得我们在研究复杂问题时，在不损失太多信息的情况下只考虑少数几个主成分，使问题得到简化，从而提高分析和处理问题的效率。

PCA评价原理是把原指标综合成较少几个主成分，再以这几个主成分的贡献率为权数进行加权平均，构造出一个综合评价函数。PCA作为一种多指标分析方法，在综合评价函数中，各主成分的贡献率，反映了该主成分包含原始数据的信息量占全部信息量的比例，这种综合评价结果较为客观。

2.4.2 PCA 的计算步骤

PCA 是利用对高维变量空间进行降维处理的思想，把多个指标转化为少数几个综合指标的多元统计分析方法。其工作目标就是要对这些多变量数据进行最佳综合简化。如果在原数据表中有 p 个变量 x_1，…，x_p，PCA 将考虑对这个数据表中的信息重新调整组合，从中提取 m 个综合变量 F_1，…，$F_m(m<p)$，使这 m 个综合变量能最多地概括原数据表中的信息。在统计学中，集合中的信息一般用集合中的数据变异情况来表述，数据集合的变异信息可以用全部变量方差的总和来测量。方差越大，数据中包含的信息就越多。PCA 的过程实质上是对原坐标系进行平移和旋转变换，使得新坐标系的原点与样本点集合的重心重合，新坐标系的第一轴与数据变异的最大方向对应，新坐标系的第二轴与第一轴标准正交，并且对应于数据变异的第二大方向……依次类推。这些新轴分别被称为第一主轴，第二主轴……若经舍弃少量信息后，由主轴 a_1，…，a_m构成的子空间能够十分有效地表示原数据的变异情况，则原来的 p 维空间就被降至 m 维。这个新生成的 m 维子空间被称为 m 维主超平面。当 $m=2$ 时，就称其为主平面。可以用原样本点集合在主超平面的第 h 主轴上的投影构成综合变量 $F_h \in R_n$，称为第 h 个主成分，$h=1$，2，…，m。若以方差 $\mathrm{Var}_{(F_h)}$ 测量第 h 主成分 F_h所携带的变异信息，则主成分分析的结果是

$$\mathrm{Var}_{(F_1)} \geqslant \mathrm{Var}_{(F_2)} \geqslant \cdots \geqslant \mathrm{Var}_{(F_m)} > 0 \tag{2-20}$$

PCA 法一般可分为以下 5 个步骤（杨晓华和沈珍瑶，2008）。

记 X 是一个有 n 个样本点和 p 个变量的数据表：

$$X=(x_{ij})_{n\times p}=[x_1,\cdots,x_p] \tag{2-21}$$

1）对数据进行标准化处理：

$$\tilde{x}_{ij}=\frac{x_{ij}-\bar{x}_j}{s_j} \quad \begin{array}{l} i=1,2,\cdots,n \\ j=1,2,\cdots,p \end{array} \tag{2-22}$$

式中，$\bar{x}_j$为x_j的样本均值；s_j为x_j的样本标准差。

标准化处理的目的是使样本点集合的重心 A 与坐标原点重合，而压缩处理可以消除由量纲不同引起的虚假变异信息，使分析结果更加合理。为方便起见，仍记标准化处理的矩阵为 $\boldsymbol{X}$。

2）计算标准化数据矩阵 $\boldsymbol{X}$ 的协方差矩阵 $\boldsymbol{V}$，这时，$\boldsymbol{V}$ 又是 $\boldsymbol{X}$ 的相关系数矩阵。

3）求 V 的前 p 个特征值$\lambda_1 \geqslant \lambda_2 \geqslant \lambda_3 \geqslant \lambda_p$，以及对应的特征向量 a_1，a_2，…，a_p，要求它们标准正交。

4）求第 h 个主成分的累积贡献率：

$$\eta_h=\frac{\sum_{i=1}^{h}\lambda_i}{\sum_{i=1}^{p}\lambda_i} \tag{2-23}$$

5）求第 h 个主成分 F_h，有

$$F_h = Xa_h = \sum_{j=1}^{p} a_{hj}x_j \tag{2-24}$$

式中，a_{hj}为主轴 a_h的第 j 个分量。所以，主成分 F_h是原变量 x_1，…，x_p的线性组合，组合系数恰好为 a_{hj}。从这个角度又可以说 F_h是一个新的综合变量。在水资源系统评价应用上常根据主成分的累积贡献率确定采用几个主成分对问题进行评价。本节所介绍的 PCA 法可用于区域水资源承载力综合评价。

2.5 遗传投影寻踪插值模型

20 世纪 70 年代，Friedman 和 Tukey（1974）给出了多元数据分析的投影寻踪法，该算法能在一定程度上解决多指标样本分类等非线性问题。最近，投影寻踪法已被用来对水质问题进行综合评价（金菊良等，2001），对于多元数据这种复杂的拓扑结构，一般也很难找到最优的投影方向，目前现代优化算法中的遗传算法，由于具有较强的全局搜索能力、信息处理的隐并行性、鲁棒性和可规模化等优点（Holland，1995），是处理这类优化问题的较好方法。本研究利用投影寻踪法把多指标问题转化为单一的投影指标问题，采用大量的样本，利用全局收敛的格雷码加速遗传算法（杨晓华等，2002）来优化投影方向，并根据最佳投影值与其对应等级之间所呈现的关系建立数学模型，由此提出了一种适合于对水资源系统进行综合评价的模型——遗传投影寻踪插值模型（genetic projection pursuit interpolation model，GPPIM）。

2.5.1 GPPIM 的基本原理

PP 是处理高维数据，尤其是非正态数据的一类新兴统计方法，它的基本方法是按照实际问题的需要，把高维数据投影到低维子空间上，使用者通过观察投影图像，采用投影目标函数来衡量投影揭示数据某种结构的可能性大小。其中投影目标函数的构造、优化方法的选择、数学模型的建立是应用 PP 解决实际问题的关键。传统的 PP 计算技术复杂，在一定程度上限制了 PP 方法的深入研究和广泛应用。本研究提出的基于格雷码加速遗传算法的遗传投影寻踪插值模型用于水资源承载力综合评价。

2.5.2 GPPIM 的计算步骤

GPPIM 的计算包括以下 5 个步骤。

步骤 1：建立投影数据。根据水资源承载力评价标准产生用于水资源承载力评价的原始数据，它包括水资源承载力评价指标 $x^*(i, j)$ 及对应的评价等级 $y(i)$，$i=1$，…，n；$j=1$，…，n_p。其中 n、n_p 分别为样品的个数和评价水资源承载力的指标数。水资源承载力程度越高，等级就越大，设最低评价等级为 1 级，最高评价等级为 N 级。为消除各评价指标的量纲效应，使建模具有一般性。

将效益型指标 $x^*(i, j)$ 进行归一化处理为 $x(i, j)$，即

$$x(i,j)=[x^*(i,j)-x_{\min}(j)]/[x_{\max}(j)-x_{\min}(j)] \quad i=1,\cdots,n;j=1,\cdots,n_p \tag{2-25}$$

将成本型指标 $x^*(i, j)$ 进行归一化处理为 $x(i, j)$，即

$$x(i,j)=[x_{\max}(j)-x^*(i,j)]/[x_{\max}(j)-x_{\min}(j)] \quad i=1,\cdots,n;j=1,\cdots,n_p \tag{2-26}$$

式中，$x_{\min}(j)$、$x_{\max}(j)$ 分别为第 j 个指标的最小值和最大值。

步骤 2：计算投影值。设 $a=(a(1), a(2), \cdots, a(n_p))$ 为投影方向，PP 法就是把 $x(i, j)$ 投影到 a 上，得到一维投影值 $z(i)$：

$$z(i)=\sum_{j=1}^{n_p} a(j)x(i,j) \quad i=1,\cdots,n \tag{2-27}$$

步骤 3：建立投影目标函数。在综合投影值时，要求投影值 $z(i)$ 尽可能大地提取 $x(i, j)$ 中的变异信息，即 $z(i)$ 的标准差 SZ 尽可能大，同时要求 $z(i)$ 与 $y(i)$ 的相关系数 RZY 的绝对值 |RZY| 尽可能大（杨晓华等，2003），本研究取投影目标函数 $f(a)$ 为

$$f(a)=\text{SZ}|\text{RZY}| \tag{2-28}$$

步骤 4：用格雷码加速遗传算法来优化投影方向。投影目标函数 $f(a)$ 随着投影方向 a 变化而变化，可通过求解投影目标函数最大值来估计最佳投影方向 a，即

$$\max f(a)=\text{SZ}|\text{RZY}| \tag{2-29}$$

$$\text{s. t.} \sum_{j=1}^{n_p} a(j)^2=1 \quad -1.0 \leqslant a(j) \leqslant 1.0 \tag{2-30}$$

这是一个以 $a=[a(1), a(2), \cdots, a(n_p)]$ 为优化变量的非线性优化问题，用常规的方法处理较困难，为了增强 GPPIM 的实际应用能力和计算效率，用目前较好的格雷码加速遗传算法给出最佳投影方向。其基本思想是，在单位超球面中随机抽取若干个初始投影方向作为初始群体，用格雷码加速遗传算法来优化投影目标函数，并建立与投影目标函数的大小相应的适应度函数，适应度函数大的个体被保留的机会大，通过选择、杂交、变异等遗传操作，最后最大适应度函数值对应的个体与最大投影目标函数对应的最佳投影方向 a^* 相对应（杨晓华等，2004，2005）。

步骤 5：建立水资源承载力综合评价的数学模型。由步骤 4 求得的最佳投影方向 a^* 代入式（2-27）后，得到第 i 个评价对象的最佳投影值 $z^*(i)$，根据 $z^*(i)$ 与 $y(i)$ 的散点图可建立水资源承载力综合评价的遗传投影寻踪插值模型。本节所介绍的遗传投影寻踪插值模型可用于区域水资源承载力综合评价。

2.6 模糊综合评价模型

本研究给出模糊综合评价模型基本原理和用于水资源承载力评价的模糊综合评价方法。

2.6.1 模糊综合评价的基本原理

模糊映射定义：称映射 f, f: $U \to F(V)$，为从 U 到 V 的模糊映射，即模糊映射是这

样的一种对应关系，U 上的任一元素 u 与 V 上的唯一确定的模糊集对应（杨晓华和沈珍瑶，2008）。

例如，对于水资源承载力评价问题，设评价因素（指标）集 $U=\{u_1, u_2, \cdots, u_n\}$，其中$u_1$，$u_2$，…，$u_n$为被评价对象的各个因素。评价等级（评语）集 $V=V_1, V_2, \cdots, V_m$，其中V_1，V_2，…，V_m为各个等级（评语）。对每个单评价因素 u_i（$i=1, 2, \cdots n$）进行评价，得到 V 上的模糊集 $[r_{i1}(v_1), r_{i2}(v_2), \cdots, r_{im}(v_m)]$。它就是从 U 到 V 的一个模糊映射 f。

模糊矩阵定义：称矩阵 $\boldsymbol{R}=(r_{ij})_{n\times m}$为模糊矩阵，如果$\forall i\in N$，$j\in M$，都有$r_{ij}\in[0, 1]$。

例如，

$$\boldsymbol{R}=\begin{bmatrix}1.000 & 0.000 & 0.000 & 0.000 & 0.000\\1.000 & 0.000 & 0.000 & 0.000 & 0.000\\0.000 & 0.500 & 0.500 & 0.000 & 0.000\\0.000 & 0.000 & 0.680 & 0.320 & 0.000\\1.000 & 0.000 & 0.000 & 0.000 & 0.000\\1.000 & 0.000 & 0.000 & 0.000 & 0.000\end{bmatrix}$$就是一个模糊矩阵。

模糊关系定义：给定论域 U、V，称 $U\times V$ 的一个模糊子集$\tilde{R}\in F(U\times V)$ 为 U 到 V 的一个模糊关系，记为 $U\xrightarrow{R}V$。

设$\tilde{R}$为集合 $U=\{u_1, u_2, \cdots, u_n\}$ 到 $V=\{v_1, v_2, \cdots, v_n\}$ 的一个模糊关系，$\forall u_i\in U$，$v_j\in V$，$(i\in N, j\in M)$，模糊关系$\tilde{R}$的隶属度$\mu_{\tilde{R}}(u_i, v_j)$ 为r_{ij}，则模糊关系$\tilde{R}$可用如下的模糊矩阵 $\boldsymbol{R}$ 来表示：

$$\boldsymbol{R}=(r_{ij})_{n\times m}$$

其中，$r_{ij}=\mu_{\tilde{R}}(u_i, v_j)\in[0, 1]$。

一般地说，从 U 到 V 的一个模糊映射 f，可以确定一个模糊关系矩阵 $\boldsymbol{R}$。

例如，对于水资源承载力评价问题，对每个单评价因素u_i($i=1, 2, \cdots, n$) 进行评价，得到 V 上的模糊集（r_{i1}，r_{i2}，…，r_{im}）。它是从 U 到 V 的一个模糊映射 f，由 f 可以确定一个模糊关系矩阵 $\boldsymbol{R}$：

$$\boldsymbol{R}=\begin{bmatrix}r_{11} & r_{12} & \cdots & r_{1m}\\r_{21} & r_{22} & \cdots & r_{2m}\\\cdots & \cdots & \cdots & \cdots\\r_{n1} & r_{n2} & \cdots & r_{nm}\end{bmatrix}$$

下面给出常用于模糊评价的评价函数的定义和定理（杨纶标，2001）。

评价函数定义：设 n 个变量的函数 f：$[0, 1]^n\rightarrow[0, 1]$，称 f 为评价函数，如果 f 满足

1）$f(0, 0, \cdots, 0)=0$，$f(1, 1, \cdots, 1)=1$；

2）若$x_i\leqslant x_i'$，则$f(x_1, x_2, \cdots, x^n)\leqslant f(x_1', x_2', \cdots, x_n')$；

3） $\lim\limits_{x_i \to y_i} f(x_1, x_2, \cdots, x^n) = f(y_1, y_2, \cdots, y^n)$；

4） $f(x_1+y_1, x_2+y_2, \cdots, x_n+y_n) = f(x_1, x_2, \cdots, x^n) + g(y_1, y_2, \cdots, y^n)$；

其中，g：$[0, 1]^n \to [0, 1]$。

评价函数定理：设 f 为评价函数，则

1）$f(x_1, x_2, \cdots, x_n) = \sum\limits_{i=1}^{n} a_i x_i$；

2） $\sum\limits_{i=1}^{n} a_i = 1$，$a_i \geqslant 0$；

3） $f \in [0, 1]$。

这个定理说明，在进行综合评价时，可采用实数的加乘运算，得到的结果仍然是模糊集。

2.6.2 模糊综合评价模型的计算步骤

模糊综合评价的计算步骤如下。

步骤 1：确定评价因素（指标）集 U。设 $U=u_1, u_2, \cdots, u_n$，其中$u_1, u_2, \cdots, u_n$为被评价对象的各个因素。

步骤 2：确定评价等级（评语）集 V。设 $V=v_1, v_2, \cdots, v_m$，其中$v_1, v_2, \cdots, v_m$为各个等级（评语）。

步骤 3：确定模糊（关系）矩阵 $\boldsymbol{R}$。对每个单评价因素 $u_i(i=1, 2, \cdots, n)$ 进行评价，得到 V 上的模糊集（$r_{i1}, r_{i2}, \cdots, r_{im}$）。它是从 U 到 V 的一个模糊映射 f，由 f 可以确定一个模糊关系矩阵 $\boldsymbol{R}$：

$$\boldsymbol{R} = \begin{bmatrix} r_{11} & r_{12} & \cdots & r_{1m} \\ r_{21} & r_{22} & \cdots & r_{2m} \\ \vdots & \vdots & \ddots & \vdots \\ r_{n1} & r_{n2} & \cdots & r_{nm} \end{bmatrix}$$

步骤 4：确定评价权重集 A。设各个因素$u_1, u_2, \cdots, u_n$所对应的权重分别为$a_1, a_2, \cdots, a_n$，则 $A=(a_1, a_2, \cdots, a_n)$，可看成 U 的模糊集。

步骤 5：综合评价。设 $B=A\bigcirc R$，其中运算关系○由评价函数确定。根据 B 各分量的大小可对被评价对象进行评价。一般情况下，B 中分量大的或累积达到一定置信度的最末分量所在等级，可作为被评价对象的评价等级。

令 $B=A\bigcirc R=(b_1, b_2, \cdots, b_m)$，如果 $b_j=\bigvee\limits_{i=1}^{n}(a_i \wedge r_{ij})$，$j=1, 2, \cdots, m$，即“○”取“∧”“∨”运算，为 Zadeh 算子，这种方法简记为 $M(\wedge, \vee)$，上述综合评价称为模糊取小取大综合评价方法。

如果 $b_j = \sum\limits_{i=1}^{n} a_i \cdot r_{ij}$，$j=1, 2, \cdots, m$，即“○”取“•”“+”运算，为普通矩阵乘

法，这种方法简记为 $M(\bullet, +)$ 算子。上述综合评价称为模糊乘加综合评价方法。

模糊取小取大综合评价方法着眼点是考虑主要因素，其他因素对结果影响不大，这种运算有时出现决策结果不易分辨的情况。而模糊乘加综合评价方法对所有因素依权重大小均衡兼顾，适用于考虑各因素起作用的情况。为此本研究采用模糊乘加综合评价方法用于区域水资源承载力综合评价。

2.7 人工神经网络评价模型

现代研究发现，人的大脑有 $10^{10} \sim 10^{11}$ 个神经细胞，每个细胞约有 10^4 个通路与其他细胞相连，并且通过突触交换信息，整个大脑构成了一个纵横交错的、极其复杂的非线性网络结构。ANN 正是人类对其大脑神经网络认识理解的基础上，人工构造的能够实现某种功能的数学模型。ANN 并不是大脑神经网络系统的真实写照，而是对其作简化、抽象和模拟，是大脑生物结构的数学模型。ANN 由大量功能简单而具有自适应能力的信息处理单元——人工神经元（以下简称为神经元）按照大规模并行的方式，通过一定的拓扑结构连接而成。神经元是对大脑神经细胞功能的抽象、简化与模拟的单元。一个 ANN 的神经元模型和结构描述了一个网络的输入向量转化为输出向量的过程，这个转化过程从数学的角度来看就是一个计算过程。

一般认为，最早用数学模型对神经系统中的神经元进行理论建模的是美国神经生物学家麦卡洛克（McCulloch）和数学家皮茨（Pitts）。1943 年，他们合作提出了兴奋与抑制型神经元模型，共同编写了名为 *A Logical Calculus Folders immanent Nervous Activity* 的开拓性文章，提出了 MP 模型，首次用简单的数学模型模仿出生物神经元的活动功能。1957 年，美国计算机学家罗森布拉特（Rosenblatt）提出了著名的感知器（perception）模型。感知器模型是一个具有连续可调权值矢量的 MP 模型，经过训练可以达到对一定的输入矢量模式进行分类和识别的目的。1959 年，美国工程师威德罗（Widrow）和霍夫（Hoff）开发出自适应线性神经元网络模型，第一次把神经网络研究从纯理论研究付诸工程应用，掀起了神经网络研究的第一次高潮。1969 年，人工智能创始人之一明斯基（Minsky）和帕伯特（Papert）在合著的 *Perception* 中指出了简单感知器的严重局限性，再加上当时基于语言智能和逻辑数学智能的人工智能非常热门，导致 ANN 研究陷于低潮。美国加州理工学院物理学家霍普菲尔德（Hopfield）对 ANN 研究的复苏起到了关键的作用。1982 年，他提出了 Hopfield 网络模型，将能量函数引入到对称反馈网络中，使网络的稳定性有了明确的判据，并利用所建立的网络神经计算能力来解决条件优化问题。另一个突破性的研究成果是鲁姆哈特（Rumelhart）等在 1986 年提出的解决多层神经网络权值修正的算法——误差逆传播算法（back-propagation algorithm，BP 算法），解决了明斯基提出的多层网络的设想问题，使 ANN 得以全面迅速地恢复发展起来。

ANN 模型采用人工方法模拟生物神经元。ANN 包含数十种模型，比较常用的有 BP 网络、Hopfield 网络、RBF 网络（radial basis function network）等，其任何一种神经网络模型均由许多处理单元组成（节点），而每个节点都是生物神经元的抽象。这些神经元节点从其他节点接收输入信号，并对其执行相应处理，再输出信号值，完成每一个信息输入、信号处理和计算输出过程。

2.7.1 ANN 的基本原理

假定网络共有 m 层（不包括输入层），输入层为 $A=(a_1,\ a_2\cdots)$，输出层为 $Y=(y_1,\ y_2\cdots)$，第 s 层节点数为 n_s，$y_k^{(s)}$ 代表 s 层节点 k 的输出，用式（2-31）表示：

$$\bar{y}_k^{(s)} = W_k^{(s)} \cdot y^{(s-1)} = \sum_{j=1}^{n_{s-1}} w_{kj}^{(s)} y_j^{(s-1)}$$

$$y_k^{(s)} = f(\bar{y}_k^{(s)}) \quad k = 1,2,\cdots,n_s \tag{2-31}$$

这里 $W_k^{(s)}$ 为连接第 $s-1$ 层节点到第 s 层节点 k 的权向量，$Y(0)=X$。一般而言，函数 $f(u)$ 常取 Sigmoid 函数，即

$$f(u)=\frac{1}{1+\exp(-u)} \tag{2-32}$$

给定教师信号（X，Y）后，网络权值将被调整，将计算值与实际值误差平方和构成准则函数 $E(W)$，使 $E(W)$ 最小，误差计算通过反向传播途径实现。根据最优化方法中的梯度下降法，用 $E(W)$ 的梯度来修正权值，权向量 $W_i^{(s)}$ 的修正量为

$$\Delta W_i^{(s)}=-\alpha \frac{\partial E}{\partial W_i^{(s)}} \tag{2-33}$$

经过上述样本训练，即先验条件下的认知过程，所得到的权值矩阵可以作为研究事物彼此之间可信赖的联系因子，从而对其他的同类样本系列进行分析评定、检验及预测。理论证明，以 Sigmoid 函数作为激励函数的三层 BP 神经网络可以对任意多元函数进行逼近，实现任意有界多元函数的映射关系。

基于 BP 算法的 ANN 模型拓扑结构如图 2-5 所示。

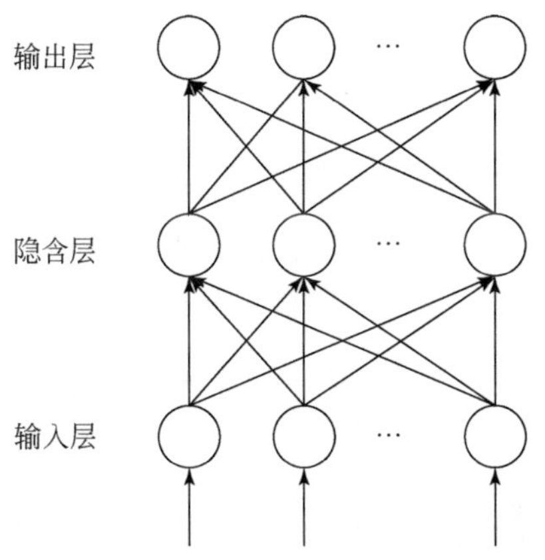

图 2-5　基于 BP 算法的 ANN 模型拓扑结构

2.7.2 BPANN 评价模型的计算步骤

BP 算法的核心是通过一边向后传播误差，一边修正误差的方法来不断调节网络参数(权、阈值)，以实现或逼近所希望的输入输出映射关系。它对每一个训练过程进行两次传播计算：第一次，前向计算。从输入层开始向后逐层计算输出，产生最终输出，并计算实际输出与目标输出间的误差。第二次，反向计算。从输出层开始向前逐层传播误差信号，修正权值，直到误差小于给定值。

BP 人工神经网络（BPANN）模型由输入层、隐含层、输出层组成。

BPANN 模型包含以下 6 个步骤。

步骤 1：初始化。为了加快网络的学习效率，需对原始的输入、输出样本进行如下规范化处理

$$a_i^k=\frac{0.002+0.996\times(\overline{a_i^k}-\min\limits_k\overline{a_i^k})}{\max\limits_k\overline{a_i^k}-\min\limits_k\overline{a_i^k}}$$
$$y_t^k=\frac{0.002+0.996\times(\overline{y_t^k}-\min\limits_k\overline{y_t^k})}{\max\limits_k\overline{y_t^k}-\min\limits_k\overline{y_t^k}} \tag{2-34}$$

式中，$\overline{a_i^k}$、$\overline{y_t^k}$分别为原始的输入、输出样本；a_i^k、y_t^k 分别为归一化的输入、输出样本，即 $A^k=(a_1^k,\ a_2^k,\ \cdots,\ a_n^k)$，$Y^k=(y_1^k,\ y_2^k,\ \cdots,\ y_q^k)$，$k=1,\ 2,\ \cdots,\ m$，$m$ 为样本容量。给各连接权 $\{w_{ij}\}$，$\{v_{jt}\}$ 及阈值 $\{\theta_j\}$，$\{\gamma_t\}$ 赋予（-1，1）的随机值。

步骤 2：置 $k=1$，计算网络的输入、输出值。

隐含层各节点的输入、输出分别为 s_j^k、b_j^k：

$$s_j^k=\sum_{i=1}^{n}a_i^k w_{ij}-\theta_j \quad b_j^k=\frac{1}{1+\mathrm{e}^{-s_j^k}} \quad j=1,\ 2,\ \cdots,\ p \tag{2-35}$$

输出层各节点的输入、输出分别为 l_t^k、c_t^k：

$$l_t^k=\sum_{j=1}^{p}b_j^k v_{jt} \quad c_t^k=\frac{1}{1+\mathrm{e}^{-l_t^k}} \quad t=1,\ 2,\ \cdots,\ q \tag{2-36}$$

步骤 3：误差逆传播。各层连接权及阈值的调整按梯度下降法的原则进行。

设网络的计算输出为c_t^k，则网络的希望输出与计算输出的偏差均方值为 E_k：

$$E_k=\sum_{t=1}^{q}(y_t^k-c_t^k)^2/2 \tag{2-37}$$

计算输出层各节点的误差d_t^k：

$$d_t^k=(y_t^k-c_t^k)c_t^k(1-c_t^k) \quad t=1,2,\cdots,q \tag{2-38}$$

隐含层各节点的误差e_j^k：

$$e_j^k=\left[\sum_{t=1}^{q}d_t^k v_{jt}\right]b_j^k(1-b_j^k) \quad j=1,2,\cdots,p \tag{2-39}$$

步骤4：修正权值及阈值。用输出层、隐含层各节点的误差来修正各层的连接权及阈值。

$$
\begin{aligned}
&v_{jt}(N+1)=v_{jt}(N)+\alpha d_t^k b_j^k \\
&\gamma_t(N+1)=\gamma_t(N)-\alpha d_t^k \\
&w_{ij}(N+1)=w_{ij}(N)+\beta e_j^k a_i^k \\
&\theta_j(N+1)=\theta_j(N+1)-\beta e_j^k \\
&(i=1,2,\cdots,n;j=1,2,\cdots,p;t=1,2,\cdots,q) \\
&\text{置 } k=k+1,\ \text{直至 } k=m
\end{aligned}
\tag{2-40}
$$

步骤5：若网络的全局误差 $E=\sum_{k=1}^{m} E_k$ 小于指定的值，算法转入步骤6。否则，算法转入步骤2。

步骤6：计算输出值。利用步骤1～5选出的网络权值及阈值，只要输入给定的值，就可以得到满足一定精度的输出值。

BP算法的优点是推导清楚、学习精度较高，可用作一个通用的函数模拟器；从理论上说，BP算法可以逼近任何的非线性函数；经过训练后的BP网络运行速度极快，可用于实时处理。

BPANN评价具有广泛的适用性，可用于水资源承载力综合评价（杨晓华等，2005），这里，网络的输入量为评价对象的指标值，输出值为评价等级。本节所介绍的ANN评价模型可用于区域水资源承载力综合评价。

2.8 Logistic 集对分析评价模型

本研究引进Logistic理论，提出一种计算隶属度的新方法，并结合集对分析构建水资源承载力评价模型，对吉林省水资源承载力进行评价研究。

2.8.1 集对分析理论

集对是两个有关联的集合组成的一个系统。集对分析处理客观存在的不确定性问题的基本思路可以概括为“客观承认、系统描述、定量刻画、具体分析”，即集对分析理论承认客观事物具有不确定性，并把确定性和不确定性作为一个系统加以研究，并用联系度来定量刻画该系统的确定性与不确定性关系（赵克勤等，2000）。

对于两个给定的集合组成的集对 $H(A,\ B)$，其联系度表达式为

$$
\mu(A,B)=\frac{S}{K}+\frac{F}{K}i+\frac{P}{K}j \tag{2-41}
$$

式中，K 为集合 A 与 B 所具有的特性总数；S 为同一性的个数；F 为差异性的个数；P 为对立性的个数；i 为差异不确定性系数，在 $[-1,\ 1]$ 区间依具体问题而取值，有时仅起差异标记作用；j 为对立系数，常取值-1，有时仅起对立标记作用。

记 $a=S/K$，$b=F/K$，$c=P/K$，则式（2-41）可以写成

$$\mu(A,B)=a+bi+cj \tag{2-42}$$

式中，a 与 c 是对同一性联系和对立性联系的描述；b 是对介于同一性联系与对立性联系的宏观不确定性的描述，微观层次上的不确定性通过不确定性系数 i 来加以描述，且 a、b、c 满足 $a+b+c=1$。当 a 越接近于1时，表明集合 A 与 B 的关系越倾向同一性；当 c 越接近于1时，表明 A、B 两个集合的关系越倾向对立性；当 b 越接近于1时，表明 A、B 两个集合的关系越倾向差异。

式（2-41）、式（2-42）是常用的联系度表达式，即三元联系度。将式（2-42）的 bi 进一步拓展，可以得到多元联系度：

$$\mu(A,B)=a+b_1i_1+b_2i_2+\cdots+b_{n-2}i_{n-2}+cj \tag{2-43}$$

式中，$a+b_1+b_2+\cdots+b_{n-2}+c=1$；$b_1$，$b_2$，…，$b_{n-2}$为差异度分量；$i_1$，$i_2$，…，$i_{n-2}$为差异不确定分量系数。

联系度常用模糊联系度计算。设评价对象指标值$t_l(l=1, 2, \cdots, m)$构成集合A_l，指标某等级标准$s_k(k=1, 2, \cdots, n)$构成集合B_k，A_l与B_k构成集对 $H(A_l, B_k)$。集合A_l与集合B_k的关系可用集对 $H(A_l, B_k)$ 的 n 元联系度$\mu(A_l, B_k)$来表述，即

$$\mu(A_l,B_k)=a_l+b_{l,1}i_1+b_{l,2}i_2+\cdots+b_{l,n-2}i_{n-2}+c_lj \tag{2-44}$$

式中，a_l为评价对象指标值t_l与该指标第 k 级标准s_k同级的同一度；$b_{l,1}$为t_l与s_k相差 1 级的差异度；$b_{l,2}$为x_l与s_k相差 2 级的差异度；$b_{l,n-2}$为t_l与s_k相差 $n-2$ 级的差异度；c_l为t_l与s_k相差 $n-1$ 级的对立度。考虑评价等级标准划分的模糊性，将指标值t_l与第 k 级标准s_k的联系度用渐变的曲线或折线来描述（王文圣等，2010）。

2.8.2 Logistic 隶属模型

在目前众多水资源承载力量化方法中，多采用图 2-6 所示的简单三角形、梯形等线性隶属度函数。对于实际问题，这类简单隶属度函数有时难以准确对决策问题进行描述，如国家在对各省（直辖市）的水环境质量进行综合评价时，河流水功能区达标率为其中一个指标，利用直线型指标值转化为评价值，这意味着水质达标率从 50% 增加到 60% 和从 80% 增加到 90% 对评价所起的作用是相同的，这显然与实际不符，前者的实现比后者的实现简单得多（张军等，2012）。为此，在处理诸如水资源评价等复杂问题时，本研究认为有必要引入非线性隶属度函数。

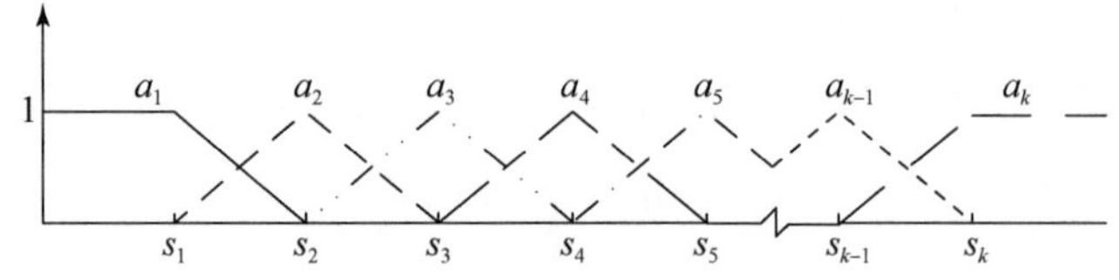

图 2-6　线性隶属度示意

Logistic 曲线方程最初由比利时数学家 Verhulst 于 1838 年导出，但长期被湮没，直到

20 世纪 20 年才被生物学家、统计科学家 Pearl 和 Reed 重新发现，并引入生物学领域，得到大规模应用（屈小娥，2017）。根据 Logistic 理论，本研究认为区域水资源载荷与指标之间存在复杂的非线性关系，且区域水资源载荷主要受两方面因素的影响，一是区域水资源承载限值 K，该值决定稳定状态下载荷值的大小；二是指标值，指标在不同状态下其载荷的变化速率不同。对一个特定区域，在短时间内，如水资源总量、森林覆盖率等自然因素变化程度较小，可以认为其水资源承载限值 K 为常数。因此，短时间内区域水资源载荷的变化趋势取决于指标的限值。为了更加合理量化区域水资源承载力，本研究参考 Logistic 理论，采用非线性函数确定指标元素与等级标准间的隶属度。具体的非线性隶属度确定方法如下。

（1）原始 Logistic 模型

$$\frac{\mathrm{d}N}{\mathrm{d}t}=rN\left(1-\frac{N}{K}\right) \tag{2-45}$$

式中，N 为种群数量；t 为时间；K 为种群上限；r 为种群内禀增长率，为常数。

（2）水资源承载力 Logistic 模型

在原始 Logistic 模型的基础上赋予水资源承载力概念，便可得到水资源承载力 Logistic 模型，模型原理为

$$\frac{\mathrm{d}P}{\mathrm{d}x}=rP\left(1-\frac{P}{K}\right) \tag{2-46}$$

式中，P 为水资源载荷；K 为水资源承载限值；x 为人类发展状态；r 为水资源载荷内禀增长率，为常数。

对式（2-46）进行积分，便可以得到水资源载荷与人类发展状态的表达式。具体的表达式为

$$P(x)=\frac{K}{1+b\,\mathrm{e}^{-rx}} \tag{2-47}$$

式中，b 为大于零的常数。

将式（2-47）作图，得到水资源载荷分布，如图 2-7 所示。

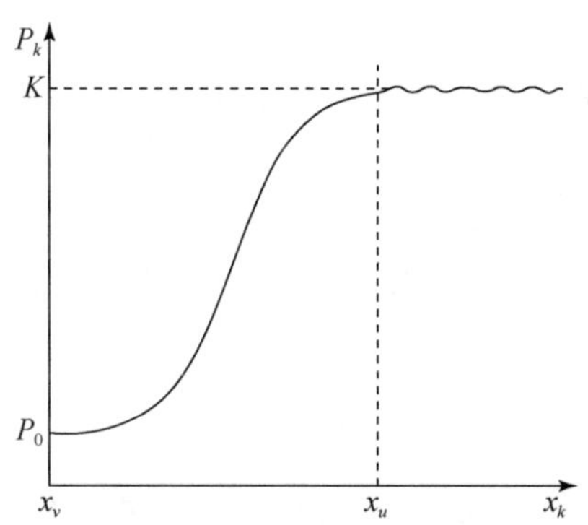

图 2-7　水资源载荷分布示意

x 为人类发展状态；P 为水资源载荷

从图 2-7 中可以看出，基于 Logistic 模型的区域水资源载荷与人类发展状态呈现出明显的非线性关系，且其分布随人类发展状态的变化情况可以分为三个阶段：一是在初始状态x_v附近，由于人类发展状态基数低，对水环境影响较小，该阶段的水资源载荷变化不明显；二是随着人类的高速发展，水资源载荷几乎呈指数增加趋势；三是在稳定状态x_u附近，人类发展由于环境的限制陷入停滞状态，水资源载荷达到极限状态，开始在限值上下波动。

图 2-8 为水资源载荷函数及其多阶导函数，从图中可以发现，三阶导数仅在区间［x_1，x_3］内小于 0，即二阶导数分别在 $x=x_1$和x_3时取得极值，在区间［x_1，x_3］内单调递减；二阶导数在区间［x_1，x_3］中点x_2处为 0，即一阶导数在区间［x_1，x_2］内单调递增，在区间［x_2，x_3］内单调递减，在x_2取得最大值；除此之外，还可以发现在区间［x_1，x_3］内 Logistic 函数和二阶导数关于点（x_2，$k/2$）中心对称，一阶导数和三阶导数关于 $x=x_2$ 轴对称。图 2-8 表明水资源载荷变化速率可以分为三个阶段，分别为缓慢增长、快速增长、缓慢增长。

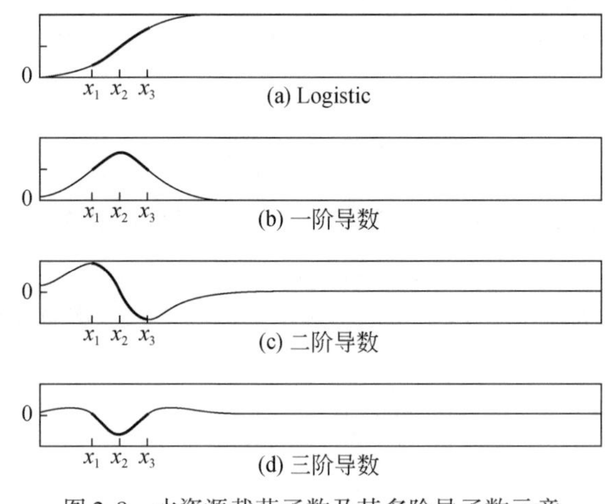

图 2-8　水资源载荷函数及其多阶导函数示意

（3）隶属模型

在水资源承载力量化过程中建立的指标体系往往包含多个指标，它们产生的载荷经过加权平均得到区域水资源载荷。因此，上述水资源承载力 Logistic 模型同样适用于单指标。

Logistic 隶属模型分别以指标载荷快速增长区间［x_1，x_3］的上、下限值作为两相邻等级标准中的优、劣等级限值，以实际指标载荷为隶属度参考值，用于确定该区域内指标元素与两个等级的隶属度。隶属度表达式为

$$a=\frac{K}{1+b\,\mathrm{e}^{-rx}} \tag{2-48}$$

将上述两个限值x_1、x_3分别代入式（2-48），得到最小隶属度和最大隶属度：

$$\begin{cases} a_1 = \left(\dfrac{1}{2} - \dfrac{\sqrt{3}}{6}\right)K \\ a_3 = \left(\dfrac{1}{2} + \dfrac{\sqrt{3}}{6}\right)K \end{cases}$$

指标可以分为发展型指标和限制型指标。以发展型指标为例，假设两个相邻等级分别为s_{k-1}、$s_k(s_{k-1}<s_k)$，令其分别等于x_1、x_3，代入式（2-48）中，可以解出两个参数 b 和 r。

$$\begin{cases} b = \mathrm{e}^{\frac{1.317(s_k+s_{k-1})}{s_k-s_{k-1}}} \\ r = \dfrac{2\times 1.317}{s_k-s_{k-1}} \end{cases}$$

将上述结果代入式（2-48），得

$$a = \frac{K}{1+\mathrm{e}^{\frac{1.317(s_k+s_{k-1}-2x)}{s_k-s_{k-1}}}} \tag{2-49}$$

将式（2-49）进行归一化处理，得

$$a_k = \frac{\sqrt{3}}{1+\mathrm{e}^{\frac{1.317(s_k+s_{k-1}-2x)}{s_k-s_{k-1}}}} + \frac{1}{2} - \frac{\sqrt{3}}{2} \tag{2-50}$$

$$a_{k-1} = \frac{\sqrt{3}}{1+\mathrm{e}^{\frac{1.317[2x-(s_k+s_{k-1})]}{s_k-s_{k-1}}}} + \frac{1}{2} - \frac{\sqrt{3}}{2} \tag{2-51}$$

同理，对于限制型指标，其隶属度表达式为

$$a_k = \frac{\sqrt{3}}{1+\mathrm{e}^{\frac{1.317[2x-(s_k+s_{k-1})]}{s_{k-1}-s_k}}} + \frac{1}{2} - \frac{\sqrt{3}}{2} \tag{2-52}$$

$$a_{k-1} = \frac{\sqrt{3}}{1+\mathrm{e}^{\frac{1.317[(s_k+s_{k-1})-2x]}{s_{k-1}-s_k}}} + \frac{1}{2} - \frac{\sqrt{3}}{2} \tag{2-53}$$

显然，对于两类指标，其隶属度可以用一个表达式统一表示。除此之外，同一指标元素与其相邻两个等级的隶属度之和为 1。因此，隶属度表达式（2-50）~式（2-53）可进一步简化为

$$a_k = \frac{\sqrt{3}}{1+\mathrm{e}^{\frac{1.317(m-2x)}{n}}} + A \tag{2-54}$$

$$a_{k-1} = 1 - a_k \tag{2-55}$$

式中，$m=s_k+s_{k-1}$，$n=s_k-s_{k-1}$，$A=\dfrac{1}{2}-\dfrac{\sqrt{3}}{2}$。

2.8.3 Logistic 集对分析评价模型

集对分析法是由我国学者赵克勤基于对立统一观点提出的一种处理不确定性关系的研究方法，其能从整体和局部上剖析研究系统内在的关系（王文圣等，2009）。集对分析从

同、异、反三个方面分析评价目标与评价标准之间的变化关系，分析各指标值的优劣对水资源承载力的影响，能较全面分析问题。对此，本研究将传统集对分析与 Logistic 隶属度函数模型结合，构建 Logistic 集对分析区域水资源承载力评价模型。

2.8.3.1 建立水资源承载力评价指标体系

目前，水资源承载力还没有一个得到大家公认的定义。因此，众多学者建立的水资源承载力评价指标体系不尽相同。本研究在对水资源承载力量化评价的概念和目标分析的基础上，遵循综合性、层次性、协调性、实用性及可操作性原则，将整个水资源承载系统分为两个互相交互的人类和自然子系统，其中人类子系统包含社会和经济两个要素，自然子系统包含资源和环境两个要素，建立了总共包含 12 个指标的区域水资源承载力量化评价指标体系，其具体内容见表 2-11。

表 2-11 水资源承载力量化评价指标体系

目标层	准则层	要素层	指标层
A 水资源承载力	B_1 人类	C_1 社会	D_1 人口密度/(人/km^2)
			D_2 城镇化率/%
		C_2 经济	D_3 万元 GDP 用水量/m^3
			D_4 人均 GDP/元
			D_5 水资源利用率/%
			D_6 第三产业占比/%
	B_2 自然	C_3 资源	D_7 人均水资源量/m^3
			D_8 降雨深/mm
			D_9 供水模数/(万 m^3/km^2)
			D_{10} 水资源密度/(万 m^3/km^2)
		C_4 环境	D_{11} 森林覆盖率/%
			D_{12} 水质清洁程度/%

2.8.3.2 确定评价等级标准

根据选定的 12 个评价指标对区域水资源承载状态的影响程度进行研究，借鉴国内外学者已有的研究成果和相关的法律规范等，将水资源承载等级分为极高、高、中等、较低和极低五个等级。其中Ⅴ级为极高，表明水资源承载状态极为乐观，人类活动对水资源的破坏程度低；Ⅳ级为高，表明水资源在一定程度上受到人类活动的影响，水资源功能有所下降，但是水资源系统还能正常运行；Ⅲ级为中等，表明水资源达到载荷极限，水资源系统处于临界状态，极易受到破坏；Ⅱ级为较低，表明水资源受到人类活动的影响较大，水资源功能呈逐渐退化的趋势；Ⅰ级为极低，表明水资源处于不可持续发展状态，极易发生水资源短缺、水环境恶化等一系列资源环境问题，制约着区域社会经济的发展。水资源承载力具体的分级标准情况见表 2-12。

表 2-12 水资源承载力评价等级标准

指标	Ⅴ（极高）	Ⅳ（高）	Ⅲ（中等）	Ⅱ（较低）	Ⅰ（极低）
人口密度/(人/km^2)	<10	10～100	100～200	200～400	>400
城镇化率/%	>60	50～60	30～50	20～30	<20
万元 GDP 用水量/m^3	<60	60～80	80～100	100～120	>120
人均 GDP/元	<3 000	3 000～6 600	6 600～25 000	25 000～77 400	>77 400
水资源利用率/%	<10	10～20	20～40	40～60	>60
第三产业占比/%	>60	50～60	30～50	20～30	<20
人均水资源量/m^3	>2 200	1 700～2 200	1 000～1 700	500～1 000	<500
降雨深/mm	>1 000	800～1 000	600～800	400～600	<400
供水模数/(万 m^3/km^2)	<1	1～3	3～10	10～15	>15
水资源密度/(万 m^3/km^2)	>80	60～80	40～60	20～40	<20
森林覆盖率/%	>30	25～30	20～25	10～20	<10
水质清洁程度/%	>95	80～95	60～80	40～60	<40

2.8.3.3 计算指标权重

目前，指标权重计算方法主要可以分为主观法和客观法两类，分别以层次分析法和熵权法最为普遍。层次分析法由专家根据主观经验判断每个指标对研究目标的影响程度来确定指标的权重，具有较强的主观性。熵权法具有极强的理论依据，不受主观判断的影响。但是，熵权法不能体现研究者对不同指标的重视程度。因此，本研究将层次分析法和熵权法两种方法赋权值的算术平均值作为各个指标的复合权重，在一定程度上具有扬长避短、兼顾两类赋权方法的优点。

2.8.3.4 基于集对分析的区域水资源承载力评价模型

根据 2.8.3.2 节中划分的水资源承载力等级，本研究采用集对分析五元联系数模型作为区域水资源承载力评价模型。其数学表达式为

$$u_i = v_{i,5} + v_{i,4} I_1 + v_{i,3} I_2 + v_{i,2} I_3 + v_{i,1} J \tag{2-56}$$

式中，u_i为样本 i 的联系数；$v_{i,5}$、$v_{i,4}$、$v_{i,3}$、$v_{i,2}$、$v_{i,1}$分别为 5 个联系数分量；I 为差异度系数；J 为对立度系数。

本研究采用 Logistic 隶属度函数计算区域水资源承载力评价指标的联系数分量，根据式（2-54）～式（2-56）可得到各指标的五元联系数表达式，如下所示：

1）发展型指标

$$u_{ij}=\begin{cases}1+0\ I_1+0\ I_2+0\ I_3+0J & x_l \geqslant s_1\\(1-a_2)+a_2I_1+0\ I_2+0\ I_3+0J & s_2<x_l\leqslant s_1\\0+(1-a_3)I_1+a_3I_2+0\ I_3+0J & s_3<x_l\leqslant s_2\\0+0\ I_1+(1-a_4)I_2+a_4I_3+a_4J & s_4<x_l\leqslant s_3\\0+0\ I_1+0\ I_2+(1-a_5)I_3+a_5J & s_5<x_l\leqslant s_4\\0+0\ I_1+0I+0\ I_3+1J & x_l<s_5\end{cases} \tag{2-57}$$

2）限制型指标

$$u_{ij}=\begin{cases}1+0\ I_1+0\ I_2+0\ I_3+0J & x_l \leqslant s_1\\(1-a_2)+a_2I_1+0\ I_2+0\ I_3+0J & s_1<x_l\leqslant s_2\\0+(1-a_3)I_1+a_3I_2+0\ I_3+0J & s_2<x_l\leqslant s_3\\0+0\ I_1+(1-a_4)I_2+a_4I_3+a_4J & s_3<x_l\leqslant s_4\\0+0\ I_1+0\ I_2+(1-a_5)I_3+a_5J & s_4<x_l\leqslant s_5\\0+0\ I_1+0I+0\ I_3+1J & x_l>s_5\end{cases} \tag{2-58}$$

式中，s_1、s_2、s_3、s_4、s_5分别为等级 5、4、3、2、1 的门限值。

将每个指标的联系数分量乘以其相应的权重，即可以得到评价样本的联系数，计算公式为

$$v_{i,k}=\sum_{j=1}^{n} w_j v_{ij,k} \quad n=1,2,3,\cdots,12 \tag{2-59}$$

采用置信度准则确定评价样本所属的等级，其确定方法为

$$h_{i,k}=(v_{i,5}+v_{i,4}+\cdots+v_{i,k})>\gamma \quad k=5,4,\cdots,1 \tag{2-60}$$

式中，$h_{i,k}$为置信度准则中间变量；γ 为置信度，一般在［0.5，0.7］取值，本研究取值为0.6。

2.8.4 Logistic 集对分析模型应用与验证

本研究以 2007 ~ 2016 年为研究时段，将吉林省作为评价区域，采用本研究建立的 Logistic 集对分析模型对吉林省水资源承载力进行评价分析。与此同时，为验证该模型的准确性和实用性，将其评价结果与采用线性隶属度函数的集对分析模型进行比较，其中线性隶属度函数的表达式为

$$a_k{}^l=\frac{s_k-x}{s_k-s_{k-1}} \tag{2-61}$$

$$a_{k-1}{}^l=1-a_k{}^l \tag{2-62}$$

将式（2-61）和式（2-62）代入式（2-56）~式（2-60）便可得到基于线性隶属度函数的吉林省水资源承载力五元联系数和等级。本研究以平均绝对误差（MAE）和均方根误差（RMSE）来表示两个模型的差异，计算公式为

$$\mathrm{MAE}=\frac{1}{m}\sum_{i=1}^{m}|v_{i,k}-v_{i,k}{}^{l}| \tag{2-63}$$

$$\mathrm{RMSE}=\sqrt{\frac{1}{m}\sum_{i=1}^{m}(v_{i,k}-v_{i,k}{}^{l})^{2}} \tag{2-64}$$

式中，$v_{i,k}$和$v_{i,k}{}^{l}$分别为样本 i 的第 k 个 Logistic 联系数分量和线性联系数分量。

2.8.4.1 数据来源

本研究数据主要来自《吉林统计年鉴》(2007～2016 年)、《吉林省水资源公报》(2007～2016 年) 以及《吉林省环境状况公报》(2007～2016 年)。

2.8.4.2 结果分析

(1) 指标权重

将本次收集的数据以 2.8.3 节中阐述的指标权重确定方法处理，便可得到各指标的权重，如图 2-9 所示。

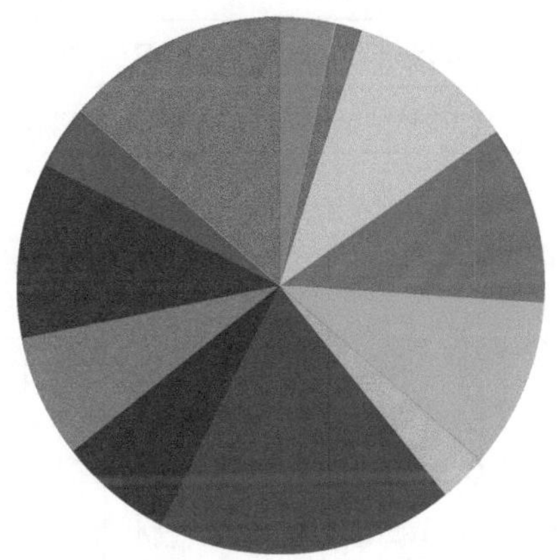

图 2-9 吉林省水资源承载力指标权重

(2) 吉林省水资源承载力等级

将收集的原始数据和权重代入式 (2-50)～式 (2-56) 中进行计算，分别得到基于 Logistic 集对分析模型和线性集对分析模型的吉林省 2007～2016 年水资源承载力五元联系数，结果见表 2-13、表 2-14 和图 2-10。

表 2-13　基于 Logistic 集对分析模型的吉林省水资源承载力五元联系数

年份	2007 年	2008 年	2009 年	2010 年	2011 年	2012 年	2013 年	2014 年	2015 年	2016 年
$v_{i,1}$	0. 2864	0. 2724	0. 2085	0. 1020	0. 2099	0. 0585	0. 0000	0. 1065	0. 1065	0. 0500
$v_{i,2}$	0. 1458	0. 1725	0. 2998	0. 2258	0. 2542	0. 2741	0. 2623	0. 2972	0. 2792	0. 1879
$v_{i,3}$	0. 3940	0. 3841	0. 3263	0. 2916	0. 3782	0. 3978	0. 3614	0. 4372	0. 4551	0. 4363
$v_{i,4}$	0. 0325	0. 0297	0. 0240	0. 0573	0. 0164	0. 1283	0. 0530	0. 0177	0. 0170	0. 1816
$v_{i,5}$	0. 1413	0. 1413	0. 1413	0. 3233	0. 1413	0. 1413	0. 3233	0. 1413	0. 1422	0. 1442

表 2-14　基于线性集对分析模型的吉林省水资源承载力五元联系数

年份	2007 年	2008 年	2009 年	2010 年	2011 年	2012 年	2013 年	2014 年	2015 年	2016 年
${v_{i,1}}^l$	0. 2688	0. 2812	0. 2085	0. 1020	0. 2777	0. 0487	0. 0000	0. 1065	0. 1065	0. 1613
${v_{i,2}}^l$	0. 3764	0. 3484	0. 2277	0. 1596	0. 3397	0. 2796	0. 1589	0. 3970	0. 4132	0. 2349
${v_{i,3}}^l$	0. 1257	0. 1386	0. 3260	0. 2792	0. 2073	0. 3561	0. 3139	0. 3227	0. 2897	0. 1931
${v_{i,4}}^l$	0. 0877	0. 0905	0. 0965	0. 1359	0. 0340	0. 1742	0. 2039	0. 0324	0. 0334	0. 2557
${v_{i,5}}^l$	0. 1413	0. 1413	0. 1413	0. 3233	0. 1413	0. 1413	0. 3233	0. 1413	0. 1572	0. 1550

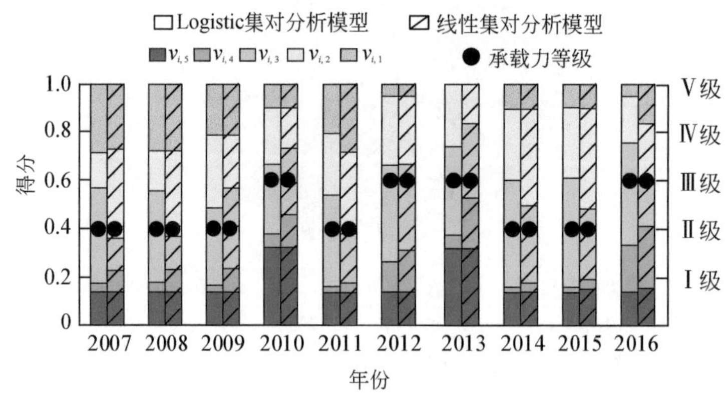

图 2-10　吉林省水资源承载力

根据置信度准则，从图 2-10 中可以发现，吉林省 2007 ~ 2016 年水资源承载力等级在较低和中等之间波动，水资源功能具有退化的风险，需要就目前的产业结构进行调整，提高水资源利用率，加强环境保护，以确保实现人类与自然两个巨系统之间的协调可持续发展。另外，本研究提出的 Logistic 集对分析模型与线性集对分析模型对吉林省 2007 ~ 2016 年的水资源承载力评价结果相同，这说明集对分析模型在水资源承载力评价领域具有实用性。两个模型的差异见表 2-15。

表 2-15　两个模型的差异

集对分析分量	MAE	RMSE
v_1	0.0215	0.0418
v_2	0.1020	0.1191
v_3	0.1310	0.1629
v_4	0.0587	0.0702
v_5	0.0026	0.0058

从表 2-15 可以看出两个模型的差异，两个模型的五元联系数的 MAE 和 RMSE 依次分别为 0.0215、0.1020、0.1310、0.0587、0.0026 和 0.0418、0.1191、0.1629、0.0702、0.0058，将上述结果按大小进行排序，得到$v_5<v_1<v_4<v_2<v_3$（MAE）和$v_5<v_1<v_4<v_2<v_3$（RMSE）。排序结果表明，两个模型之间的第 5 和第 1 联系数分量的差异均明显低于第 2、第 3 和第 4 联系数分量。这主要受两个因素影响：一是集对分析模型的选择，根据式（2-50）和式（2-51），当指标值处于评价等级标准区间两侧时，两个模型的联系数分量均为 1，如两个模型的联系数分量v_1在 2015 年、2014 年、2013 年、2010 年、2009 年相等，分量v_5在 2007～2014 年相等。二是两个模型的隶属度函数的差异，Logistic 隶属度函数将隶属度与指标值之间的关系视为非线性。其中，当指标值在两个相邻等级之间变化时，Logistic 隶属度与线性隶属度之间的大小关系会经历如图 2-11 所示的两个阶段。

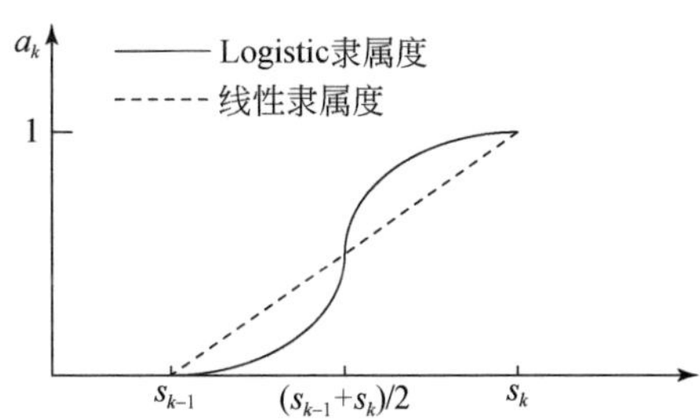

图 2-11　Logistic 和线性隶属度示意

从图 2-11 中可以看出，在区间 $[s_{k-1},\ (s_{k-1}+s_k)/2]$，Logistic 隶属度小于线性隶属度；在区间 $[(s_{k-1}+s_k)/2,\ s_k]$，Logistic 隶属度大于线性隶属度。因此，根据表 2-15，可以猜测吉林省水资源承载力评价指标体系中各指标值多分布在等级s_2、s_3、s_4附近。同时，如图 2-10所示，基于 Logistic 隶属度函数的吉林省水资源承载力五元联系数中v_{i2}、v_{i3}、v_{i4}所占比例较大，证实了前面的猜测。

综上所述，相较于线性集对分析模型，本研究提出的 Logistic 集对分析模型能更加细致地反映各指标值的分布情况，对区域水资源承载力状况做出更加合理的评价，具有实用性。

2.8.5 小结

本研究通过引进 Logistic 理论，创新性地建立了 Logistic 集对分析模型。相较于线性集对分析模型，Logistic 集对分析模型通过考虑指标不同分布对隶属度的影响，更能充分考虑指标值的非线性特征，可以对水资源承载力评价结果进行非线性分析，使评价结果更加合理，为水资源承载力评价提供了一种新方法。

吉林省应用结果表明，Logistic 集对分析模型是可行有效的，可以在水资源评价和其他领域得到应用。笔者在后续的研究中将继续发掘 Logistic 隶属模型在水资源相关领域的应用潜力，拓宽其用途。

2.9 本章小结

本章重点介绍了可用于水资源承载能力综合评价的系列数学模型，主要包括突变级数评价模型、多目标决策-理想区间模型、基于熵权的 TOPSIS 评价模型、PCA 评价模型、遗传投影寻踪插值模型、模糊综合评价模型、ANN 评价模型、Logistic 集对分析评价模型等，并采用上述评价模型对区域水资源承载力相关内容进行了综合评价。本章重点介绍这些数学模型的基本原理与过程，并检验这些模型的适用性，为以后章节模拟、预测、评价与调控提供理论基础。

第3章 基于系统动力学的北京市水资源承载力评价与调控

本章以北京市为例，从水量、水质、水生态、水流更新四要素入手，分析四要素与水资源承载力的互馈机制，耦合模糊综合评价，建立水资源承载力模糊评价模型，分析北京市水资源承载力空间分布格局。进一步，基于系统动力学理论、可持续发展原则和二元水循环理论，从水量、水质、水生态、水流更新四个方面考虑"水资源-社会-经济"复合系统中各要素相互制约、相互影响所形成的动态反馈过程，结合研究区发展情况，引入系统动力学模型，建立水资源承载力模拟系统动力学模型，并设计优化北京市水资源承载力的调控方案，为北京市水资源规划及管理提供一定的参考建议。

3.1 研究区概况

3.1.1 自然环境概况

本研究以北京市为例。北京市地处华北平原的西北端，太行山脉和燕山山脉交汇地带，东起116°20′E，西至117°30′E，南起39°56′N，北至41°05′N，南接华北大平原、西临黄土高原、北接内蒙古高原，北有天险可守，南有水陆交通之便，地理位置优越，如图3-1所示。

北京市地貌起伏较大，从西北部的山脉逐渐过渡到东南部的冲积扇平原。在多种地质作用下，形成了古北口、南口和官厅山峡三个通道，加上蒙古高压和大陆热低压影响，形成了北京市暖温带半湿润半干旱季风气候。

3.1.2 气象水文条件

(1) 气候与降水

北京市属暖温带半湿润半干旱季风气候，四季分明，多年平均气温11.7℃。由于受季风的影响，雨量年际、季节分配极不均匀。

通过图3-2我们可以看出，北京市年降水量极不稳定，年际变化幅度很大，降水量最多的年份（1959年）达到近1000mm，降水量最少的年份（1965年）仅为383.9mm。同时，北京市整体年降水量呈减少的趋势，进入20世纪80年代后变化更加明显，接近70%的年份降水量没有达到多年平均值。

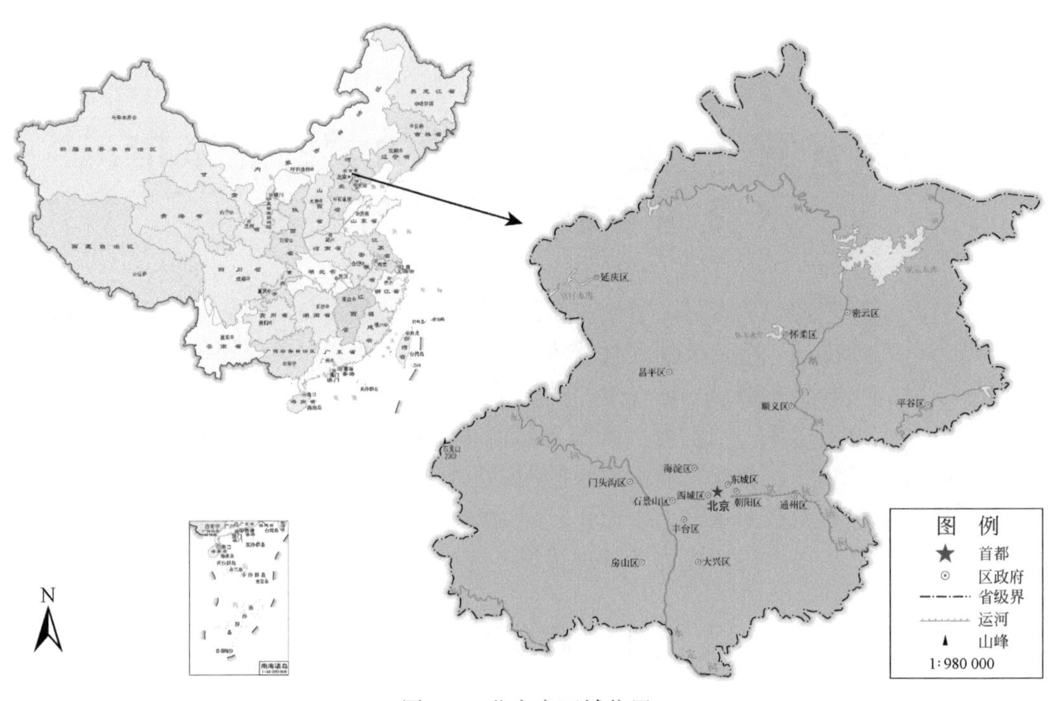

图 3-1　北京市区域位置

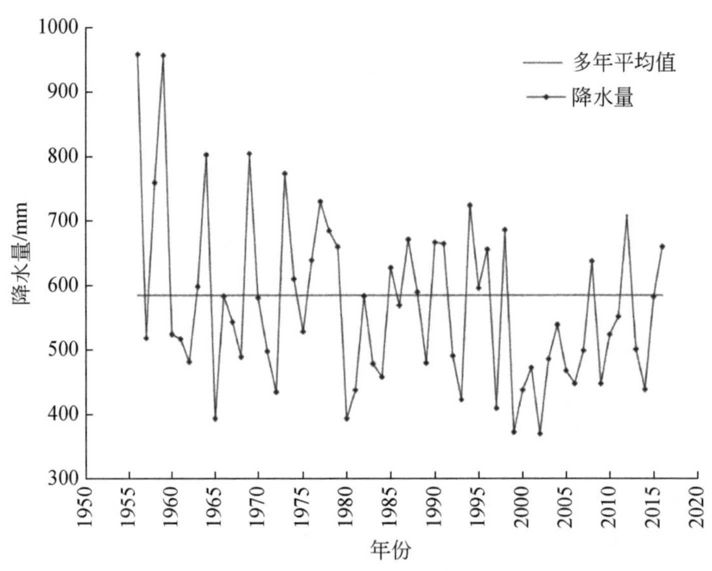

图 3-2　北京市 1956 ~ 2016 年逐年降水量

通过对北京市各时间段汛期（6 ~ 9 月）、非汛期降水量分析（图 3-3），可以发现北京市超过 80% 的降水量都由汛期贡献，非汛期降水量占全年降水量的份额不足 20%，总体降水量不断减少，降水量最多的时间段为 20 世纪 50 年代。同时，汛期降水量占全年降水量的份额逐渐减少，在 50 年代时，这一份额为 88.3%，到了 2001 ~2010 年，这一份额仅达到 81.5% 左右。

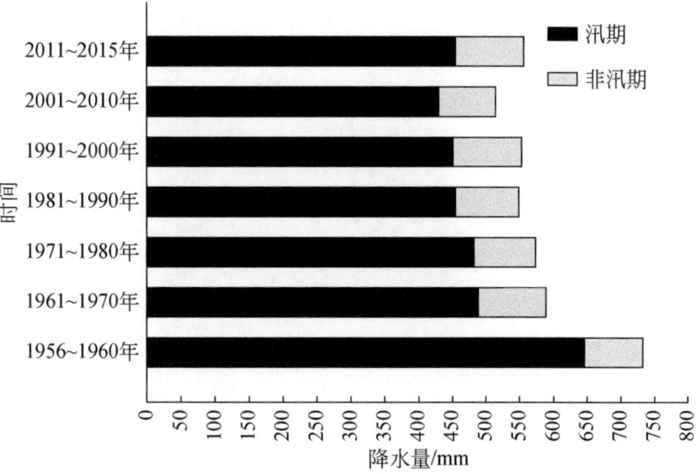

图 3-3 北京市各时间段汛期、非汛期降水量

从北京市多年平均行政分区降水量来看（图 3-4），北京市各行政分区的降水量差别较大，空间分布不均，这是由北京市的地理因素决定的。平谷区和密云区位于北山、西山的迎风坡，降水量偏多，平谷区年降水量最多，接近 700mm，其次是密云区和顺义区；而位于北京市西北背风坡的延庆区则不足 500mm；东南平原的门头沟区、大兴区是次少地区，年均降水量不足 510mm。

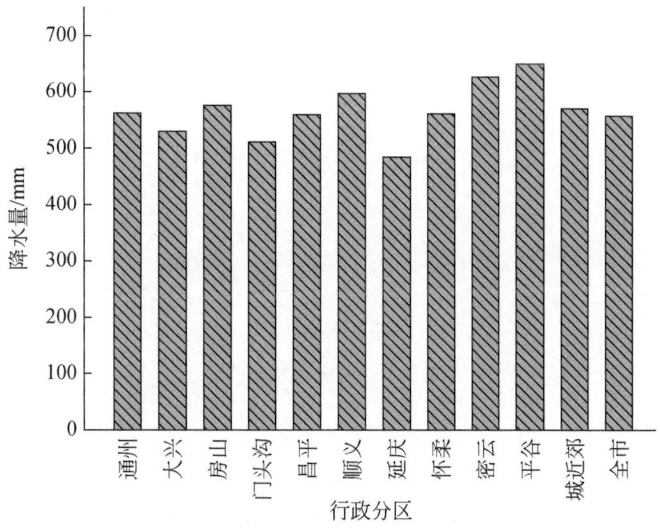

图 3-4 北京市各个区多年平均降水量

城近郊指大兴区、顺义区、昌平区和房山区

(2) 水文条件

北京市主要有蓟运河、潮白河、北运河、永定河、大清河五大水系（图 3-5），共有较大支流 100 余条，全长 2700 多千米。

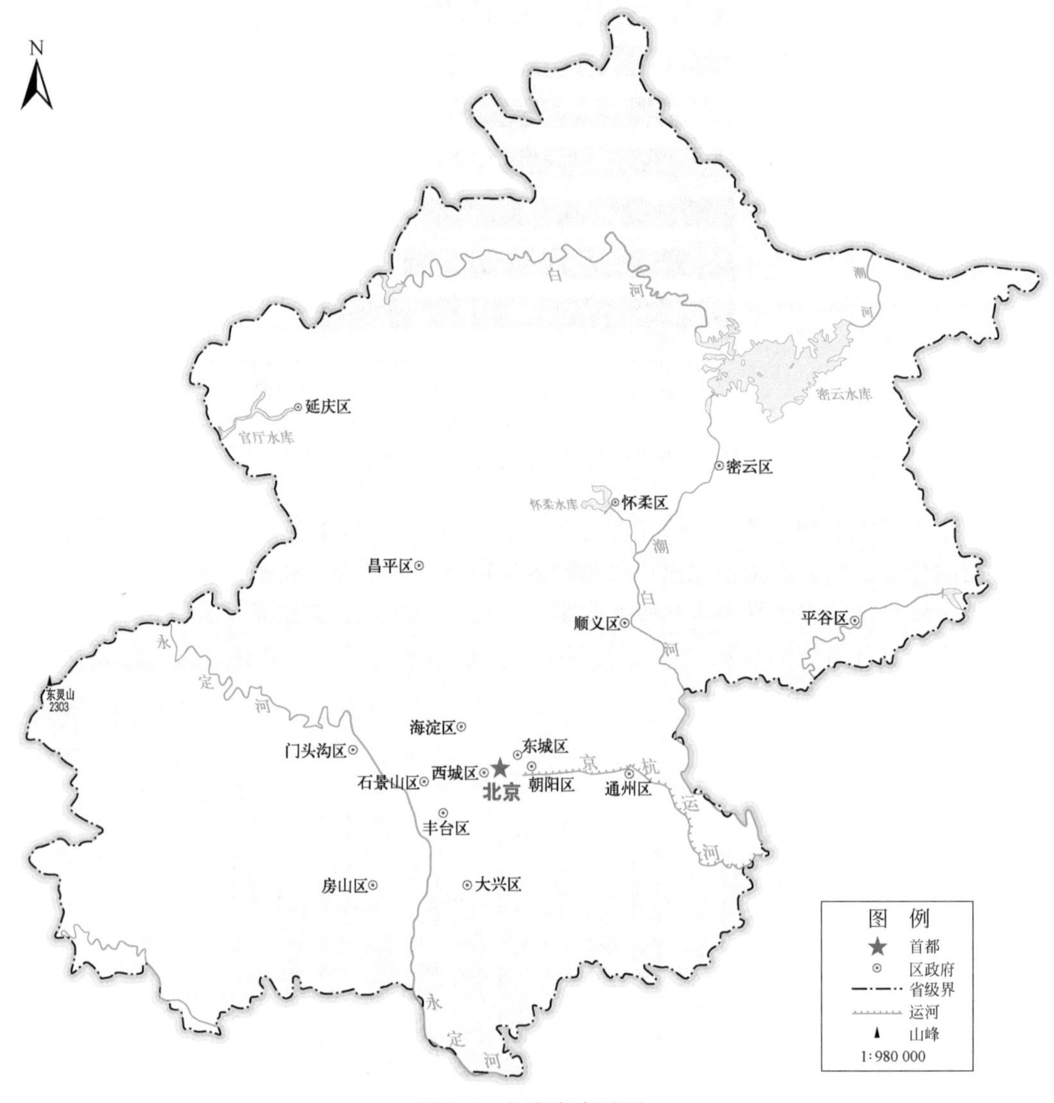

图 3-5 北京市水系图

北京市目前建成水库 78 座，总库容 93.94 亿 m^3，分布于平谷区、怀柔区、昌平区、房山区、大兴区、海淀区、石景山区、顺义区、门头沟区、延庆区、密云区，其中中型水库 17 座，总库容达到 5.12 亿 m^3，小型水库 61 座，总库容 0.82 亿 m^3（税朋勃等，2013），担负提供饮用水功能的水库水质较好，多为Ⅱ类，以永定河水系为主，包括潮白河水系，蓟运河、大清河、北运河水系多为鱼类保护区，功能以保护生态环境为主。北京市主要水库基本情况介绍见表 3-1。

表 3-1 北京市主要水库基本情况介绍

水系	水库名称	水体功能	库水位/m	蓄水量/万 m^3	总库容/万 m^3	水质类别
永定河	官厅	集中式饮用水水源一级保护区	475.5	46 004	416 000	Ⅳ
	斋堂	集中式饮用水水源一级保护区	454.03	2 291	4 602	Ⅲ
	珠窝	集中式饮用水水源一级保护区	348.1	1 074	1 430	Ⅱ
蓟运河	海子	一般鱼类保护区及游泳区	108.45	6 655	11 407	Ⅱ
	西峪	一般鱼类保护区及游泳区	215.3	783	1 310	Ⅲ
	黄松峪	一般鱼类保护区及游泳区	202.05	784	1 006	Ⅱ
大清河	崇青	一般鱼类保护区及游泳区	72.06	1 156	2 590	Ⅲ
	大宁	人体非直接接触的娱乐用水区	49.04	1 129	3 600	无水
潮白河	密云	集中式饮用水水源一级保护区	145.13	204 500	437 500	Ⅱ
	怀柔	集中式饮用水水源一级保护区	58.71	4 496	14 400	Ⅱ
	白河堡	密云水库饮用水水源地上游	594.28	4 985	9 060	Ⅱ
	半城子	密云水库饮用水水源地上游	257.13	709	1 020	Ⅱ
	沙厂	一般鱼类保护区	168.16	1 934	2 120	Ⅲ
	遥桥峪	密云水库饮用水水源地上游	464.1	1 310	1 940	Ⅱ
	北台上	一般鱼类保护区及游泳区	85.05	2 176	3 830	Ⅱ
	大水峪	一般鱼类保护区	171.15	1 189	1 460	Ⅱ
北运河	十三陵	一般鱼类保护区及游泳区	85.2	1 237	8 100	Ⅱ
	桃峪口	京密饮水渠一级水源保护区	61.78	100	1 008	无水

3.1.3 社会经济概况

北京市行政区划分为 16 个区，4 类区域。其中，东城区、西城区、朝阳区、海淀区、丰台区和石景山区属于城六区，是首都功能的核心区域，承载着首都政治文化交流、国际交往和科技创新等功能。

通州区、顺义区、大兴区以及房山区和昌平区的平原部分被规划为城市发展新区，承接了主要非首都功能和新增首都功能，聚集了大量“高精尖”产业，承载着首都科技文化、教育医疗等活动。

除此之外的山区部分，包括门头沟区、平谷区、怀柔区、密云区、延庆区及房山区和昌平区的山区，属于北京市的生态涵养区，主要任务是起到首都生态保障和水源涵养的作用（图 3-6）。

2016 年末，全市常住人口达到 2172.9 万人，城镇化率 85.5%。户籍人口达到 1362.9 万人，其中非农户达到 1132 万人。从图 3-7 来看，在首都城市的战略地位，疏解非首都功能的方针指导下，北京市 2000 ~ 2016 年城镇人口稳步上升，农村人口逐年下降，农村人口城镇化进程加快。进入 21 世纪后，北京市人口经历一个快速膨胀的过程，年均增长率达到

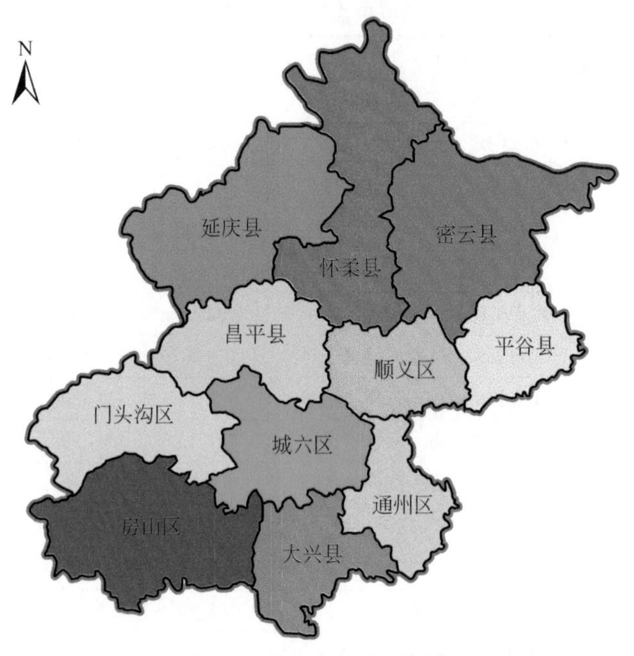

图 3-6　北京市行政区划分

城六区包括海淀区、东城区、西城区、朝阳区、石景山区和丰台区

4%。人口的快速增长导致 2009 年常住人口已经突破 2020 年的控制目标，北京市政府开始严格执行人口控制政策。在规划、土地、税收、价格等政策的调控下，管控取得了一定成效，从 2011 年开始，北京市常住人口的增长率都保持在 3% 以下，到 2016 年更是低于 1%。

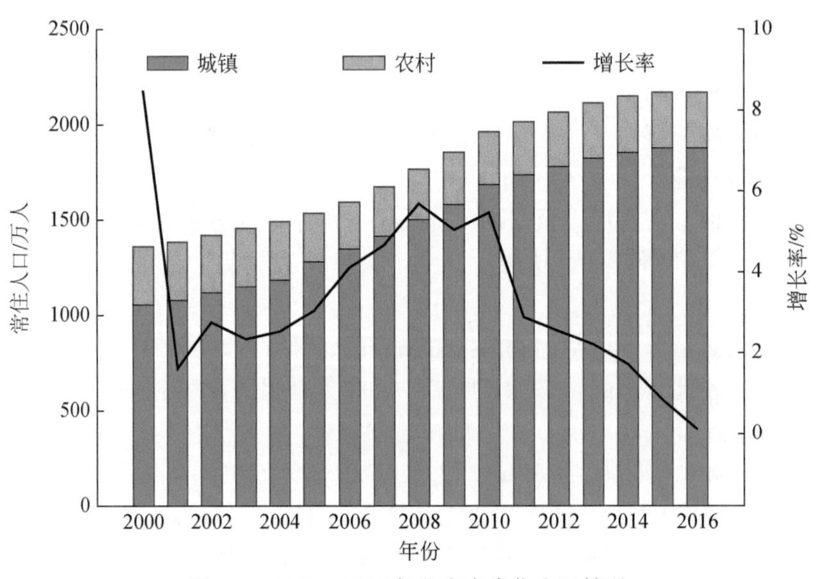

图 3-7　2000 ~ 2016 年北京市常住人口情况

北京市人口高度聚集，区域分布差异很大。由于北京市多样化的城市功能，城市化进程的推进吸引外来人口的不断迁入，北京市人口密度远高于全国平均人口密度，2016 年已经达到 1324 人/km^2，是全国平均人口密度的 10 倍，成为我国人口第二大密集城市。从图 3-8 来看，北京市人口的空间分布呈“东多西少、南多北少”的特征，以东城区、西城区、朝阳区、海淀区、丰台区、石景山区为主的中心城区，人口密度更是达到 1.4 万人/km^2。而承接中心城区适宜功能和人口疏解功能的大兴区、昌平区、顺义区、通州区人口密度也达到 7000 人/km^2以上。人口的密集给北京市的资源环境带来了巨大的压力。

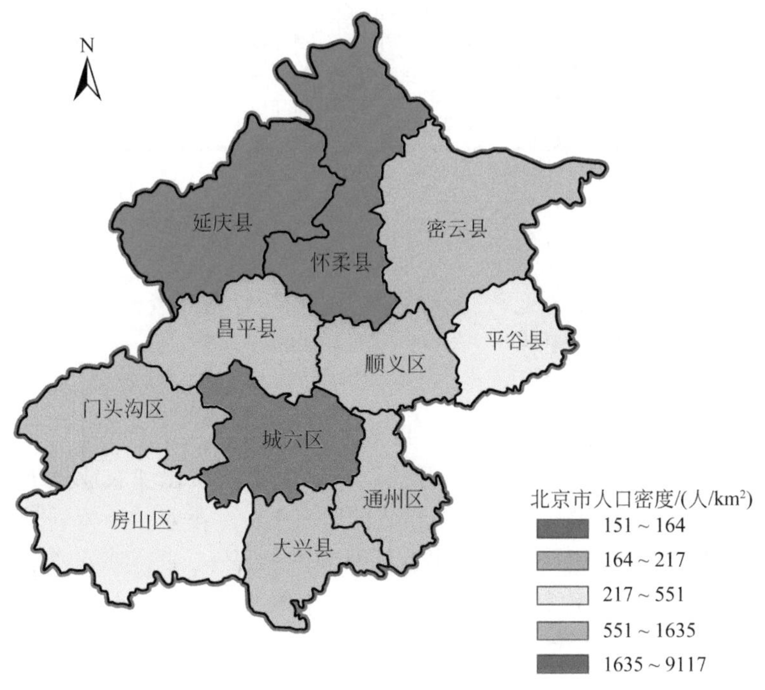

图 3-8　北京市 2016 年人口密度分布

北京市不仅是全国政治文化中心、国际交往中心，经济发展也在全国领先。2016 年全年实现 GDP 25 669.13 亿元，其中第一产业增加值达到 129.79 亿元，只占 GDP 的 0.51%；第二产业增加值达到 4944.44 亿元，占 GDP 的 19.26%；第三产业增加值达到 20 594.9 亿元，占 GDP 的 80.23%。从图 3-9 来看，在目前产业结构调整升级的形势下，北京市的经济增长经历了一个高速增长再到逐步放缓的过程，特别是“十二五”规划以来，在首都城市和京津冀协同发展的战略指导下，北京市经济在稳步发展的同时也着重强调产业结构的优化升级，以“高精尖”产业为主的第三产业迅速发展，成为 GDP 的绝对主力，所占比例逐年上升，从 2004 年的 67.8% 增长到 2016 年的 80.23%。这在一定程度上反映了北京市目前经济发展不仅追求“量”，更加注重“质”的提高。

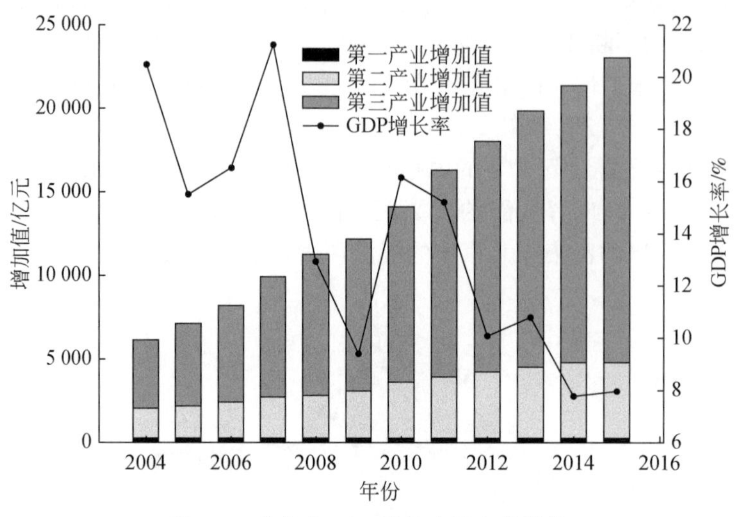

图 3-9　北京市 GDP 增长率及产业结构

3.1.4　北京市水资源状况

北京市属于严重缺水城市，人均水资源量不足 100m³（2011 年），不到全国水平的 1/8，并且本身水资源持续匮乏。自改革开放以来，由于城市化和农业发展，在地表水资源匮乏的情况下，多地大规模开采地下水和截蓄地表水，地下水位下降，地下漏斗大量增多，地表河流干涸，2016 年海河区地下水存储量减少 92.2 亿 m³。在水资源严重不足的同时，北京市河流水质也呈恶化趋势。据《2017 年中国水资源公报》，海河区河流水质为劣，在十大水资源分区中属于最差水平。

(1) 供水量

改革开放以来，北京市经济和人口规模迅速提升，且以第二产业主导的“粗放型”经济发展模式导致用水量迅速上升，到 1992 年用水量达到顶峰，为 46.43m³。同时在经济发展初期，供水量极不稳定，年均变化大。进入 21 世纪之后，由于经济产业结构的调整转型，第三产业成为经济发展的驱动产业，水资源管理变得更加严格，用水量逐渐稳定在 35 亿 m³左右。从 2003 年开始，再生水成为北京市供水水源之一，从 2003 年的不足 6% 增加到 2016 年的 25.8%，再生水在北京市供水渠道所占的比例逐渐增加，年均增长量达到 1 亿 m³，根据北京市“十三五”规划目标，2020 年再生水的使用量要达到 4 亿 m³。同时，随着 2008 年南水北调中线工程的顺利通水进京，2016 年利用江水就达到 8.6 亿 m³。再生水和南水北调来水的高效利用减少了地下水供水量，同时由于北京市降水量呈现整体下降的趋势，地表水供水量也逐渐下降，从 20 世纪 80 年代的 20 亿 m³下降到 2016 年的 2.1 亿 m³，下降了 89.5%（图 3-10）。

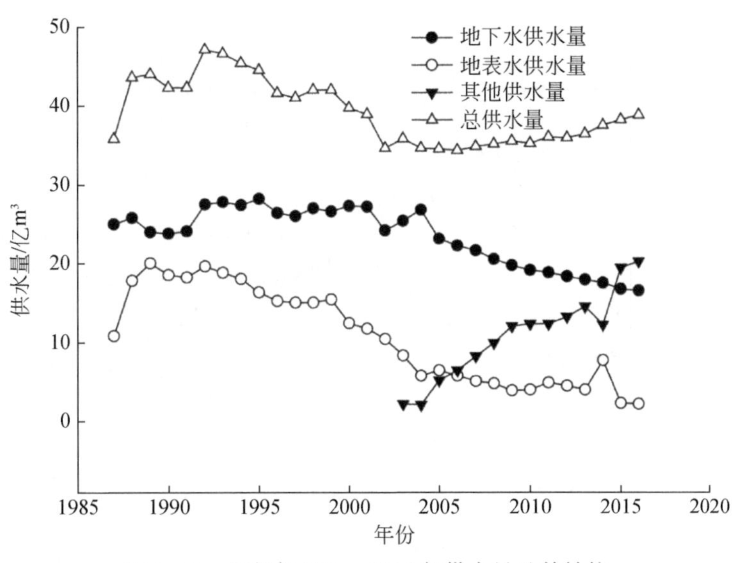

图 3-10　北京市 1987～2016 年供水量及其结构

(2) 用水量

20 世纪 90 年代以前，北京市经济发展主要靠第一产业和第二产业带动，因此农业用水量不仅是最大的，同时增长迅速，从 1986 年的 19.46 亿 m^3增长到 1989 年的 24.42 亿 m^3，年均增长率达到 8%，之后随着农业节水灌溉技术水平的提高和农业发展的逐渐放缓，农业用水量逐年递减，到 2016 年只有 6 亿 m^3。工业用水量经历了一个快速增长之后下降再继续增长最后持续下降的过程，这个过程在 1992 年达到顶峰，之后随着经济产业结构的优化升级，工业用水量逐渐下降，在 1998 年之后被生活用水量超过，在 2012 年时成为用水量最少的产业。受生育高峰和外来人口大量涌入的影响，生活用水量整体不断上升，增长速度很快，从 1986 年的 7.5 亿 m^3增长到 2016 年的 17.8 亿 m^3，所占比例也不断上升，在 2004 年之后生活用水成为最主要的用水方式。在 1996 年之后北京市开始出现生态用水，其在 2005 年之前都维持在一个较低的水平。在“十二五”时期，随着国家对环境的重视，政策力度的加强，生态用水迅速增长，2005～2010 年增长了 7 倍左右，目前是除生活用水之外用水最多的方式（图 3-11）。

从万元 GDP 耗水量指标来看（图 3-12），北京市的经济发展从 20 世纪 80 年代的高耗水、高能耗产业逐渐转型为绿色产业，万元 GDP 耗水量不断下降。1986 年万元 GDP 耗水量高达 1283m^3，之后迅速下降，到 1996 年已经降至 200m^3左右，近年来在京津冀一体化战略布局的指导下，北京市产业结构不断深化调整，许多“高污染、高耗能、高耗水”企业退出北京市，同时由于节水措施的推行和科学技术的提高，目前万元 GDP 耗水量已经基本稳定在 15m^3，随着“十三五”规划的推进，北京市不断提高绿色发展、科学发展水平，发展环境友好型产业，万元 GDP 耗水量还有继续下降的空间。

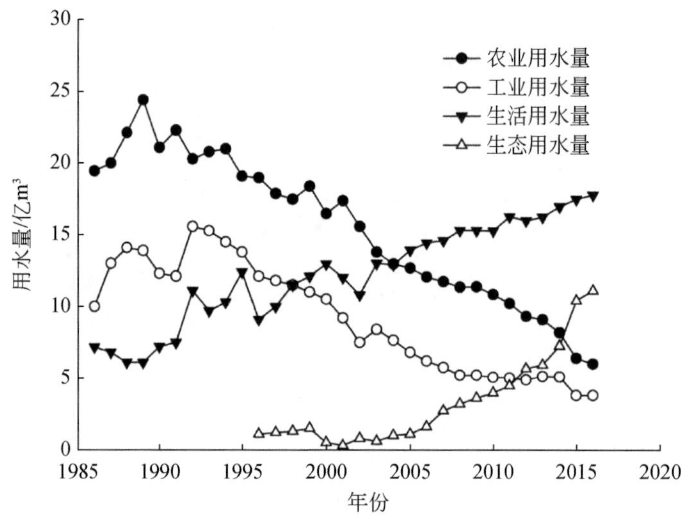

图 3-11　北京市 1986 ~ 2016 年用水结构

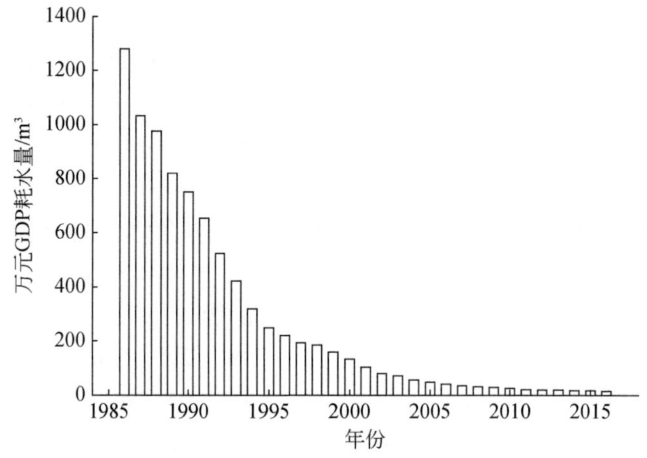

图 3-12　北京市 1986 ~ 2016 年万元 GDP 耗水量

(3) 水质

北京市 2007 ~ 2016 年废水排放情况如图 3-13、图 3-14 所示。从图 3-13 中可以看出，北京市生活废水排放总量在 2007 ~ 2016 年大幅增加，从 2007 年的 98 682.44 万 t 增加至 2016 的 151 733.43 万 t，增幅达 53.76%。地区生活废水排放总量受多种因素共同影响，如人口、第三产业增加值、降水量、水资源储量、绿地面积等。有研究显示，人口和第三产业增加值是地区生活废水排放总量的首要影响因素（张伟等，2010）。北京市作为中国的首都，城市现代化水平居于全国最前列，吸纳大量外来人口。据《2017 年北京统计年鉴》，2016 年北京市常住人口为 2172.9 万人，相较于 2006 年增加了 33.06%；类似地，北京地区第三产业增加值也在持续增加，2016 年是 2007 年产值的近 1.85 倍。人口和第三产业增加值的大幅增加共同造成了生活废水排放总量的增加。生活废水排放总量增长速度自 2007 年以来在不同年份间的变化可能与降水量的年际不均匀有关。

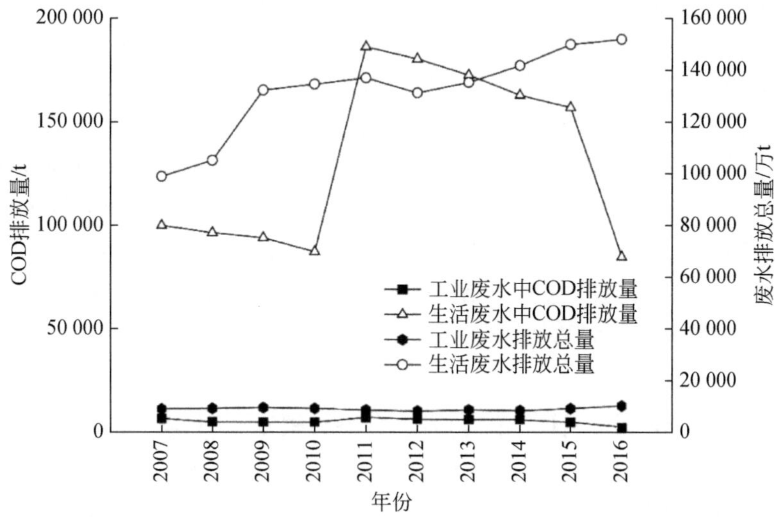

图 3-13 北京市 2007 ~ 2016 年 COD 排放量及废水排放总量

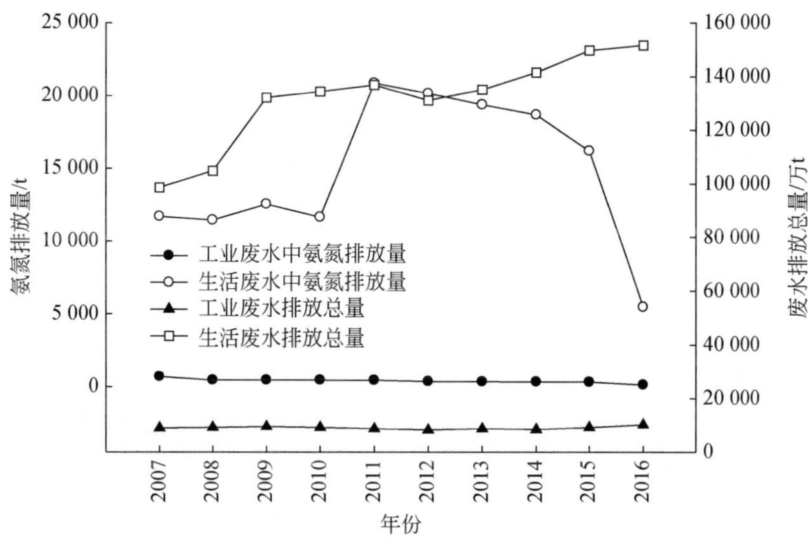

图 3-14 北京市 2007 ~ 2016 年氨氮排放量及废水排放总量

相较于生活废水排放总量的大幅增加，北京市工业废水排放总量在 2007 ~ 2016 年处于波动状态，其值在 9000 万 t 附近波动。对于北京市目前推行的转移、淘汰落后产能，以及提高工业、企业水资源循环利用率的发展规划，北京市工业废水排放总量依然存在下降空间。

从图 3-13 中可以看出，生活废水中 COD 排放量在 2007 ~ 2016 年可以大致分为两个阶段：一是 2007 ~ 2010 年持续小幅降低，二是 2011 ~ 2016 年持续大幅降低。工业废水中 COD 排放量的变化也和上述一样，分成两个阶段，但在两个阶段都呈现出明显降低的趋势。从 COD 排放量上进行对比，可以发现工业废水中 COD 排放量远低于生活废水中 COD 排放量，这说明目前我国 COD 来源于生活废水，需要进一步加大在生活废水处理领域的投入。2007 ~ 2016 年北京市氨氮排放量情况如图 3-14 所示，工业废水中氨氮排放量在 2007 ~ 2016 年持续降低，从 2007 年的 689t 降至 2016 年的 114t，降幅为 83.45%；生活废水中氨氮排放量与 COD 情况类似，同样可以分为两个趋势下降阶段。生活废水中 COD 和氨氮排放量在 2011 年突然巨幅升高，主要是由 2010 年后参与统计的排放源不同所致。2010 年（含 2010 年）以前 COD 排放源只有生活源和工业源，2010 年之后增加了农业源和集中式污染源。这说明我国的环境治理工作得到了进一步细化，源头治理思路更加清晰，同时也说明目前我国面临着巨大的环境治理压力。

3.2 北京市水资源承载力评价

本研究在分析了“量-质-域-流”的内涵，以及这四要素相互之间、与水资源承载力-社会经济-生态环境复合系统之间的互馈机理的基础上，构建了包含水质、水量、水生态、水流更新四要素的水资源承载力评价诊断指标体系和分级标准，结合模糊评价法建立了水资源承载力评价模型，对北京市各个区域的水资源承载力进行了评价，分析了北京市水资源承载力的空间分布。

3.2.1 水资源承载能力评价指标体系构建

3.2.1.1 评价指标体系的构建

水资源承载力评价涉及资源系统、环境系统、社会系统各个方面。因此，首先，要统筹考虑人类活动影响和社会经济发展需求等多重因素影响，以区域为评价主体进行综合评价；其次，要结合区域经济社会发展、人口增长、水量、水质要素构建水资源承载能力和负荷关键指标；最后，基于水质、水量、水生态、水流更新四要素，从水资源系统、社会经济、生态环境三大系统方面分析影响水资源承载力的因素，构建由水质、水量、水生态、水流更新四要素构成的多层次、分要素、能力-负荷双向表征的水资源承载力诊断指标体系。水资源承载力四要素与各子系统之间互馈机理（叶逸，2018）如图 3-15 所示。

从图 3-15 可以看出：

1）在水量方面，水量是水资源承载力的基础，只有在考虑了人类活动所需水量的基础上才能分析水资源承载力。在不同的社会发展阶段，由于科学技术发展水平和水资源管理利用方法的不同，水资源开发利用能力不同以及对水资源的需求不同，单位水资源量的承载力也不同。因此，水量应该随着社会经济的发展而变化。

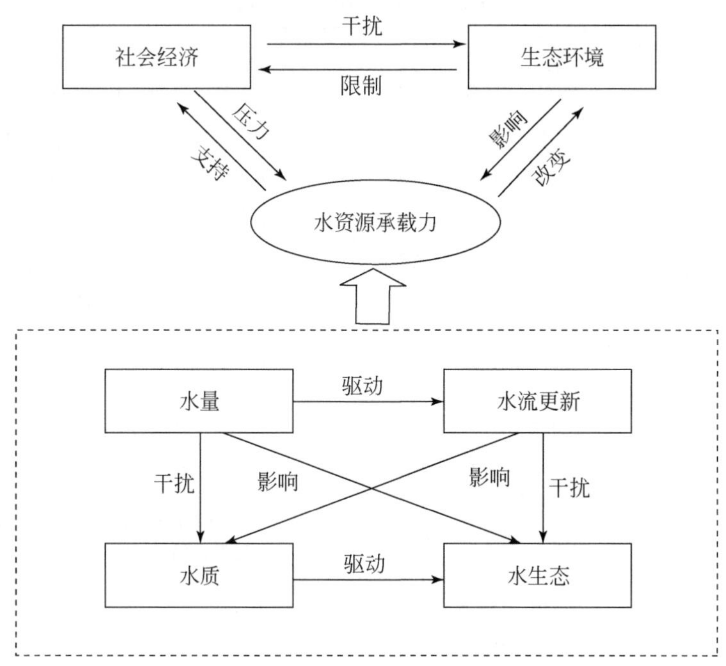

图 3-15　水资源承载力四要素与各子系统之间互馈机理

2）在水质方面，水体的自我维持、自我调节能力和纳污能力是水资源承载力系统中的支撑能力，而人类活动导致的水体污染就是水资源承载力系统中的压力。当人类活动超过一定的规模和限度之后，水体的结构和功能发生变化，水质要素恶化，不足以支撑人类社会的发展。水质对承载力的影响和水量对承载力的影响是密不可分的。

3）在水生态方面，水生态相关的地域空间主要包括水域、湿地、水源涵养区、重点水土流失预防区、饮用水水源地、常用蓄滞洪区等。水域要素与生态环境系统密切相关，当特定流域的水体结构和功能能够正常发挥作用时，该流域的自然水生态系统能够在其健康不受损害的前提下，承载一定规模的人类生产、生活行为。水生态对人类主导下的“流域生态–社会–经济系统”的影响并非水质、水量和水流更新的简单相加，而是在明确区域时空异质性的同时更进一步强调“量、质、序”的递进关系。

4）在水流更新方面，水体的流态和水体更新周期与河湖水质、水量和水生态有着密切的关系。在“自然–人工”二元水循环驱动下，社会–经济–自然流域系统的关联性不加强。只有水体流动性强，才能保证水体的自我维持、自我调节能力和纳污能力，水生态空间才能发挥最大的功效，进而对人类社会系统提供最基础的保障。

本研究在分析了“量–质–域–流”的内涵及城市水资源系统和各子系统之间互馈机理的基础上，构建了“量–质–域–流”四维一体的评价指标体系。所构建的评价指标体系分为总目标层、分目标层和指标层三个结构，各层级指标及其含义见表 3-2。

表 3-2　各层级指标及其含义

总目标层	分目标层	指标层	指标含义
水资源承载力评价指标体系 A	水量指标 B_1	水资源模数 C_1/(万 m^3/km^2)	单位流域面积上的多年平均水资源量
		年降水量 C_2/mm	一年内从天空降落到地面上的液态和固态降水，没有经过蒸发、渗透和流失而在水平面上积聚的深度
		单位面积地下水资源量 C_3/(万 m^3/km^2)	单位面积储存在地表以下的未被开采或者还未被探测的水资源数量
		再生水利用率 C_4/%	再生水量与污水排放总量的比值，反映地区的污水处理能力及废水回用程度
		水资源开发利用率 C_5/%	区域水资源开发利用状况
		人均水资源量 C_6/m^3	人均水资源占有量
	水质指标 B_2	水质综合达标率 C_7/%	符合要求的水体总量与当地多年平均水资源量的比值，反映水质的总体状况
		单位面积生活废水排放量 C_8/(万 t/km^2)	反映生活废水排放情况
		单位面积工业废水排放量 C_9/(万 t/km^2)	反映工业废水排放情况
		单位面积农业农药化肥使用量 C_{10}/(万 t/km^2)	反映农药化肥使用情况
		区域农业农药化肥有效使用率 C_{11}/%	指农药化肥被有效使用的量，未使用部分视为对环境的污染输出负荷
		工业废水排放达标率 C_{12}/%	反映工业废水排放情况
		城市生活污水处理率 C_{13}/%	反映生活污水的清洁情况
	水生态指标 B_3	人口密度 C_{14}/(人/km^2)	反映人口压力
		耕地面积比例 C_{15}/%	可持续的耕地保障
		农业灌溉面积比例 C_{16}/%	反映区域农业灌溉发展水平
		水功能区达标率 C_{17}/%	反映水功能区的作用
		水旱灾害受灾面积比例 C_{18}/%	反映区域应对自然灾害的能力
		森林覆盖率 C_{19}/%	绿色可持续的反映，水资源更新的基础
		亩均灌溉用水量 C_{20}/m^3	反映作物对水的依赖程度以及节水水平
		高耗水行业产值比例 C_{21}/%	反映高耗水行业占总产值的比例
		生物丰度 C_{22}	种群丰度指群落内物种数目的多少
		生态环境用水率 C_{23}/%	反映维持生态环境所需的人为补水量
		湿地比例 C_{24}/%	反映水资源更新的能力
		人均日生活用水量 C_{25}/m^3	每一用水人口平均每天的生活用水量

续表

总目标层	分目标层	指标层	指标含义
水资源承载力评价指标体系 A	水生态指标 B_3	万元 GDP 用水量 C_{26}/m^3	经济发展消耗水资源量
		人均 GDP C_{27}/万元	反映区域总体经济状况
	水流更新指标 B_4	水库调节能力 C_{28}	区域内水库总库容与多年平均降水总量的比值，是反映区域水资源供给潜力的主要指标
		产水系数 C_{29}	一定区域内水资源总量与当地降水量的比值
		水面率 C_{30}/%	以河道（湖泊）的设计水位或多年平均水位控制条件计算的面积，水面积占区域内总面积的比例称为水面率
		防洪功能 C_{31}	预防洪水的能力

3.2.1.2 评价标准的构建

针对所建立的水资源承载力评价指标体系，参考已有的研究成果、法律规范（惠泱河等，2001；王友贞等，2005；孟丽红等，2008；姜秋香，2011；段新光和栾芳芳，2014）等，制定出北京市水资源承载力评价指标分级标准，见表 3-3，将城市水资源承载力指标分为强、较强、一般、较弱、弱五个等级，分别对应Ⅰ级、Ⅱ级、Ⅲ级、Ⅳ级、Ⅴ级五个级别（叶逸，2018）。

表 3-3 水资源承载力评价标准

指标	Ⅰ（强）	Ⅱ（较强）	Ⅲ（一般）	Ⅳ（较弱）	Ⅴ（弱）
水资源模数/(万/m^3)	>60	60 ~ 35	35 ~ 20	20 ~ 15	<15
年降水量/mm	>700	600 ~ 700	500 ~ 600	400 ~ 500	<400
单位面积地下水资源量/(万 m^3/km^2)	>50 000	30 000 ~ 50 000	20 000 ~ 30 000	10 000 ~ 20 000	<10 000
再生水利用率/%	>0. 4	0. 3 ~ 0. 4	0. 25 ~ 0. 3	0. 2 ~ 0. 25	<0. 2
水资源开发利用率/%	<10	10 ~ 30	30 ~ 50	50 ~ 70	>70
人均水资源量/m^3	>3 000	1 700 ~ 3 000	700 ~ 1 700	500 ~ 700	<500
水质综合达标率/%	>90	80 ~ 90	70 ~ 80	60 ~ 70	<60
单位面积生活废水排放量/(万 t/km^2)	<1	1 ~ 2	2 ~ 5	5 ~ 8	>8
单位面积工业废水排放量/(万 t/km^2)	<0. 3	0. 3 ~ 0. 5	0. 5 ~ 1	1 ~ 2	>2
单位面积农业农药化肥使用量/(万 t/km^2)	<0. 000 1	0. 000 1 ~ 0. 001	0. 001 ~ 0. 005	0. 005 ~ 0. 01	>0. 01
区域农业农药化肥有效使用率/%	>80	50 ~ 80	30 ~ 50	10 ~ 30	<10
工业废水排放达标率/%	>95	90 ~ 95	80 ~ 90	70 ~ 80	<70
城市生活污水处理率/%	>90	70 ~ 90	50 ~ 70	30 ~ 50	<30

续表

指标	Ⅰ（强）	Ⅱ（较强）	Ⅲ（一般）	Ⅳ（较弱）	Ⅴ（弱）
区域人口密度/(人/km^2)	<25	25 ~ 50	50 ~ 100	100 ~ 300	>300
耕地面积比例/%	<10	10 ~ 20	20 ~ 40	40 ~ 50	>50
农业灌溉面积比例/%	>79	64 ~ 79	50 ~ 64	35 ~ 50	<35
水功能区达标率/%	>70	60 ~ 70	40 ~ 60	30 ~ 40	<30
水旱灾害受灾面积比例/%	<7	7 ~ 15	15 ~ 26	26 ~ 35	>35
森林覆盖率/%	>40	30 ~ 40	20 ~ 30	10 ~ 20	<10
亩均灌溉用水量/m^3	<367	367 ~ 400	400 ~ 567	567 ~ 733	>733
高耗水行业产值比例/%	<30	30 ~ 40	40 ~ 55	55 ~ 70	>70
生物丰度	>75	55 ~ 75	35 ~ 55	20 ~ 35	<20
生态环境用水率/%	<1	1 ~ 2	2 ~ 3	3 ~ 5	>5
湿地比例/%	>7	6 ~ 7	5 ~ 6	4 ~ 5	<4
人均日生活用水量/m^3	<160	160 ~ 210	210 ~ 260	260 ~ 310	>310
万元 GDP 用水量/m^3	<37	37 ~ 220	220 ~ 402	402 ~ 585	>585
人均 GDP/万元	<2. 5	2. 5 ~ 3. 2	3. 2 ~ 3. 6	3. 6 ~ 4	>4
水库调节能力	>300	100 ~ 300	50 ~ 100	10 ~ 50	<10
产水系数	>0. 7	0. 5 ~ 0. 7	0. 4 ~ 0. 5	0. 25 ~ 0. 4	<0. 25
水面率/%	>15	10 ~ 15	8 ~ 10	5 ~ 8	<5
防洪功能	>3	2 ~ 3	1 ~ 2	0. 5 ~ 1	<0. 5

指标分为五级：处于Ⅰ级时水资源承载力强，支撑能力较大，此时的水资源能够支撑社会经济和生态环境更大规模的发展；处于Ⅲ级时水资源承载力一般，此时水资源的开发利用已经具有相当的规模，但还有一定的发展空间，处于Ⅴ级时水资源供给已经无法支撑社会发展，水环境问题已经威胁到人类社会的发展。Ⅱ级和Ⅳ级处于Ⅰ级、Ⅲ级和Ⅴ级的中间，在不同的管理以及开发利用方式下，这两个状态下的水资源承载力会向不同方向发展。

3. 2. 2　北京市水资源承载力评价诊断

3. 2. 2. 1　数据标准化处理

为了计算权重，要将原始数据进行归一化处理。本次评价样本是北京市各个区，同一指标样本数据变化不大，并不能填充整个评价标准，因此本次评价将指标评价标准临界值同时加入到样本中进行标准化处理，将所有数据转化成［0，1］的数值（表 3-4）。

表 3-4　标准化后各指标数据

指标层	城六区	门头沟区	房山区	通州区	顺义区	昌平区	大兴区	平谷区	怀柔区	密云区	延庆区
C_1	0. 327	0. 000	0. 224	0. 333	0. 605	0. 325	0. 316	0. 394	0. 277	0. 245	0. 386
C_2	0. 633	0. 423	0. 637	0. 580	0. 727	0. 593	0. 480	0. 923	0. 610	0. 837	0. 347
C_3	0. 864	0. 000	0. 445	0. 280	0. 550	0. 262	0. 275	0. 291	0. 209	0. 212	1. 000
C_4	0. 962	0. 769	0. 750	1. 000	0. 635	0. 615	0. 538	0. 827	0. 750	0. 846	0. 385
C_5	0. 000	0. 877	0. 883	0. 684	0. 883	0. 881	0. 678	0. 957	0. 985	0. 983	0. 998
C_6	0. 000	0. 098	0. 121	0. 047	0. 128	0. 045	0. 043	0. 222	0. 393	0. 300	0. 579
C_7	0. 222	1. 000	0. 278	0. 000	0. 000	0. 333	0. 000	0. 500	1. 000	0. 922	0. 833
C_8	0. 000	0. 989	0. 971	0. 904	0. 952	0. 872	0. 896	0. 984	0. 995	0. 996	1. 000
C_9	0. 000	0. 973	0. 424	0. 665	0. 104	0. 890	0. 689	0. 906	0. 947	1. 000	0. 598
C_{10}	0. 202	0. 202	0. 202	0. 202	0. 202	0. 202	0. 202	0. 202	0. 202	0. 202	0. 202
C_{11}	0. 329	0. 329	0. 329	0. 329	0. 329	0. 329	0. 329	0. 329	0. 329	0. 329	0. 329
C_{12}	1. 000	1. 000	1. 000	1. 000	1. 000	1. 000	1. 000	1. 000	1. 000	1. 000	1. 000
C_{13}	0. 000	0. 475	0. 339	0. 502	0. 374	0. 813	0. 505	0. 353	0. 504	0. 418	0. 349
C_{14}	0. 000	0. 981	0. 951	0. 843	0. 899	0. 841	0. 839	0. 959	0. 983	0. 980	0. 986
C_{15}	0. 909	1. 000	0. 777	0. 267	0. 361	0. 826	0. 201	0. 786	0. 916	0. 854	0. 730
C_{16}	0. 556	1. 000	0. 234	0. 268	0. 315	0. 271	0. 213	0. 045	0. 882	0. 141	0. 045
C_{17}	0. 380	1. 000	0. 333	0. 000	0. 500	0. 500	0. 200	0. 667	0. 857	1. 000	0. 667
C_{18}	1. 000	1. 000	1. 000	1. 000	1. 000	1. 000	1. 000	1. 000	1. 000	1. 000	1. 000
C_{19}	0. 414	0. 820	0. 746	0. 398	0. 439	0. 847	0. 347	0. 899	1. 000	0. 921	0. 883
C_{20}	0. 970	0. 583	0. 761	0. 589	0. 684	0. 820	0. 724	0. 713	0. 926	0. 940	1. 000
C_{21}	1. 000	0. 366	0. 182	0. 334	0. 455	0. 493	0. 504	0. 375	0. 199	0. 390	0. 721
C_{22}	0. 147	0. 924	0. 622	0. 115	0. 140	0. 462	0. 211	0. 591	0. 889	0. 905	0. 789
C_{23}	0. 509	0. 000	0. 712	0. 623	0. 852	0. 687	0. 440	0. 763	1. 000	0. 521	0. 700
C_{24}	0. 292	0. 125	0. 072	1. 000	0. 027	0. 000	0. 381	0. 209	0. 000	0. 456	0. 014
C_{25}	0. 821	0. 615	0. 905	0. 776	1. 000	0. 915	0. 882	0. 876	0. 775	0. 851	0. 921
C_{26}	1. 000	0. 926	0. 925	0. 897	0. 983	0. 958	0. 864	0. 931	0. 957	0. 952	0. 916
C_{27}	0. 154	0. 827	0. 768	0. 857	0. 000	0. 935	0. 947	0. 831	0. 700	0. 822	0. 939
C_{28}	0. 000	0. 015	0. 013	0. 000	0. 000	0. 019	0. 000	0. 026	0. 040	0. 806	1. 000
C_{29}	0. 041	0. 000	0. 028	0. 044	0. 074	0. 042	0. 045	0. 041	0. 035	0. 026	0. 060
C_{30}	0. 205	0. 000	0. 158	0. 601	0. 448	0. 161	0. 387	0. 202	0. 088	0. 639	0. 151
C_{31}	0. 200	0. 200	0. 200	0. 200	0. 200	0. 200	0. 200	0. 200	0. 600	0. 600	0. 600

3.2.2.2 指标权重确定

指标权重是表征各指标对水环境系统相对重要性的一种度量方法，权重值的差异会导致最终的评价结果有所差异，因此指标权重的确定方法至关重要。指标权重的确定方法一般分为主观和客观两种方法，在研究实践中，单纯地使用上述某一种方法都会使评价结果过于主观或过于客观，只有将两者结合起来，既考虑决策的科学性，又考虑决策者基于实际经验的主观要求，才能更好地应用于体系内指标的权重确定。本研究将层次分析法与熵权法相结合，综合考虑两种方法计算所得的权重，作为本次评价体系中各项指标的权重。

3.2.2.3 层次分析法计算主观权重

层次分析法的主要思想是依据决策者的经验，将某一层中的元素相对于上一层的重要性按一定形式表示（通常为九分位标度），从而确定某元素相对于上一层的权重，最后按照递阶关系算出指标层元素相对于目标层的权重值。在本研究中，层次分析法计算主观权重的方法如下（张春红，2014；周振民等，2016）。

（1）建立递阶层次结构

在本研究中，分为总目标层、分目标层和指标层。其中分目标层由水量、水质、水生态、水流更新四要素构成；指标层由31项指标构成。

（2）构建判断矩阵

对要素相对重要性进行比较时，引入心理学中普遍认可的九分位标度，具体含义见表3-5。判断矩阵需满足 $b_{ij}>0$，$b_{ii}=1$，$b_{ij}=\frac{1}{b_{ji}}$　$i,j=1,2,\cdots,n$。

表3-5　九分位标度

B_i/B_j	相同	稍强	强	很强	极强	稍弱	弱	很弱	极弱
b_{ij}	1	3	5	7	9	1/3	1/5	1/7	1/9

注：取8、6、4、2、1/2、1/4、1/6、1/8为上述评价值的中间值。

（3）计算权重及一致性检验

1）判断矩阵的每一行元素求积

$$M_j=\prod_{i=1}^{n}b_{ij}\quad j=1,2,\cdots,n\text{，其中 }n\text{ 为矩阵阶数}$$

2）计算 M_j 的 n 次方根

$$\overline{W_j}=\sqrt[n]{M_j}$$

3）对向量 $\boldsymbol{w}=[\overline{W_1},\overline{W_2},\cdots,\overline{W_n}]^{\mathrm{T}}$ 进行归一化

$$w_j'=\frac{\overline{W_j}}{\sum_{j=1}^{n}\overline{W_j}}\quad w_j'\text{ 即为指标权重}$$

4）计算判断矩阵的最大特征值

$$\lambda_{\max} = \frac{1}{n}\sum_{i=1}^{n}\frac{(AW)_i}{w_i}$$

其中，$A=\begin{bmatrix} \frac{b_1}{b_1} & \frac{b_1}{b_2} & \frac{b_1}{b_3} & \cdots & \frac{b_1}{b_n} \\ \frac{b_2}{b_1} & \frac{b_2}{b_2} & \frac{b_2}{b_3} & \cdots & \frac{b_2}{b_n} \\ \frac{b_3}{b_1} & \frac{b_3}{b_2} & \frac{b_3}{b_3} & \cdots & \frac{b_3}{b_n} \\ \frac{b_n}{b_1} & \frac{b_n}{b_2} & \frac{b_n}{b_3} & \cdots & \frac{b_n}{b_n} \end{bmatrix}$

5）一致性检验

计算一致性指标 CI：

$$\mathrm{CI}=\frac{\lambda_{\max}-n}{n-1}$$

引入判断矩阵的随机一致性指标 RI 值。1 ~ 10 阶判断矩阵的 RI 值见表 3-6。

表 3-6　1 ~ 10 阶的 RI 值

n	1	2	3	4	5	6	7	8	9	10
RI	0	0	0. 52	0. 89	1. 12	1. 26	1. 36	1. 41	1. 46	1. 49

当 $n>2$ 时，判断矩阵的一致性比率：

$$\mathrm{CR}=\frac{\mathrm{CI}}{\mathrm{RI}}<0.10$$

当 CR<0. 10 时，代表判断矩阵具有满意的一致性，步骤 3）中所获得的指标权重可信度较高。当 CR≥0. 10 时，则需要重新确定判断矩阵的 b_{ij}。

6）按照三个层次的递阶关系，相乘得到各指标的权重。基于层次分析法，得到体系内各指标的客观权重，见表 3-7（叶逸，2018）。

表 3-7　基于层次分析法的指标权重

分目标层	权重	指标层	权重
B_1	0. 3233	C_1	0. 3095
		C_2	0. 1368
		C_3	0. 1368
		C_4	0. 0433
		C_5	0. 0641
		C_6	0. 3095

续表

分目标层	权重	指标层	权重
B_2	0.5046	C_7	0.3984
		C_8	0.1919
		C_9	0.1161
		C_{10}	0.0675
		C_{11}	0.0425
		C_{12}	0.0675
		C_{13}	0.1161
B_3	0.1026	C_{14}	0.1016
		C_{15}	0.0273
		C_{16}	0.0273
		C_{17}	0.1550
		C_{18}	0.0186
		C_{19}	0.0661
		C_{20}	0.0273
		C_{21}	0.0425
		C_{22}	0.0143
		C_{23}	0.0425
		C_{24}	0.0661
		C_{25}	0.1549
		C_{26}	0.1549
		C_{27}	0.1016
B_4	0.0695	C_{28}	0.4918
		C_{29}	0.3056
		C_{30}	0.1248
		C_{31}	0.0778

3.2.2.4 熵权法计算客观权重

熵表示系统无秩序的程度。如果指标的信息熵越小，则表示指标的变化程度越大，提供的有用信息越多，在评价中所占的比例越大。熵权法计算客观权重的方法如下（Li X X et al.，2011；贾艳红等，2006）。

（1）数据标准化

假设评价对象包括 m 个评价指标（i），n 个评价地区（j），原始数据为 x_{ij}，标准化后数据为 x_{ij}'。

对于正向（效益型）指标满足式：

$$x'_{ij}=\frac{x_{ij}-x_j^{\max}}{x_j^{\max}-x_j^{\min}}$$

对于负向（成本型）指标满足式：

$$x'_{ij}=\frac{x_j^{\max}-x_{ij}}{x_j^{\max}-x_j^{\min}}$$

正向指标与负向指标的分类见表 3-8。

表 3-8　指标分类结果

指标	类别	指标	类别	指标	类别	指标	类别
C_1	正	C_9	负	C_{17}	正	C_{25}	负
C_2	正	C_{10}	负	C_{18}	负	C_{26}	负
C_3	正	C_{11}	正	C_{19}	正	C_{27}	负
C_4	正	C_{12}	正	C_{20}	负	C_{28}	正
C_5	负	C_{13}	正	C_{21}	负	C_{29}	正
C_6	正	C_{14}	负	C_{22}	正	C_{30}	正
C_7	正	C_{15}	负	C_{23}	负	C_{31}	正
C_8	负	C_{16}	正	C_{24}	正		

(2) 求各指标的信息熵

E_j 为信息熵：

$$E_j=-\frac{\sum_{i=1}^{m}f_{ij}\ln f_{ij}}{\ln m}(i=1,\cdots,m;j=1,\cdots,n)\text{，其中}$$

$$f_{ij}=\frac{x'_{ij}}{\sum_{i=1}^{m}x'_{ij}}(i=1,\cdots,m;j=1,\cdots,n)$$

(3) 通过信息熵计算权重

$$w''_j=\frac{1-E_j}{n-\sum_{j=1}^{n}E_j},\ \sum_{j=1}^{n}w''_j=1,(j=1,\cdots,n)$$

基于熵权法计算得到的各指标客观权重见表 3-9。

表 3-9　基于熵权法的各项指标权重

指标	权重	指标	权重	指标	权重
C_1	0.0225	C_6	0.0715	C_{11}	0.0000
C_2	0.0057	C_7	0.0752	C_{12}	0.0000
C_3	0.0433	C_8	0.0161	C_{13}	0.0221
C_4	0.0049	C_9	0.0313	C_{14}	0.0163
C_5	0.0172	C_{10}	0.0000	C_{15}	0.0148

续表

指标	权重	指标	权重	指标	权重
C_{16}	0.0552	C_{22}	0.0335	C_{28}	0.2398
C_{17}	0.0321	C_{23}	0.0205	C_{29}	0.0235
C_{18}	0.000	C_{24}	0.1113	C_{30}	0.0471
C_{19}	0.0243	C_{25}	0.0011	C_{31}	0.0244
C_{20}	0.0027	C_{26}	0.0001		
C_{21}	0.0183	C_{27}	0.0252		

3.2.2.5 层次分析–熵权法计算复合权重

本研究将层次分析法与熵权法的结果相结合，最终得出综合指标权重（李旭宏等，2004）。计算公式为

$$w_j=\alpha w_j'+(1-\alpha)\ w''_j\ (0\leqslant\alpha\leqslant1)$$

在使用熵权法时，受到数据数量的限制，计算得到的权重可能存在一定程度的不合理性，因此取 $\alpha=0.5$，得到各指标的最终权重结果，见表 3-10。

表 3-10 各指标的综合权重

指标	综合权重	指标	综合权重	指标	综合权重
C_1	0.061 280 675	C_{12}	0.017 030 25	C_{23}	0.012 430 25
C_2	0.024 963 72	C_{13}	0.040 342 03	C_{24}	0.059 040 93
C_3	0.043 763 72	C_{14}	0.013 362 08	C_{25}	0.008 496 37
C_4	0.009 449 445	C_{15}	0.008 800 49	C_{26}	0.007 996 37
C_5	0.018 977 93	C_{16}	0.029 000 49	C_{27}	0.017 812 08
C_6	0.085 830 675	C_{17}	0.023 996 37	C_{28}	0.136 965 46
C_7	0.138 141 55	C_{18}	0.000 954 18	C_{29}	0.022 404 32
C_8	0.056 466 37	C_{19}	0.015 540 93	C_{30}	0.027 880 56
C_9	0.044 942 03	C_{20}	0.002 750 49	C_{31}	0.014 813 66
C_{10}	0.017 030 25	C_{21}	0.011 330 25		
C_{11}	0.010 722 75	C_{22}	0.017 483 59		

3.2.3 基于模糊综合评价法的承载力评价模型构建

本研究在分析各种评价方法优缺点的基础上，结合北京市的水资源特点以及社会经济发展状况，选取模糊综合评价法作为北京市市水资源承载力评价模型，具体过程如下：

1）建立评价指标集。首先按照水资源承载力构造水资源承载力评价指标集，设 $U=$

$\{u_1, u_2, \cdots, u_n\}$ =｛水资源模数，年降水量，…，防洪功能｝。再设立评判集 $V=\{v_1, v_2, \cdots, v_m\}$，表示将指标集中的各个元素评价分为 m 个等级。本研究中设立评判集 $V=\{v_1, v_2, \cdots, v_m\}$ =｛Ⅰ（强），Ⅱ（较强），Ⅲ（一般），Ⅳ（较弱），Ⅴ（弱）｝五个等级。

2）构造隶属度矩阵 $\boldsymbol{R}$，表示水资源承载力评价指标集 $U=\{u_1, u_2, \cdots, u_n\}$ 与评判集 $V=\{v_1, v_2, \cdots, v_m\}$ 之间的模糊关系。对于水资源承载力评价问题，每个指标的分类标准矩阵为

$$\begin{array}{c} \\ u_1 \\ u_2 \\ \vdots \\ u_n \end{array} \begin{array}{c} \begin{array}{cccc} c_1 & c_2 & \cdots & c_m \end{array} \\ \begin{bmatrix} a_{11} & a_{12} & \cdots & a_{1m} \\ a_{21} & a_{22} & \cdots & a_{2m} \\ \vdots & \vdots & & \vdots \\ a_{n1} & a_{n2} & \cdots & a_{nm} \end{bmatrix} \end{array} = \begin{bmatrix} 60 & \cdots & 0 \\ \vdots & \ddots & \vdots \\ 3 & \cdots & 0 \end{bmatrix}$$

对每个被评对象 $u_i(i=1, 2, \cdots, n)$ 进行评价，首先计算 u_i 属于 c_k 类的隶属度 v_{ik}。

当 $u_i \leqslant a_{i1}$ 时，取 $r_{i1}=1$，$r_{i2}=r_{i3}=\cdots=r_{i5}=0$

当 $u_i \geqslant a_{im}$ 时，取 $r_{im}=1$，$r_{i1}=r_{i2}=\cdots=r_{im-1}=0$

当 $a_{il}<u_i \leqslant a_{il+1}$ 时，取

$$r_{il}=\frac{a_{il+1}-u_i}{a_{il+1}-a_{il}},\quad r_{il+1}=\frac{u_i-a_{il}}{a_{il+1}-a_{il}}$$

$$r_{ik}=0,\ k<l \text{ 或 } k>l+1$$

3）确定评价权重集 A。设各个因素 $u_1, u_2, \cdots, u_n$ 所对应的权重分别为 $a_1, a_2, \cdots, a_n$，则 $A=(a_1, a_2, \cdots, a_n)$，可看成 U 的模糊集。本研究将层次分析法和熵权法结合建立权重。

4）综合评价。令 $B=A \bigcirc R=(b_1, b_2, \cdots, b_m)$，取 $b_j=\sum_{i=1}^{n} a_i \cdot r_{ij}$，$j=1, 2, \cdots, m$，即“○”取“•”“+”运算，为普通矩阵乘法，这种方法简记为 $M(\bullet, +)$ 算子。

5）取置信度 $\lambda=0.6$，计算

$$k_i=\min\{k:\ \sum_{j=1}^{k} b_j \geqslant \lambda,\ 1 \leqslant k \leqslant m\}$$

则认为第 i 个评价对象属于第 c_{k_i} 类。

3.2.4 北京市水资源承载力评价结果

基于 3.2.3 节建立的水资源承载力评价模型，对北京市各个区 2014 年水资源承载力状况进行分析。

3.2.4.1 北京市各个区水资源承载力评价结果

水资源承载力评价结果如图 3-16 所示。

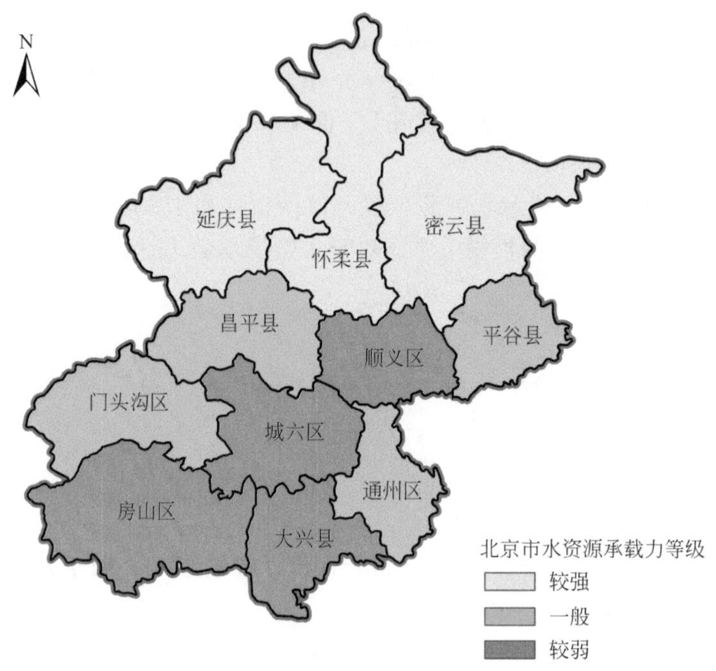

图 3-16　水资源承载力综合评价结果

从北京市水资源承载力综合评价结果来看，北京市各个区的水资源承载力均处于“较弱”到“较强”之间，没有区处于“弱”和“强”状态，空间总体分布呈北强南弱，南北分异大的特点，表现为大聚集小分散状态。南部大部分地区的水资源承载力处于“较弱”状态，其中门头沟区、平谷区、昌平区和通州区的水资源承载力处于“一般”状态，水资源的利用程度和社会经济的发展速度比较协调，怀柔区、密云区和延庆区的水资源承载力处于“较强”状态。

四个子系统中，水质与水量子系统所占权重最高，两者权重之和达到 82.8%，因此影响综合水资源承载力的主要因素是水质与水量子系统。处于“较强”状态的北部三个区相比较，怀柔区的水质等级和水生态等级虽然都处于Ⅰ级，但由于水量等级只有Ⅲ级，因此综合水资源承载力处于“较强”状态。相对于同处于“较强”状态的延庆区来说，怀柔区的地下水资源量较少，只有 14 582 万 m^3，不到延庆区的 30%。与其他两个区相比，密云区由于人口密度大，降水量较少，人均水资源量比较少，水量等级Ⅲ级，但由于密云区属于地表水源地一级保护区，水质要求较高，其在各个区中工业废水排放量最低，水功能区达标率达到 100%，同时生态环境用水率排名也靠前，因此水生态、水质和水流更新的表现较好，分别处于“强”“较强”“较强”，综合水资源承载力处于“较强”状态。

处于“较弱”状态的顺义区、城六区、房山区和大兴区，水质等级也处于Ⅳ级及以下，水量等级除了顺义区处于Ⅱ级以外，其他三个区水量等级为Ⅲ级。其中，顺义区、房山区和大兴区属于城市发展新区，相对于城六区来说发展较为落后。在各个区中，耕地面积比例较大的同时农业灌溉面积比例又比较低，在城市快速扩张的同时基础设施和技术没有完全跟上，城市生活污水处理率和水质综合达标率都处在落后状态。城六区城市化水平高，人口密度是所有区中最高的，7837 人/km^2（2014 年），至少是其他区的 5 倍以上。人口的过度稠密和城市建设的要求导致虽然水资源的利用效率和污水处理能力高，但水体排放的污染物总量大、强度高、成分复杂，单位面积生活废水排放量和单位面积工业废水排放量都远远高于其他各区，人均水资源量不足其他各区的 10%。

综合表现“一般”状态的昌平区、门头沟区、通州区和平谷区，水质表现也基本为“较弱”和“弱”状态。门头沟区的水质虽然处于“强”状态，但由于门头沟区的单位面积地下水资源量在各个区中最少，不足其他各区的 1/3，水资源模数也是其他各个区的 1/4，水量等级处于Ⅴ级。其他三个区中昌平区和通州区的水质最差，处于Ⅴ级，平谷区处于Ⅳ级。昌平区和通州区作为城市的副中心，人口相对比较稠密，除城六区之外，它们是人口密度最大的两个区，因此生活废水排放量较高，同时废水处理能力是各区中最差的，导致其水质综合达标率也在各区中排名靠后。从水量上来说，人口的集中使得这两个区的人均水资源量也很低，仅高于城六区和大兴区。

3.2.4.2 北京市各个区水资源承载力各子系统评价结果

水资源承载力各子系统评价结果如图 3-17 所示。

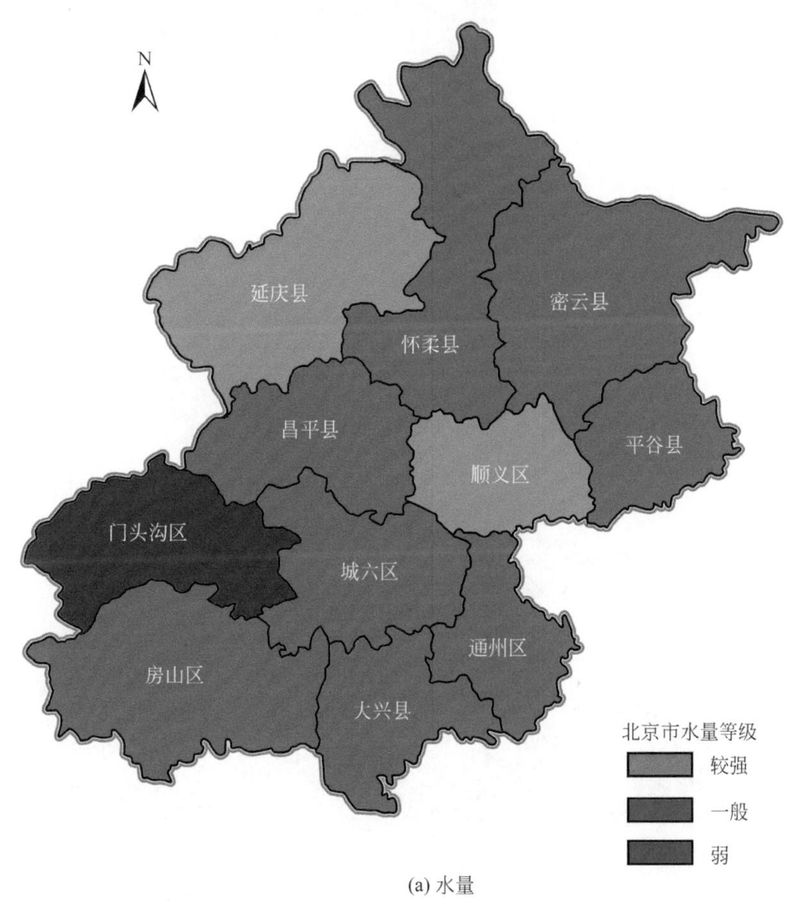

(a) 水量

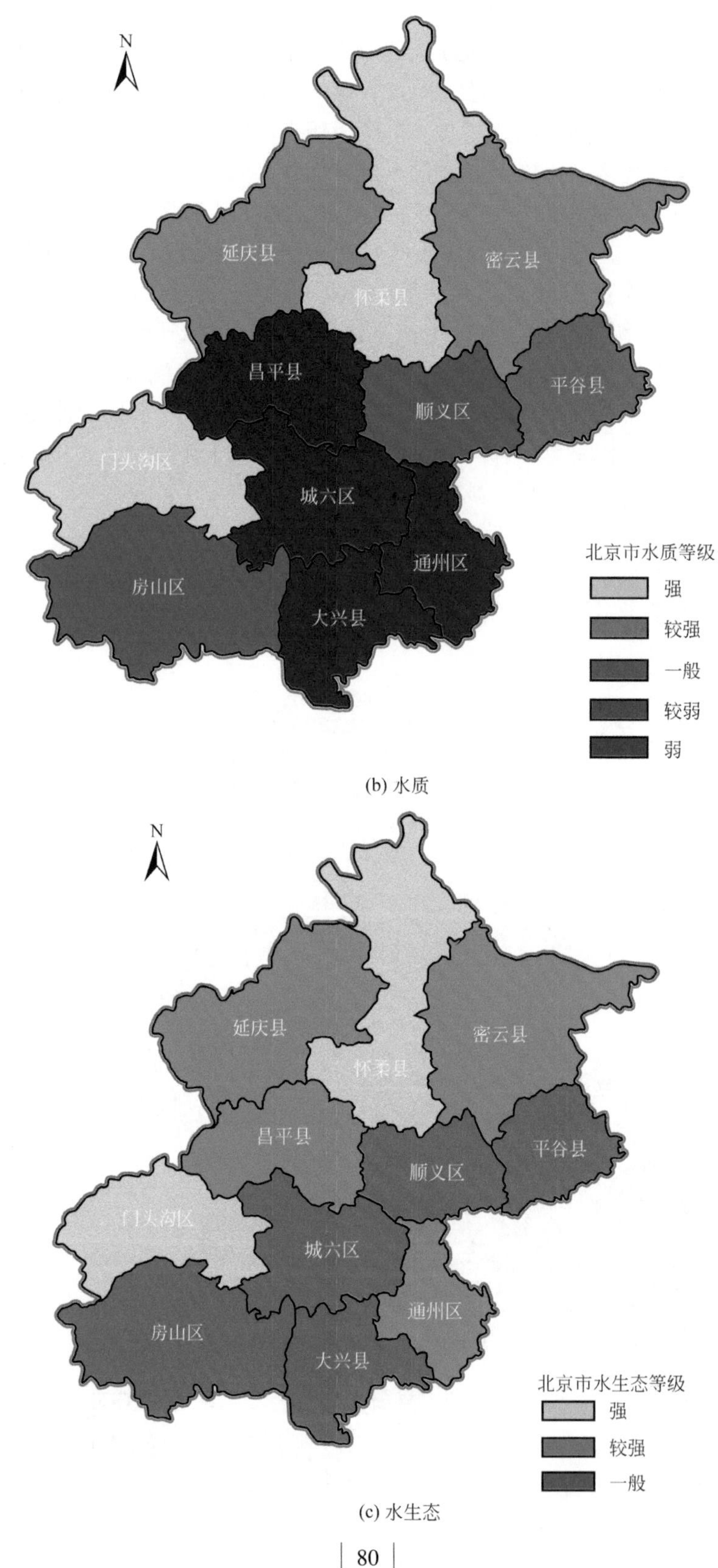
N
延庆县
怀柔县
密云县
昌平县
平谷县
顺义区
门头沟区
城六区
通州区
房山区
大兴县
北京市水质等级
强
较强
一般
较弱
弱

(b) 水质

N
延庆县
怀柔县
密云县
昌平县
平谷县
顺义区
门头沟区
城六区
通州区
房山区
大兴县
北京市水生态等级
强
较强
一般

(c) 水生态

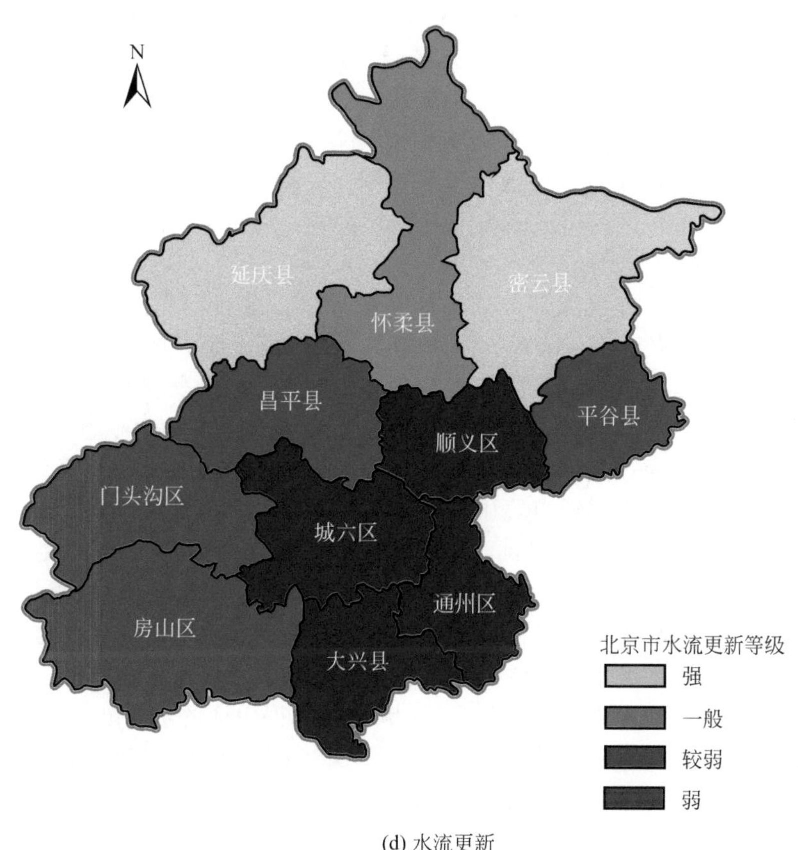

(d) 水流更新

图 3-17　水资源承载力各子系统评价结果

总体来说，北京市的水生态子系统相对表现较好，各个区都处于“一般”以上状态，没有“较弱”和“弱”状态，水质和水流更新两个子系统问题比较严重，多个区呈现很弱的水平，水量子系统各个区表现差异较大，绝大部分区处于“一般”以上状态，只有门头沟区处于“弱”状态。

在水生态上，除了怀柔区和门头沟区表现“强”状态以外，各个区均处于“较强”和“一般”状态。怀柔区和门头沟区属于生态涵养区，人口密度在各个区中分别位列倒数第二和倒数第三，同时，这两个区的旅游业为主要支柱产业，注重生态治理和节能减排，其中门头沟区为国家生态保护与建设区，水功能区全部达标，生态环境用水率是各个区中最高的，接近 50%，森林覆盖率也在各个区中名列前茅，物种丰富多样。同时，农业发展小而精，耕地面积在各个区中所占比例最小，农业灌溉面积比例却是最高的。怀柔区的耕地面积比例也很低，不足 5%，同时森林覆盖率高。农业现代化程度高，灌溉效率高，水环境治理扎实，水功能区达标率达到 85. 7%，相对其他各个区而言水生态表现良好。而延庆区虽然人口密度在各个区中最低，但农业发展相对而言比较不完善，耕地面积比例较大，农业灌溉面积比例却是最低的，水资源开发利用率不高。湿地在各个区中面积最小，占比不足 2%，因此水生态总体位于Ⅱ级，处于“较强”状态。表现“一般”的五个区，处在北京市的东南方向，分别是平谷区、顺义区、城六区、大兴区和房山区。这五个区的人口都相对较多，人口密度均超过 400 人/km^2，其中城六区人口密度接近 7837 人/km^2。耕地面积比例除了城六区外，其他各个区都相对较高，其中最高的是大兴区，达到40%，同时水质较差，水功能区达标率除了平谷区外均不足40%。而人口密度第二高的昌平区和亩均灌溉用水量最高的门头沟区、通州区注重绿化，森林覆盖率分别达到66%、64%和55%，而昌平区和门头沟区的耕地面积比例不足10%，通州区的湿地面积在各个区中占例最大，水生态总体表现“较强”。

北京市各个区的水量等级大部分处于Ⅱ级和Ⅲ级，只有门头沟区的水量等级处于Ⅴ级，一是由于门头沟区位于东南平原，降水较少，二是由于地下水资源匮乏，不足其他各个区的1/3，水资源模数在各个区中排倒数第一，水量子系统表现“弱”。处于背风坡的延庆区虽然降水最少，但地下水资源最为充足，同时人口密度较小，水资源开发利用率低，人均水资源量远远超过其他各个区，因此水量子系统位于Ⅱ级。顺义区的年降水量、单位面积地下水资源量、水资源模数和人均水资源量都在各个区中排名靠前，因此水量表现“较强”。城六区虽然节水技术与再生水利用技术发展水平较高，但过大的人口密度导致人均水资源匮乏的同时水资源过度开发，因此水量等级处于Ⅲ级。

北京市各个区的水质表现差异化较大，涵盖了Ⅰ～Ⅴ级，尤其是城市发展新区的水质需要重点关注。其中怀柔区和门头沟区水质最好，处于Ⅰ级，密云区和延庆区其次，处于Ⅱ级，只有平谷区的水质表现“一般”，除了顺义区和房山区的水质处于“较弱”状态之外，其余各区均为Ⅴ级，水质状态“弱”。怀柔区和门头沟区是人口密度最小的两个区之一，因此单位面积生活废水排放量较低，不到城区的六十分之一，分别为0.9 万 t/km^2和 1.3 万 t/km^2。同时这两个区位于河流的上游，且由于工业发展较少，对水质影响较小，单位面积工业废水排放量低，水质综合达标率均超过90%，水质保持较好。而人口同样相对稀疏的延庆区和密云区各方面表现优秀，但水质综合达标率低于怀柔区和门头沟区，分别为75%和83%，水质处于“较强”状态。而水质等级最低的昌平区、城六区、通州区和大兴区，位于北京市的东南角，人口最为稠密，因此单位面积生活废水排放量大，污染强度高。同时，城六区由于经济发展水平高，区域内工业发展规模较大，单位面积工业废水排放量也在各区中排名第一。

就水流更新而言，北京市东南地区的水流更新“弱”，北部地区的水流更新“较强”，均处于“一般”以上状态，其中延庆区和密云区的水流更新最“强”，区域内大型水库众多，分别有2座和4座大型水库，水库调节能力远远强于其余各个区，同时湖泊、河流较为稠密，水体连通性好，水面率在各个区中排名靠前，因此水流更新处于Ⅰ级。相较而言，城六区、通州区、大兴区不仅水质表现很弱，水体流通性也很差，这三个区以及顺义区水利设施发展落后，防洪能力较差，因此均处于Ⅴ级。怀柔区的水库调节能力在其他各个区中表现较好，因此处于“一般”状态。

3.2.5 小结

1）在人类活动影响和社会经济发展需求等多重因素影响下，本研究结合北京市经济社会发展、人口增长实际情况，从水量、水质、水生态、水流更新角度挑选出水资源承载能力和负荷关键指标，构建多层次、分要素、能力-负荷双向表征的“量-质-域-流”四维一体的水资源承载力评价指标体系标准和模型。

2）参考已有的研究成果、法律规范，在多个学者的研究成果基础上，构建北京市水资源评价标准体系，将水资源承载力分成五个等级，分别为强、较强、一般、较弱和弱。

3）根据构建的指标评价模型和分级标准体系，对北京市各个区域的水资源承载力进行评价。从结果上看，北京市的水资源承载力总体形势较弱，同时南北分异大。四个子系统中水生态子系统相对表现较好，水质和水流更新两个子系统问题比较严重。

3.3 北京市水资源承载力模拟系统动力学模型建立

系统动力学是一种数值模拟方法，最早由 Forrester 在 20 世纪 50 年代中后期开发出来（许光清和邹骥，2005）。在创始之初，系统动力学方法主要用于分析企业管理和工业生产中的系统现象，因此也被称为工业动力学（陈国卫等，2012）。此后，以模拟全球发展的“世界模型”的建立为启发，学者逐渐意识到系统动力学在模拟社会、经济和生态环境等众多含有非线性特征的复杂系统时所拥有的显著优势，并将其应用领域扩展，相继出现了国家模型、城市模型、区域模型、生长模型等（许光清和邹骥，2006）。构建系统动力学模型通常包含系统分析、结构分析、模型构建、模拟验证、模型应用五步（朱玲燕，2016；崔海升，2014）。北京市水资源承载力系统作为一个多要素的复杂系统，影响因素众多，因素间的关系复杂。本研究在系统动力学的指导下，在界定北京市水资源承载力系统的框架，分析水资源承载力系统之间各要素相互制约、相互影响所形成的动态反馈过程的基础上，从水量、水质、水生态、水流更新角度，结合水资源承载力-社会经济-生态环境系统之间的互馈机理，绘制因果图和系统流程图，构建北京市水资源承载力模拟系统动力学模型，为预测北京市水资源承载力提供技术支撑。

3.3.1 模型框架

3.3.1.1 模型边界

模型边界为目标系统与外界的隔区，本研究将北京市行政分区确定为模型的空间尺度边界，模型的时间尺度边界为 2004 ~ 2030 年，以 2015 年为基准年，其中 2004 ~ 2015 年为历史数据检验时段，2015 ~ 2030 年为模拟仿真预测时段，模拟步长为 1 年（叶逸，2018）。

3.3.1.2 模型总体框架

水质与水量是水资源承载力的基础，同时由于水流更新和水生态系统的特殊性，较难进行定量研究，而水流更新和水生态又与水质及水量密不可分，因此水资源承载力系统围绕水质和水量这两个核心环节，结合水流动更新和水生态系统，综合考虑生活、生产及其他环节对水资源承载力的影响，并对其进行定量研究。水资源承载力模拟系统动力学模型系统结构如图 3-18 所示。

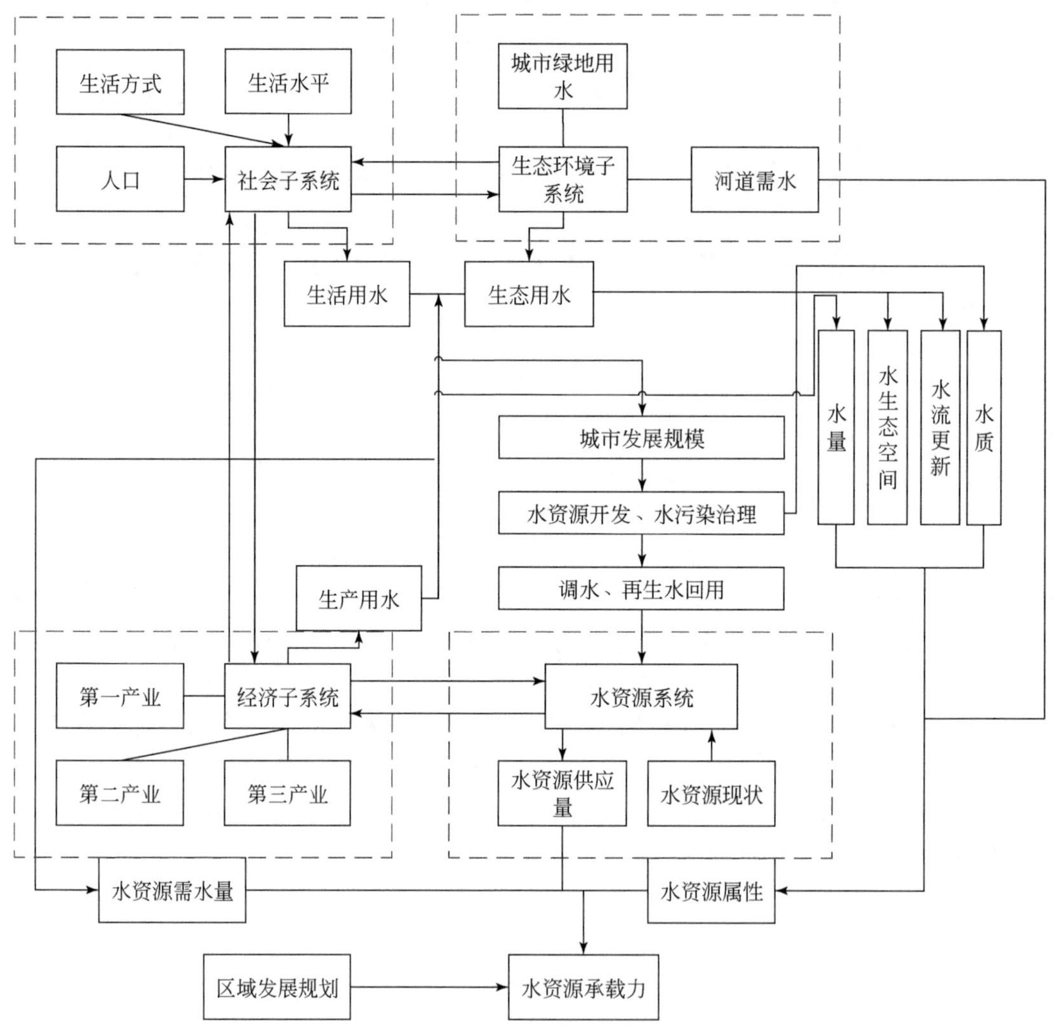

图 3-18　水资源承载力模拟系统动力学模型系统结构

3.3.2　模型分析

在系统动力学中，因果图是一种反映系统各要素之间反馈关系的回路图，是建立系统动力学模型系统流程图的基础（李旭，2009）。

在水资源承载力系统中，通过描述各个子系统之间、系统内部各要素之间的正负反馈，可以得到各个子系统的因果图。

3.3.2.1 人口子系统

在人口子系统中，总人口的数量和不同的生活方式、生活水平会对区域的生活用水量和污水排放量产生影响。人口子系统因果图如图 3-19 所示。

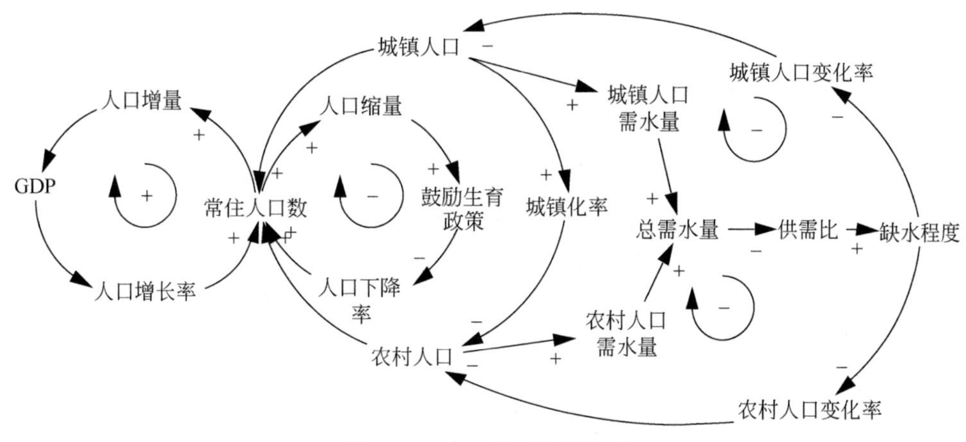

图 3-19 人口子系统因果图

人口子系统的主要反馈回路包括：

1）常住人口数—人口增量—GDP—人口增长率—常住人口数。

这是一条正反馈回路。随着人口数量的上升，带动 GDP 的发展，而经济的发展使得人口增长率进一步上升，导致常住人口数的进一步增长。

2）常住人口数—人口缩量—鼓励生育政策—人口下降率—常住人口数。

这是一条负反馈回路。常住人口的减少导致人口缩量的增加，人口缩量的增加使得政府出台鼓励生育政策稳定新增人口数量。鼓励生育政策使得人口下降率减小，保持常住人口数的稳定。

3）农村人口（城镇人口）—农村人口需水量（城镇人口需水量）—总需水量—供需比—缺水程度—农村人口变化率（城镇人口变化率）—农村人口（城镇人口）。

这是一条负反馈回路。农村人口和城镇人口的增加，农村人口和城镇人口的需水量增加，而这两项的增加会导致总需水量的上升，总需水量的上升导致供需比的下降，使得城市的缺水程度加重。在缺水情况下农村人口和城镇人口的变化率会下降，导致农村人口和城镇人口的减少。

3.3.2.2 需水量子系统

需水量子系统主要研究经济、社会行为产生的各类用水对需水量的影响。需水量子系统因果图如图 3-20 所示。

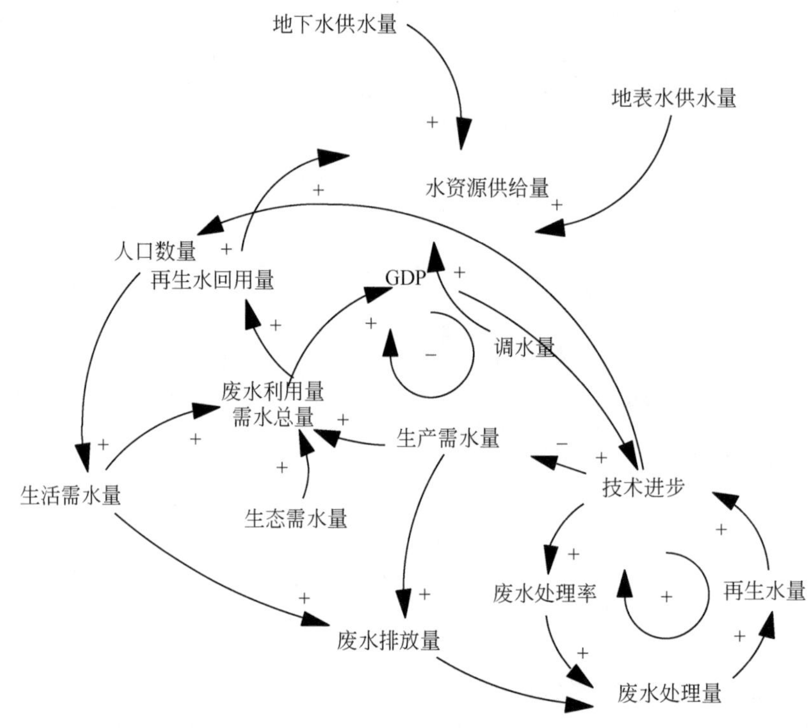

图 3-20　需水量子系统因果图

需水量子系统的主要反馈回路包括：

1）生活需水量—废水排放量—废水处理量—再生水量—技术进步—人口数量—生活需水量。

这是一条正反馈回路，反映技术进步和生活需水量之间的关系。生活需水量的上升导致废水排放量的增加，废水排放量的增加导致再生水量的上升，经处理后再生水量的上升能够解决一部分供水需求，促进技术的进步，而技术的进步促进人口数量的上升，人口数量的上升导致生活需水量的进一步加大。

2）GDP—技术进步—人口数量—生活需水量—需水总量—GDP。

这是一条正反馈回路，反映社会经济进步和技术进步之间的关系。人口数量的上升会导致生活需水量的增加，生活需水量的上升导致需水总量的上升，需水总量的上升表明 GDP 处于高增长阶段。

3）生产需水量—废水排放量—废水处理量—再生水量—技术进步—生产需水量。

这是一条负反馈回路，反映技术进步和生产需水量之间的关系。生产需水量的上升会导致废水排放量的增加，废水排放量的增加导致处理后再生水量的上升，再生水量的增加促进技术的进步，技术的进步导致生产需水量的下降。

4）技术进步—废水处理率—废水处理量—再生水量—技术进步。

这是一条正反馈回路，反映技术进步和再生水量之间的关系。技术的进步导致废水处理率的提高，废水处理率的提高导致废水处理量的上升，废水处理量的上升导致再生水量的提高，再生水量的提高促进技术的进一步发展。

3.3.2.3　供水量子系统

图 3-21 表明了水资源主要的来源渠道。地下水、地表水、外调水量和再生水回用量是北京市供水量主要的四个来源，其中废水处理量的提高会导致再生水回用量的提高。

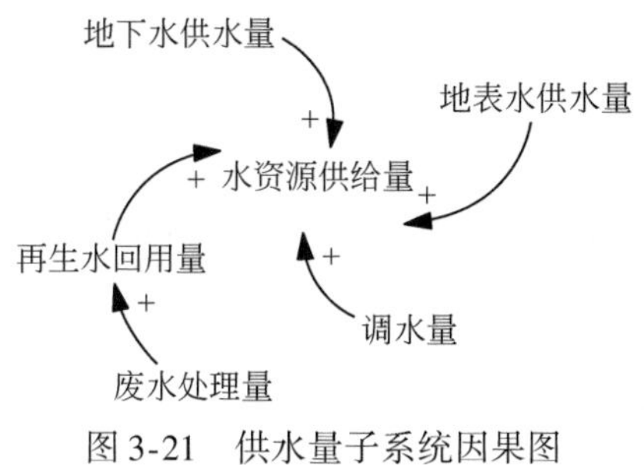

图 3-21　供水量子系统因果图

3.3.2.4　水质子系统

水质子系统主要反映的是水体中污染物浓度的来源及其因果关系（图 3-22）。本系统以水体中 COD 浓度和氨氮浓度来反映水体的被污染状况。废水排放量的上升会导致 COD 和氨氮排放量的上升，两者的上升会导致水体中 COD 和氨氮浓度的上升。同时，水体污染的加重导致供水总量的减少，供水总量的减少会抑制人口、GDP 的增长，从而降低总用水量。总用水量的下降会减少废水排放量，抑制水体的进一步污染。

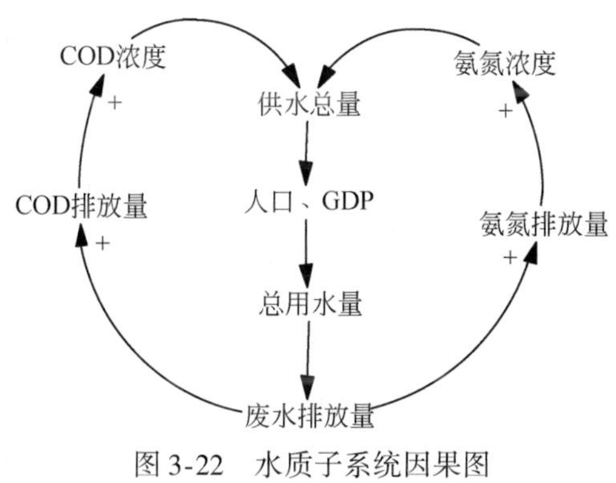

图 3-22　水质子系统因果图

3.3.3　模型构建

根据 3.3.2 节系统结构的分析，更加明确了水资源承载力系统流程图的结构，本节根据建模需要将变量分为状态变量、辅助变量和速率变量，将水资源承载力系统进一步细化，分为人口子系统、供水量子系统、生态环境子系统、经济子系统、生产子系统、水质子系统等，并定性分析变量和变量之间、系统和系统之间的关系。

3.3.3.1 人口子系统

根据生活方式和生活水平的不同将常住人口划分为农村人口和城镇人口，并根据北京市的城市化进程确定城镇化率，从而建立人口子系统模型（图3-23）。

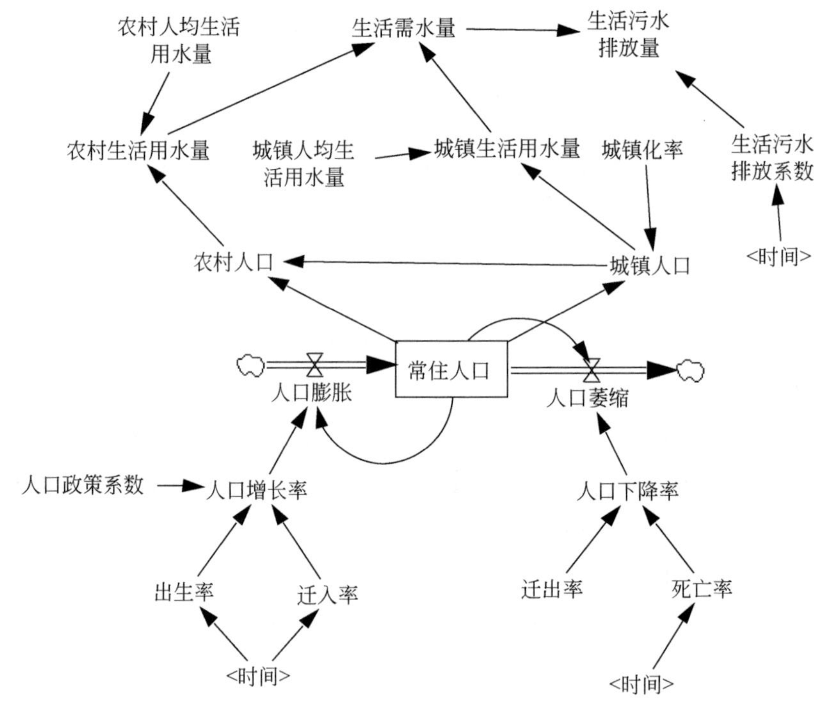

图3-23 人口子系统流程图

人口子系统中主要变量说明及类型见表3-11（叶逸，2018）。

表3-11 人口子系统主要变量说明及类型

变量名称	类型	说明
人口增长率	辅助变量	人口增加的速率
人口下降率	辅助变量	人口减少的速率
常住人口	状态变量	总常住人口数量
人口膨胀	速率变量	每年人口增长的数量
人口萎缩	速率变量	每年人口减少的数量
农村人口	辅助变量	北京市农村人口的数量
城镇人口	辅助变量	北京市城镇人口的数量
城镇化率	辅助变量	城市化进程推进的速度
城镇生活用水量	辅助变量	北京市城镇人口生活用水量

续表

变量名称	类型	说明
农村生活用水量	辅助变量	北京市农村人口生活用水量
生活需水量	辅助变量	北京市常住总人口生活用水量
生活污水排放量	辅助变量	北京市常住总人口生活污水排放量
生活污水排放系数	辅助变量	生活用水转变成生活污水的比例

人口子系统主要方程如下。

状态方程：

$$\text{常住人口}=\text{INTEG}(\text{人口膨胀}-\text{人口萎缩},1492.7) \tag{3-1}$$

速率方程：

$$\text{人口膨胀}=\text{人口增长率}\times\text{常住人口} \tag{3-2}$$

$$\text{人口萎缩}=\text{人口下降率}\times\text{常住人口} \tag{3-3}$$

辅助方程：

$$\text{生活需水量}=\text{城镇生活用水量}+\text{农村生活用水量} \tag{3-4}$$

$$\text{生活污水排放量}=\text{生活需水量}\times\text{生活污水排放系数} \tag{3-5}$$

$$\text{城镇生活用水}=\text{城镇人均生活用水量}\times\text{城镇人口} \tag{3-6}$$

$$\text{城镇人口}=\text{城镇化率}\times\text{常住人口} \tag{3-7}$$

$$\text{农村人口}=\text{常住人口}-\text{城镇人口} \tag{3-8}$$

$$\text{人口增长率}=\text{出生率}+\text{迁入率} \tag{3-9}$$

$$\text{人口下降率}=\text{迁出率}+\text{死亡率} \tag{3-10}$$

3.3.3.2 供水量子系统

供水量子系统主要反映各供水渠道的供水量，主要包括地表水供水量、地下水供水量和域外调水量。其系统流程图如图 3-24 所示。

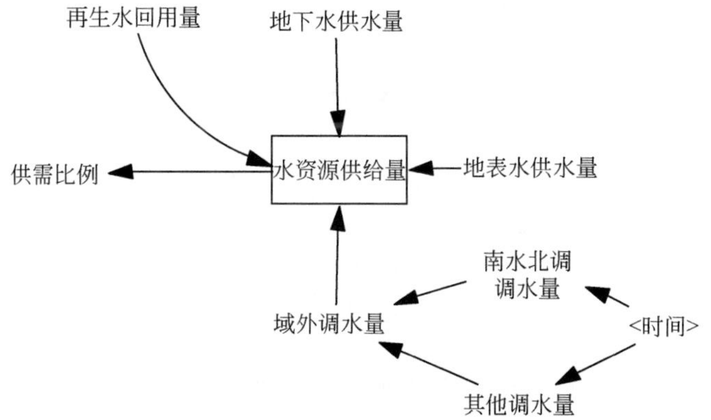

图 3-24 供水量子系统流程图

供水量子系统中主要变量说明及类型见表 3-12。

表 3-12　供水量子系统主要变量说明及类型

变量名称	类型	说明
地下水供水量	辅助变量	地下水中参与水循环且可以更新的动态水量
地表水供水量	辅助变量	地表水体的动态水量
水资源供给量	辅助变量	每年可供水量
域外调水量	辅助变量	北京市可调水量
其他调水量	辅助变量	北京市入境水量
南水北调调水量	辅助变量	南水北调中线工程调水量
再生水回用量	辅助变量	处理后的废水回用量
供需比例	辅助变量	供水量和需水量的比值

供水子系统主要方程如下。

$$\text{水资源供给量}=\text{域外调水量}+\text{地表水供水量}+\text{地下水供水量} \tag{3-11}$$

$$\text{域外调水量}=\text{南水北调调水量}+\text{其他调水量} \tag{3-12}$$

$$\text{再生水回用量}=\text{再生水回用率}\times\text{废水处理量} \tag{3-13}$$

$$\text{供需比例}=\text{供水量}/\text{需水量} \tag{3-14}$$

3.3.3.3　生态环境子系统

生态环境子系统中包含了河道补水量，城市环境用水量对生态环境需水量的影响，其系统流程图如图 3-25 所示。

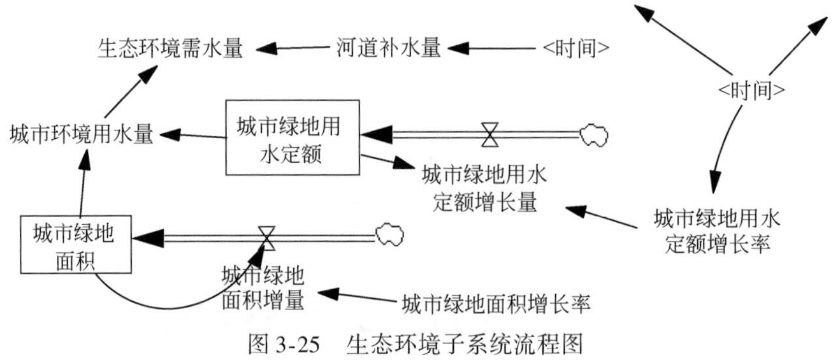

图 3-25　生态环境子系统流程图

生态环境子系统中主要变量说明及类型见表 3-13。

表 3-13　生态环境子系统主要变量说明及类型

变量名称	类型	说明
生态环境需水量	辅助变量	生态环境用水量
河道补水量	辅助变量	用于河道人工补水的水量
城市环境用水量	辅助变量	用于城市绿化的水量
城市绿地用水定额	状态变量	每单位城市绿地用水量
城市绿地用水定额增长量	速率变量	每单位城市绿地用水增长量
城市绿地用水定额增长率	辅助变量	每单位城市绿地用水增长率
城市绿地面积	状态变量	园林面积与绿化面积
城市绿地面积增量	速率变量	城市园林面积与绿化面积增长量
城市绿地面积增长率	辅助变量	城市园林面积与绿化面积增长率

生态环境子系统主要方程如下。

状态方程：

城市绿地用水定额=INTEG(城市绿地用水定额增长量,0.1623)　(3-15)

城市绿地面积=INTEG(城市绿地面积增量,4.93)　(3-16)

速率方程：

城市绿地面积增量=城市绿地面积×城市绿地面积增长率　(3-17)

城市绿地用水定额增长量=城市绿地用水定额×城市绿地用水定额增长率　(3-18)

辅助方程：

城市环境用水量=城市绿地用水定额×城市绿地面积　(3-19)

生态环境需水量=城市环境用水量+河道补水量　(3-20)

3.3.3.4　经济子系统

经济子系统主要反映了第一产业、第二产业、第三产业与 GDP 和人口的关系，其系统流程图如图 3-26 所示。

经济子系统中主要变量说明及类型见表 3-14。

经济子系统主要方程如下。

状态方程：

农田灌溉面积=INTEG(农田灌溉面积增长量,186.67)　(3-21)

农田单位面积产值=INTEG(农田单位产值增长量,0.258)　(3-22)

单位大牲畜产值=INTEG(单位大牲畜产值增加量,0.471 54)　(3-23)

大牲畜数量=INTEG(-大牲畜数量减少量,31.74)　(3-24)

小牲畜数量=INTEG(小牲畜数量增长量,341.9)　(3-25)

第二产业产值=INTEG(工业产值增长量,1710.48)　(3-26)

第三产业产值=INTEG(第三产业产值增加额,3340.8)　(3-27)

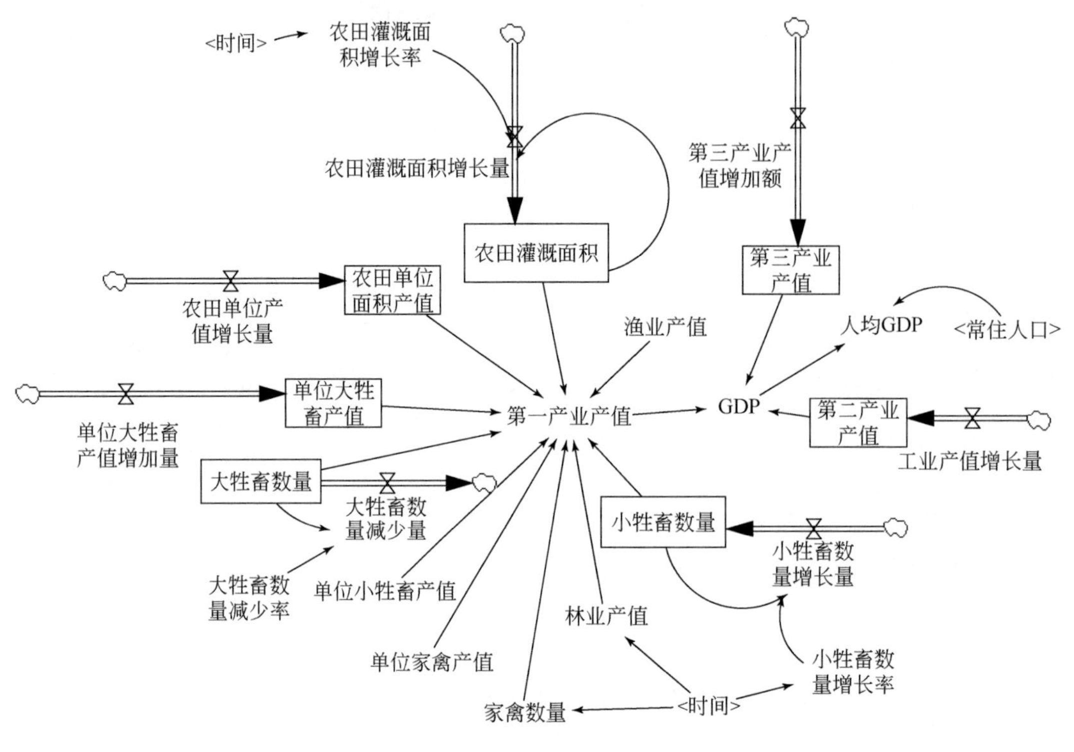

图 3-26　经济子系统流程图

表 3-14　经济子系统主要变量说明及类型

变量名称	类型	说明
农田灌溉面积增长率	辅助变量	每年进行有效灌溉的耕地面积增长率
农田灌溉面积增长量	速率变量	每年进行有效灌溉的耕地面积增长量
农田灌溉面积	状态变量	每年进行有效灌溉的耕地面积
农田单位面积产值	状态变量	每单位农田产值
农田单位产值增长量	速率变量	每年每单位农田产值增长量
单位大牲畜产值	状态变量	每单位大牲畜产值
单位大牲畜产值增加量	速率变量	每年每单位大牲畜产值增加量
大牲畜数量	状态变量	北京市大牲畜的数量
大牲畜数量减少量	速率变量	北京市每年大牲畜数量减少量
大牲畜数量减少率	辅助变量	北京市每年大牲畜数量减少率
单位小牲畜产值	辅助变量	每单位小牲畜的产值
小牲畜数量	状态变量	北京市小牲畜的数量
小牲畜数量增长量	速率变量	北京市每年小牲畜数量增长量

续表

变量名称	类型	说明
小牲畜数量增长率	辅助变量	北京市每年小牲畜数量增长率
单位家禽产值	辅助变量	每单位家禽的产值
家禽数量	辅助变量	北京市家禽数量
林业产值	辅助变量	北京市林业总产值
渔业产值	辅助变量	北京市渔业总产值
第三产业产值	状态变量	北京市第三产业增加值
第三产业产值增加额	速率变量	北京市第三产业每年产值增加量
第一产业产值	辅助变量	北京市第一产业增加值
第二产业产值	状态变量	北京市第二产业增加值
工业产值增长量	速率变量	北京市工业每年产值增长量
GDP	辅助变量	北京市生产总值
人均 GDP	辅助变量	北京市人均生产值

速率方程：

$$农田灌溉面积增长量=农田灌溉面积\times农田灌溉面积增长率 \tag{3-28}$$

$$第三产业产值增加额=1310.2 \tag{3-29}$$

$$工业产值增长量=274.87 \tag{3-30}$$

$$小牲畜数量增长量=小牲畜数量\times小牲畜数量增长率 \tag{3-31}$$

$$大牲畜数量减少量=大牲畜数量\times大牲畜数量减少率 \tag{3-32}$$

$$单位大牲畜产值增加量=0.0257 \tag{3-33}$$

$$农田单位产值增长量=0.0247 \tag{3-34}$$

辅助方程：

$$人均\ GDP=GDP\times10\,000/常住人口 \tag{3-35}$$

$$GDP=第一产业产值+第三产业产值+第二产业产值 \tag{3-36}$$

$$\begin{aligned}第一产业产值=&农田单位面积产值\times农田灌溉面积+单位大牲畜产值\times\\&大牲畜数量+单位小牲畜产值\times小牲畜数量+林业产值+\\&渔业产值+家禽数量\times单位家禽产值\end{aligned} \tag{3-37}$$

3.3.3.5 生产子系统模型

生产子系统模拟了生产过程中的需水和排水情况，其系统流程图如图 3-27 所示。生产子系统中主要变量说明及类型见表 3-15。

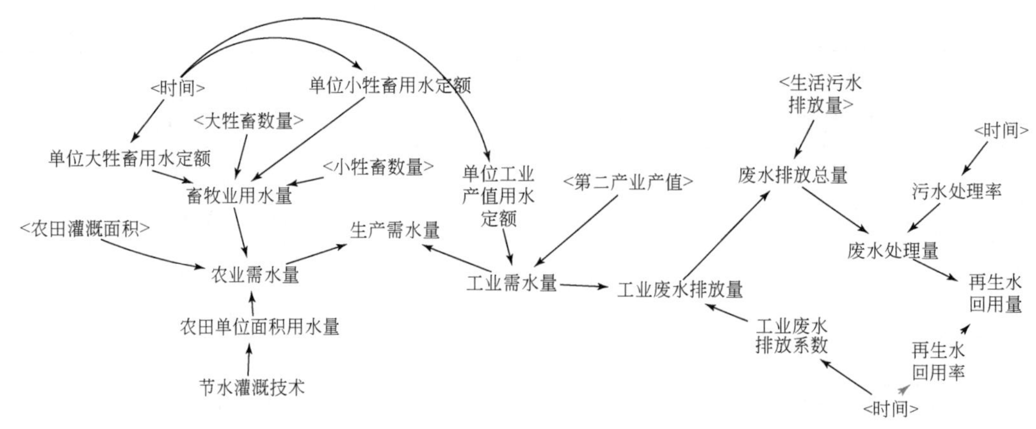

图 3-27　生产子系统流程图

表 3-15　生产子系统主要变量说明及类型

变量名称	类型	说明
单位大牲畜用水定额	辅助变量	每单位大牲畜用水量
畜牧业用水量	辅助变量	畜牧业用水总量
单位小牲畜用水定额	辅助变量	每单位小牲畜用水量
农业需水量	辅助变量	农业用水总量
节水灌溉技术	辅助变量	每单位农田用水系数
生产需水量	辅助变量	工业、农业生产总需水量
工业需水量	辅助变量	工业总需水量
单位工业产值用水定额	辅助变量	每单位工业生产产值用水量
工业废水排放量	辅助变量	工业生产中的废水排放量
废水排放总量	辅助变量	生活、生产中产生的废水排放量
工业废水排放系数	辅助变量	工业用水量转变成废水的比例
废水处理量	辅助变量	处理的废水总量
污水处理率	辅助变量	处理的废水比例
再生水回用率	辅助变量	处理后的废水使用率

生产子系统主要方程如下。

$$农田单位面积用水量=节水灌溉技术\times 0.0405 \tag{3-38}$$

$$农业需水量=畜牧业用水量+农田单位面积用水量\times 农田灌溉面积 \tag{3-39}$$

$$畜牧业用水量=单位大牲畜用水定额\times 大牲畜数量+单位小牲畜用水定额\times 小牲畜数量 \tag{3-40}$$

$$生产需水量=农业需水量+工业需水量 \tag{3-41}$$

$$工业需水量=单位工业产值用水定额\times 第二产业产值 \tag{3-42}$$

$$工业废水排放量=工业废水排放系数\times 工业需水量 \tag{3-43}$$

$$废水排放总量=工业废水排放量+生活污水排放量 \tag{3-44}$$

$$废水处理量=废水排放总量×污水处理率 \tag{3-45}$$

3.3.3.6 水质子系统模型

水质子系统模拟了生产、生活水体中污染物的排放情况，其系统流程图如图 3-28 所示。

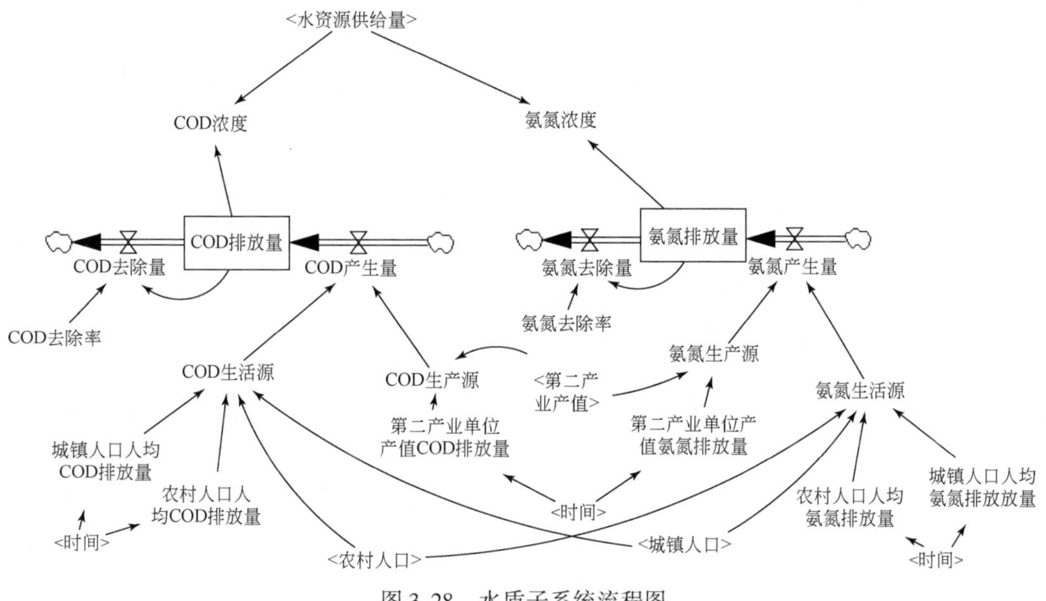

图 3-28 水质子系统流程图

水质子系统中主要变量说明及类型见表 3-16。

表 3-16 水质子系统主要变量说明及类型

变量名称	类型	说明
COD 浓度	辅助变量	水体中 COD 的浓度
COD 排放量	状态变量	水体中 COD 的总量
COD 产生量	速率变量	水体中 COD 的产生量
COD 去除量	速率变量	水体中 COD 的去除量
COD 去除率	辅助变量	水体中每单位废水 COD 的去除量
COD 生活源	辅助变量	生活中产生的 COD
COD 生产源	辅助变量	生产过程中 COD 的产生量
城镇人口人均 COD 排放量	辅助变量	北京市城镇人口人均 COD 排放量
农村人口人均 COD 排放量	辅助变量	北京市农村人口人均 COD 排放量
第二产业单位产值 COD 排放量	辅助变量	第二产业单位产值 COD 的排放量
氨氮浓度	辅助变量	水体中氨氮的浓度
氨氮排放量	状态变量	水体中氨氮的总量
氨氮产生量	速率变量	水体中氨氮的产生量
氨氮去除量	速率变量	水体中氨氮的去除量

续表

变量名称	类型	说明
氨氮去除率	辅助变量	水体中每单位废水氨氮的去除量
氨氮生活源	辅助变量	生活中产生的氨氮量
农村人口人均氨氮排放量	辅助变量	北京市农村人口人均氨氮排放量
城镇人口人均氨氮排放量	辅助变量	北京市城镇人口人均氨氮排放量
氨氮生产源	辅助变量	生产过程中产生的氨氮量
第二产业单位产值氨氮排放量	辅助变量	第二产业单位产值氨氮的排放量

水质子系统主要方程如下。

$$\text{COD 浓度}=\text{COD 排放量}/(\text{水资源供给量}\times 100) \tag{3-46}$$

$$\text{氨氮浓度}=\text{氨氮排放量}\times 100/\text{水资源供给量} \tag{3-47}$$

$$\text{COD 排放量}=\text{COD 产生量}-\text{COD 去除量} \tag{3-48}$$

$$\text{COD 去除量}=\text{COD 去除率}\times\text{COD 产生量} \tag{3-49}$$

$$\text{COD 产生量}=\text{COD 生产源}+\text{COD 生活源} \tag{3-50}$$

$$\text{COD 生活源}=\text{城镇人口}\times\text{城镇人口人均 COD 排放量}+\text{农村人口}\times\text{农村人口人均 COD 排放量} \tag{3-51}$$

$$\text{COD 生产源}=\text{第二产业单位产值 COD 排放量}\times\text{第二产业产值} \tag{3-52}$$

$$\text{氨氮排放量}=\text{氨氮产生量}-\text{氨氮去除量} \tag{3-53}$$

$$\text{氨氮去除量}=\text{氨氮去除率}\times\text{氨氮产生量} \tag{3-54}$$

$$\text{氨氮产生量}=\text{氨氮生产源}+\text{氨氮生活源} \tag{3-55}$$

$$\text{氨氮生产源}=\text{第二产业单位产值氨氮排放量}\times\text{第二产业产值} \tag{3-56}$$

$$\text{氨氮生活源}=\text{农村人口}\times\text{农村人口人均氨氮排放量}+\text{城镇人口}\times\text{城镇人口人均氨氮排放放量} \tag{3-57}$$

3.3.3.7 综合水资源承载力系统的模拟系统动力学模型

综合上述 6 个子系统和其联动关系，可以得到耦合社会-经济-环境的水资源承载力模拟系统动力学模型，其系统流程图如图 3-29 所示。

3.3.4 模型的率定及验证

模型中主要原始数据及参数来源于《北京市水资源公报》（2005～2016 年）、《北京城市总体规划（2016 年—2035 年）》、《北京统计年鉴》（2005～2016 年）、《北京市国民经济和社会发展第十三个五年规划纲要》（2005～2016 年）、《北京市“十三五”时期水务发展规划》、《北京市国民经济和社会发展统计公报》、《中华人民共和国水文年鉴》等资料，对于未来北京市水环境变化预测，数据输入均基于有关部门发布的规划报告、工作计划或拟实行的提案，还借鉴了北京市的其他研究成果等。

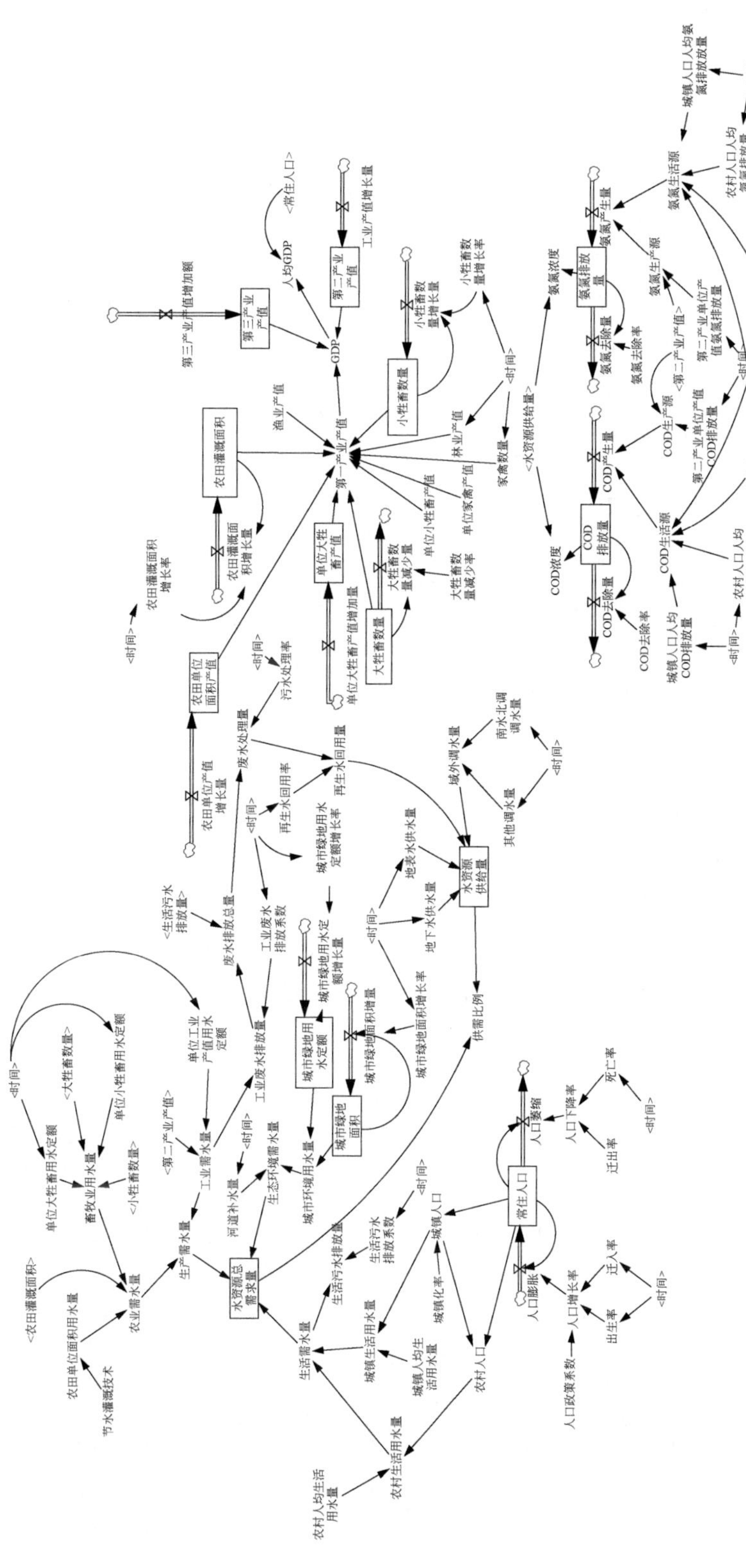

图 3-29 北京市水资源承载力系统流程图

初始赋值以2004年数据为对象，根据实际情况和文献调研进行调整，部分参数见表3-17。

表3-17 部分参数

参数名称	数值
迁出率/%	0.4
城镇化率/%	86
城镇人均生活用水量/m^3	236.52
农村人均生活用水量/m^3	200.34
农田单位面积用水量/(m^3/hm^2)	4050
农田单位产值增长量/万元	247
单位大牲畜产值增加量/万元	257
第三产业产值增加额/亿元	1310.2
工业产值增长量/亿元	274.87
大牲畜数量减少率/%	4.6
单位家禽产值/(元/只)	51.5
单位小牲畜产值/(元/头)	525
渔业产值/亿元	4
COD去除率/%	90.16
氨氮去除率/%	90

在模型中输入3.3.3节的方程式、参数数值，得到模拟结果。通过对模型运行值与收集的北京市2004~2015年的历史数据进行对比，调整相关参数，最终完成北京市水资源承载力模拟系统动力学模型的构建。各子系统模拟结果见表3-18~表3-23（叶逸，2018）。

表3-18 人口子系统检验值

年份	常住人口			生活用水量		
	真实值/万人	模拟值/万人	误差	真实值/亿 m^3	模拟值/亿 m^3	误差
2004	1 492.7	1 492.7	0	12.91	12.610 5	-0.023 20
2005	1 538	1 537.09	-0.000 59	13.93	12.985 5	-0.067 80
2006	1 601	1 583.34	-0.011 03	14.43	13.376 2	-0.073 03
2007	1 676	1 647.12	-0.017 23	14.6	13.915	-0.046 92
2008	1 771	1 725.08	-0.025 93	15.33	14.573 6	-0.049 34
2009	1 860	1 823.93	-0.019 39	15.33	15.408 7	0.005 13
2010	1 961.9	1 917.55	-0.022 61	15.3	16.199 6	0.058 80
2011	2 018.6	2 028.73	0.005 02	16.28	17.138 9	0.052 76

续表

年份	常住人口			生活用水量		
	真实值/万人	模拟值/万人	误差	真实值/亿 m^3	模拟值/亿 m^3	误差
2012	2 069.3	2 089.63	0.009 82	16.01	17.653 4	0.102 65
2013	2 114.8	2 142.42	0.013 06	16.25	18.107 8	0.114 33
2014	2 151.6	2 195.74	0.020 51	16.98	18.549 8	0.092 45
2015	2 170.5	2 230.5	0.027 64	17.5	18.843 5	0.076 77

表 3-19　供水量子系统检验值

年份	水资源供给量		
	真实值/亿 m^3	模拟值/亿 m^3	误差
2004	22.085 28	22.79	0.031 909
2005	28.061 57	28.65	0.020 969
2006	28.478 8	28.96	0.016 897
2007	31.960 1	32.48	0.016 267
2008	44.14	43.89	-0.005 664
2009	33.839 9	33.9	0.001 776
2010	35.381 4	35.76	0.010 701
2011	39.211 2	39.55	0.008 640
2012	52.700 3	53.4	0.013 277
2013	39.500 8	40.34	0.021 245
2014	32.552	33.3	0.022 979
2015	47.352 6	48.06	0.014 939

表 3-20　生态环境需水量子系统检验值

年份	生态需水量		
	真实值/亿 m^3	模拟值/亿 m^3	误差
2004	1	1	0
2005	1.1	1.1	0
2006	1.62	1.4	-0.135 80
2007	2.72	2.5	-0.080 88
2008	3.2	3	-0.062 50
2009	3.6	3.53	-0.019 44
2010	3.97	3.96	-0.002 52
2011	4.47	4.39	-0.017 90
2012	5.67	5.07	-0.105 82

续表

年份	生态需水量		
	真实值/亿 m^3	模拟值/亿 m^3	误差
2013	5.92	6.1	0.030 41
2014	7.25	6.7	−0.075 86
2015	10.4	8.5	−0.182 69

表 3-21 经济子系统检验值

年份	第一产业增加值			第二产业增加值		
	真实值/亿元	模拟值/亿元	误差	真实值/亿元	模拟值/亿元	误差
2004	87.36	96.42	0.103 709	1 853.58	1 710.48	−0.077 202
2005	88.68	95.75	0.079 725	2 026.51	1 985.35	−0.020 311
2006	88.8	95.58	0.076 351	2 191.43	2 260.22	0.031 390
2007	101.26	111.04	0.096 583	2 509.4	2 535.09	0.010 238
2008	112.83	113.72	0.007 888	2 626.41	2 809.96	0.069 886
2009	118.29	124.45	0.052 075	2 855.55	3 084.83	0.080 293
2010	124.36	137.73	0.107 510	3 388.38	3 359.7	−0.008 464
2011	136.27	139.94	0.026 932	3 752.48	3 634.57	−0.031 422
2012	150.2	158.64	0.056 192	4 059.27	3 909.44	−0.036 911
2013	159.64	172.17	0.078 489	4 292.56	4 184.31	−0.025 218
2014	158.99	157.33	−0.010 441	4 544.8	4 459.18	−0.018 839
2015	140.21	140.15	−0.000 428	4 542.64	4 734.05	0.042 136
年份	第三产业增加值			GDP		
	真实值/亿元	模拟值/亿元	误差	真实值/亿元	模拟值/亿元	误差
2004	4 092.27	3 340.8	−0.183 632	6 033.21	5 157.7	−0.145 115
2005	4 854.33	4 651	−0.041 886	6 969.52	6 742.1	−0.032 631
2006	5 837.55	5 961.2	0.021 182	8 117.78	8 327	0.025 773
2007	7 236.15	7 271.4	0.004 871	9 846.81	9 917.53	0.007 182
2008	8 375.76	8 581.6	0.024 576	11 115	11 505.3	0.035 115
2009	9 179.19	9 891.8	0.077 633	12 153.03	13 121.1	0.079 657
2010	10 600.84	11 202	0.056 709	14 113.58	14 699.4	0.041 508
2011	12 363.18	12 512	0.012 037	16 251.93	16 286.7	0.002 139
2012	13 669.93	13 822.4	0.011 154	17 879.4	17 890.5	0.000 621
2013	15 348.61	15 132.6	−0.014 074	19 800.81	19 489.1	−0.015 742
2014	16 627.04	16 442.8	−0.011 081	21 330.83	21 059.3	−0.012 729
2015	18 331.74	17 753	−0.031 570	23 014.59	22 627.2	−0.016 832

表 3-22　生产子系统检验值

年份	工业用水量			农业用水量		
	真实值/亿 m^3	模拟值/亿 m^3	误差	真实值/亿 m^3	模拟值/亿 m^3	误差
2004	7. 65	7. 06	-0. 077 124	12. 97	13. 1	0. 010 023
2005	6. 8	6. 66	-0. 020 588	12. 67	13. 38	0. 056 038
2006	6. 2	6. 39	0. 030 645	12. 05	12. 57	0. 043 154
2007	5. 75	5. 8	0. 008 696	11. 73	11. 67	-0. 005 115
2008	5. 2	5. 56	0. 069 231	11. 35	10. 43	-0. 081 057
2009	5. 2	5. 62	0. 080 769	11. 38	11. 9	0. 045 694
2010	5. 06	5. 02	-0. 007 905	10. 83	10. 81	-0. 001 847
2011	5. 01	4. 85	-0. 031 936	10. 2	9. 93	-0. 026 471
2012	4. 89	4. 71	-0. 036 810	9. 31	9. 03	-0. 030 075
2013	5. 12	4. 99	-0. 025 391	9. 09	8. 69	-0. 044 004
2014	5. 09	4. 99	-0. 019 646	8. 18	7. 45	-0. 089 242
2015	3. 8	3. 96	0. 042 105	6. 4	6. 01	-0. 060 938

表 3-23　水质子系统检验值

年份	COD 排放量			氨氮排放量		
	真实值/亿 t	模拟值/亿 t	误差	真实值/亿 t	模拟值/亿 t	误差
2004	130 000	124 430	-0. 042 846	17 100	18 537. 4	0. 084 058
2005	116 000	123 728	0. 066 621	13 700	15 546	0. 134 745
2006	109 866. 2	120 880	0. 100 247	13 072. 1	14 453. 2	0. 105 652
2007	106 500	106 108	-0. 003 681	12 409. 64	12 484. 3	0. 006 016
2008	101 266. 3	95 402. 6	-0. 057 904	11 862. 26	12 373. 7	0. 043 115
2009	98 856. 2	98 192. 4	-0. 006 715	13 029. 84	13 424. 9	0. 030 320
2010	91 997. 1	92 354. 1	0. 003 881	12 377. 84	14 794. 3	0. 195 225
2011	193 184	169 052	-0. 124 917	21 325	21 145. 1	-0. 008 436
2012	186 501	163 630	-0. 122 632	20 483	20 691. 6	0. 010 184
2013	178 475	175 558	-0. 016 344	19 704	17 278. 6	-0. 123 092
2014	168 840	178 757	0. 058 736	18 951	17 952. 9	-0. 052 667
2015	161 500	170 837	0. 057 814	16 491	16 092. 5	-0. 024 165

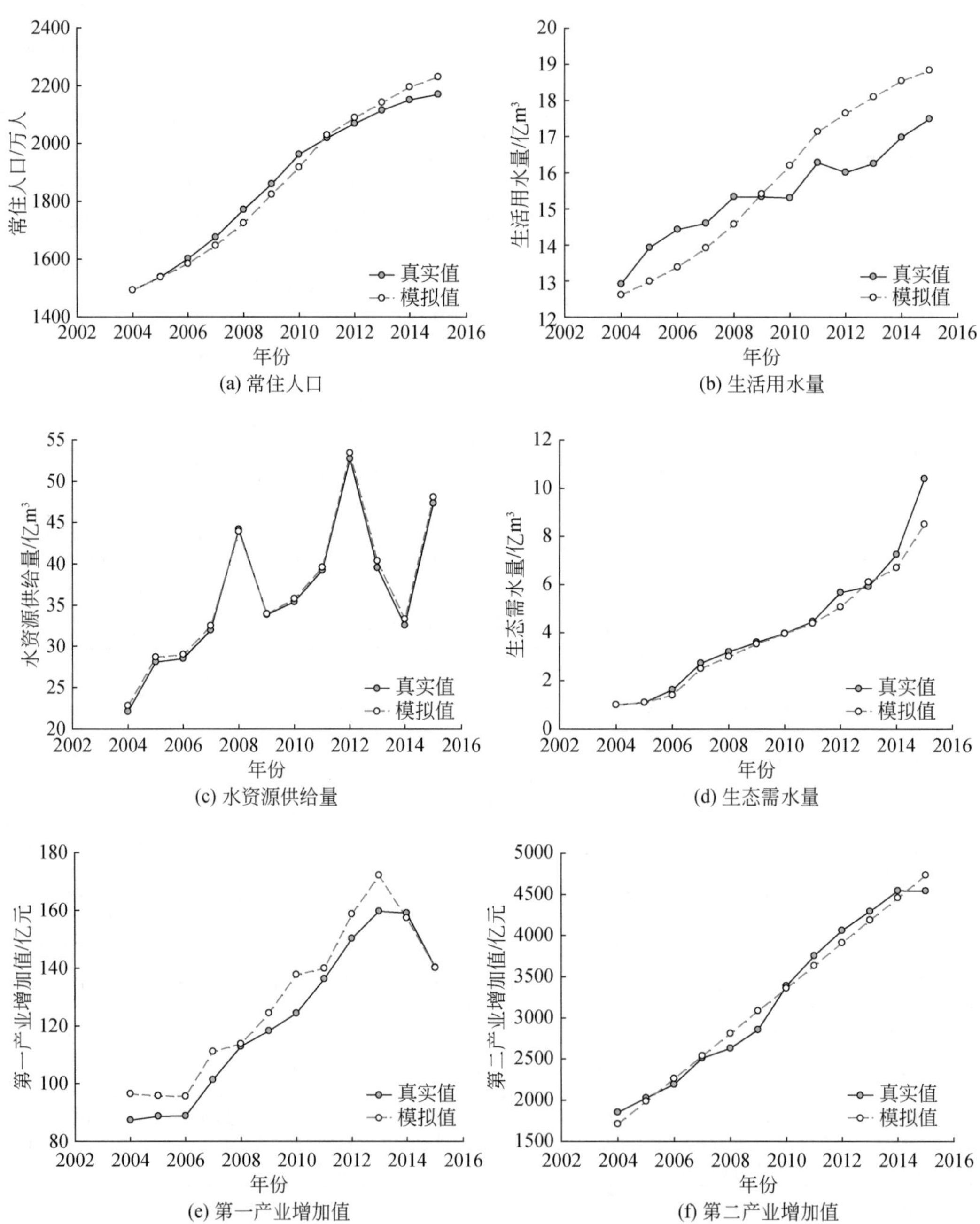

(a) 常住人口

(b) 生活用水量

(c) 水资源供给量

(d) 生态需水量

(e) 第一产业增加值

(f) 第二产业增加值

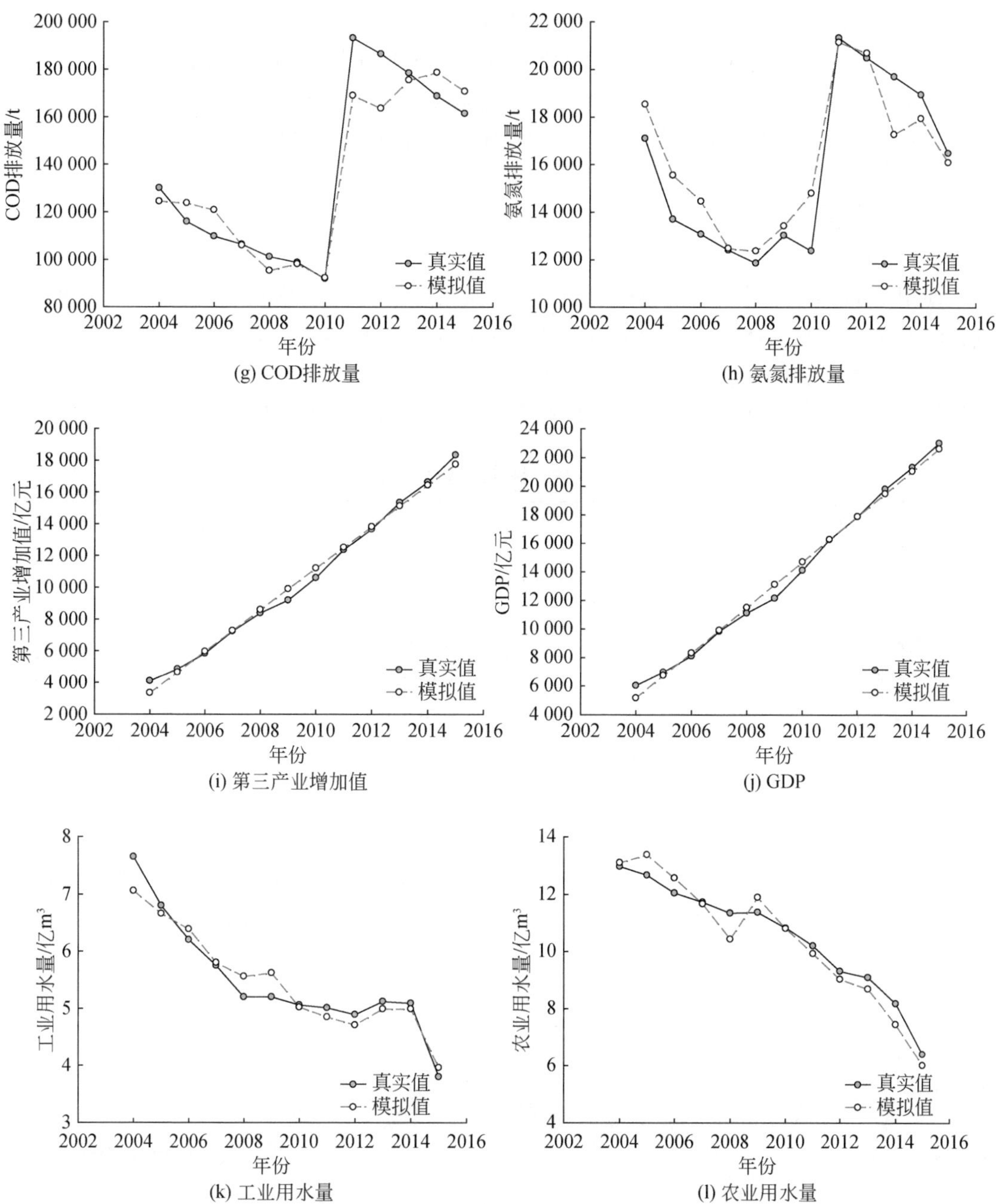

(g) COD排放量

(h) 氨氮排放量

(i) 第三产业增加值

(j) GDP

(k) 工业用水量

(l) 农业用水量

图 3-30　2004～2015 年主要模拟值与真实值变化趋势

由表 3-18 ~ 表 3-23 可以看出，北京市水资源承载力模拟系统动力学模型拟合情况较好，除了生活用水量、生态需水量、氨氮排放量个别值以外，其余各子系统关键指标的误差均在 10% 以内。其中，供水量子系统模拟情况最好，误差控制在 4% 以内。生活用水量、生态需水量、氨氮排放量、COD 排放量与生活方式的改变及政策的管理有关，较难预测，但从图 3-30 可以看出，生活用水量、生态需水量、氨氮排放量的模拟值与真实值的总体变化趋势基本一致，从长期来看，个别值的误差也在接受范围内。

3.3.5 灵敏度分析

使用 Vensim Dss 的灵敏度分析功能对每一常量进行灵敏度测试，分析目标设为供需比例、COD 浓度和氨氮浓度，区间值设置为未来可能发展的范围。最后筛选出 7 个灵敏因子，分别是大牲畜减少量、人口政策系数、节水灌溉技术系数、工业产值增长量、城镇化率、氨氮去除率、COD 去除率，各参数对应灵敏度分析目标及变化范围见表 3-24。

表 3-24 参数灵敏度分析

参数名称	初始值	变化范围	灵敏度分析目标
大牲畜减少量/%	4.6	(0，50]	供需比例
人口政策系数	1	(0，2]	供需比例
节水灌溉技术系数	1	(0，2]	供需比例
工业产值增长量/亿元	274.87	[-100，400]	供需比例
城镇化率/%	86	(0，100)	供需比例
氨氮去除率/%	90	(0，100)	氨氮浓度
COD 去除率/%	90.16	(0，100)	COD 浓度

灵敏度分析结果如图 3-31 所示，灵敏带面积及变化幅度越大，代表该参数对灵敏度分析目标的影响越大，根据灵敏度测试结果，可以对北京市水资源承载力的调控方案提供参考意见。

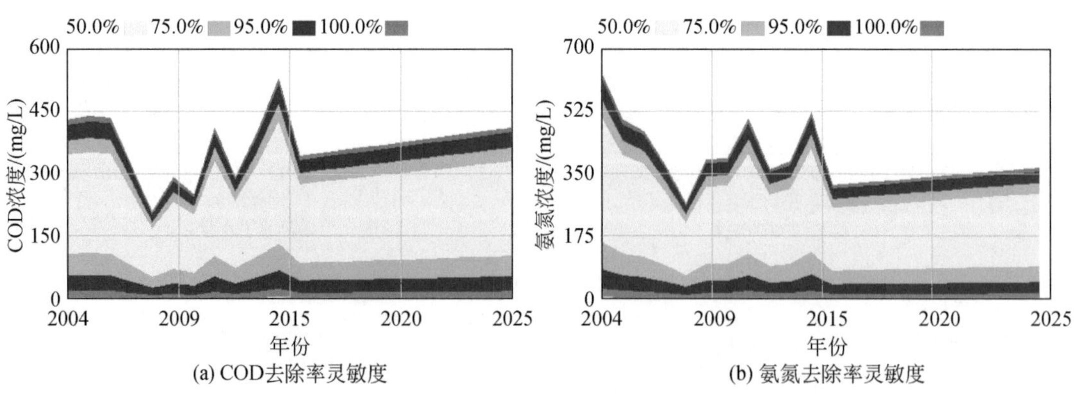

(a) COD去除率灵敏度

(b) 氨氮去除率灵敏度

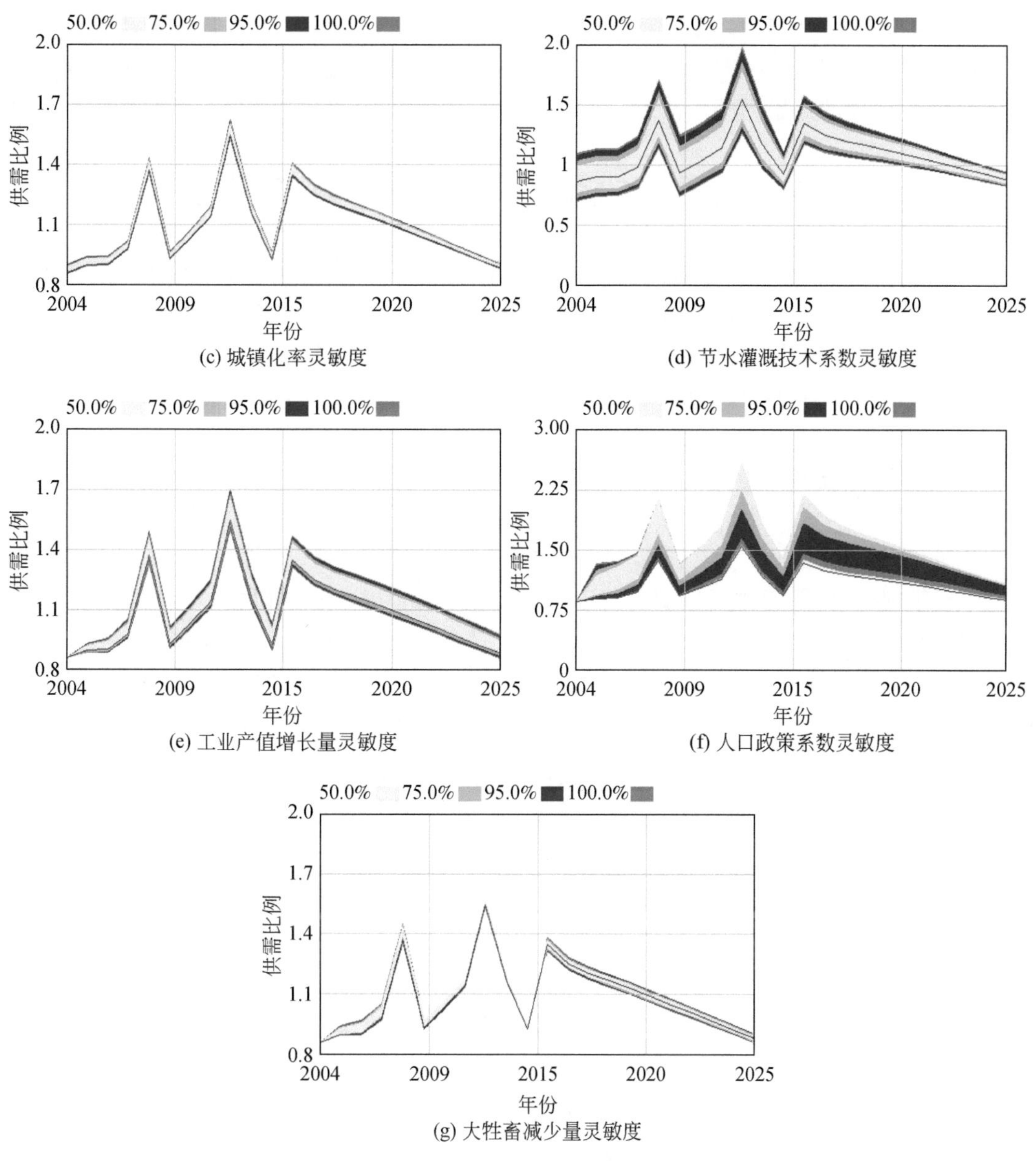

图 3-31 灵敏度分析结果

3.3.6 小结

本研究在从水量、水质、水生态、水流更新角度，分析“水资源-社会-经济-环境”系统中各要素之间相互制约、相互影响的基础上，通过绘制各子系统因果图和系统流程图，找出系统中各要素之间动态反馈发展过程，从而绘制出北京市水资源承载力系统流程图，并对模型进行了率定和灵敏度分析。结果表明，北京市水资源承载力模拟系统动力学模型拟合情况较好，大牲畜减少量、人口政策系数、节水灌溉技术系数、工业产值增长量、城镇化率是水资源供需比例的灵敏因子，氨氮去除率是氨氮浓度的灵敏因子，COD 去除率是 COD 浓度的灵敏因子。

3.4 北京市水资源承载力预测与调控

近年来，北京市水资源承载力的不足，导致水资源已经成为北京市政府重点管理的对象，因此北京市政府出台多项法律法规提高供水保障能力，保护和改善水生态环境。本研究根据相关政策规划及灵敏度分析结果，设计出 6 种方案，使用 3.3 节建立的北京市水资源承载力模拟系统动力学模型模拟 6 种方案下北京市水资源承载力的变化情况。

3.4.1 方案设计

本研究根据《北京市“十三五”时期水务发展规划》《北京市国民经济和社会发展第十三个五年规划纲要》《水污染防治行动计划》《京津冀协同发展规划纲要》《北京城市总体规划（2016 年—2035 年）》等政策规划指导，以及其规划战略目标、Vensim Dss 软件的复合模拟结果和灵敏度分析结果，选取一些关键变量，设计出 6 种方案进行模拟，预测 6 种方案下 2017 ~ 2030 年北京市水资源承载力的变化情况（表 3-25）。

表 3-25 各方案及各方案参数调整

方案	调整变量	调整方式
现状型	—	—
节水型	工业产值用水定额	下调 20%
	节水灌溉技术系数	乘以 0.8
	单位大牲畜用水定额	下调 10%
	单位小牲畜用水定额	下调 10%
	农村人均生活用水量	下调 10%
	城镇人均生活用水量	下调 8%
治污型	污水集中处理率	提高到 95%
	城镇人口人均 COD 排放量	下调 5%
	农村人口人均 COD 排放量	下调 10%
	城镇人口人均氨氮排放量	下调 5%
	农村人口人均氨氮排放量	下调 10%
	第二产业单位产值 COD 排放量	下调 10%
	第二产业单位产值氨氮排放量	下调 10%
	COD 去除率	上升 5%
	氨氮去除率	上升 5%

续表

方案	调整变量	调整方式
控制型	人口政策系数	乘以 0.8
	城镇化率	上调 5%
	第三产业产值增加额	上调 10%
	农田灌溉面积增长率	下调 5%
	大牲畜数量减少率	上调 3%
	小牲畜数量增长率	下调 3%
	工业产值增长量	下调 3%
调整供水结构型	再生水回用率	提高 10%
	南水北调调水量	每年增加 0.5 亿 t，最终达到 10.5 亿 t
	其他外调水量	每年增加 1 亿 m^3，最终达到 10 亿 t
综合型	以上所有指标	依照上述方案进行调整

方案 1：现状型方案。基于目前发展状况保持其参数不变。

方案 2：节水型方案。根据《北京市“十三五”时期水务发展规划》目标，到 2020 年，建成节水型社会，实施用水总量和用水强度双控制，推进农业节水，提高工业再生水回用率，全市用水总量严格控制在 43 亿 m^3 以内设定，按照农业用水负增长，工业用水零增长，生活用水控制增长，生态用水适度增长的原则，将工业产值用水定额下调 20%，节水灌溉技术系数乘以 0.8，单位大牲畜和单位小牲畜用水定额下调 10%，农村人均生活用水量下调 10%，城镇人均生活用水量下调 8%。

方案 3：治污型方案。根据《北京市进一步加快推进污水治理和再生水利用工作三年行动方案（2016 年 7 月—2019 年 6 月）》规划，在现状型方案的基础上，将污水集中处理率提高到 95%，城镇人口人均 COD 排放量和农村人口人口 COD 排放量分别比现状型方案下调 5% 和 10%，城镇人口人均氨氮排放量和农村人口人均氨氮排放量分别下调 5% 和 10%，第二产业单位产值 COD 排放量下调 10%，第二产业单位产值氨氮排放量下调 10%。

方案 4：控制型方案。根据京津冀协同发展的目标——有序疏解北京非首都功能，解决大城市病，实现区域经济结构的合理化设定，将人口政策系数乘以 0.8，城镇化率上调 5%，第三产业产值增加额上调 10%，农田灌溉面积增长率下调 5%，大牲畜数量减少率上调 3%，小牲畜数量增长率下调 3%，工业产值增长量下调 3%。

方案 5：调整供水结构型方案。《北京城市总体规划（2016 年—2035 年）》中要求，到 2020 年再生水使用量不低于 12 亿 m^3，同时实施“多源供水”，优先利用外调水，提高再生水利用比例，实现本地地表水、地下水和外调水多源保障，将再生水回用率提高 10%，南水北调调水量每年增加 0.5 亿 t，最终达到 10.5 亿 t，其他外调水量每年增加 1 亿 m^3，最终达到 10 亿 t。

方案 6：综合型方案。综合以上方案对各参数进行调整（叶逸，2018）。

3.4.2 不同方案下北京市水资源承载力预测

根据以上6种方案及其参数调整，运行北京市水资源承载力模拟系统动力学模型，模拟时长为2004～2030年，分析6种方案下北京市社会经济系统、水资源承载力系统的变化趋势。

3.4.2.1 生活需水量

生活需水量和生活污水排放量趋势如图3-32所示，数据见表3-26和表3-27，总体来说，生活需水量呈缓慢上升的趋势，其中效果最好的是综合型方案，其次是节水型方案，2019年之后节水型方案的生活需水量超过控制型方案，而治污型方案、调整供水结构型方案与现状型方案效果一致，所需水量最多。生活污水排放量的总体趋势和生活需水量相同，但波动比较多，治污型方案、调整供水结构型方案与现状型方案的生活污水排放量最大，其次是控制型方案，控制型方案和节水型方案的生活污水排放量相差不多，但其增长速度慢于节水型方案，节水型方案2019年之后的生活污水排放量超过控制型方案，生活污水排放量最少的是综合型方案。

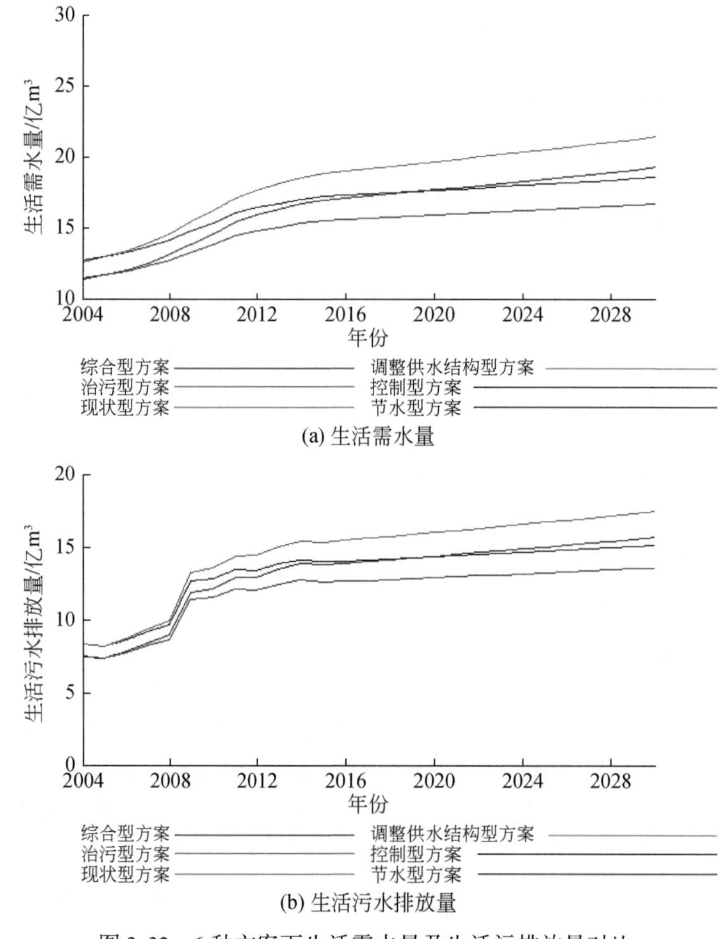

图3-32 6种方案下生活需水量及生活污排放量对比

表 3-26　生活需水量　（单位：亿 m^3）

年份	综合型方案	治污型方案	现状型方案	调整供水结构型方案	控制型方案	节水型方案
2016	15. 58	19. 00	19. 00	19. 00	17. 31	17. 10
2017	15. 66	19. 17	19. 17	19. 17	17. 40	17. 25
2018	15. 74	19. 33	19. 33	19. 33	17. 49	17. 40
2019	15. 82	19. 50	19. 50	19. 50	17. 58	17. 55
2020	15. 90	19. 67	19. 67	19. 67	17. 67	17. 70
2021	15. 98	19. 84	19. 84	19. 84	17. 76	17. 85
2022	16. 06	20. 00	20. 00	20. 00	17. 85	18. 00
2023	16. 15	20. 18	20. 18	20. 18	17. 94	18. 16
2024	16. 23	20. 35	20. 35	20. 35	18. 03	18. 32
2025	16. 31	20. 53	20. 53	20. 53	18. 12	18. 48
2026	16. 39	20. 70	20. 70	20. 70	18. 22	18. 64
2027	16. 48	20. 89	20. 89	20. 89	18. 31	18. 80
2028	16. 56	21. 07	21. 07	21. 07	18. 40	18. 96
2029	16. 65	21. 25	21. 25	21. 25	18. 50	19. 12
2030	16. 73	21. 43	21. 43	21. 43	18. 59	19. 29

表 3-27　生活污水排放量　（单位：亿 m^3）

年份	综合型方案	治污型方案	现状型方案	调整供水结构型方案	控制型方案	节水型方案
2016	12. 71	15. 50	15. 50	15. 50	14. 12	13. 95
2017	12. 77	15. 64	15. 64	15. 64	14. 19	14. 07
2018	12. 84	15. 77	15. 77	15. 77	14. 27	14. 19
2019	12. 90	15. 91	15. 91	15. 91	14. 34	14. 32
2020	12. 97	16. 04	16. 04	16. 04	14. 41	14. 44
2021	13. 04	16. 18	16. 18	16. 18	14. 49	14. 56
2022	13. 10	16. 32	16. 32	16. 32	14. 56	14. 69
2023	13. 17	16. 46	16. 46	16. 46	14. 63	14. 82
2024	13. 24	16. 60	16. 60	16. 60	14. 71	14. 94
2025	13. 30	16. 75	16. 75	16. 75	14. 78	15. 07
2026	13. 37	16. 89	16. 89	16. 89	14. 86	15. 20
2027	13. 44	17. 04	17. 04	17. 04	14. 93	15. 33
2028	13. 51	17. 18	17. 18	17. 18	15. 01	15. 46
2029	13. 58	17. 33	17. 33	17. 33	15. 90	15. 60
2030	13. 65	17. 48	17. 48	17. 48	15. 16	15. 73

以上可以看出，同时控制人口规模和开展节水措施取得的效果最好，在开始时节水型方案的效果要好于控制型方案，但从长期来看，控制人口规模能够更好地降低生活需水量和生活污水排放量，减小供水压力。到 2020 年，综合型、控制型和节水型三种方案下的生活需水量均未超过“十三五”规划中 18.2 亿 m³的用水红线。

3.4.2.2 生产需水量

从图 3-33、表 3-28 和表 3-29 中我们可以看出，农业需水量的总体趋势是逐步下降，在治污型方案、调整供水结构型方案下，农业需水量和生产需水量的变化与现状型方案相差不大，虽然在 6 种方案中农业需水量最大，但到 2020 年时将减少到 4.89 亿 m³，达到《北京市“十三五”时期水务发展规划》目标。其余 3 种方案中农业需水量下降最快的是控制型方案，由于经济产业结构的调整，农业所占比例的下降导致农业需水量的迅速下降，在 2021 年超过节水型成为效果仅次于综合型的方案。因此，长期来看，从源头上控制农业需水量的增长效果好于提高用水效率。

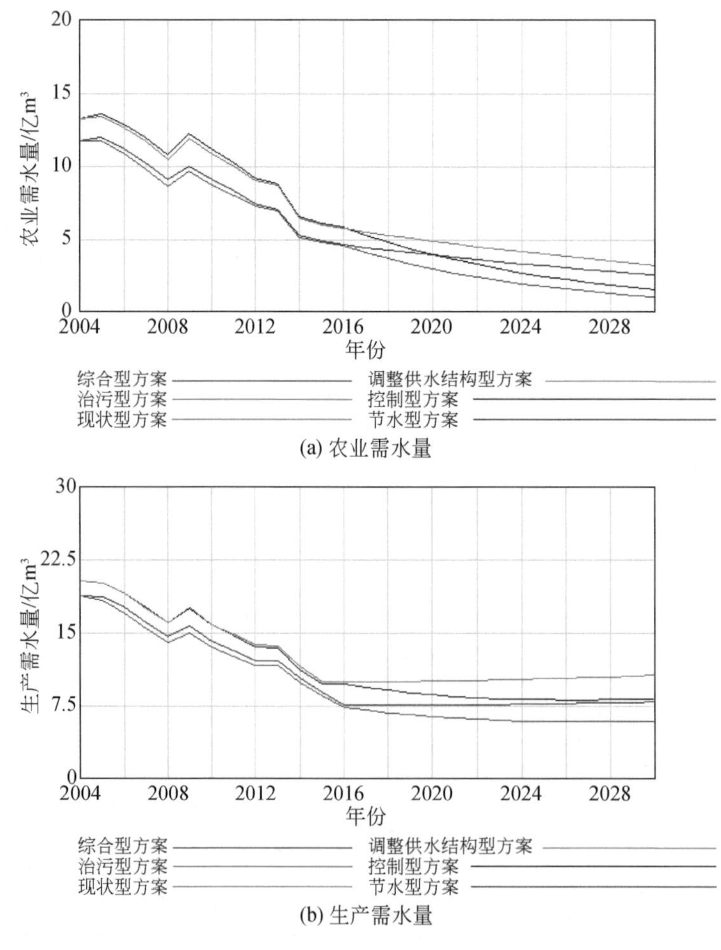

(a) 农业需水量

(b) 生产需水量

图 3-33　6 种方案下农业需水量及生产需水量对比

表 3-28　农业需水量　（单位：亿 m^3）

年份	综合型方案	治污型方案	现状型方案	调整供水结构型方案	控制型方案	节水型方案
2016	4. 55	5. 77	5. 77	5. 77	5. 86	4. 61
2017	4. 10	5. 53	5. 53	5. 53	5. 30	4. 42
2018	3. 69	5. 31	5. 31	5. 31	4. 80	4. 24
2019	3. 32	5. 09	5. 09	5. 09	4. 36	4. 07
2020	2. 99	4. 89	4. 89	4. 89	3. 95	3. 90
2021	2. 69	4. 69	4. 69	4. 69	3. 58	3. 75
2022	2. 42	4. 50	4. 50	4. 50	3. 25	3. 59
2023	2. 18	4. 32	4. 32	4. 32	2. 96	3. 45
2024	1. 96	4. 14	4. 14	4. 14	2. 69	3. 30
2025	1. 76	3. 97	3. 97	3. 97	2. 45	3. 17
2026	1. 59	3. 81	3. 81	3. 81	2. 23	3. 05
2027	1. 43	3. 66	3. 66	3. 66	2. 03	2. 92
2028	1. 29	3. 51	3. 51	3. 51	1. 85	2. 80
2029	1. 16	3. 37	3. 37	3. 37	1. 69	2. 69
2030	1. 04	3. 23	3. 23	3. 23	1. 55	2. 58

表 3-29　生产需水量　（单位：亿 m^3）

年份	综合型方案	治污型方案	现状型方案	调整供水结构型方案	控制型方案	节水型方案
2016	7. 34	9. 96	9. 96	9. 96	9. 70	7. 61
2017	7. 04	9. 96	9. 96	9. 96	9. 37	7. 59
2018	6. 77	9. 96	9. 96	9. 96	9. 05	7. 58
2019	6. 55	9. 98	9. 98	9. 98	8. 80	7. 57
2020	6. 37	10. 00	10. 00	10. 00	8. 60	7. 57
2021	6. 21	10. 03	10. 03	10. 03	8. 43	7. 58
2022	6. 09	10. 07	10. 07	10. 07	8. 30	7. 59
2023	6. 00	10. 12	10. 12	10. 12	8. 21	7. 61
2024	5. 93	10. 18	10. 18	10. 18	8. 14	7. 63
2025	5. 88	10. 24	10. 24	10. 24	8. 10	7. 66
2026	5. 85	10. 31	10. 31	10. 31	8. 08	7. 70
2027	5. 84	10. 38	10. 38	10. 38	8. 08	7. 74
2028	5. 84	10. 46	10. 46	10. 46	8. 11	7. 79
2029	5. 86	10. 55	10. 55	10. 55	8. 15	7. 84
2030	5. 89	10. 65	10. 65	10. 65	8. 20	7. 90

由于农业需水量的下降，生产需水量在 2015 年之后保持一个平稳的趋势。控制型方案的生产需水量下降速度虽然最快，但随着工业发展规模的逐渐扩大，在 2029 年之后用水量略有回升。节水型方案下的生产需水量控制得较好，一直保持在 7.5 亿 m^3左右，是最稳定的一个方案。效果最为显著的是综合型方案，在控制源头，提高用水效率，增加回水使用量的三重措施下，生活需水量持续下降，稳定在 6 亿 m^3以内。

3.4.2.3 供水量

图 3-34 展示了 6 种方案下供需比例和再生水回用量的变化情况，表 3-30 和表 3-31 为 6 种方案下 2016～2030 年供需比例和再生水回用量数据。从图中可以看出，2016 年之前北京市供水量主要取决于降水，由于气候的不确定性，供需比例波动很大。这几个方案比较下除了综合型方案之外，对供需比例控制得最好的是调整供水结构型方案，在保证多渠道供水的情况下，水源保障能力大幅度提高，但 2026 年之后随着人口经济规模的增长，

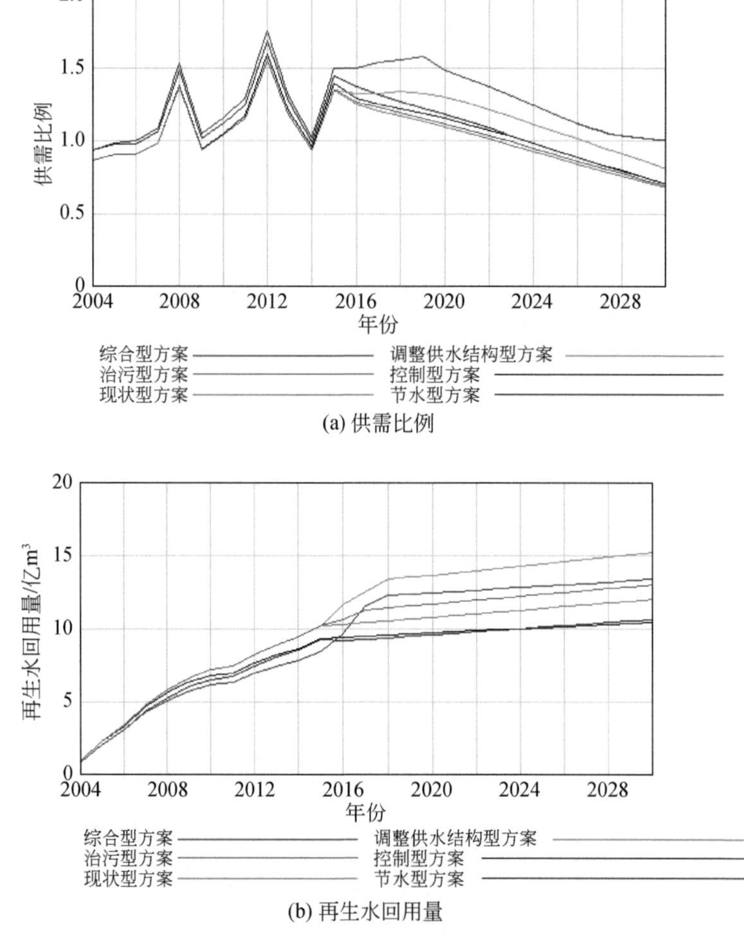

(a) 供需比例

(b) 再生水回用量

图 3-34　6 种方案下供需比例及再生水回用量对比

还是出现了供需不足的情况。节水型方案在一开始效果显著，但随着社会经济的进一步增长逐渐被控制型方案超过，但从长期角度来看，这两种方案都比较单一，效果相近，都在2023 年之后出现了水资源量短缺的现象。治污型方案和现状型方案的表现差不多，是这几种方案中效果最差的方案，若在不调整经济结构、控制人口规模、提高用水效率、改变供水结构的情况下，2022 年就会出现水资源短缺的问题。

表 3-30　供需比例

年份	综合型方案	治污型方案	现状型方案	调整供水结构型方案	控制型方案	节水型方案
2016	1.50	1.20	1.20	1.32	1.23	1.31
2017	1.54	1.17	1.15	1.32	1.20	1.25
2018	1.55	1.14	1.12	1.34	1.17	1.21
2019	1.58	1.10	1.08	1.32	1.14	1.17
2020	1.48	1.06	1.04	1.30	1.10	1.12
2021	1.43	1.02	1.00	1.26	1.06	1.08
2022	1.37	0.98	0.97	1.21	1.02	1.03
2023	1.31	0.94	0.93	1.16	1.02	1.03
2024	1.24	0.90	0.88	1.11	0.98	0.98
2025	1.18	0.86	0.85	1.06	0.93	0.93
2026	1.12	0.82	0.81	1.00	0.89	0.89
2027	1.05	0.78	0.76	0.96	0.84	0.84
2028	1.04	0.74	0.72	0.90	0.79	0.79
2029	1.04	0.70	0.69	0.86	0.75	0.75
2030	1.02	0.66	0.65	0.80	0.70	0.70

表 3-31　再生水回用量　　（单位：亿 m^3）

年份	综合型方案	治污型方案	现状型方案	调整供水结构型方案	控制型方案	节水型方案
2016	9.63	10.55	10.31	11.60	9.39	9.16
2017	11.52	11.27	10.43	12.46	9.47	9.26
2018	12.25	11.40	10.54	13.35	9.54	9.36
2019	12.34	11.52	10.66	13.50	9.62	9.46
2020	12.43	11.65	10.78	13.65	9.69	9.57
2021	12.52	11.78	10.90	13.80	9.77	9.67
2022	12.61	11.91	11.02	13.95	9.84	9.77

续表

年份	综合型方案	治污型方案	现状型方案	调整供水结构型方案	控制型方案	节水型方案
2023	12.70	12.05	11.15	14.11	9.92	9.87
2024	12.79	12.18	11.27	14.26	10.00	9.98
2025	12.88	12.31	11.39	14.42	10.07	10.08
2026	12.98	12.45	11.52	14.58	10.15	10.19
2027	13.07	12.58	11.63	14.73	10.23	10.29
2028	13.16	12.72	11.77	14.89	10.30	10.40
2029	13.26	12.85	11.89	15.05	10.38	10.51
2030	13.35	12.99	12.02	15.21	10.46	10.62

从图 3-34（b）中可以看出 6 种方案下调整供水结构型方案再生水回用量最大，其次是综合型方案。人口经济社会规模的快速扩张，产生大量废水，经过高效的处理后产生大量可用再生水。而节水型方案和控制型方案在控制了人口经济结构、增长速度和用水量的情况下排水量减少，从而导致再生水回用量的下降。

3.4.2.4 水质

从图 3-35、表 3-32 和表 3-33 中我们可以看出，水体中污染物浓度变化剧烈，在节水型方案下，由于总体水量的下降，在 COD 排放量不变的情况下，COD 浓度和氨氮浓度以及增长速率都是最大的，根据《地表水环境质量标准》（GB 3838—2002），到 2021 年之后水体中 COD 浓度达到劣Ⅴ类，现状型方案的效果与节水型方案相近，在波动之后持续上升，到 2022 年之后超过 40mg/L。控制型方案的增长速率是除综合型方案之外的五种方案中最慢的方案，但也将在 2028 年之后达到 40.39mg/L，只有综合型方案水体中 COD 浓度持续保持在 15mg/L 以内，浓度保持稳定，水体等级为Ⅰ级。

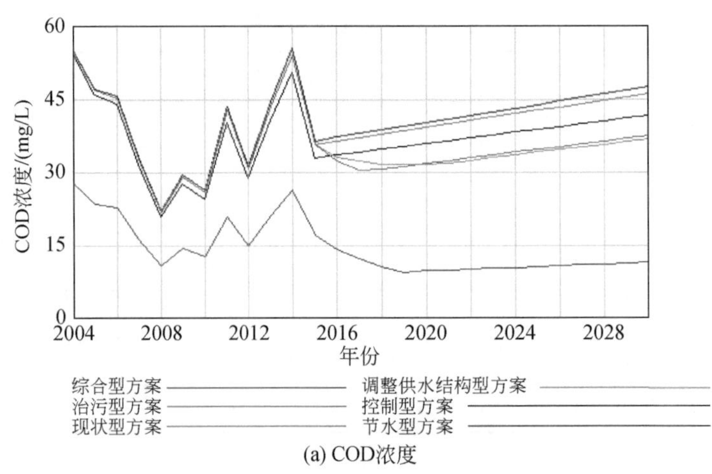

(a) COD浓度

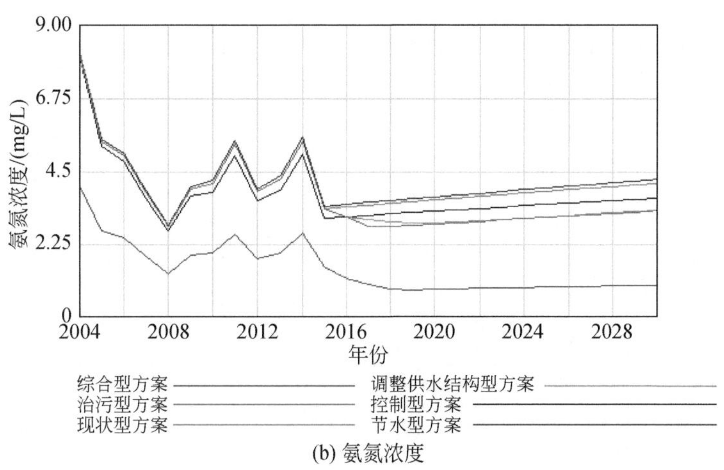

(b) 氨氮浓度

图 3-35　6 种方案下 COD 浓度及氨氮浓度对比

表 3-32　COD 浓度　　（单位：mg/L）

年份	综合型方案	治污型方案	现状型方案	调整供水结构型方案	控制型方案	节水型方案
2016	14. 11	32. 34	36. 26	32. 87	33. 44	37. 15
2017	12. 14	30. 29	36. 98	32. 17	34. 03	37. 89
2018	10. 57	30. 56	37. 69	31. 51	34. 62	38. 63
2019	9. 39	31. 15	38. 40	31. 45	35. 20	39. 38
2020	9. 81	31. 74	38. 40	31. 45	35. 20	39. 38
2021	9. 97	32. 32	39. 80	31. 81	36. 36	40. 86
2022	10. 14	32. 91	40. 53	32. 37	36. 94	41. 59
2023	10. 31	33. 49	41. 23	32. 93	37. 52	42. 33
2024	10. 48	34. 07	41. 93	33. 49	38. 10	43. 06
2025	10. 64	34. 65	42. 63	34. 05	38. 68	43. 79
2026	10. 81	35. 23	43. 32	34. 60	39. 25	44. 52
2027	10. 97	35. 80	44. 02	35. 15	39. 82	45. 25
2028	11. 14	36. 37	44. 71	35. 71	40. 39	45. 97
2029	11. 30	36. 94	45. 40	36. 26	40. 96	46. 70
2030	11. 47	37. 51	46. 09	36. 80	41. 53	47. 42

表 3-33　氨氮浓度　　（单位：mg/L）

年份	综合型方案	治污型方案	现状型方案	调整供水结构型方案	控制型方案	节水型方案
2016	1. 21	3. 07	3. 40	3. 08	3. 10	3. 48
2017	1. 03	2. 79	3. 46	3. 00	3. 14	3. 54

续表

年份	综合型方案	治污型方案	现状型方案	调整供水结构型方案	控制型方案	节水型方案
2018	0.88	2.80	3.51	2.93	3.18	3.60
2019	0.84	2.84	3.56	2.92	3.23	3.65
2020	0.87	2.88	3.61	2.91	3.27	3.71
2021	0.89	2.92	3.67	2.93	3.31	3.76
2022	0.90	2.96	3.72	2.97	3.35	3.82
2023	0.91	3.00	3.77	3.01	3.39	3.87
2024	0.93	3.09	3.88	3.10	3.47	3.98
2025	0.93	3.09	3.88	3.10	3.47	3.93
2026	0.94	3.13	3.93	3.14	3.51	4.04
2027	0.95	3.17	3.98	3.18	3.56	4.09
2028	0.96	3.21	4.04	3.22	3.60	4.15
2029	0.98	3.25	4.09	3.26	3.64	4.20
2030	0.99	3.29	4.14	3.31	3.68	4.26

氨氮浓度变化趋势与COD浓度变化趋势相近，都是在剧烈的波动之后保持稳定，除了综合型方案之外，都将在2015年之后持续上升，水体中浓度均超过《地表水环境质量标》（GB 3838—2002）中氨氮浓度Ⅴ类标准，而在综合型方案的治理下，水体中氨氮浓度将保持在Ⅲ类水标准以内。

3.4.2.5 水资源承载力变化情况

根据3.2.3节构建的水资源承载力评价模型，结合各方案的模拟数据进行水资源承载力评价，结果见表3-34。

表3-34 水资源承载力变化情况

年份	现状型	治污型	调整供水结构型	节水型	控制型	综合型
2016	Ⅳ	Ⅳ	Ⅳ	Ⅳ	Ⅳ	Ⅳ
2017	Ⅳ	Ⅳ	Ⅳ	Ⅳ	Ⅳ	Ⅳ
2018	Ⅳ	Ⅳ	Ⅳ	Ⅳ	Ⅳ	Ⅳ
2019	Ⅳ	Ⅳ	Ⅳ	Ⅳ	Ⅳ	Ⅳ
2020	Ⅳ	Ⅳ	Ⅳ	Ⅳ	Ⅳ	Ⅳ
2021	Ⅳ	Ⅳ	Ⅳ	Ⅳ	Ⅳ	Ⅳ
2022	Ⅳ	Ⅳ	Ⅳ	Ⅳ	Ⅳ	Ⅳ
2023	Ⅳ	Ⅳ	Ⅳ	Ⅳ	Ⅳ	Ⅲ
2024	Ⅳ	Ⅳ	Ⅳ	Ⅳ	Ⅳ	Ⅲ
2025	Ⅳ	Ⅳ	Ⅳ	Ⅳ	Ⅳ	Ⅲ

续表

年份	现状型	治污型	调整供水结构型	节水型	控制型	综合型
2026	Ⅳ	Ⅳ	Ⅳ	Ⅳ	Ⅳ	Ⅲ
2027	Ⅳ	Ⅳ	Ⅳ	Ⅳ	Ⅳ	Ⅲ
2028	Ⅴ	Ⅳ	Ⅳ	Ⅳ	Ⅳ	Ⅲ
2029	Ⅴ	Ⅳ	Ⅳ	Ⅳ	Ⅳ	Ⅲ
2030	Ⅴ	Ⅴ	Ⅳ	Ⅴ	Ⅳ	Ⅲ

模拟结果表明，现状型方案下的水资源承载力不断恶化，在 2028 年之后由原来的Ⅳ级变成Ⅴ级，水资源不足以支撑社会经济规模的增长。节水型和治污型类似，虽然放缓了水资源承载力恶化的速度，但不足以遏制趋势，2030 年时严重超载。而在调整供水结构型方案和控制型方案下，北京市水资源承载力保持现状，始终为Ⅳ级，水资源已经开始过度开采。只有在综合型方案下，北京市水资源承载力由开始的Ⅳ级逐渐好转，2023 年之后变成Ⅲ级，水资源承载力与压力保持相对平衡。

3.4.3 北京市水资源承载力优化调控

3.4.3.1 空间格局优化调控

1）根据本章的评价结果来看，目前北京市水资源承载力总体形势不容乐观。从权重上看，水质子系统和水量子系统所占比例最大，对整体水资源承载力影响最大，因此今后管理的重点应该放在水质和水量的调控上。其中，城六区和昌平区应注意控制人口的规模，将劳动密集型或人口过于稠密区域的产业迁到北部地区，或进一步根据产业特性外迁到河北省、天津市。顺义区、房山区和大兴区需要加强污染防治，提高水体质量，一方面应改进技术，提高污水处理能力，另一方面要继续调整产业结构，减少污染产业的比例。从水量上来说，昌平区、通州区、城六区和大兴区由于人口规模过大，人均水资源量匮乏，应在技术条件允许的情况下，根据实际需要，调整每年调水量，同时加强节水技术和再生水利用技术的开发。从政策上来说，应该明确限定用水总量，出台有效控制措施对用水实施有效监控。从部门上来说，目前水资源管理职能分散重叠低效，应该整合各部门职能，明确权责，从而有效解决职能分散碎片化的问题。

2）对于水量子系统，在水量紧张的情况下，北京市各个区应进一步提高再生水回用率，提高污水处理率，完善污水处理及再生水处理设施建设，同时要优化水量资源的空间分布，一方面要在水资源承载力范围内进行北京市人口总体规模控制，减缓人口城镇化率的增长，另一方面通过人口合理布局提升水量子系统的稳定性。

3）水质在人口和经济活动高度集中的城市地区紧缺的问题更加突出，因此，在调控人口规模与分布的同时，全面落实非首都功能的疏解任务，进行经济产业结构升级，加大对低端产业的淘汰，部署“高精尖”产业。在进行京津冀一体化的过程中，要充分考虑天津市和河北省各地的接收能力与水环境现状。同时产业迁移不应只局限于京津冀地区，对某些产业可以考虑在全国尺度内迁移。

4）北京市水生态子系统虽然在各个子系统中表现最好，但仍存在很多问题。长时间的粗放型经济增长带来了很多历史遗留问题。虽然近年间北京市政府已经开始逐步实施环保措施，开展产业结构调整，但整体水质和绿化率均低于中国 113 个重点城市平均水平，同时北京市平均农业灌溉面积比例只有 70%，节水的潜力很大，并且农业农药化肥利用率极低，由浪费造成的面源污染不容小觑。引进技术，提高农业用水效率以及农业农药化肥的使用将会对提高北京市水资源承载力有着显著作用。

5）在水流更新方面，北京市总体水体连通性较差，应对旱涝灾害的能力不强，为此应采取多种措施来提高市区水体的连通性。首先要对护城大堤进行加固，确保城区不受洪水的威胁；其次在出现供水短缺等突发事件时，通过编制水源的紧急调度与配置预案，保障城市用水安全；最后还可根据当地实际情况，修建必要的人工河道、湖泊、湿地等，提高水面率。

3.4.3.2 政策规划建议

通过 3.4.2 节的模拟，我们可以发现，在所有方案中综合型方案的效果是最好的，因此调控北京市水资源承载力的措施可以从节水、治污、提高用水效率、调整经济结构和控制人口规模等方面入手。

（1）节水优先

3.4.2 节的模拟表明，节水型方案能够很好地降低生产需水量，是除了综合型方案之外生产、生活用水量最小的方案，因此节水是实现水资源供需平衡的必须手段。生活节水要从宣传教育入手，营造节水的社会氛围，加强公民的节水意识，让每位居民从平时的点点滴滴做起，让爱水、惜水、节水观念深入人心。生产节水首先要从重点行业抓起，农业上提高灌溉效率，普及高效节水设施，提高有效灌溉系数。工业上要提高工业再生水的使用比例，争取做到新水零增加。其次要完善有关法律法规，做到严格执法，有法可依。落实“量水而行，以水定城”，把水资源作为刚性约束的相关制度，基于供水需求平衡水价，充分发挥市场配置作用。

（2）治污并行

水资源承载能力不仅取决于水量，也取决于水质。从治污型方案中可以看出，提高污水处理率能够有效改善水体质量。首先，需要加大城区污水管网建设力度，完善污水收集能力。其次，加大科学技术投入，提高污水处理能力，增加再生水回用量，这不仅可以提高水体质量，也可以减少新水开采，改善供水结构。

（3）多源供水

在调整供水结构型方案的模拟下，能够有效地缓解北京市供需水量不平衡的情况。在条件允许的情况下应加快南水北调配水工程的建设，并扩大本地水库的需水量，以备应急之需，同时探究开展外部调水工程的可行性。

（4）重“质”发展

经济的发展不仅要注重“量”，更要注重“质”。在“十二五”时期，北京市经济高速发展，地区生产总值年均增长达到 7.5%。在“十三五”时期，经济的发展方向要朝着更好的结构发展，注重产业结构的优化升级，优化首都的核心功能，将落后、耗能产业迁出城区，取得产业的联动发展。从长远来看，经济结构的优化能够调动整个系统的良性发展能力，使水资源得到更合理有效的配置。

3.4.4 小结

本节在 3.3.3 节分析影响北京水资源承载力各系统和各因素之间的联动关系，建立北京市水资源承载力模拟系统动力学模型的基础上，根据相关政策规划的指导，结合北京市的实际情况设计 6 种方案，分别是节水型方案、治污型方案、供水结构调整型方案、现状型方案、控制型方案和综合型方案。利用模型对各方案进行模拟，发现到 2020 年，只有综合型方案能从水质和水量上都满足规划目标，并保持北京市水资源承载力和压力的相对平衡，到 2023 年，北京市水资源承载力将达到Ⅲ级。从长期来看，只有改善经济结构、控制人口增长规模才能从根本上解决北京市水资源短缺、水污染严重的问题，单一提高用水效率或减少污染物排放只能短暂的改善北京市的水环境。因此，基于模拟结果和评价结果，本研究从节水、治污、提高用水效率、改善经济结构和人口规模，实行多源供水几方面给出提高北京市水资源承载力的建议，改善北京市目前缺水的现状，优化北京市水资源承载力空间分布格局，避免北京市水环境的进一步恶化。

3.5 本章小结

本章以北京市为例，从水量、水质、水生态、水流更新四要素入手，分析了四要素与水资源承载力的互馈机制，耦合了模糊综合评价，建立了水资源承载力评价模型，分析了北京市水资源承载力空间分布格局。进一步，基于系统动力学理论，可持续发展原则和二元水循环理论，从水量、水质、水生态、水流更新四个方面考虑“水资源-社会-经济”复合系统中各要素相互制约、相互影响所形成的动态反馈过程，结合研究区发展情况，引入了系统动力学模型，建立了水资源承载力模拟系统动力学模型，并设计了优化北京市水资源承载力的调控方案，主要结论如下：

1）从水量、水质、水生态、水流更新入手，结合区域经济社会发展、人口增长和生态环境中水资源承载力与负荷关键指标，选出 31 个指标，从总目标层、分目标层和指标层三个层次，水量、水质、水生态、水流更新四个维度构建水资源承载力诊断指标体系。参考已有的研究成果、法律规范，将城市水资源承载力等级划分为Ⅰ级、Ⅱ级、Ⅲ级、Ⅳ级、Ⅴ级五个级别，最后运用模糊综合评价法、综合层次分析法和熵权法，建立水资源承载力评价模型。

2）通过对上述模型的运用，对北京市 11 个区域的水资源承载力现状进行评价。结果显示，研究区的水资源承载力空间分布差异较大，60% 以上的区域水资源承载力处于“一般”及以下状态，只有怀柔区、密云区和延庆区处于“较强”状态。在空间分布上，西南地区的水环境较差，沿着东北方向逐渐好转，呈现大聚集小分散状态。同时，各区域的水资源利用程度和与社会经济发展状态相匹配，城市化水平高，人口密集的区域水资源明显超载，而社会经济发展较慢，生态环境较好的区域水资源尚能对社会经济的发展提供支持。从权重上看，水质子系统和水量子系统所占比例最大，对整体水资源承载力影响最大，因此今后管理的重点应该放在水质和水量的调控上。

3）从各个子系统上看，北京市的水生态子系统相对表现较好，总体都处于“一般”以上状态，没有“较弱”和“弱”状态，水质和水流更新两个子系统问题比较严重，多个区域呈现“较弱”状态，水量子系统各个区域表现差异较大，绝大部分区域处于“一般”以上状态，只有门头沟区处于“弱”状态。

4）针对北京市水资源承载力总体“较弱”的问题，本研究从水量、水质、水生态、水流更新四种水资源承载力属性出发，基于“水资源-社会-经济”复合系统中各要素之间的互馈机理，利用系统动力学模型建立北京市水资源承载力模拟模型，并通过对模型中所有参数进行灵敏度分析，结合规划战略目标，选出 25 个灵敏因子，设计出 6 种方案对北京市 2004 ~ 2030 年的水资源承载力进行模拟。模拟结果显示，只有从节水、治污、提高用水效率、调整经济结构和控制人口规模 5 个方面入手，才能到 2023 年使北京市水资源承载力从开始的Ⅳ级逐渐好转成Ⅲ级，同时水资源供需比保持在 1 以上，综合水质等级达到Ⅲ类标准，能够给经济社会的可持续发展提供支撑能力。其余各方案从单方面入手，都不足以遏制水资源承载力恶化的趋势。基于模拟结果和评价结果，本研究从节水、治污、提高用水效率、调整经济结构和控制人口规模，以及实行多源供水等方面提供提高北京市水资源承载力和优化北京市水资源承载力空间分布格局的意见。

第4章　基于载荷均衡的吉林省水资源承载力评价与调控

本章从“量、质、域、流”四要素的负荷表征指标和能力表征指标出发，基于载荷均衡原理，构建了吉林省水资源承载力诊断指标体系、水资源承载指数模型、水资源承载力的人口-负荷-能力评价模型。在此基础上，结合吉林省水资源载荷系统构建了水资源承载力模拟系统动力学模型，并对吉林省及其9个市（州）的水资源承载力进行了“诊断-评价-预测-调控”的多阶段研究，为改善吉林省水资源承载状况和提升水资源承载力提供了建议。

4.1　研究区域概况

4.1.1　自然地理概况

4.1.1.1　地理位置

吉林省位于中国东北，地处东经121°38′～131°19′，北纬40°50′～46°19′，总面积为18.74万km^2。在国界上，分别与俄罗斯和朝鲜接壤；在省界上，分别与辽宁省、内蒙古自治区和黑龙江省相连。吉林省以其处于东北亚几何中心的区位优势，成为我国向东北亚地区开放的重要窗口，同时也成为我国“一带一路”倡议的重要环节（张辛雨，2015；谭红梅，2016）。吉林省的地理位置和行政区划情况如图4-1所示。

4.1.1.2 地形地貌

在地势上，吉林省由东南向西北倾斜，可大致分为东部山区、中部丘陵平原区和西部平原区三部分。三部分区域的土地面积分别为113 794km^2、30 223km^2、43 383km^2，分别占全省总面积的60.7%、16.1%、23.2%。东部山区又可分为长白山区和中东部丘陵区，包含延边朝鲜族自治州、白山市、吉林市、通化市的全部和四平市、长春市的部分，是吉林省主要河流的发源地。中部丘陵平原区包含长春市、四平市、辽源市的大部分和松原市的东南部，东辽河等多条河流穿行其中。西部平原区地势平坦，包含白城市和松原市。

4.1.1.3　气候

吉林省位于大陆季风气候区，四季分明，降水量在500～800mm，多年平均降水量为

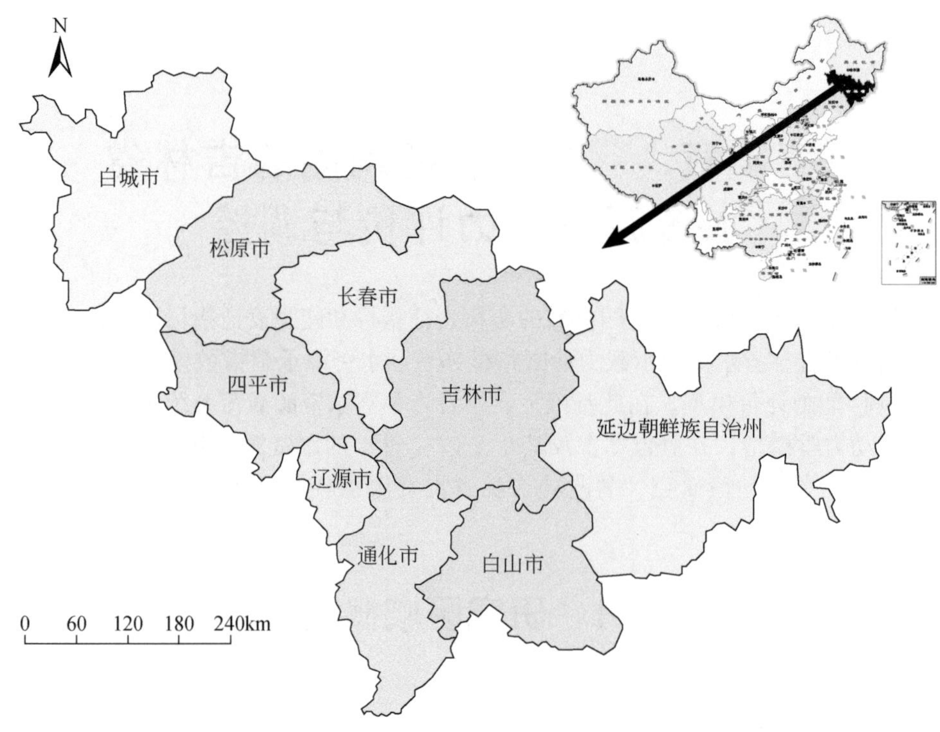

图 4-1　吉林省地理位置及行政区划

628.6mm。在地域分布上，降水量由东部山区向西部平原区递减，东部的长白山区 2017 年降水量高达 1310mm，而西部的松嫩平原仅有 300mm。除此之外，吉林省降水量年内分布极不均匀，其汛期降水量占全年降水量的 50% ~80%；蒸发量同样在区域间差异显著，整体上由东南向西北递增。东部山区的蒸发量低于 700mm，中部丘陵平原区的蒸发量在 900mm 左右，西部平原区的蒸发量超过 1000mm。由此可见，东部山区的蒸发量低于降水量，为产水区；中部丘陵平原区的蒸发量超过降水量，为用水区；西部平原区的蒸发量为降水量的 2.5 倍以上，为耗水区。

4.1.1.4　水资源

吉林省水资源分布不均匀，从流域来看，东部地区河流的径流量较丰富，占吉林省水资源总量的比例超过 80%，而其他中西部河流则低于 20%；从行政区划来看，吉林省水资源量分布与降水量分布类似，由东部山区向西部平原区递减，延边朝鲜族自治州水资源总量高达 108.86 亿 m^3，而辽源市仅有 5.24 亿 m^3。各行政区域的水资源情况见表 4-1。

表 4-1　吉林省各市（州）水资源量　（单位：亿 m^3）

市（州）	地表水资源量	地下水资源量	重复计算量	水资源总量
长春	21.55	17.1	2.48	36.17
吉林	90.29	19.49	16.32	93.46

续表

市（州）	地表水资源量	地下水资源量	重复计算量	水资源总量
四平	6.88	6.71	1.6	11.99
辽源	4.58	2.87	2.21	5.24
通化	21.52	10.37	9.6	22.29
白山	61.78	14.81	14.3	62.29
延边	108.33	26.13	25.6	108.86
白城	3.31	14.14	1.43	16.02
松原	2.71	15.33	1.47	16.57

4.1.1.5 生态环境

吉林省水环境形势不容乐观，其中东部和西部部分地区和中部绝大部分地区的水质受到严重污染（李明才，2012）。2017 年，在总长为 6050km 受监测评价的河段中，属于Ⅰ类、Ⅱ类、Ⅲ类、Ⅳ类、Ⅴ类、劣Ⅴ类水质的河长分别为 71.0km、1834.4km、2092.9km、1112.1km、195.5km、744.1km，分别占监测评价河长的 1.2%、30.3%、34.6%、18.4%、3.2%、12.3%。吉林省东部和南部的河流水质明显优于中西部。其中，Ⅰ类、Ⅱ类水质的河段主要分布在通化市、白山市、延边朝鲜族自治州和白城市，分别属于鸭绿江流域、图们江流域和松花江流域；Ⅲ类水质的河段则在全省均有分布，且以松花江流域为主；劣于Ⅲ类水质的河段主要分布在吉林省中部的长春市和四平市。

4.1.2 社会经济概况

吉林省作为东北三省之一，拥有良好的工业基础和农业基础，其经济在 21 世纪前 10 年保持高速增长，GDP 增长率一度超过 15%。近年来，随着各类生产要素红利减弱，投资类产品市场逐渐饱和，吉林省工业发展动力不足的问题逐渐显现（李庆国，2018）。与国内沿海发达省市相比，吉林省工业以化工型、资源型、传统型为主，产业结构较为落后。与此同时，吉林省市场化程度不高，各生产要素流动不畅，民营经济发展不充分，企业创新乏力（徐江等，2019）。2017 年，吉林省的 GDP 为 14 944.53 亿元，增长率仅为 1.14%，远低于全国平均水平。吉林省经济增长乏力，加剧人口外流。

4.1.2.1 人口

吉林省人口情况如图 4-2 所示，2005～2017 年吉林省人口总量呈现先小幅增长再小幅下降的趋势，其中 2005～2015 年年末常住人口由 2716 万人增至 2753 万人，2016～2017 年年末常住人口降至 2717 万人；城镇人口则在 2006～2017 年持续增长，由 1426 万人增长至

1539 万人；农村人口则下降明显，由 2005 年的 1290 万人降至 2017 年的 1178 万人，降幅达 8.68%。可以总结出，吉林省人口外流以农村人口为主。

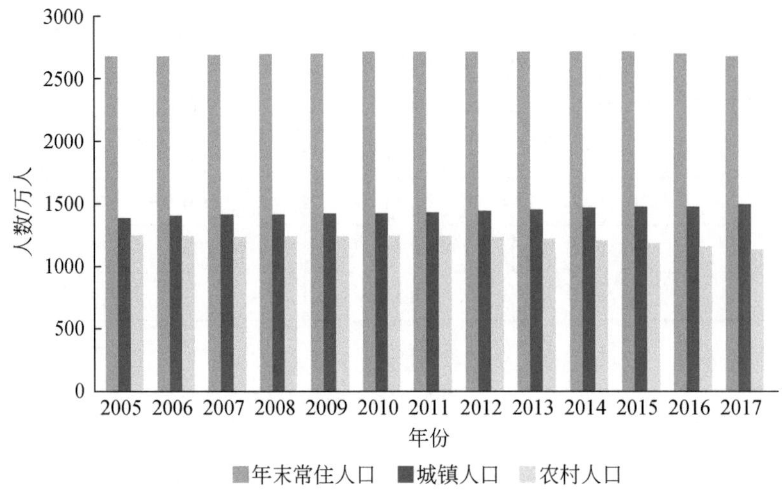

图 4-2　吉林省人口情况

北京市、天津市、上海市和广东省作为国内发达地区，对其他省（自治区、直辖市）的人口具有吸引力。同样地，吉林省内相对发达的城市对其他相对落后的城市人口也具有吸引力，造成发达区域人口密集（蔡玉程和刘阳，2014）。2017 年吉林省各市（州）的人口见表 4-2、图 4-3，人口主要集中在中东部平原和低山丘陵地区的长春市、吉林市、四平市和辽源市。人口最密集的长春市 2017 年达到 748.92 万人，每平方千米人口达到 363.48 人。东部山区和西部平原区人口较少，延边朝鲜族自治州的人口密度最低，每平方千米仅有 48.00 人。人口最密集地区的人口密度是最稀疏地区的 7.57 倍，人口分布不均匀。

表 4-2　2017 年吉林省各市（州）人口情况

指标	长春	吉林	四平	辽源	通化	白山	松原	白城	延边
人口/万人	748.92	415.35	320.40	117.95	217.15	119.52	275.41	190.95	210.14
人口密度/(人/km^2)	363.48	152.67	227.56	229.47	139.13	68.36	130.59	74.17	48.00

4.1.2.2　经济

吉林省的经济情况见表 4-3 和图 4-4，1990 ~ 2017 年吉林省的经济取得长足发展，GDP 由 425.3 亿元增至 14 944.5 亿元，增长了 34 倍左右。人民的生活水平随着经济的增长得到大幅提高，人均 GDP 由最初的 1746 元提高至 54 838 元。在 GDP 增长较多的同时，GDP 增长率却呈现出明显的下降趋势，经济增长压力逐年增加。

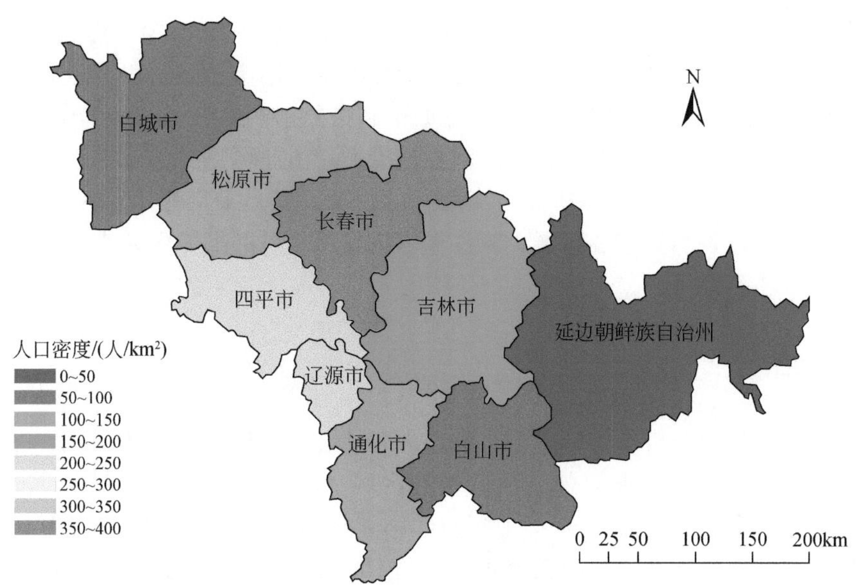

图 4-3　吉林省人口分布

表 4-3　2017 年各市（州）GDP

指标	长春	吉林	四平	辽源	通化	白山	松原	白城	延边
GDP/亿元	6 530	2 303	1 230	772	910	705	1 373	709	928
人均 GDP/元	86 931	52 729	38 161	64 952	41 883	58 503	59 533	36 924	43 943

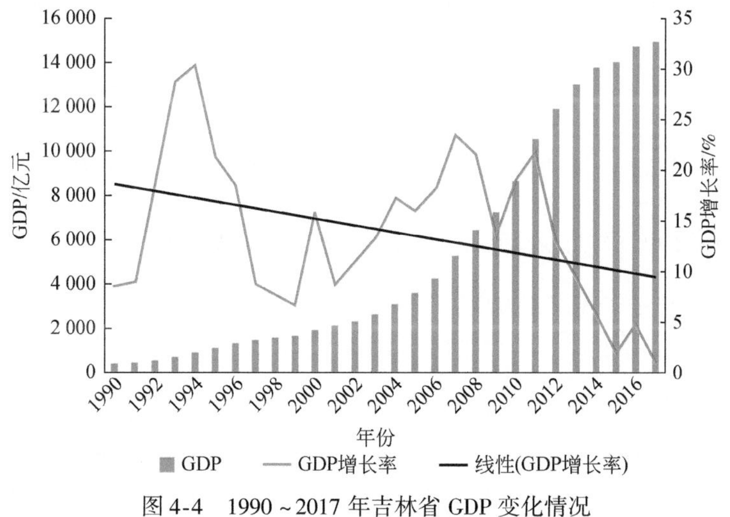

图 4-4　1990～2017 年吉林省 GDP 变化情况

吉林省内各地区的经济发展不平衡，中东部丘陵平原区的 GDP 最高（于婷婷等，2016）。2017 年长春市、吉林市、辽源市和四平市的 GDP 分别为 6530 亿元、2303 亿元、772 亿元、1230 亿元。中东部的吉林市是吉林省的经济发达区，形成了以汽车、石油化工、粮食加工业和光学、电子等为主的产业经济区。东部山区的 GDP 整体较低，延边朝鲜族自治州、通化市和白山市的 GDP 分别为 928 亿元、910 亿元、705 亿元。东部经济区以长白山的自然资源为基础，着重发展森林工业和能源、冶金、建材以及旅游业等。西部平原区的 GDP 低，是吉林省欠发达地区，白城市和松原市的 GDP 分别为 709 亿元和 1373 亿元。西部经济区依托自然资源，初级产业规模庞大。由此可见，中东部丘陵平原区是吉林省经济的主要承载区域，是吉林省经济增长的引擎，其产业转型升级对吉林省至关重要；东部山区是吉林省的生态屏障区，应注重绿色发展；西部平原区是吉林省的生态涵养区，应注重发展生态经济。

4.1.3 小结

本研究系统介绍与分析了吉林省的自然地理和社会经济概况。总体上，吉林省具有优越的地理位置，是国家东北亚对外开放的核心区域，但受地形地势的影响，吉林省的气象、水资源、经济和人口分布在东、中、西部间差异显著。人口和经济集中分布在长春市、吉林市、四平市与松原市。与此同时，上述四市也是吉林省水环境污染最严重的区域。东部的延边朝鲜族自治州、白山市人口稀疏，经济规模小，自然资源开发程度较低，拥有丰富的水资源和良好的水环境。

4.2 水资源承载力诊断指标体系

诊断指标的选择影响诊断过程的科学性，直接关系到诊断结果和调控部分是否合理，其非常重要。为了使诊断指标体系能准确反映水资源载荷系统的特征，本研究先结合吉林省水资源现状和社会经济特点，遵循全面性和简明性、系统性和层次性、易得性和可行性、科学性和独立性、动态性和稳定性五条原则构建水资源承载力指标体系，再通过本研究所建立的 FOGA-EW-AHP 模型对指标体系进行诊断，找出水资源“量、质、域、流”四要素能力和负荷的主要驱动指标，进而建立吉林省水资源承载力诊断指标体系。

4.2.1 水资源承载力诊断指标体系的概念与作用

4.2.1.1 水资源承载力诊断指标体系的概念

诊断指标体系是水资源承载力内涵的直观表示，它的各个指标均对水资源承载力有驱动作用。这些驱动因素可以分为自然因素和社会因素，即诊断指标体系中所包含的指标可以分为自然指标和社会指标两大类。其中，自然指标主要表现在水资源和生态环境两方面，社会指标主要体现在社会经济活动中的取水、用水、耗水和排污四方面。在自然活动和人类活动的共同作用下，水资源承载力进行着复杂的演化。同时，水资源载荷系统是一个集“水资源-社会经济-生态环境”的巨系统，其内部的演化规律无法直接测量，因而通常需要一组包含多种因素的指标来反映水资源载荷系统的演变，这一组指标即构成水资源承载力诊断指标体系。

基于对水资源承载力内涵的认知，水资源载荷系统可以分为水资源、社会经济、生态环境三个子系统。同时，上述三个子系统间的交互主要通过水量、水质、水域和水流四个要素来实现。由此可见，在进行水资源承载力研究时，水资源承载力诊断指标体系的构建过程就是对上述三个子系统、四个要素中的各个因子对水资源承载力的驱动规律的系统认识和把握。

4.2.1.2 水资源承载力诊断指标体系的作用

水资源承载力诊断指标体系通过由点及面的综合方式，体现评价对象水资源载荷系统中承载主体和承载客体的具体可量化内容，具有以下几点作用。

1）以水资源承载力诊断指标体系为出发点，通过量化承载客体产生的负荷与承载主体产生的支撑力之间的比值，可以对研究对象的水资源承载状态进行划分，为决策者提供量化的水资源载荷系统的富裕支撑空间或负荷超载空间，进而提出相应的社会经济发展或生产结构改善计划。

2）在对水资源承载力诊断指标数值的长时间序列分析中，可以透过相关指标数值的变化来分析、把握相关政策和措施的实施情况及效果，为改善水资源承载力状况提供统计指标集，进而为后续制定水资源发展规划和政策提供依据。

3）利用所建立的诊断指标体系对水资源承载力进行诊断和评价，并通过与研究结果之间的正-负反馈关系，可进一步确定水资源承载力的限制因子，为改善水资源承载状况提供有效的方向和措施。

4）将水资源承载力诊断指标体系的指标纳入水资源载荷系统模型中，通过模拟仿真和灵敏度分析，可以从“强载”和“卸荷”双向为决策者提供相应的水资源调控途径，并给出具体的措施与建议。

4.2.2 水资源承载力诊断指标体系构建的总体思路与基本原则

在大多数研究报道中，研究人员通常参考以往研究成果中所建立的评价指标体系，而对于该评价指标体系是否适用于评价对象少有论证研究，造成在筛选指标建立评价指标体系的过程中具有较强的盲目性和主观性（安强等，2019；胡启玲等，2019；王彦孟和令爽，2019）。为了克服上述问题，近些年有学者尝试采用客观性较强的方法来对指标进行筛选，如熵权法（卞锦宇等，2019）、主成分分析法（桂春雷，2014）等，旨在识别水资源承载力的关键驱动因子，从而建立水资源承载力诊断指标体系。建立一套科学合理的诊断指标体系是开展水资源承载力相关研究的基础工作，这不仅需要先建立一套内涵丰富、覆盖全面的指标体系，还需要建立相应的指标筛选模型。

4.2.2.1 水资源承载力诊断指标体系构建的总体思路

基于系统论观点，从“承载主体-承载客体”两个层次建立包含多要素的水资源承载力指标体系是国内学者研究的热点之一。但是这些指标体系普遍将处在同一低层级的多个指标同等对待，从而采用把多个指标综合为一个无量纲的指数来量化对应要素的能力或负荷，这导致所建立的指标体系难以明确反映各要素的绝对表观数值。为此，本研究建立水资源承载力诊断指标体系的总体思路是从系统理论出发，细致分析水资源载荷系统中与水资源“量、质、域、流”四要素的能力和负荷密切相关的指标，并将这些指标分为“表征指标”和“诊断指标”两类，从而构建层次分明的水资源承载力诊断指标体系，即“量、质、域、流”要素分明、“承载主体-承载客体”分明和“表征指标-诊断指标”分明。例如，本章所建立的水资源承载力诊断指标体系中，水量要素承载能力的表征指标为区域可利用的水量，能力诊断指标包含调水量、地表水资源量、地下水资源量和再生水量 4 个指标。

4.2.2.2 水资源承载力诊断指标体系构建的基本原则

目前，在水资源承载力研究领域还没有形成一套得到大家公认的指标体系，但基于对水资源承载力内涵和水资源载荷系统的认知，研究人员在构建水资源承载力诊断指标体系时大多会遵循以下 5 条原则（王云霞，2010）：

1）全面性和简明性原则。诊断指标体系要求全面体现水资源承载力的内涵，能够充分反映驱动水资源载荷系统在“量、质、域、流”四要素上交互的各种因素。但由于部分指标对水资源承载力的驱动作用较小，且一些指标在对水资源承载力的驱动方面还具有协同效应，部分信息重复计算。因此，这便要求所构建的水资源承载力诊断指标体系在信息量足够的基础上，尽可能的简单明了。

2）系统性和层次性原则。诊断指标体系以完整为基础，以层次划分为起点，通过系统性分析，按照逻辑关系和协调度将指标细分为不同层次。

3）易得性和可行性原则。建立指标体系不是随意将各种指标堆砌在一起，需要切合实际，考虑各指标获取的难易程度，要保证指标能通过查阅数据库、现场检测和走访调查，以及通过对能获取的指标进行相关计算等途径获得。同时，应尽量避免计算方法复杂，难以量化的复杂抽象指标。

4）科学性和独立性原则。诊断指标体系应该以体现水资源承载力的内涵为基本要求，其各个指标对水资源承载力的驱动效应均具有一定的科学基础。此外，指标之间的联动效应控制在合理范围内，同时尽量避免某个指标变化而引起同层级的其他指标发生明显改变的现象出现。

5）动态性和稳定性原则。无论是在时间尺度上，还是在空间跨度上，区域水资源载荷系统一直都处于变化之中，即动态性是水资源承载力的基本属性之一，这便要求诊断指标体系能够体现出这些变化。另外，为了分析部分指标变化对水资源承载力的影响，需要其他指标保持一定的稳定性。

4.2.2.3 水资源承载力指标体系

基于对水资源承载力内涵及其诊断指标体系概念的分析，本研究从水资源的“量、质、域、流”四要素建立了水资源承载力指标体系，其包含目标层、要素层和指标层。目标层是水资源承载力，反映水资源载荷系统所能承载的人口规模；要素层是对目标层的细分，由四个要素构成，即量（水量）、质（水质）、域（水域）、流（水流）；指标层是对要素层的细分，分为能力表征指标、能力诊断指标、负荷表征指标、负荷诊断指标四种类型。各层级指标见表 4-4（刘童，2020）。

表 4-4　水资源承载力指标体系

<table>
<tr><th>目标层</th><th>要素层</th><th colspan="2">能力指标层</th><th colspan="2">负荷指标层</th></tr>
<tr><td rowspan="34">水资源承载力</td><td rowspan="9">B_1 水量</td><td>表征指标</td><td>区域可利用的水量</td><td>表征指标</td><td>区域用水量</td></tr>
<tr><td rowspan="8">诊断指标</td><td>地表水资源量</td><td rowspan="8">诊断指标</td><td>人口密度</td></tr>
<tr><td>地下水资源量</td><td>万元农业产值用水量</td></tr>
<tr><td>调水量</td><td>人均 GDP</td></tr>
<tr><td>降水量</td><td>万元 GDP 用水量</td></tr>
<tr><td>再生水量</td><td>万元工业增加值用水量</td></tr>
<tr><td>地表水开发率</td><td>农村居民生活用水定额</td></tr>
<tr><td>地下水开发率</td><td>城镇居民生活用水定额</td></tr>
<tr><td>大中型水库蓄水量</td><td>生态环境用水率</td></tr>
<tr><td rowspan="7">B_2 水质</td><td>表征指标</td><td>水功能区纳污能力（COD、氨氮）</td><td>表征指标</td><td>水功能区污染物入河量（COD、氨氮）</td></tr>
<tr><td rowspan="6">诊断指标</td><td>河道流量</td><td rowspan="6">诊断指标</td><td>万元工业增加值 COD 排放量</td></tr>
<tr><td>河道年平均流速</td><td>万元工业增加值氨氮排放量</td></tr>
<tr><td>水体年更新水量</td><td>城镇居民人均 COD 排放量</td></tr>
<tr><td>水功能区入河 COD 限排量</td><td>城镇居民人均氨氮排放量</td></tr>
<tr><td>水功能区入河氨氮限排量</td><td>污染物转移排放量</td></tr>
<tr><td>年径流量</td><td>水功能区达标率</td></tr>
<tr><td rowspan="9">B_3 水域</td><td>表征指标</td><td>天然水域面积</td><td>表征指标</td><td>实际水域面积</td></tr>
<tr><td rowspan="8">诊断指标</td><td rowspan="2">降水量</td><td rowspan="8">诊断指标</td><td>湿地减少面积</td></tr>
<tr><td>地下水超采面积</td></tr>
<tr><td rowspan="2">年径流量</td><td>地下水位漏斗面积变化量</td></tr>
<tr><td>水系阻隔率</td></tr>
<tr><td rowspan="2">河网密度</td><td>水域岸线开发利用程度</td></tr>
<tr><td>水土流失面积</td></tr>
<tr><td rowspan="2">植被覆盖面积</td><td>水资源开发利用率</td></tr>
<tr><td>水库容量</td></tr>
</table>

<table>
<tr><td rowspan="9">B_4 水流</td><td>表征指标</td><td>径流量</td><td>表征指标</td><td>水库容量</td></tr>
<tr><td rowspan="8">诊断指标</td><td rowspan="2">生态基流保证率</td><td rowspan="8">诊断指标</td><td>河道断流长度比</td></tr>
<tr><td>水能开发率</td></tr>
<tr><td rowspan="2">水系连通率</td><td>流量过程变异程度</td></tr>
<tr><td>河流库容系数</td></tr>
<tr><td rowspan="2">河道平均流速</td><td>河流阻隔单元数</td></tr>
<tr><td>河流断流概率</td></tr>
<tr><td rowspan="2">湖泊换水率</td><td>径流系数变化率</td></tr>
</table>

4.2.3 指标筛选模型

在上述建立的水资源承载力指标体系中，水资源四要素的表征指标 Y 与其诊断指标集 $X=\{x_1,x_2,x_3,\cdots,x_n\}$ 之间的关系均可以通过函数 f 刻画，即

$$Y=f(X)=f(d_1x_1,d_2x_2,d_3x_3,\cdots,d_nx_n) \tag{4-1}$$

式中，d_i 为第 i 个指标的驱动指数。

正如表 4-4 所示，本研究建立的吉林省水资源承载力指标体系既包含水量、水质、水域、水流四要素，也包含社会经济、生态环境、水资源三方面，比较全面、完整，能充分体现吉林省水资源承载力状况。但是，上述指标体系中指标数量多，其中部分指标对水资源承载力的影响程度较小，部分指标之间还存在协同效应，需要对诊断指标进行筛选。因此，本研究引进分数阶遗传算法（fractional order genetic algorithms，FOGA）、层次分析法（analytic hierarchy process，AHP）、熵权法（entropy weight method，EWM），构建了 FOGA-EW-AHP 指标筛选模型，按照重要度原则对诊断指标进行了筛选。最后将各诊断指标重要度作为其驱动指数，按照累积贡献度原则，完成诊断指标的筛选。

4.2.3.1 分数阶遗传算法

遗传算法也称基因算法（genetic algorithms，GA），最早由 Holland 教授于 20 世纪 70 年代初期发展起来（席裕庚等，1996）。遗传算法借鉴生物的自然选择和遗传变异进行原理，并采用计算机程序来模拟其中的繁殖、杂交和变异等现象，而被广泛用于解决复杂的优化问题（马永杰和云文霞，2012）。

分数阶遗传算法作为分数阶理论在遗传算法中的应用，能大幅加快整个优化过程（Yang et al.，2019），算法原理如下（张铃和张钹，2000）。

设非线性函数的优化问题为

$$\min f(X),\text{s. t. } a(j)\leqslant x(j)\leqslant b(j) \quad (j=1,2,\cdots,p) \tag{4-2}$$

式中，$X=\{x(j),j=1,2,\cdots,p\}$ 为优化变量集；$[a(j),b(j)]$ 为 $x(j)$ 的变化区间；p 为优化变量数目。具体的计算步骤可以分为如下 8 步（金菊良等，2000）。

步骤 1：实数编码。通过线性变化将优化变量 $x(j)$ 对应到随机数 $y(j)$，使所有优化变量位于［0，1］。线性变化为

$$x(i)=a(j)+y(j)\cdot(b(j)-a(j)) \quad (j=1,2,\cdots,p) \tag{4-3}$$

步骤 2：初始父代个体的生成。在［0,1］区间随机生成 n 组 p 个均匀数，并将这些数作为 n 个初始父代群体 $y(j)$（$j=1,2,\cdots,p;i=1,2,\cdots,n$）。

步骤 3：父代个体的适应能力评价。根据目标函数，先求得第 i 个父代个体的优化准则值 $f(i)$，再根据函数 $F(i)=\dfrac{1}{f^2(i)+0.001}$ 求得其适应度值。

步骤 4：父代个体的选择。将步骤 3 中父代个体群先按适应度值从大到小排序，之后

选取最前面几个个体作为优秀个体。最后，构造函数 $p_s(i)=\dfrac{F(i)}{\sum_{i=1}^{n}F(i)}$，以概率 $p_s(i)$ 选择第 i 个个体，共选择 $n-m$ 个。

步骤5：父代个体的杂交。以步骤4计算的概率 $p_s(i)$ 值为参考，随机选择父代个体 $y(j,i_{k1})$，$y(j,i_{k2})$ 组成 n 对双亲，再以自适应杂交概率 p_c 进行随机线性组合，进而产生 n 个子代个体 $y_2(j,i_k)$。

$$\begin{cases} y_2(j,i_k)=u_1y(j,i_{k1})+(1-u_1)y(j,i_{k2}) & u_3<0.5 \\ y_2(j,i_k)=u_2y(j,i_{k1})+(1-u_2)y(j,i_{k2}) & u_3\geqslant 0.5 \end{cases} \tag{4-4}$$

式中，u_1、u_2、u_3 都是［0，1］区间上的实数。

步骤6：父代个体的自适应变异。采用自适应变异的概率 $p_m(i)=1-p_s(i)$ 来代替个体 $y(j,i)$，从而得到子代个体 $y_3(j,i)$。

步骤7：分数阶演化迭代。引进分数阶粒子群优化算法，进一步搜索前期所记忆的一些较好的点，并将新的、更好的点取代前些阶段中最差的点。重复步骤3～7，直到满足演化次数 Q。

步骤8：加速循环。将经过 Q 次迭代得到的 m 个优选个体的参数范围作为新的取值范围，然后将整个过程还原为实数编码。

4.2.3.2 熵权法

熵权法作为一种常用的指标权重计算方法，能克服主观判断的影响（邹志红等，2005）。其计算步骤如下（周薇和李筱菁，2010）。

步骤1：计算各元素的概率。

$$p_{ij}=f_j(x_i)/\sum_{i=1}^{m}f_j(x_i)\quad (i=1,2,\cdots,m;j=1,2,\cdots,n) \tag{4-5}$$

式中，$f_j(x_i)$ 为样本 i 中指标 j 的原始值。

步骤2：计算各指标的熵。

$$e_j=-\frac{1}{\ln m}\sum_{i=1}^{m}p_{ij}\ln p_{ij} \tag{4-6}$$

步骤3：计算各指标的客观权重。

$$w_j^o=\frac{1-e_j}{\sum_{j=1}^{n}(1-e_j)} \tag{4-7}$$

4.2.3.3 FOGA-EW-AHP 指标筛选模型

本研究在筛选指标时，以层次分析法中构造的判断矩阵和熵权法的一致性系数为优化目标，并采用分数阶遗传算法对其进行求解。为考虑各指标权重之间的一致性，本研究建立了模糊判断矩阵 $\boldsymbol{A}$。其中模糊判断矩阵 $\boldsymbol{A}$ 的设置如下：

$$\boldsymbol{A}=(a_{ij})_{n\times n} \tag{4-8}$$

$$0\leqslant a_{ij}\leqslant 1, a_{ij}+a_{ji}=1, a_{ij|(i=j)}=0.5$$

式中，a_{ij}表示指标 i 相较于指标 j 的重要程度。若 $a_{ij}>0.5$，表明指标 i 比指标 j 重要；若 $a_{ij}=0.5$，表明指标 i 与指标 j 同等重要；若 $a_{ij}<0.5$，表明指标 j 比指标 i 重要。在完全一致性条件下，模糊判断矩阵 $\boldsymbol{A}$ 满足式（4-9）（吕跃进，2002）：

$$\sum_{i=1}^{n}\sum_{j=1}^{n}|0.5(n-1)[w(i)-w(j)]+0.5-a_{ij}|/n^2=0 \tag{4-9}$$

实际中，若 $\boldsymbol{A}$ 的一致性系数低于 0.2，则认为其达到了满意的一致性（宋光兴和杨德礼，2003）。为此，本研究以一致性系数为目标函数，采用分数阶遗传算法，寻求满足一致性系数要求的最优模糊判断修正矩阵 $\boldsymbol{B}$。一致性系数优化函数如下（金菊良等，2007）：

$$\min C_{\mathrm{IC}}(n)=\sum_{i=1}^{n}\sum_{j=1}^{n}|b_{ij}-a_{ij}|/n^2+\sum_{i=1}^{n}\sum_{j=1}^{n}|0.5(n-1)[w_i-w_j]+0.5-b_{ij}|/n^2$$

$$\text{s.t.}\begin{cases}b_{ij|(i=j)}=0.5\\1-b_{ji}=b_{ij}\\\sum_{j=1}^{n}w(j)=1.0\end{cases} \tag{4-10}$$

本研究对主客观两种筛选模型进行优化时，建立模糊判断矩阵的方式如下。

优化客观重要度过程中建立的模糊判断矩阵 $\boldsymbol{A}^o$，其各元素的数值通过式（4-11）计算：

$$a_{ij}=(1-e_i)/(2-e_i-e_j) \tag{4-11}$$

1）用 FOGA-AHP 求最优权重 w_j（刘童，2020）。

2）将层次分析法中建立的判断矩阵作为优化主观权重过程所需的模糊判断矩阵。

3）基于最小熵原理，确定指标驱动指数。

4）根据最小熵原理，建立与主观重要度$w_j^s(j=1\sim n)$ 和客观重要度$w_j^o(j=1\sim n)$ 都尽可能接近的复合重要度$d_j(j=1\sim n)$，并将其作为各指标的驱动指数。驱动指数的求解公式为

$$w_j^c=\frac{(w_j^s\cdot w_j^o)^{0.5}}{\sum_{j=1}^{n}(w_j^s\cdot w_j^o)^{0.5}} \tag{4-12}$$

4.2.4 水资源承载力诊断指标体系

按照4.2.3节中的计算步骤，对表4-4中水量、水质、水域、水流四要素的能力、负荷诊断指标的驱动指数进行计算。计算结果见表4-5～表4-8。

表 4-5 水量要素诊断指标驱动指数

指标类型	指标	驱动指数	指标类型	指标	驱动指数
能力诊断指标	地表水资源量	0.23	负荷诊断指标	人口密度	0.04
	地下水资源量	0.19		万元农业产值用水量	0.27
	调水量	0.24		人均 GDP	0.03
	降水量	0.06		万元 GDP 用水量	0.04
	再生水量	0.16		万元工业增加值用水量	0.23
	地表水开发率	0.05		农村居民生活用水定额	0.13
	地下水开发率	0.03		城镇居民生活用水定额	0.16
	大中型水库蓄水量	0.04		生态环境用水率	0.10

表 4-6 水质要素诊断指标驱动指数

指标类型	指标	驱动指数	指标类型	指标	驱动指数
能力诊断指标	河道流量	0.03	负荷诊断指标	万元工业增加值 COD 排放量	0.21
	河道年平均流速	0.18		万元工业增加值氨氮排放量	0.23
	水体年更新水量	0.06		城镇居民人均 COD 排放量	0.14
	水功能区入河 COD 限排量	0.23		城镇居民人均氨氮排放量	0.15
	水功能区入河氨氮限排量	0.30		污染物转移排放量	0.14
	年径流量	0.20		水功能区达标率	0.13

表 4-7 水域要素诊断指标驱动指数

指标类型	指标	驱动指数	指标类型	指标	驱动指数
能力诊断指标	降水量	0.35	负荷诊断指标	湿地减少面积	0.19
	年径流量	0.31		地下水超采面积	0.18
	河网密度	0.28		地下水位漏斗面积变化量	0.16
	植被覆盖面积	0.06		水系阻隔率	0.16
				水域岸线开发利用程度	0.05
				水土流失面积	0.14
				水资源开发利用率	0.12

表 4-8　水流要素诊断指标驱动指数

指标类型	指标	驱动指数	指标类型	指标	驱动指数
能力诊断指标	生态基流保证率	0.33	负荷诊断指标	河道断流长度比	0.13
	水系连通率	0.29		水能开发率	0.19
	河道平均流速	0.26		流量过程变异程度	0.14
	湖泊换水率	0.12		河流库容系数	0.22
				河流阻隔单元数	0.13
				河流断流概率	0.07
				径流系数变化率	0.12

将上述各诊断指标的驱动指数按大小排列，得到驱动指数集合 $D=\{d_1,d_2,\cdots,d_n\}$。根据累积贡献度原则，得到表征指标的关键驱动因子，即（莫崇勋等，2017）

$$D=\begin{cases}d_1+d_2+\cdots+d_{m-1}<a\\ d_1+d_2+\cdots+d_m\geqslant a\end{cases} \tag{4-13}$$

式中，a 为累积贡献度；按照驱动指数大小排序，前 m 个指标即表征指标的关键驱动因子。

本研究的累积贡献度 a 取值为 0.8，得到吉林省水资源承载力诊断指标体系，见表 4-9（刘童，2020）。

表 4-9　吉林省水资源承载力诊断指标体系

目标层	要素层	表征指标	诊断指标	驱动指数
水资源承载力	水量	区域可利用的水量	调水量	0.24
			地表水资源量	0.23
			地下水资源量	0.19
			再生水量	0.16
		区域用水量	万元农业产值用水量	0.27
			万元工业增加值用水量	0.23
			城镇居民生活用水定额	0.16
			农村居民生活用水定额	0.13
			生态环境用水率	0.10
	水域	天然水域面积	降水量	0.35
			年径流量	0.31
			河网密度	0.28
		实际水域面积	湿地减少面积	0.19
			地下水超采面积	0.18
			地下水位漏斗面积变化量	0.16
			水系阻隔率	0.16
			水土流失面积	0.14

续表

目标层	要素层	表征指标	诊断指标	驱动指数
水资源承载力	水质	水功能区纳污能力（COD、氨氮）	水功能区入河氨氮限排量	0. 30
			水功能区入河 COD 限排量	0. 23
			年径流量	0. 20
			河道年平均流速	0. 18
		水功能区污染物入河量（COD、氨氮）	万元工业增加值氨氮排放量	0. 23
			万元工业增加值 COD 排放量	0. 21
			城镇居民人均氨氮排放量	0. 15
			城镇居民人均 COD 排放量	0. 14
			污染物转移排放量	0. 14
	水流	径流量	生态基流保证率	0. 33
			水系连通率	0. 29
			河道平均流速	0. 26
		水库容量	河流库容系数	0. 22
			水能开发率	0. 19
			流量过程变异程度	0. 14
			河道断流长度比	0. 13
			河流阻隔单元数	0. 13

正如表 4-9 所示，水量要素能力表征指标“区域可利用的水量”的关键驱动因子依次为调水量、地表水资源量、地下水资源量、再生水量；水量要素负荷表征指标“区域用水量”的关键驱动因子依次为万元农业产值用水量、万元工业增加值用水量、城镇居民生活用水定额、农村居民生活用水定额、生态环境用水率。

水质要素能力表征指标“水功能区纳污能力（COD、氨氮）”的关键驱动因子依次为水功能区入河氨氮限排量、水功能区入河 COD 限排量、年径流量、河道年平均流速；水质要素负荷表征指标“水功能区污染物入河量（COD、氨氮）”的关键驱动因子依次为万元工业增加值氨氮排放量、万元工业增加值 COD 排放量、城镇居民人均氨氮排放量、城镇居民人均 COD 排放量、污染物转移排放量。

水域要素能力表征指标“天然水域面积”的关键驱动因子依次为降水量、年径流量、河网密度；水域要素负荷表征指标“实际水域面积”的关键驱动因子依次为湿地减少面积、地下水超采面积、地下水位漏斗面积变化量、水系阻隔率、水土流失面积。

水流要素能力表征指标“径流量”的关键驱动因子依次为生态基流保证率、水系连通率、河道平均流速；水流要素负荷表征指标“水库容量”的关键驱动因子依次为河流库容系数、水能开发率、流量过程变异程度、河道断流长度比、河流阻隔单元数。

4.2.5 小结

本节研究内容是本书的重点之一，也是后续内容的基础。本节对水资源承载力诊断指标体系的概念、作用进行了阐述，并参考现有水资源承载力领域的研究成果，遵循全面性和简明性、系统性和层次性、易得性和可行性、科学性和独立性、动态性与稳定性5条原则建立了吉林省水资源承载力指标体系。结合分数阶遗传算法、熵权法和层次分析法，建立了FOGA-EW-AHP指标筛选模型，并计算了所建立的指标体系中各指标的驱动指数，依据累积贡献度原则，构建了吉林省水资源承载力诊断指标体系。

从所建立的诊断指标体系中可以知道：①水量要素能力表征指标“区域可利用的水量”主要受调水量、地表水资源量、地下水资源量等4个指标的驱动，负荷表征指标“区域用水量”主要受万元农业产值用水量、万元工业增加值用水量、城镇居民生活用水定额等5个指标的驱动；②水质要素能力表征指标“水功能区纳污能力（COD、氨氮）”主要受水功能区入河氨氮限排量、水功能区入河COD限排量、年径流量等4个指标的驱动，负荷表征指标“水功能区污染物入河量（COD、氨氮）”主要受万元工业增加值氨氮排放量、万元工业增加值COD排放量、城镇居民人均氨氮排放量等5个指标的驱动；③水域要素能力表征指标“天然水域面积”主要受降水量、年径流量、河网密度3个指标的驱动，负荷表征指标“实际水域面积”主要受湿地减少面积、地下水超采面积、地下水位漏斗面积变化量等5个指标的驱动；④水流要素能力表征指标“径流量”主要受生态基流保证率、水系连通率、河道平均流速3个指标的驱动，负荷表征指标“水库容量”主要受河流库容系数、水能开发率、流量过程变异程度等5个指标的驱动。

4.3 基于载荷均衡的水资源承载力评价

本节从系统论的视角，进行水资源承载力评价。首先，援引工程学中“载荷”一词的概念，对载荷均衡的内涵进行了阐述。其次，将水资源载荷系统分为承载主体和承载客体，从水资源的量、质、域、流四要素建立评价指标体系及相应的评价模型。再次，采用所建立的评价模型，结合吉林省9个市（州）2017年的现状人口，对吉林省各地区的水资源承载状态和水资源承载力进行评价。最后，对评价结果进行分析，找出吉林省目前水资源问题的主要原因，为今后制定水资源改善政策和规划提供建议。

4.3.1 载荷均衡的内涵

“载荷”一词常见于工程学领域，指施加在特定工程结构或构件上产生效用的各种直接作用（赵春风等，2015；Bentur et al.，1986）。在与“载荷”相关的构件系统中，起被动作用的构件组成负荷系统，起主动作用的构件组成承载系统，两个系统耦合为载荷系统。从力学的视角，负荷系统产生的压力与承载系统产生的支撑力之间存在三种关系（周云哲，2018）：①压力大于支撑力，表示整个系统处于超载状态，主体将在客体的重压下发生形变，若短时间内压力不能降至支撑力附近，或支撑力不能增至压力附近，主体所发生的形变将不可逆；②压力等于支撑力，表示整个系统处于平衡状态，主体的支撑力得到最大限度的开发；③压力小于支撑力，表示整个系统处于安全承载状态，主体还有富裕的空间来承载其他负荷。对于水资源载荷系统，上述三种关系同样适用，如我国南水北调工程在江苏受水区所起的“强载”作用，明显提高了当地的水资源承载力（张琳和张苗，2007）。

如图 4-5 所示，水资源载荷系统作为复杂巨系统，包含水资源、社会经济和生态环境等多个方面，可以分为承载主体和承载客体。其中，水资源子系统为承载主体，社会经济子系统为承载客体，生态环境子系统既是承载主体也是承载客体。水资源子系统通过“自然–人工”二元水循环途径，满足社会经济子系统和生态环境子系统的用水需求。同时，社会经济子系统和生态环境子系统密切联系、相互影响，一方面两者存在竞争关系，即区域水资源总量一定，社会经济子系统用水量和生态环境子系统用水量此消彼长；另一方面两者存在寄生关系，即社会经济的存在和发展需以生态环境子系统为基础。如图 4-6 所示，目前普遍发生的水资源短缺和水环境污染等水资源载荷系统受损现象，主要是由于社会经济用水抢占生态环境用水，造成河流、湖泊等水体的基本生态流量和水域面积得不到满足，或者社会经济子系统向生态环境子系统排放的污染物总量超过了后者的自净能力，导致生态环境遭到破坏，生态服务功能下降。可见，为了水资源载荷系统的可持续发展，社会经济子系统和生态环境子系统所产生的压力不能超过水资源子系统和生态环境子系统所产生的支撑力，即载荷均衡。

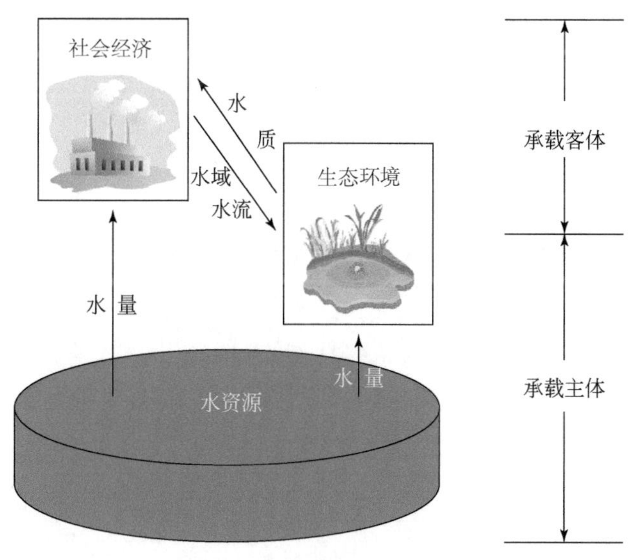

图 4-5　水资源载荷系统示意

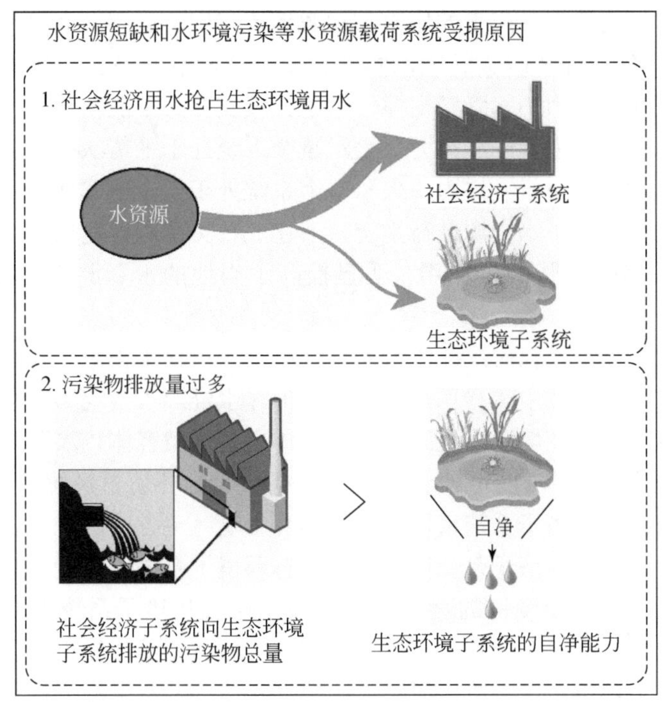

图 4-6　水资源载荷系统受损示意

4.3.2　评价模型

4.3.2.1　评价指标体系

根据 4.2.4 节建立的吉林省水资源承载力诊断指标体系，选取水量、水质、水域、水流四要素的能力和负荷表征指标，建立吉林省水资源承载力评价指标体系，见表 4-10（刘童，2020）。

表 4-10　吉林省水资源承载力评价指标体系

目标层	要素层	指标层	类型
水资源承载力	水量	区域可利用的水量	能力表征指标
		区域用水量	负荷表征指标
	水质	水功能区纳污能力（COD、氨氮）	能力表征指标
		水功能区污染物入河量（COD、氨氮）	负荷表征指标
	水域	天然水域面积	能力表征指标
		实际水域面积	负荷表征指标
	水流	径流量	能力表征指标
		水库容量	负荷表征指标

由表 4-10 可知，本研究建立的吉林省水资源承载力评价指标体系包含 8 个指标，其中各指标的核算方式如下（马艳敏等，2018）。

1）区域可利用的水量 AWR：

$$AWR = ASWR + AGWR + TWR + RWR \tag{4-14}$$

式中，ASWR 为地表水资源量；AGWR 为地下水资源量；TWR 为调水量；RWR 为再生水量。

2）区域用水量 WC：

$$WC = DWC + IWC + AWC + EWC \tag{4-15}$$

式中，DWC 为生活用水量；IWC 为工业用水量；AWC 为农业用水量；EWC 为生态用水量。

3）水功能区纳污能力（COD、氨氮）。它受水功能区中的河流长度、河道流速、河道水量、水质目标、河道水深等多指标影响，且吉林省内河系发达，造成需要收集的数据量极为庞大，计算较为困难。对此，本研究参考吉林省水资源保护相关规划，得到吉林省各市（州）的水功能区纳污能力。

4）水功能区污染物入河量（COD、氨氮）PI：

$$PI = IPI + DPI - TPI \tag{4-16}$$

式中，IPI 为工业源污染物入河量；DPI 为生活源污染物入河量；TPI 为污染物转移排放量。

5）天然水域面积。本研究以吉林省及其各市（州）为研究区域，研究尺度包含省级和市级两种。吉林省水域分布在区域间差异显著，东部河流众多，西部湖泊数量多。不同的水域空间，其水域面积在年内均会随季节变化。因此，本研究以年度平均水域面积作为特定年份的水域面积。另外，吉林省的湖泊、湿地等水域整体上呈现萎缩的趋势，但各市（州）的水域面积萎缩程度存在差异。综上所述，本研究以 1980 ~ 2015 年的历史平均值作为指标“天然水域面积”的数值。

6）实际水域面积为 2017 年研究区域的水域面积数值。水域面积数据通常需要使用专业软件对遥感影像进行解译后获得。因此，本研究先使用 ENVI 软件对从 Terra 星 MODIS 传感器上获得的 MOD09Q1 数据进行校正、投影、裁剪和图像增强处理，然后将输出的 TIFF 格式数据导入 ArcGIS 软件，并对数据进行 1、2 波段组合，最后采用人机交互式目视解译的分类方法解译出水域的矢量数据集。

7）径流量从水资源公报中获取。

8）水库容量为大中型水库的库容，从水利年鉴中获取。

4.3.2.2 评价模型

基于 4.3.1 节中对载荷均衡内涵的阐述，本研究通过“量、质、域、流”四要素的负荷表征指标与能力表征指标之间的数量关系，构建了水资源承载状态评价的负荷-能力承载指数（carrying index，CI）模型。其数学表达式如下（刘童，2020）：

$$CI = \frac{y^-}{y^+} \tag{4-17}$$

式中，y^-为负荷表征指标的数值；y^+为能力表征指标的数值。

本研究根据“重点地区水资源承载动态预测与调控”课题组专家的意见，将水资源承载状态分为严重超载、超载、临界、不超载四种。“量、质、域、流”四要素各承载状态的判断依据见表 4-11。

表 4-11　水资源承载状态判别准则

水量	水质	水域	水流	承载状态
CI>1.2	CI>3	CI<0.9	CI>0.9	严重超载
1.2≥CI>1.0	3≥CI>1.2	1.0>CI≥0.9	0.9≥CI>0.6	超载
1.0≥CI>0.9	1.2≥CI>1.1	1.2>CI≥1.0	0.6≥CI>0.4	临界
CI≤0.9	CI≤1.1	CI≥1.2	CI≤0.4	不超载

基于以上分析可知，区域水资源系统可以承载的人口总量或经济规模常被国内学者用来量化水资源承载力。人口总量和经济规模同属于社会经济系统，而社会经济系统中各行为均来自人口。因此，本研究用区域水资源系统能承载的最大人口总量来表征水资源承载力。显然，在水域、水流要素的制约作用下，区域可利用的水量和水功能区纳污能力均存在一个阈值，因此可进一步将水资源承载力细分为水量可承载人口和水质可承载人口。同时，本研究基于负荷-能力承载指数，构建了水资源承载力评价的人口-负荷-能力评价模型。具体如下：

$$P_c = k\frac{P_t}{\mathrm{CI}_i} \tag{4-18}$$

式中，P_c 为可承载人口；k 为弹性系数；P_t 为 t 时间区域内的人口总量；CI_i 为水量、水质、综合承载指数，其中综合承载指数为水量、水质承载指数的最大值。

4.3.3　数据来源

根据 4.3.2.1 节中建立的吉林省水资源承载力评价指标体系，以 2017 年为现状评价基准年，从《吉林统计年鉴》、《2017 年吉林省水资源公报》、《吉林省水中长期供求规划》、中国科学院资源环境数据云平台、EARTHDATA 数据库等资料中收集所需的数据。“量、质、域、流”四要素的承载能力和承载负荷表征指标的对比情况如图 4-7 ~ 图 4-10 所示。

4.3.4　评价结果

4.3.4.1　水资源承载状态

将收集的原始数据，按照 4.3.2 节的处理方法，得到吉林省水资源承载状态评价结果（表 4-12、图 4-11 ~ 图 4-14）。

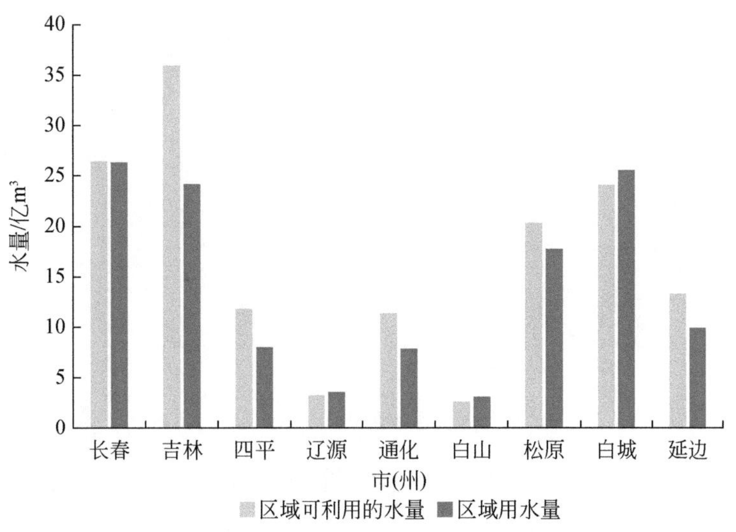

图 4-7　水量要素指标对比情况

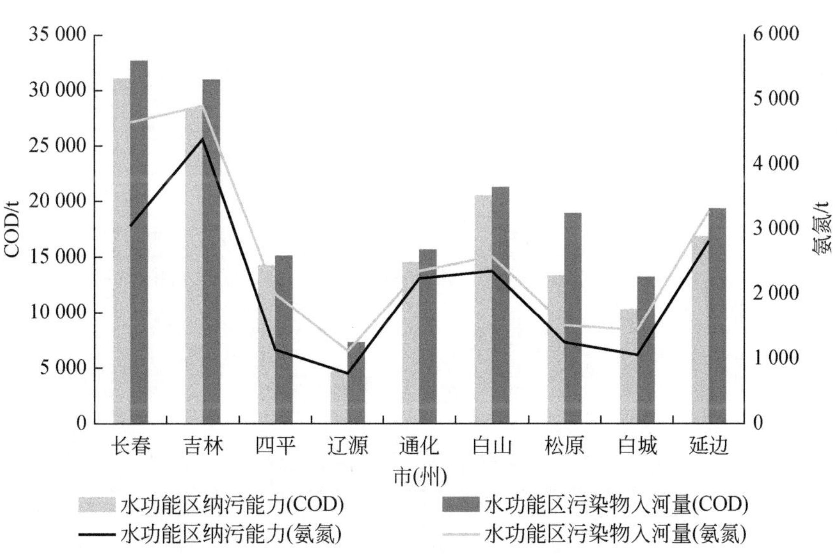

图 4-8　水质要素指标对比情况

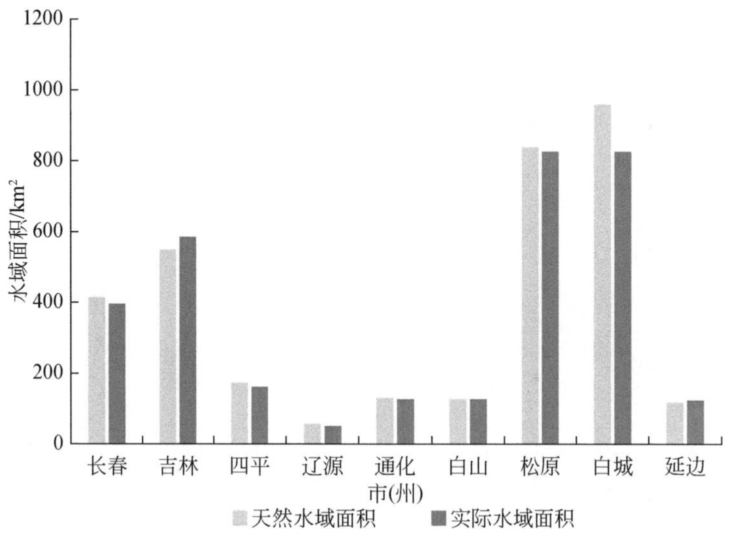

图 4-9　水域要素指标对比情况

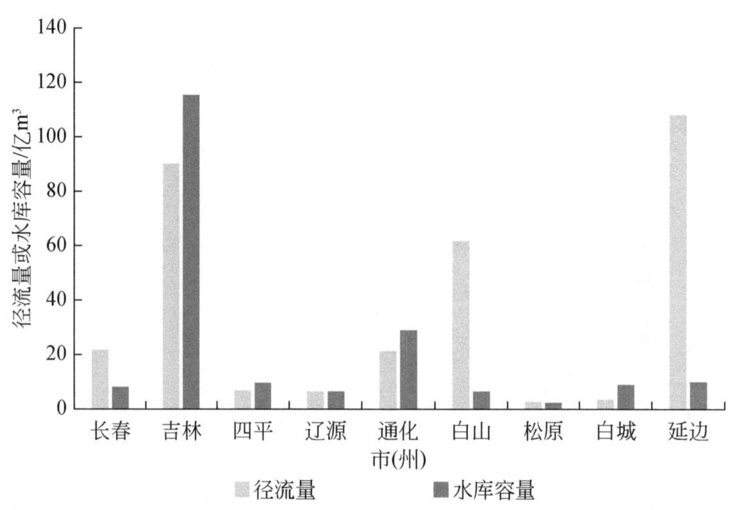

图 4-10　水流要素指标对比情况

表 4-12　吉林省各市（州）水资源承载状态评价结果

市（州）	水量承载指数	水量承载状态	水质承载指数	水质承载状态	水域承载指数	水域承载状态	水流承载指数	水流承载状态
长春	1.00	临界	1.53	超载	0.96	超载	0.37	不超载
吉林	0.67	不超载	1.12	临界	1.06	临界	1.28	严重超载
四平	0.68	不超载	1.76	超载	0.94	超载	1.38	严重超载
辽源	1.10	超载	1.53	超载	0.92	超载	0.24	不超载
通化	0.69	不超载	1.07	不超载	0.97	超载	1.35	严重超载
白山	1.17	超载	1.09	不超载	1.00	临界	0.10	不超载

续表

市（州）	水量承载指数	水量承载状态	水质承载指数	水质承载状态	水域承载指数	水域承载状态	水流承载指数	水流承载状态
松原	0.87	不超载	1.42	超载	0.98	超载	0.87	超载
白城	1.06	超载	1.37	超载	0.86	严重超载	2.74	严重超载
延边	0.74	不超载	1.16	临界	1.05	临界	0.09	不超载

注：表中水质要素的承载指数取水质承载指数（COD、氨氮）中的最大值。

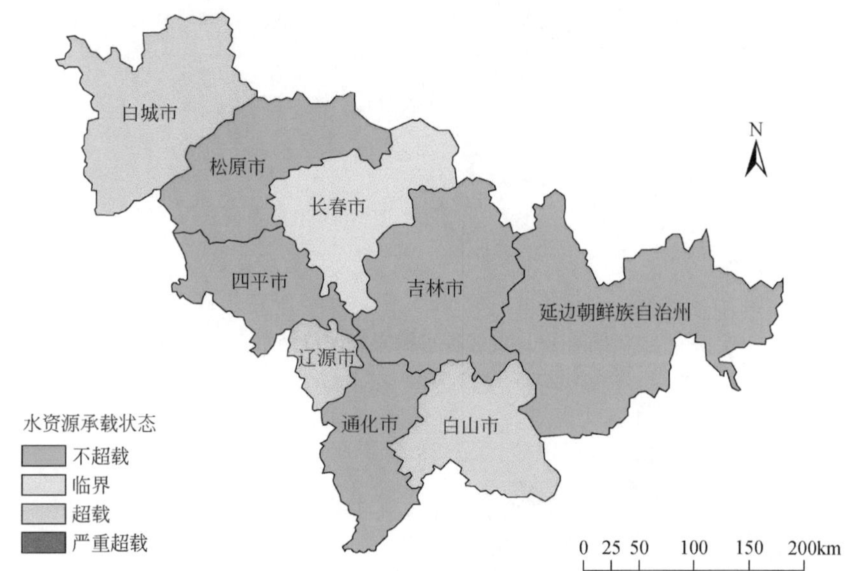

图 4-11　吉林省水量要素评价结果

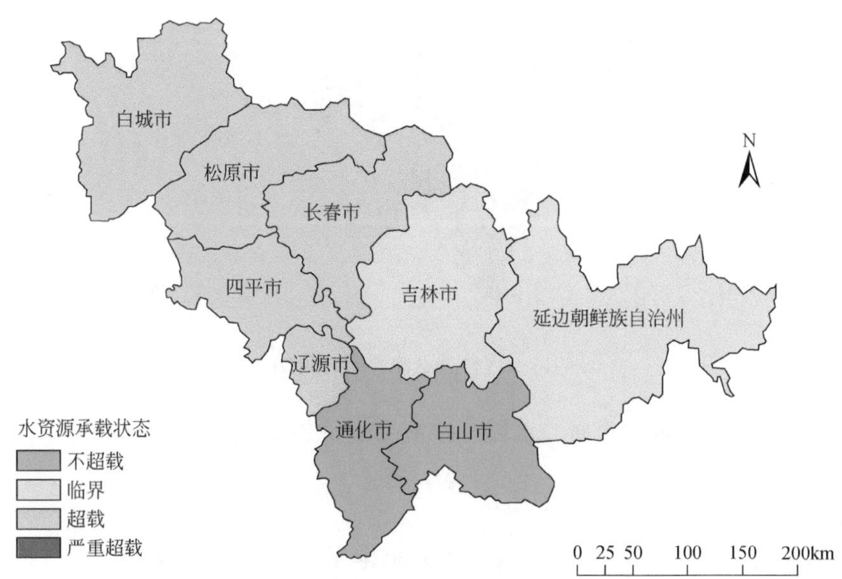

图 4-12　吉林省水质要素评价结果

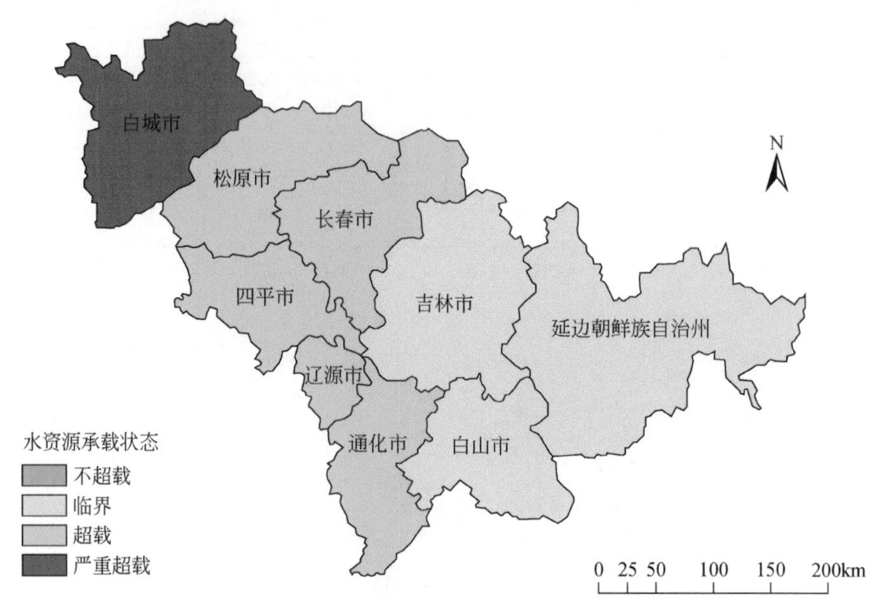

图 4-13　吉林省水域要素评价结果

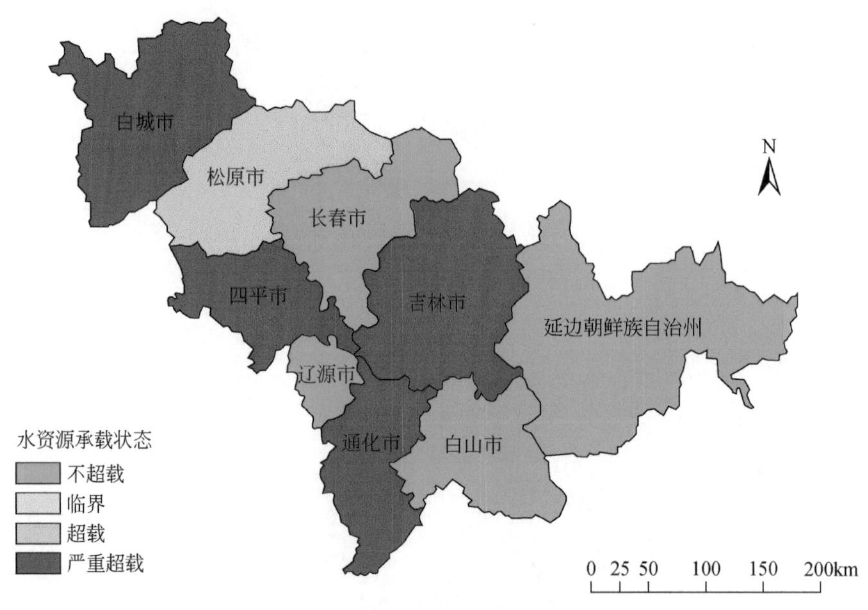

图 4-14　吉林省水流要素评价结果

由表 4-12 可知，水量、水质、水域、水流要素的承载状态在吉林省各市（州）之间存在较大差异。

(1) 水量要素

对于水量要素，各市（州）的承载指数大小排序为白山市>辽源市>白城市>长春市>松原市>延边朝鲜族自治州>通化市>四平市>吉林市。白山市的水量承载状态最差，其水量承载指数达到 1.17，即超载状态。白山市位于水资源丰富的东部地区，但由于水利工程设施匮乏，区域可利用的水量不足，面临着工程性缺水危机（孙继彬和翟啸鹏，2008；徐小玲等，2013）。因此，白山市在水利现代化建设中需要新建水库等蓄水设施，以满足其用水需求。辽源市的水量承载指数（1.10）仅次于白山市，同为超载状态，但其超载原因与白山市不同。辽源市位于吉林省中南部，其大部分地区属于辽河流域，水资源较为短缺（陈小三和王洪森，2017）。吉林省建设中的中部城市引松供水工程将有效改善辽源市水量超载的现象，其可利用的水量将会超过 4.2 亿 m^3。若以 2017 年的用水量计算，其水量承载指数将降至 0.75，变为不超载状态。白城市的水量承载指数为 1.06，处于超载状态。白城市位于吉林省西部，水资源严重不足，同时境内农业和畜牧业发达，用水量居高不下，导致其水资源系统不堪重负（刘建卫等，2014）。若哈达山水利枢纽、引洮供水工程和引嫩入白调水工程等发挥效益，白城市可利用的水量将超过 28 亿 m^3，达到不超载状态。可见，上述 3 个市均需要增加水资源的供应能力，并通过高效利用水资源，以减少水资源需求。

长春市的水量承载指数为 1.00，承载状态为临界。长春市位于吉林省中部，是用水大市，其在 2017 年的用水量超过 26 亿 m^3。可见，长春市同样具有水资源超载风险。通过引松入长工程、中部城市引松供水工程等水利设施，长春市可利用的水量将明显增加，水量的承载状态将得到明显改善。松原市的水量承载指数为 0.87，承载状态为不超载。松原市位于吉林省西部平原区，土质肥沃，是重要的粮食生产基地（王楠等，2014）。此外，依据相关规划，松原市还将继续新建和续建灌区，其农业用水需求将进一步增加。其余 4 个市（州）（延边朝鲜族自治州、通化市、四平市、吉林市）的水量承载状态为不超载，且 4 个市（州）的水量承载指数均低于 0.8，区域可利用的水资源能满足用水需求。

从图 4-11 可以看出，吉林省水量承载状态整体上不错，仅有东部的白山市、中部的辽源市和西部的白城市为超载，其余均为临界或不超载。依据相关规划，吉林省在农业现代化建设中，其灌溉农田面积将会进一步增加，同时在主要水系的两岸推进将旱田改为水田，因此其农业用水将随之增加。对此，哈达山水利枢纽、中部城市引松供水工程、东部引水工程等水利设施发挥效益，将有利于提高吉林省各地区水资源承载能力。

（2）水质要素

对于水质要素，各市（州）的承载指数排序为四平市>辽源市>长春市>松原市>白城市>延边朝鲜族自治州>吉林市>白山市>通化市。四平市的水质承载状态最差，其水质承载指数达到 1.76，即超载状态。对于本研究选取的两个水质指标（COD、氨氮），其承载指数（COD、氨氮）分别为 1.06、1.76，可见四平市的水质超载主要是由 COD 造成的。辽源市的水质承载指数（1.53）仅次于四平市，其水质承载状态为超载。长春市、松原市、白城市的水质承载状态也为超载，污染物的入河量高于其纳污能力。由此可见，上述 5 个市需要执行最严格的污染物总量控制原则。延边朝鲜族自治州和吉林市的水质承载状态均为临界，水环境形势不容乐观。白山市和通化市水质承载状态均为不超载。从图 4-12 可知，吉林省东部区域的水质承载状态明显优于中西部区域。

需要指出的是，本研究的水质能力表征指标“水功能区纳污能力（COD、氨氮）”参考了吉林省水资源保护相关规划，它受区域水功能区水质目标和污染物背景值的影响较大。例如，我们发现2017年延边朝鲜族自治州的氨氮入河量为0.32万t，吉林市的氨氮入河量为0.49万t，而延边朝鲜族自治州的水质承载指数（氨氮）却高于吉林市。上述现象说明，本研究的水质承载指数只能反映本区域的水功能区污染物入河量与污染物纳污能力之间的比值关系，不能反映区域间的实际水质状况差别。此外，吉林省的水环境状况具有明显的季节性特征。吉林省农业、畜牧业发达，同时森林资源丰富，这些将在春季的融雪期对吉林省的水环境造成严重的面源污染（李连刚等，2015）。但是，本研究统计的污染物入河量和水功能区纳污能力均只针对点源污染，未统计面源污染。因此，在评价结果上不能反映出“桃花汛”面源污染负荷对区域水环境质量的影响（杨育红等，2009）。

（3）水域要素

对于水域要素，各市（州）的承载指数排序为吉林市>延边朝鲜族自治州>白山市>松原市>通化市>长春市>四平市>辽源市>白城市。白城市的水域承载状态最差，其承载指数为0.86，为严重超载状态。白城市境内湖泊和湿地众多，水域面积多年在省内排名第一。但是，白城市降水量稀少，水资源极其短缺。同时，白城市用水量较大，需要大量开发地表水和地下水，造成境内的湖泊、湿地面积萎缩，河流断流和地下水超采（郑佳等，2009）。本研究收集的数据显示，1980～2010年白城市的水域面积由1437km^{2}减少至832km^2，萎缩幅度达到42.1%。松原市和白城市类似，均拥有辽阔的水域面积，但也存在水域面积萎缩的现象，1980～2010年其水域面积减少近50km^2。

辽源市的水域承载指数（0.92）仅高于白城市，为超载状态。辽源市境内水域面积较小，在吉林省内常年处于末位，其多年平均值仅为55km^2。四平市、长春市的水域承载指数分别为0.94和0.96，均为超载状态。这3个市均位于吉林省中部，面临着水资源短缺危机。为应对高额的用水需求，3个市均存在过量开发地表水和地下水的现象，导致它们的水域面积逐渐萎缩。为缓解3个市的水资源危机，吉林省陆续建设了中部城市引松供水工程、引松入长工程等水利工程。这些水利工程能把松花江的水资源输送至缺水地区，其中部分用作生态用水，将有效改善3个市的水域面积萎缩问题。

通化市的水域承载指数为0.97，为超载状态。白山市、延边朝鲜族自治州、吉林市的水域承载指数分别为1.00、1.05和1.06，均为临界状态，说明3个市的水域面积保持不变或者小幅增加，水域状况没有恶化。从图4-13可知，吉林省的水域承载状态整体上较差，仅有延边朝鲜族自治州、白山市、吉林市分别为临界状态，其余市（州）均超载状态。在地理分布上，吉林省东部的水域承载状态优于西部。

（4）水流要素

对于水流要素，各市（州）的承载指数排序为白城市>四平市>通化市>吉林市>松原市>长春市>辽源市>白山市>延边朝鲜族自治州。白城市的水流承载状态最差，其水流承载指数高达2.74，为严重超载状态。根据水量评价结果分析可知，白城市境内水资源短缺，其境内年径流量仅为3.31亿m^3。为满足用水需求，白城市大量修建水库，其水库容量超过9亿m^3，造成河流水体的流动性严重受阻。四平市的水流承载指数（1.38）仅次于白城市，其水流承载状态同为严重超载。通化市、吉林市的水流承载指数分别为 1.35 和 1.28，其水流承载状态也均为严重超载。

松原市的水流承载指数为 0.87，依然超载。松原市和白城市类似，位于吉林省西部，水资源短缺，需要大量开发地表水和地下水来满足其用水需求。由此可见，在推进水利现代化过程中，需要综合权衡水利工程设施对水量、水质、水域、水流四要素的影响。长春市、辽源市、白山市、延边朝鲜族自治州的水流承载指数均低于 0.4，水流要素不超载。

从图 4-14 可知，吉林省的水流承载状态与其水系分布密切相关，主要源头区的白山市和延边朝鲜族自治州为不超载状态，下游严重缺水的四平市和白山市，以及中游地区的吉林市和通化市均为严重超载状态。整体上，吉林省东部地区的水流承载状态优于中西部地区。

4.3.4.2 水资源承载力

将 2017 年吉林省各市（州）的实际人口和水量、水质承载指数代入式（4-18），得到吉林省水资源承载力评价结果（表 4-13）。

表 4-13 吉林省各市（州）水资源承载力评价结果 （单位：万人）

指标	长春	吉林	四平	辽源	通化	白山	松原	白城	延边
实际人口	748.92	415.35	320.4	117.95	217.15	119.52	275.41	190.95	210.14
可承载人口（水量）	750.78	616.54	469.88	106.96	314.69	102.36	314.91	180.37	282.30
可承载人口（水质）	490.07	372.46	182.53	76.87	202.56	109.79	193.95	139.67	180.90
可承载人口（综合）	490.07	372.46	182.53	76.87	202.56	102.36	193.95	139.67	180.90

如表 4-13 所示，吉林省各市（州）可承载人口存在较大差异，在水量方面，水利工程设施发达的区域所能承载的人口远高于水利工程设施欠发达的地方，如长春市、吉林市的可承载人口位列全省前两名，分别达到 750.78 万人、616.54 万人，而白山市仅为 102.36 万人。在水质方面，长春市的可承载人口为 490.07 万人，而辽源市仅为 76.87 万人。在综合方面，除白山市之外，其他 8 个市（州）的综合可承载人口等于其水质可承载人口，说明吉林省的主要限制因素是水质。

4.3.5 原因分析

1）对于水量要素，吉林省所呈现出的分布规律主要与自然条件和人口、经济分布有关。在气候上，从东南向西北由湿润气候过渡到半湿润气候再到半干旱气候，地域间气候不同所带来的影响则直接体现在降水量上。2017 年，东部长白山区年降水量在 700 ~ 1310mm，而西部平原区年降水量在 300mm 上下。同时，由于省内地形地貌分布的区别，在东部存在较多水系，年径流深均在 300mm 以上，部分地区甚至高达 700mm，而西部平原区则低于 50mm。与水资源分布相反，人口、经济则多集中于中西部地区。2017 年，平原区长春市、四平市、松原市和白城市4个市域内水资源总量为80.75亿m^3，占全省水资源总量的20.47%，而域内人口、经济总量占全省的比例分别超过60%和55%。同时，吉林省作为农业大省，农业灌溉用水量高居不下，占当年用水总量的比例常年高于60%，而农业又大面积分布在中西部。为保障水资源短缺区域的发展，吉林省建设了规模庞大的水利工程设施，如丰满水库、哈达山水库、中部引松供水工程等，使这些地区的水资源开发程度高、供水能力强。

2）对于水质要素，吉林省是传统的重工业基地和农业大省，农药化肥的使用也就成为必要的关注焦点之一。大量的官方报道显示，吉林省农药化肥的利用率不足35%，甚至仅仅徘徊在30%左右，农药化肥大量浪费，渗入土壤，流入河流，对流域造成严重污染。从图4-12可以看出，农业富集的白城市、松原市、辽源市、四平市、长春市的水质承载状态均为超载。此外，吉林省人口、经济聚集于中西部区域，每年向当地的水功能区排放大量污染物，造成中西部5个市的水质要素超载。

3）对于水域要素，吉林省的水域面积在空间上存在较大差异，其中松原市和白城市在历史上拥有广阔的湖泊、湿地资源，两市的水域面积常年超过800km^2。但受气候和人类活动的双重影响，上述两市的湖泊、湿地面积萎缩，导致水域面积减少。这种现象在其他中西部市也同样存在，如长春市下辖的榆树市由于过量开采地下水，卡岔河的基本流量得不到满足，部分河段出现断流现象。延边朝鲜族自治州、白山市作为吉林省东部的生态屏障，致力于发展绿色经济，对水资源的开发程度较低，两市的水域要素承载状态较稳定。

4）对于水流要素，2017年吉林省境内共有大中型水库116座，其中大型水库19座，中型水库97座。吉林省的大型水库主要分为以发电为主型、以城市供水为主型、以灌溉为主型、综合型4种。其中以发电为主的白山水库、红石水库、丰满水库和云峰水库的总库容超过200亿m^3；以城市供水为主的石门头水库和新立城水库的总库容接近18亿m^3；以灌溉为主的星星哨水库、太平池水库、海龙水库、亮甲山水库和二龙山水库的总库容超过27亿m^3。这些水库在吉林省城市供水、农田灌溉、水能发电中扮演了重要作用，对人民生活、社会经济至关重要。同时，由于水库的存在，吉林省境内河流的连通性受阻，水生态功能受到影响。

由此可见，吉林省各市（州）的水流要素承载状态评价结果将在很大程度上取决于上述水库的分布。吉林市境内拥有丰满水库、星星哨水库、白山水库、红石水库、亮甲山水库等，这些大型水库的总库容超过170亿m^3，造成其境内河流的流动一定程度上受阻。延边朝鲜族自治州的水流要素承载较好，表明其区域内水资源开发程度较低，对区域水资源保护较好。但是，延边朝鲜族自治州可能会因水资源开发程度低而面临工程性缺水的问题。可以看出，各市（州）需要兼顾生态环境和人类生活品质，以安全用水和保证生态基流为基础，合理开发水资源。

4.3.6 小结

本研究援引工程学内容，对载荷均衡的内涵进行了阐述，并基于4.2节的水资源承载力诊断指标体系，建立了水资源承载力评价指标体系，以及构建了水资源承载指数模型和人口-负荷-能力评价模型，用于评价吉林省 9 个市（州）的水资源承载状态和水资源承载力。主要评价结果如下：

1）对于水资源承载状态，水量、水质、水域、水流要素的承载状态在吉林省各市（州）之间存在较大差异，水量承载状态整体上不错，仅白山市、辽源市、白城市为超载状态，长春市为临界状态，其余地区均为不超载状态；水质承载状态呈现出东部优于中西部的地域特征，中西部的四平市、辽源市、长春市、松原市和白城市均为超载状态，吉林市和延边朝鲜族自治州为临界状态，通化市和白山市为不超载状态；水域承载状态则在地理分布上表现为东部优于西部，其中延边朝鲜族自治州、白山市、吉林市为临界状态，白城市为严重超载状态，松原市、长春市、四平市、辽源市和通化市均为超载状态；水流承载状态表现较差，白城市、四平市、吉林市和通化市为严重超载状态，松原市为超载状态，长春市、辽源市、白山市和延边朝鲜族自治州为不超载状态。

2）对于水资源承载力，吉林省各市（州）的可承载人口存在较大差异，在水量方面，长春市的可承载人口达 750.78 万人，为全省之最，吉林市的可承载人口次之，达 616.54 万人，白山市的可承载人口最少，仅为 102.36 万人，各市（州）水量可承载人口主要与其自身的水资源量和水利工程设施的建设情况相关；在水质方面，长春市的可承载人口同样最高，达 490.07 万人，辽源市最低，仅为 76.87 万人；各市（州）在水量、水质、综合可承载人口之间的横向对比中，仅有白山市的综合可承载人口与其水量可承载人口相等，其余 8 市（州）的综合可承载人口与它们的水质可承载人口相等，可见白山市属于水量超载区，其余 8 市（州）均为水质超载区。

4.4 水资源承载力模拟与动态预测

系统动力学方法以运筹学为基础，擅长处理非线性的动态模拟问题（张波等，2010）。基于此，本研究从水资源、社会经济和生态环境三方面建立吉林省水资源载荷系统动态仿真模型，以吉林省 9 个市（州）的行政边界划分子模型，分别以水量、水质为主导的模块一和模块二绘制模型流程图与变量方程式，并对模型进行有效性检验。然后，结合吉林省水利建设、水资源开发、社会经济发展和水环境保护等方面的规划，对水资源载荷系统设置多种发展模式，旨在对吉林省水资源承载力进行模拟和动态预测，为后续水资源载荷系统的调控提供参考（刘童，2020）。

4.4.1 水资源载荷系统动力学方法

在用系统动力学方法研究分析水资源载荷系统时，需要对系统的结构进行分析，此后利用分解原理将整个系统分解为多个子系统，并通过数学方程式描述各子系统内部及子系统间的运行机制。例如，本研究将吉林省水资源载荷系统按照吉林省各市（州）的行政边界分解为 9 个系统，同时将每个子系统分为两个模块。对于各子系统中所包含的变量，可以大致分为状态变量、速率变量、辅助变量和常量。其中，状态变量（LEV）在系统中具有初始值，且其值随时间变化，具有积累效应，通常与速率变量连接，如当年 GDP 总量等于上年 GDP 总量加上当年 GDP 变化量；速率变量直接与状态变量相连，可从输入（RATIN）和输出（RATOUT）两侧直接影响后者，如出生率从输入影响人口总量，死亡率从输出影响人口总量；辅助变量（AUX）为中间量，只受其输入端变量的影响，不受历史数值的影响，如城镇人口可由人口总量和城镇化率决定；常量（CON）在系统中有初值，且保持不变。上述变量之间流程图如图 4-15 所示。

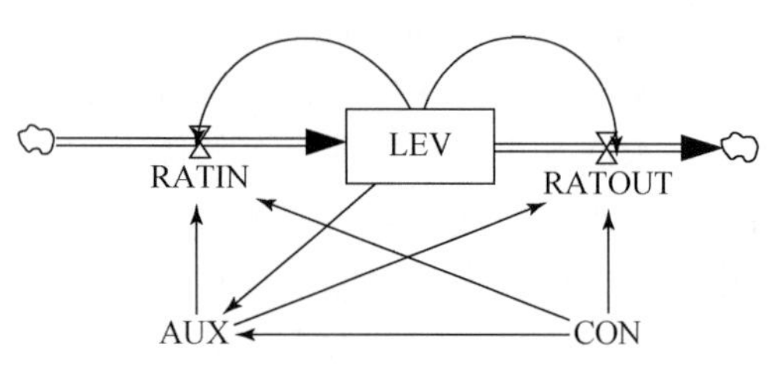

图 4-15　变量流程图

图 4-15 中的变量通过状态方程、速率方程和辅助方程连接，可描述系统内部一阶反馈回路的运行机制。其中，状态方程的表达式为

$$\mathrm{LEV}_K=\mathrm{LEV}_J+\mathrm{DT}\times(\mathrm{RATIN}_{JK}-\mathrm{RATOUT}_{JK}) \tag{4-19}$$

式中，LEV_K、LEV_J分别为 K 时刻和 J 时刻的状态值；DT 为 K 时刻与 J 时刻之间的时间间隔；RATIN_{JK}、RATOUT_{JK}分别为输入速率和输出速率。

速率方程的表达式为

$$\mathrm{RATIN}_{JK}=f_1(\mathrm{LEV}_J,\mathrm{AUX}_J,\mathrm{CON}) \tag{4-20}$$

$$\mathrm{RATOUT}_{JK}=f_2(\mathrm{LEV}_J,\mathrm{AUX}_J,\mathrm{CON}) \tag{4-21}$$

式中，f_1、f_2分别为输入速率变量和输出速率变量与其各自相连变量的逻辑关系；AUX_J为 J 时刻的辅助变量；CON 为常量。

辅助方程的表达式为

$$\mathrm{AUX}_J=f_3(\mathrm{LEV}_J,\mathrm{CON}) \tag{4-22}$$

式中，f_3 为辅助变量与其相连变量之间的逻辑关系。

构建水资源载荷系统动力学模型通常包含系统分析、结构分析、模型构建、模型验证、模型应用五步（朱玲燕，2016；崔海升，2014）。

（1）系统分析

对于系统分析，需要根据研究目标明确所要解决的实际问题，并据此调查统计与研究对象密切相关的变量，然后确定模型边界和区分变量。

（2）结构分析

对于结构分析，首先需要从整体和局部分析系统的反馈机制，从而划分子系统，并将第一步区分的变量划入各个子系统，然后基于各变量间的因果关系绘制反馈回路图。

（3）模型构建

对于模型构建，主要包含绘制系统流程图和设计系统方程式两部分。其中，绘制系统流程图需要依据变量间的反馈回路，设计系统方程式需要依据变量间的逻辑关系。

（4）模型验证

对于模型验证，首先需要将模型中状态变量的初始值和常量的数值输入并运行模型，然后根据模型的结果判断是否满足预期目标，最后找出并修改模拟失准的变量和参数。

（5）模型应用

对于模型应用，就是利用上述步骤中构建的模型对所研究对象的系统进行模拟，根据模拟结果找出研究对象所存在的问题，并据此给出相应的解决之策。

4.4.2 水资源承载力模拟系统动力学模型构建

4.4.2.1 模型边界界定

本研究以吉林省水资源承载力为研究对象，所建立的系统模型边界为吉林省行政边界。其中，参考各市（州）的行政边界，建立长春市、吉林市等 9 个子系统模型，再将各子模型中主要变量连接，得到吉林省水资源承载力耦合系统。除此之外，按照 4.3.1 节对水资源载荷系统的叙述，本研究从水量、水质、水域、水流四要素建立吉林省水资源承载力模拟系统动力学模型，并综合考虑各要素间的交互关系，对吉林省水资源承载力的动态变化进行模拟。模型的时间范围为 2006 ~ 2050 年，初始时间为 2005 年，结束时间为 2050 年，时间步长为 1 年。

4.4.2.2 模型结构

水资源载荷系统以可持续发展为前提，将湖泊、湿地水域面积和河道生态流量作为约束，通过以水量、水质要素进行的水资源循环路径和污染物产消路径，主导水资源承载力的演化。吉林省水资源承载力模拟系统动力学模型结构示意如图 4-16 所示。

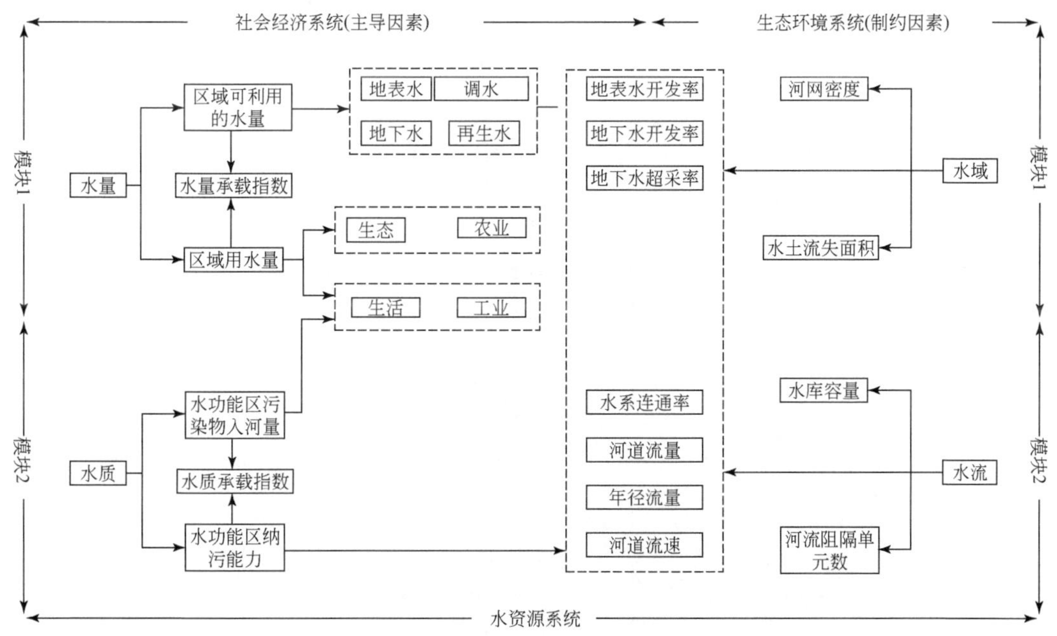

图 4-16　模型结构示意

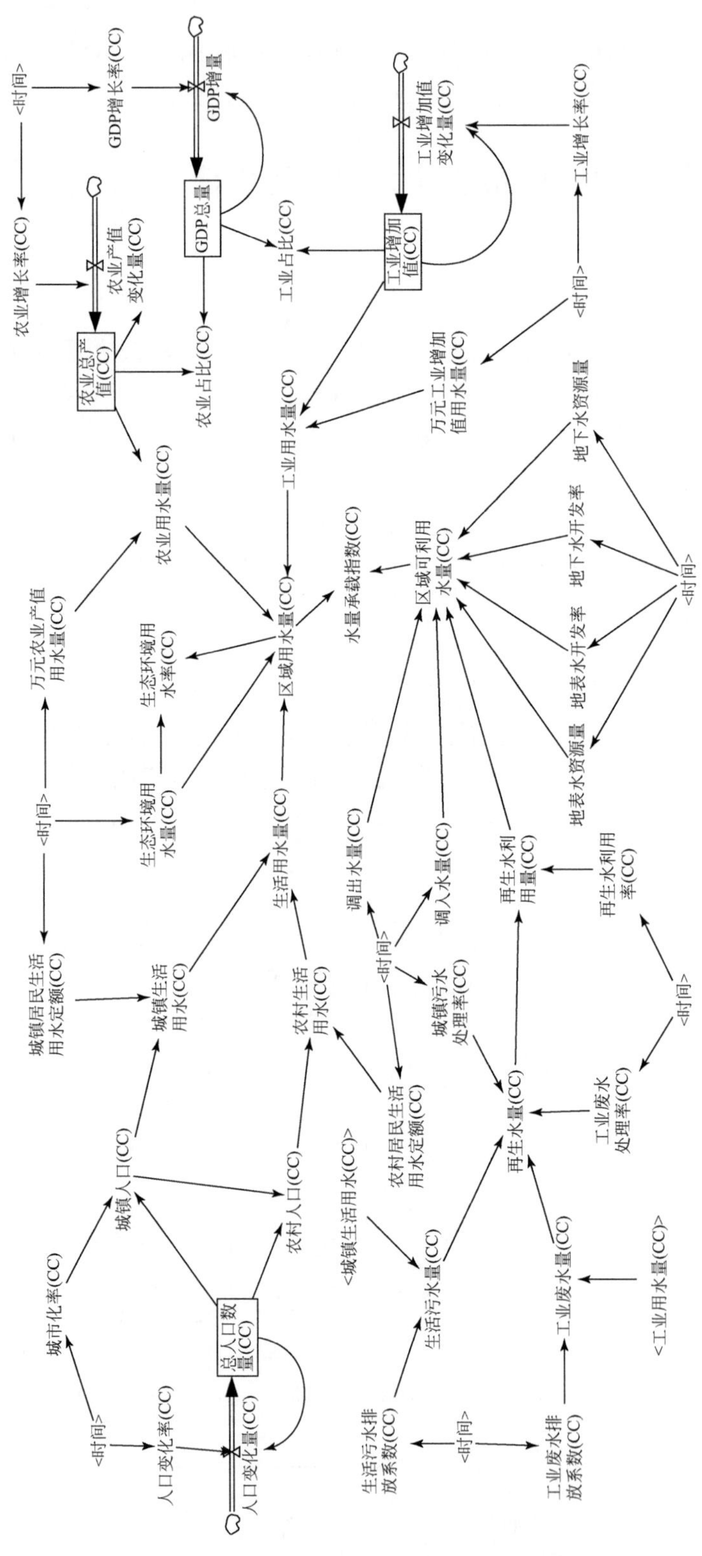

图4-17 长春市水资源承载力系统模块（模块一）

正如图 4-16 所示，本研究从水量、水质两个具有调控性的主导因素方面将吉林省水资源承载力模拟系统动力学模型分成两个模块。其中，模块一以水量为主，模块二以水质为主。

4.4.2.3 系统流程图

根据图 4-16，经过反复调整，绘制出吉林省水资源承载力模拟系统动力学模型流程图。为实现水资源载荷系统的分区调控，本研究建立的模型可以分为 10 个行政模块，其中 9 个为各市（州）的水资源承载力系统模块（以长春市为例，如图 4-17 和图 4-18 所示），1 个为吉林省水资源承载力系统耦合模块（图 4-19）。

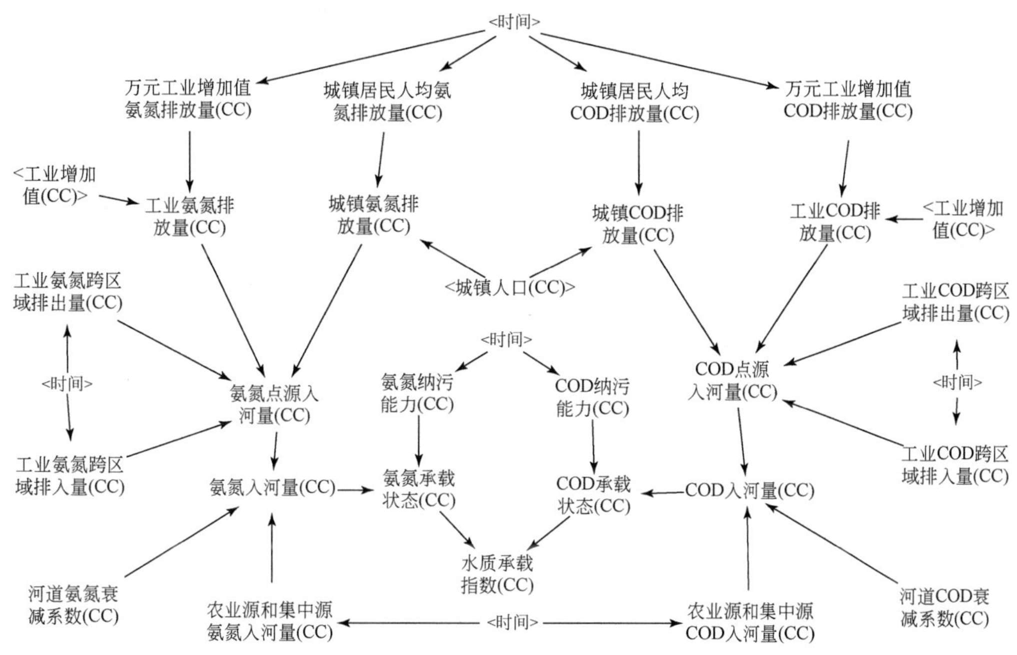

图 4-18 长春市水资源承载力系统模块（模块二）

图 4-17 ~ 图 4-19 中的水资源承载力系统模块中各指标后面的字母后缀表示吉林省各市（州），其中“CC”为长春市、“JL”为吉林市、“SP”为四平市、“LY”为辽源市、“TH”为通化市、“BS”为白山市、“SY”为松原市、“BC”为白城市、“YB”为延边朝鲜族自治州。各市（州）的水资源承载力模块的结构均相同。

4.4.2.4 变量方程式

基于 4.4.2.3 节对水资源要素和系统模块的划分，各模块中的主要方程见表 4-14 和表 4-15［以长春市为例，其余市（州）模型中的方程与长春市类似］。

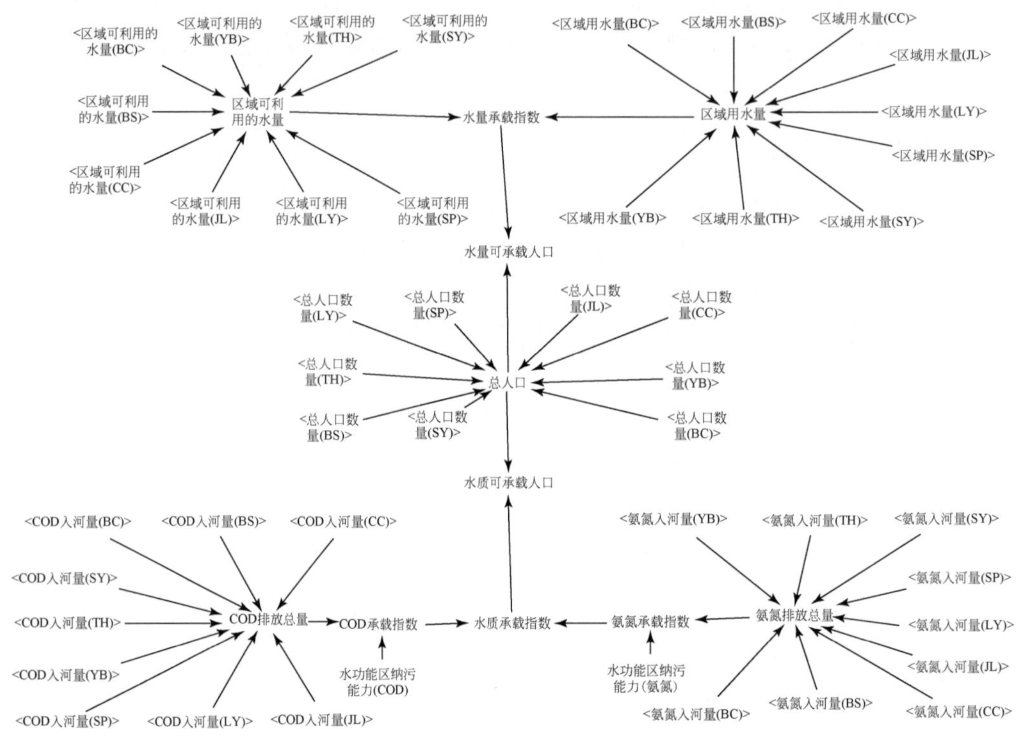

图 4-19　吉林省水资源承载力系统耦合模块

表 4-14　吉林省水资源承载力系统模块主要方程

变量	方程
总人口数量/万人	总人口数量（CC+JL+SP+LY+TH+BS+SY+BC+YB）
GDP/亿元	GDP（CC+JL+SP+LY+TH+BS+SY+BC+YB）
区域用水量/万 m^3	区域用水量（CC+JL+SP+LY+TH+BS+SY+BC+YB）
区域可利用的水量/万 m^3	区域可利用的水量（CC+JL+SP+LY+TH+BS+SY+BC+YB）
水量可承载人口/万人	总人口/水量承载指数
水质可承载人口/万人	总人口/水质承载指数
COD 排放总量/万 t	COD 入河量（CC+JL+SP+LY+TH+BS+SY+BC+YB）
氨氮排放总量/万 t	氨氮入河量（CC+JL+SP+LY+TH+BS+SY+BC+YB）

表 4-15　长春市水资源承载力系统模块主要方程

模块	变量	方程
模块 1	总人口数量/万人	INTEG（人口变化量，731.5）
	城镇人口/万人	总人口数量×城镇化率
	生活用水量/万 m^3	城镇人口×城镇居民生活用水定额+农村人口×农村居民生活用水定额

续表

模块	变量	方程
模块 1	区域用水量/万 m^3	生活用水量+生态环境用水量+农业用水量+工业用水量
	农业用水量/万 m^3	农业总产值×万元农业产值用水量
	工业用水量/万 m^3	工业增加值×万元工业增加值用水量
	工业增加值变化量/亿元	工业增加值×工业增长率
	区域可利用的水量/万 m^3	再生水利用量+跨区域调入水量+地下水开发率×地下水资源量+地表水开发率×地表水资源量
	水量承载指数	区域用水量/区域可利用的水量
模块 2	工业 COD(氨氮)排放量/万 t	万元工业增加值 COD(氨氮)排放量×工业增加值
	城镇 COD(氨氮)排放量/万 t	城镇居民人均 COD(氨氮)排放量×城镇人口
	COD(氨氮)点源入河量/万 t	城镇 COD(氨氮)排放量+工业 COD(氨氮)排放量-COD(氨氮)转移排放量
	COD(氨氮)入河量/万 t	COD(氨氮)点源入河量×(1-河道 COD(氨氮)衰减系数)
	COD(氨氮)承载指数	COD(氨氮)入河量/COD(氨氮)纳污能力
	水质承载指数	Max(COD 承载指数,氨氮承载指数)

4.4.3 模型有效性检验

为验证模型的有效性，将 2006 ~ 2015 年的历史数据用于有效性检验。系统动力学模型同时由多个模块耦合而成，需要对各个模块中具有代表性的指标的真实值和模拟值进行误差分析，若相对误差在 10% 以内，则认为该模型有效（李玲等，2018）。本研究选取吉林省各市（州）水资源承载力系统模块中的 3 个指标用于检验，分别为区域用水量（C_1）、COD 入河量（C_2）、生态环境用水率（C_3），检验结果见表 4-16。通过对比，表 4-16 中各指标在 2006 ~ 2015 年的相对误差均低于 5%，模型的精确度高，可以用于模拟吉林省水资源承载力系统。

表 4-16　模型检验结果

市（州）	指标		2005 年	2007 年	2009 年	2011 年	2013 年	2015 年
长春	C_1	H/亿 m^3	19.10	20.92	23.34	24.03	23.99	17.30
		S/亿 m^3	19.10	20.92	23.34	24.03	23.99	17.40
	C_2	H/万 t	7.73	6.12	18.08	17.12	16.44	8.15
		S/万 t	7.73	6.12	18.08	17.12	16.44	8.15
	C_3	H/%	3.66	3.82	0.90	0.92	2.71	3.47
		S/%	3.66	3.82	0.90	0.92	2.71	3.45

续表

市（州）	指标		2005 年	2007 年	2009 年	2011 年	2013 年	2015 年
吉林	C_1	H/亿 m^3	24.56	29.58	27.30	27.64	27.25	23.99
		S/亿 m^3	24.56	29.58	27.30	27.64	27.25	23.99
	C_2	H/万 t	6.47	5.62	14.74	13.67	12.80	6.76
		S/万 t	6.47	5.62	14.74	13.67	12.80	6.76
	C_3	H/%	1.91	1.69	2.38	2.24	1.94	1.75
		S/%	1.91	1.69	2.38	2.24	1.94	1.75
四平	C_1	H/亿 m^3	8.45	7.90	8.77	8.79	9.79	7.05
		S/亿 m^3	8.45	7.90	8.77	8.79	9.79	7.05
	C_2	H/万 t	3.35	2.68	8.49	8.07	7.77	3.54
		S/万 t	3.35	2.68	8.49	8.07	7.77	3.54
	C_3	H/%	0.71	1.90	1.37	2.73	3.78	1.28
		S/%	0.71	1.90	1.37	2.73	3.78	1.28
辽源	C_1	H/亿 m^3	1.98	2.64	2.84	3.17	3.49	1.73
		S/亿 m^3	1.98	2.64	2.84	3.17	3.49	1.73
	C_2	H/万 t	1.49	1.47	3.12	2.82	2.62	1.51
		S/万 t	1.49	1.47	3.12	2.82	2.62	1.51
	C_3	H/%	4.04	0.76	0.00	0.32	8.60	3.47
		S/%	4.04	0.76	0.00	0.32	8.60	3.47
通化	C_1	H/亿 m^3	12.62	13.57	14.14	13.94	13.19	12.21
		S/亿 m^3	12.62	13.57	14.14	13.94	13.19	12.21
	C_2	H/万 t	4.31	4.29	5.73	4.90	4.68	4.16
		S/万 t	4.31	4.29	5.73	4.90	4.68	4.16
	C_3	H/%	1.27	1.25	0.28	0.36	1.44	1.15
		S/%	1.27	1.25	0.28	0.36	1.44	1.15
白山	C_1	H/亿 m^3	1.57	2.54	3.02	3.46	3.59	1.38
		S/亿 m^3	1.57	2.54	3.02	3.46	3.59	1.38
	C_2	H/万 t	2.29	2.28	4.60	4.25	4.10	2.24
		S/万 t	2.29	2.28	4.60	4.25	4.10	2.24
	C_3	H/%	5.10	4.33	2.65	2.02	6.41	4.35
		S/%	5.10	4.33	2.65	2.02	6.41	4.35
松原	C_1	H/亿 m^3	11.67	11.50	17.24	17.85	18.92	12.67
		S/亿 m^3	11.67	11.50	17.24	17.85	18.92	12.67
	C_2	H/万 t	1.73	1.83	7.06	6.48	6.25	1.80
		S/万 t	1.73	1.83	7.06	6.48	6.25	1.80
	C_3	H/%	0.86	1.13	6.73	6.78	9.20	0.63
		S/%	0.86	1.13	6.73	6.78	9.20	0.63

续表

市（州）	指标		2005 年	2007 年	2009 年	2011 年	2013 年	2015 年
白城	C_1	H/亿 m³	14.01	15.61	24.68	22.69	23.15	15.90
		S/亿 m³	14.01	15.61	24.68	22.69	23.15	15.90
	C_2	H/万 t	4.55	4.51	6.51	5.76	5.60	4.74
		S/万 t	4.55	4.51	6.51	5.77	5.61	4.74
	C_3	H/%	1.14	0.96	22.08	6.30	12.70	0.88
		S/%	1.14	0.96	22.08	6.30	12.70	0.88
延边	C_1	H/亿 m³	6.86	6.83	9.91	9.91	10.19	6.25
		S/亿 m³	6.86	6.83	9.91	9.91	10.19	6.25
	C_2	H/万 t	8.08	7.27	7.69	7.08	6.45	7.79
		S/万 t	8.08	7.27	7.69	7.08	6.45	7.79
	C_3	H/%	2.48	3.51	1.41	0.81	4.51	2.56
		S/%	2.48	3.51	1.41	0.81	4.51	2.56

注：*H* 为真实值，*S* 为模拟值。

4.4.4 预测情景设置

本研究通过调整上述系统动力学模型中各参数的值，设置多种发展情景，实现对吉林省水资源承载力的动态预测。对此，本研究参考吉林省实施的“十三五”规划、水利建设和水环境保护等相关规划，从水资源供需和水环境治理两种途径，对模块一、模块二分别拟定了 3 种和 2 种情景，并进行了动态仿真模拟。

4.4.4.1 模块一

情景 1：假设吉林省现有的《吉林省国民经济和社会发展第十三个五年规划纲要》《吉林省水利现代化规划 2016—2030 年》等文件中规划的经济发展目标、灌区建设工程、调水工程等均如期完成，且以最大可开采量开采地下水。

情景 2：在情景 1 的基础上，保持地表水开发量、再生水量不变，将预测期间的地下水开采量维持在 2015 年的水平。需要补充的是，若某市（州）2015 年的地下水开采量超过最大可开采量，则在预测期间将地下水开采量维持在最大可开采量。

情景 3：在情景 1 的基础上，进一步参考《吉林省水利现代化规划 2016—2030 年》中的水量配置成果，将 2030 年吉林省供水总量中地下水所占比例降至 18.8%，地下水供水总量降至 35 亿 m³以下。对此，本研究将长春市、吉林市、四平市、辽源市、通化市、白山市、松原市、白城市、延边朝鲜族自治州的地下水开采量分别调整为最大可开采量的 60%、60%、70%、80%、60%、50%、70%、70%、50%。

4.4.4.2 模块二

情景 1：假设吉林省现有的《吉林省国民经济和社会发展第十三个五年规划纲要》

《吉林省水利现代化规划 2016—2030 年》等文件中规划的经济发展目标、灌区建设工程、调水工程等均如期完成，且以最大可开采量开采地下水。此外，在后续预测期间，保持 2015 年的污染治理力度，不增加污染治理投入。

情景 2：在情景 1 的基础上，依据《吉林省落实水污染防治行动计划工作方案》、《吉林省“十三五”节能减排综合实施方案》等文件，调低万元工业增加值污染物排放量、城镇居民人均污染物排放量等指标的数值。

4. 4. 5 预测结果

分别按照 4. 4. 4 节的 5 种情景运行模型，得到水资源承载力预测结果。下面将按系统动力学模型的模块组成分析预测结果，即模块一、模块二中主要指标的预测值。

4. 4. 5. 1 模块一

模块一中吉林省用水量和可利用水量的预测结果见表 4-17 和图 4-20。

表 4-17 吉林省模块一主要指标预测值

年份	区域用水量/亿 t	区域可利用的水量/亿 t			水量承载指数		
	情景 1～3	情景 1	情景 2	情景 3	情景 1	情景 2	情景 3
2030	170. 49	191. 46	183. 12	173. 78	0. 89	0. 93	0. 98
2035	172. 59	192. 44	184. 10	174. 77	0. 90	0. 94	0. 99
2050	171. 97	194. 52	186. 18	176. 84	0. 88	0. 92	0. 97

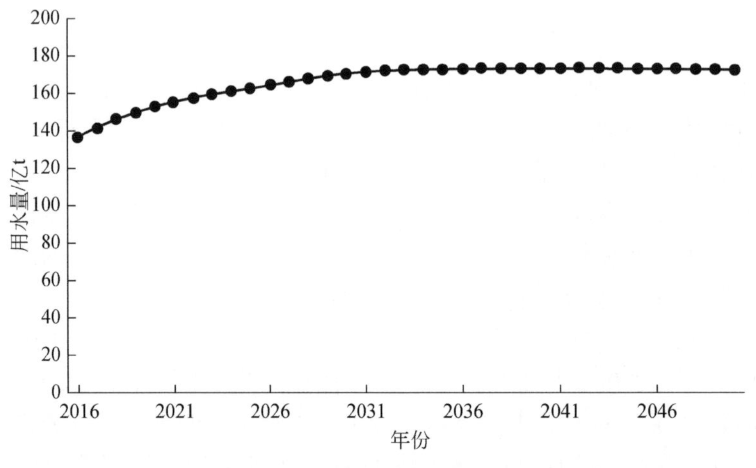

图 4-20 吉林省用水量预测结果

吉林省用水量在 2016～2050 年先快速增长，然后趋于稳定并出现小幅下降。其中，快速增加阶段和稳定阶段分别为 2016～2030 年、2031～2050 年。在快速增长阶段，吉林省用水量从 136. 63 亿 t 逐年增长至 170. 49 亿 t，增幅达 24. 78%。从用水主体分析，吉林省用水量增长是由生活、工业、农业三大主体用水量共同增加造成的。随着吉林省社会经济的持续发展，人民生活水平大幅提升，人口从农村向城市转移，城镇化率提高，造成生活用水大幅增加。据《吉林省水利现代化规划 2016—2030 年》，吉林省城镇人均生活用水定额、农村人均生活用水定额在 2030 年分别达到 160L/日和 95L/日，造成吉林省生活用水量于 2030 年达到 21.93 亿 t，较 2015 年增长近 9 亿 t。同时，随着国家实施振兴东北老工业基地和“一带一路”倡议等，吉林省将基本实现工业现代化，工业规模扩大，造成工业用水量在 2030 年达到 28.56 亿 t。由于大面积灌区的新建和续建，吉林省农业用水量在 2030 年将超过 110 亿 t。吉林省在经历了 2016 ~ 2030 年的快速发展之后，于 2030 年将基本实现工业、农业现代化，工业用水总量和农业用水总量达到顶峰。随之，在 2031 ~ 2050 年吉林省农业、工业用水效率提高，其用水总量将出现小幅下降。

由表 4-17 可知，3 种情景下的吉林省可利用的水量在 2030 年、2035 年、2050 年均超过相应年份的用水总量，即吉林省水资源系统基本能满足其生活、生产和生态用水需求，水资源短缺危机整体上得到缓解。对比 3 种情景下的吉林省水资源承载状况，情景 1 的水量承载状态最好，其在 2030 年、2035 年、2050 年的水量承载指数分别为 0.89、0.90、0.88，而情景 2 和情景 3 分别为 0.93、0.94、0.92 和 0.98、0.99、0.97。结合 4.4.4 节中的情景设置，情景 2 和情景 3 相较于情景 1，两者在地下水开发利用上进行了限制，对地下水资源具有一定的保护作用。为避免情景 2 和情景 3 中可能出现的水资源短缺危机，吉林省需要加强水利工程建设，如新建蓄水工程，增加地表水供水量。

吉林省水资源量在地域上分布很不均匀，总体上东部水资源丰富，西部水资源短缺。对此，本研究对各市（州）模块一中主要指标进行了预测。预测结果见表 4-18。

表 4-18　吉林省各市（州）模块一主要指标预测值

年份	指标	情景	长春	吉林	四平	辽源	通化	白山	松原	白城	延边
2030	区域用水量/亿 t	情景 1 ~ 3	32.51	30.90	12.03	3.56	16.77	3.66	32.69	25.91	12.46
	区域可利用的水量/亿 t	情景 1	36.31	37.11	14.53	4.34	14.46	4.23	35.07	28.78	16.62
		情景 2	34.94	34.29	14.47	4.02	14.39	4.16	33.02	28.78	15.04
		情景 3	31.81	34.67	12.46	4.10	13.90	3.79	32.24	25.38	15.43
	水量承载指数	情景 1	0.90	0.83	0.83	0.82	1.16	0.86	0.93	0.90	0.75
		情景 2	0.93	0.90	0.83	0.89	1.17	0.88	0.99	0.90	0.83
		情景 3	1.02	0.89	0.97	0.87	1.21	0.96	1.01	1.02	0.81
2035	区域用水量/亿 t	情景 1 ~ 3	32.04	32.01	12.05	3.62	16.88	3.71	33.78	25.99	12.52
	区域可利用的水量/亿 t	情景 1	36.64	37.32	14.60	4.38	14.58	4.25	35.16	28.82	16.70
		情景 2	35.27	34.50	14.54	4.06	14.51	4.18	33.11	28.82	15.12
		情景 3	32.14	34.88	12.53	4.13	14.02	3.81	32.33	25.42	15.51
	水量承载指数	情景 1	0.87	0.86	0.83	0.83	1.16	0.87	0.96	0.90	0.75
		情景 2	0.91	0.93	0.83	0.89	1.16	0.89	1.02	0.90	0.83
		情景 3	1.00	0.92	0.96	0.88	1.20	0.97	1.04	1.02	0.81

续表

年份	指标	情景	长春	吉林	四平	辽源	通化	白山	松原	白城	延边
2050	区域用水量/亿 t	情景 1 ~ 3	30.95	32.06	12.01	3.62	16.76	3.73	34.07	26.05	12.72
	区域可利用的水量/亿 t	情景 1	37.33	37.78	14.73	4.43	14.80	4.30	35.39	28.91	16.86
		情景 2	35.96	34.96	14.67	4.11	14.73	4.23	33.34	28.91	15.28
		情景 3	32.83	35.34	12.66	4.18	14.24	3.86	32.56	25.51	15.67
	水量承载指数	情景 1	0.83	0.85	0.82	0.82	1.13	0.87	0.96	0.90	0.75
		情景 2	0.86	0.92	0.82	0.88	1.14	0.88	1.02	0.90	0.83
		情景 3	0.94	0.91	0.95	0.86	1.18	0.97	1.05	1.02	0.81

如表 4-18 所示，长春市、通化市、松原市、白城市在 3 个预测时间点（2030 年、2035 年、2050 年）中存在水量超载现象，即区域可利用的水量不能满足其用水需求。其中，长春市的水量超载出现在情景 3 中，说明情景 3 限制开采地下水所引起的供水空缺通过地表水和再生水填补还不够，在后续调控过程中需要尝试控制其他参量的值；通化市的水资源短缺危机比较严重，其水量承载指数在 3 种情景下均超载，说明即使依据规划中的蓄水、调水工程，依然难以满足通化市的用水需求，这在后续的调控过程中需要进一步加强节水，减少水资源需求量，或者增加调水量，提高可利用的水量；松原市和白城市的水量在情景 1 中不超载，但在情景 2、情景 3 中超载，说明西部两市需要增加地表水供给量，以填补限制地下水开发所造成的供水量缺失部分，或者提高水资源利用效率，特别是农业用水效率，减少用水负荷。

3 种情景下各市（州）的用水量和可利用的水量的预测结果与吉林省整体类似，情景 1 的水量承载状态优于情景 2，情景 3 的水量承载状态最差。另外，在设置预测情景时，本研究参考了《吉林省水利现代化规划 2016—2030 年》，因此有必要对规划中水利工程设施在建设完成后对吉林省水资源系统的影响进行分析。规划实施前后吉林省可利用的水量的对比情况见表 4-19。

表 4-19　规划实施前后吉林省可利用的水量的对比情况　　（单位：亿 t）

市（州）	规划实施前		规划实施后			
	地表可利用的水量	区域可利用的水量	地表可利用的水量	区域可利用的水量		
				情景 1	情景 2	情景 3
长春	14.78	26.03	24.02	35.27	33.90	30.77
吉林	29.85	35.95	30.08	36.18	33.36	33.74
四平	4.98	11.88	7.40	14.30	14.24	12.23
辽源	2.03	3.27	3.00	4.24	3.92	3.99
通化	9.99	11.39	12.61	14.01	13.94	13.45
白山	1.83	2.71	3.25	4.13	4.06	3.69
松原	10.89	20.32	25.38	34.81	32.76	31.98

续表

市（州）	规划实施前		规划实施后			
	地表可利用的水量	区域可利用的水量	地表可利用的水量	区域可利用的水量		
				情景1	情景2	情景3
白城	12.80	24.13	17.31	28.64	28.64	25.24
延边	10.91	13.29	13.94	16.32	14.74	15.13

由表4-19可以看出，吉林省的地表可利用水量在规划实施后明显增加。在各市（州）中，地表可利用水量增量最大的是松原市，其次是长春市，这两市新增加的地表可利用水量主要来源于调水。其中，长春市主要通过中部城市引松供水工程和引松入长工程等水利工程获得松花江的水资源，松原市主要通过哈达山水利枢纽获得松花江的水资源。四平市和辽源市的地表可利用水量在规划实施前后分别增加2.42亿m^3和0.97亿m^3，它们新增加的地表可利用水量也主要来源于中部城市引松供水工程。白山市和延边朝鲜族自治州的地表可利用水量在规划实施前后分别增加1.42亿m^3和3.03亿m^3，它们新增加的地表可利用水量主要来源于蓄水和调水。

为了保护地下水资源，防止过度开发，避免成为第二个华北，《吉林省水利现代化规划2016—2030年》中的水利工程很有必要按照规划进行建设。通过这些水利工程，东部富余的水资源将调往中西部，增加中西部缺水地区可利用的水量。

4.4.5.2 模块二

2016～2050年吉林省模块二中主要指标的预测结果如图4-21和图4-22所示。

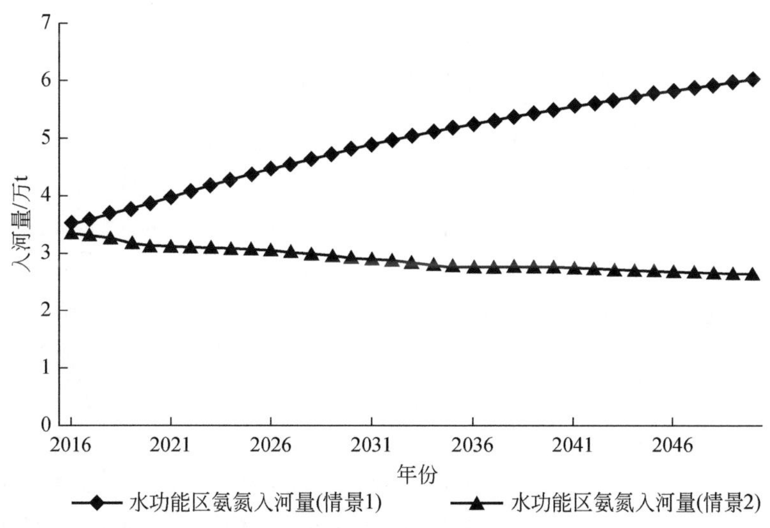

图4-21 吉林省氨氮预测情况

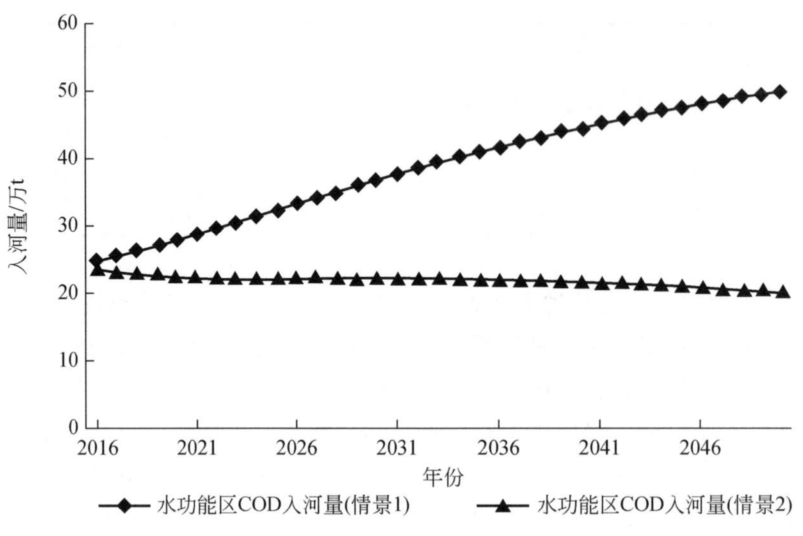

图 4-22　吉林省 COD 预测情况

如图 4-21、图 4-22 所示，情景 2 中吉林省在 2030 年、2035 年、2050 年的 COD 和氨氮入河量分别为 21.92 万 t、21.67 万 t、19.89 万 t 和 2.93 万 t、2.76 万 t、2.62 万 t，相较于 2015 年的基础值，分别下降 7%、8%、16% 和 15%、21%、26%。为改善水环境质量，吉林省对工业废水、城镇生活污水制定了详细的防治计划。其中，在工业污染防治方面，吉林省将取缔不符合国家产业政策的“十小”企业，整治造纸、焦化等重点行业，加强工业污水处理。在城镇生活污染防治方面，吉林省将加快城镇污水处理设施及配套管网建设与改造。正是上述污染控制措施，吉林省 COD 和氨氮的排放量持续降低。情景 1 中，COD 和氨氮入河量逐年增加，水环境质量进一步恶化。

吉林省各市（州）模块二中主要指标的预测结果见表 4-20。

表 4-20　吉林省各市（州）模块二主要指标预测值

年份	指标	情景	长春	吉林	四平	辽源	通化	白山	松原	白城	延边
2030	水功能区污染物入河量（氨氮）/万 t	情景 1	1.21	0.84	0.48	0.17	0.45	0.37	0.56	0.31	0.42
		情景 2	0.82	0.43	0.30	0.09	0.27	0.23	0.34	0.19	0.25
	水功能区污染物入河量（COD）/万 t	情景 1	6.73	6.12	3.83	1.39	4.29	2.94	3.83	2.74	4.82
		情景 2	4.20	3.13	2.34	0.85	2.62	1.80	2.35	1.68	2.95
	水功能区纳污能力（氨氮）	情景 1、2	0.30	0.44	0.11	0.08	0.22	0.24	0.12	0.10	0.28
	水功能区纳污能力（COD）	情景 1、2	3.10	2.85	1.43	0.48	1.46	2.05	1.33	1.03	1.68
	水质承载指数	情景 1	3.99	2.14	4.22	2.90	2.95	1.57	4.52	2.96	2.87
		情景 2	2.70	1.10	2.64	1.77	1.80	0.98	2.74	1.81	1.76

续表

年份	指标	情景	长春	吉林	四平	辽源	通化	白山	松原	白城	延边
2035	水功能区污染物入河量（氨氮）/万 t	情景 1	1.34	0.86	0.52	0.19	0.49	0.38	0.64	0.34	0.44
		情景 2	0.78	0.35	0.28	0.08	0.27	0.21	0.35	0.18	0.24
	水功能区污染物入河量（COD）/万 t	情景 1	7.65	6.54	4.29	1.60	4.85	3.08	4.37	3.03	5.55
		情景 2	4.25	2.68	2.37	0.88	2.67	1.70	2.41	1.67	3.05
	水功能区纳污能力（氨氮）	情景 1、2	0.30	0.44	0.11	0.08	0.22	0.24	0.12	0.10	0.28
	水功能区纳污能力（COD）	情景 1、2	3.10	2.85	1.43	0.48	1.46	2.05	1.33	1.03	1.68
	水质承载指数	情景 1	4.41	2.29	4.57	3.34	3.33	1.62	5.17	3.24	3.31
		情景 2	2.57	0.94	2.46	1.84	1.83	0.89	2.82	1.72	1.82
2050	水功能区污染物入河量（氨氮）/万 t	情景 1	1.59	0.96	0.60	0.21	0.57	0.40	0.83	0.40	0.46
		情景 2	0.81	0.29	0.26	0.08	0.25	0.17	0.37	0.18	0.20
	水功能区污染物入河量（COD）/万 t	情景 1	9.40	7.54	5.28	1.92	5.98	3.31	5.73	3.69	7.05
		情景 2	2.80	2.47	2.33	0.95	2.63	1.46	2.52	1.62	3.11
	水功能区纳污能力（氨氮）	情景 1、2	0.30	0.44	0.11	0.08	0.22	0.24	0.12	0.10	0.28
	水功能区纳污能力（COD）	情景 1、2	3.10	2.85	1.43	0.48	1.46	2.05	1.33	1.03	1.68
	水质承载指数	情景 1	5.24	2.64	5.28	4.01	4.11	1.70	6.70	3.82	4.20
		情景 2	2.67	0.87	2.29	1.98	1.81	0.72	2.99	1.72	1.85

上述预测结果显示，情景 1 中吉林省各市（州）在 2030 年、2035 年、2050 年均会出现 COD、氨氮的超排现象，如情景 1 中长春市的水质承载指数在 2030 年、2035 年、2050 年分别为 3.99、4.41、5.24，相应的水质承载状态均为严重超载。另外，两种情景下各市（州）水质承载指数的预测结果与吉林省整体类似，情景 2 的水质承载指数小于情景 1。

上述预测结果表明，吉林省需进一步加强污染减排工作，如通过提高污水处理排放标准，严格控制排入水功能区的污染物总量，使其水环境质量达到预期目标。

4.4.6 水资源承载力

将模块一、模块二中区域用水量、区域可利用的水量、水量承载指数、水功能区纳污能力（COD、氨氮）、水功能区污染物入河量（COD、氨氮）、水质承载指数等指标的值代入 4.3 节中的水资源承载力评价模型，得到吉林省的水资源承载力预测结果（表 4-21 和表 4-22）。

表 4-21　吉林省水资源承载力预测结果（模块一）　（单位：万人）

市（州）	2030 年			2035 年			2050 年		
	情景 1	情景 2	情景 3	情景 1	情景 2	情景 3	情景 1	情景 2	情景 3
长春	906.87	872.65	794.48	927.23	892.55	813.34	974.40	938.64	856.94

续表

市（州）	2030 年			2035 年			2050 年		
	情景 1	情景 2	情景 3	情景 1	情景 2	情景 3	情景 1	情景 2	情景 3
吉林	532.46	492.00	497.45	512.92	474.16	479.39	504.45	466.79	471.87
四平	419.99	418.26	360.17	405.76	404.09	348.22	384.35	382.79	330.35
辽源	152.38	141.16	143.68	150.13	139.15	141.62	147.93	137.24	139.65
通化	198.01	197.05	190.34	196.80	195.86	189.24	195.72	194.80	188.32
白山	152.79	150.26	136.90	150.33	147.86	134.78	147.03	144.63	131.97
松原	333.18	313.70	306.30	320.77	302.07	294.96	311.64	293.59	286.73
白城	229.91	229.91	202.75	227.82	227.82	200.95	221.88	221.88	195.79
延边	296.68	268.48	275.44	294.33	266.48	273.36	284.70	258.02	264.61
全省	3222.27	3083.47	2907.51	3186.09	3050.04	2875.86	3172.10	3038.38	2866.23

表 4-22　吉林省水资源承载力预测结果（模块二）　（单位：万人）

市（州）	2030 年		2035 年		2050 年	
	情景 1	情景 2	情景 1	情景 2	情景 1	情景 2
长春	203.67	300.54	183.69	315.58	154.22	302.74
吉林	206.80	404.35	192.02	468.59	162.11	494.87
四平	82.35	131.76	73.24	136.02	59.41	137.11
辽源	43.09	70.46	37.14	67.53	30.13	60.89
通化	77.90	127.55	68.37	124.19	53.97	122.72
白山	83.89	134.95	81.05	146.66	74.94	176.34
松原	68.71	113.18	59.66	109.09	44.78	100.44
白城	69.98	114.17	63.31	119.58	52.38	116.39
延边	77.46	126.57	66.76	121.47	51.15	115.95
全省	913.85	1523.53	825.24	1608.71	683.09	1627.45

由表 4-21 可知，当处于模块一中的情景 1 时，吉林省在 2030 年、2035 年、2050 年可承载的人口分别为 3222.27 万人、3186.09 万人、3172.10 万人，可承载人口小幅减少。这种现象主要是由吉林省人均用水量在预测期间随社会经济发展水平提高而增加造成的。此外，除长春市之外的 8 个市（州）的可承载人口的数量变化趋势与吉林省整体趋势一致，也呈现出小幅减少的趋势。将模块一中的 3 种情景的预测结果进行横向对比，可以发现，情景 1 的可承载人口最多，情景 2 的可承载人口次之，情景 3 的可承载人口最少，如 2030 年长春市的可承载人口在情景 1、情景 2、情景 3 中分别为 906.87 万人、872.65 万人、794.48 万人。上述现象主要是由 3 种情景中区域可利用的水量不同造成的。

由表 4-22 可知，模块二中情景 2 的吉林省可承载人口明显高于情景 1，其在 2030 年、

2035 年、2050 年分别为 1523.53 万人、1608.71 万人、1627.45 万人。由于情景 2 中吉林省加强了污染治理，且治理效果显著，部分市（州）的可承载人口有所提高。需要指出的是，吉林省若以情景 2 中的方案进行污染减排和治理，其水环境会有所改善，但是其水环境质量依旧不能达到目标，还需要进行调控，用于改善污染物超量排放地区的水环境质量。

另外，将不同时间点的可承载人口（水量、水质）进行横向对比，发现各市（州）的水质可承载人口均明显小于水量可承载人口，即吉林省可承载的人口总量主要受水质要素制约。可见，若不采取更严格的环境治理措施，吉林省现有的污染治理工程将不能应对逐年增加的污染物排放量，其导致水质要素的承载指数逐年降低，进而限制水资源承载力。

4.4.7 小结

本研究将水资源载荷系统划分为水资源、社会经济和生态环境三个相互联系的子系统，以水域和水流要素所属的生态环境子系统的正常运行为约束，分别以水量和水质要素为主导的两个模块建立了拟合效果优良的水资源承载力模拟系统动力学模型，用于动态预测 5 种情景下吉林省及其 9 个市（州）的水资源承载力。主要预测结果如下：

1）对于模块一，吉林省用水量在预测期间会经历先明显增加后趋于稳定的变化趋势，区域用水量在 2030 年达到 170.49 亿 t。3 种情景下，吉林省可利用的水量在 2030 年、2035 年、2050 年均超过相应年份的用水总量。但情景 1 的水量承载状态最好，其在 2030 年、2035 年、2050 年的水量承载指数分别为 0.89、0.90、0.88，情景 3 的水量承载状态相对最差，其在 2030 年、2035 年、2050 年的水量承载指数分别为 0.98、0.99、0.97。在 9 个市（州）中，长春市、通化市、松原市、白城市在 3 个预测时间点（2030 年、2035 年、2050 年）中存在水量超载现象。此外，吉林省在实现水利现代化之后，其境内可利用的水量将明显增加，能基本实现水资源的空间均衡。

2）对于模块二，在保持以 2015 年污染治理力度不变的情景 1 中，吉林省 COD 和氨氮入河量逐年增加，水环境质量进一步恶化。在加大污染治理力度的情景 2 中，吉林省 COD 和氨氮在 2030 年、2035 年、2050 年的入河量分别降至 21.92 万 t、21.67 万 t、19.89 万 t 和 2.93 万 t、2.76 万 t、2.62 万 t，水环境质量得到明显改善。另外，情景 1 中 9 个市（州）在 2030 年、2035 年、2050 年均会出现 COD 和氨氮的超排现象，其水质承载状态明显劣于情景 2。

3）对于水资源承载力，可承载的人口在模块一的情景 1 中最高，其值在 2030 年、2035 年、2050 年分别为 3222.27 万人、3186.09 万人、3172.10 万人；在模块二的情景 1 中最低，其值在 2030 年、2035 年、2050 年分别为 931.85 万人、825.24 万人、683.09 万人。此外，吉林省 9 个市（州）的水质可承载人口明显小于水量可承载人口，说明吉林省水资源承载力的主要限制因子为水质。

4.5 水资源承载力调控

根据4.2节的水资源承载力诊断研究，找出吉林省水资源载荷系统的主要驱动因子。根据4.3节的水资源承载力评价研究，发现吉林省中西部水资源不足、污染物排放总量高居不下。4.4节采用系统动力学方法，对吉林省水资源承载力进行动态预测，发现吉林省用水量在未来十年内快速增长，并于2031年进入稳定阶段；若现有的吉林省水利发展规划全部得以实施，吉林省可利用的水资源在预测期间整体上能满足其生活、生产、生态用水需求，但其部分市（州）仍具有水资源短缺的风险；若延续2015年的污染治理投入，吉林省的污染物排放量将逐年增加，远远超过其水功能区纳污能力，急需进一步加强污染控制。鉴于前文的“诊断-评价-预测”研究，此部分对吉林省的2030年、2035年和2050年3个时间点的水资源承载力进行调控。本研究通过正交试验，选择推荐的调控方案，并提出切实有效的调控措施，优化吉林省水资源管理和利用，以提高水资源承载力。

4.5.1 调控目标

针对吉林省水资源现状，相关部门陆续出台了一系列文件、方案和政策。其中《吉林省落实水污染防治行动计划工作方案》《吉林省水利现代化规划2016—2030年》等给出了改善全省水环境质量、维护水生态系统健康、保障人民群众用水安全、促进经济社会绿色发展的方案。同时，吉林省各市（州）也陆续出台了水污染防治行动计划，均给出了2030年、2035年和2050年等时间点的水环境质量目标，最终实现水生态环境质量的全面改善和水生态系统的良性循环。对此，在湖泊、湿地面积得到有效保护和河道生态流量得到保证的前提下，本研究对上述3个时间点与社会经济系统密切相关的两个主导因素水量、水质设置了调控目标，即两要素均不超载（水量、水质要素的承载指数分别不超过1.0和1.2）。

4.5.2 变量可调控性分析

基于所建立的水资源承载力诊断指标体系和所建立的吉林省水资源承载力模拟系统动力学模型，将两个模块中的诊断指标作为参数变量，进行可调控性分析。经过分析后，确定参数变量是否具有可调控性，并对具有可调控性的参数变量进行灵敏度分析，进一步识别水资源载荷系统的主要驱动因子，为后续调控方案的设置提供参考。限于篇幅原因，此部分仅将长春市子模型中参数变量的可调控性进行展示。具体情况见表4-23和表4-24。

表 4-23 主要指标可调控性情况

要素	变量类型	变量名称	可调控性
水量	能力表征指标	区域可利用的水量	—
	能力诊断指标	调水量	可调
		地表水资源量	不可调
		地下水资源量	不可调
		再生水量	可调
	负荷表征指标	区域用水量	—
	负荷诊断指标	万元农业产值用水量	可调
		万元工业增加值用水量	可调
		城镇居民生活用水定额	可调
		农村居民生活用水定额	可调
		生态环境用水率	可调
水质	能力表征指标	水功能区纳污能力（COD、氨氮）	—
	能力诊断指标	水功能区入河氨氮限排量	不可调
		水功能区入河 COD 限排量	不可调
		年径流量	不可调
		河道年平均流速	不可调
	负荷表征指标	水功能区污染物入河量	—
	负荷诊断指标	万元工业增加值氨氮排放量	可调
		万元工业增加值 COD 排放量	可调
		城镇居民人均氨氮排放量	可调
		城镇居民人均 COD 排放量	可调
		污染物转移排放量	可调

表 4-24 长春市子模型灵敏度分析结果

变量	区域用水量	区域可利用的水量	COD 入河量	氨氮入河量
调水量	0	0. 2319	0	0
再生水量	0	0. 1415	0	0
万元农业产值用水量	0. 6682	0	0	0
万元工业增加值用水量	0. 1347	0. 0030	0	0
城镇居民生活用水定额	0. 0834	0	0	0
农村居民生活用水定额	0. 0573	0	0	0
生态环境用水率	0. 0362	0	0	0
万元工业增加值氨氮排放量	0	0	0	0. 1627
万元工业增加值 COD 排放量	0	0	0. 2868	0

续表

变量	区域用水量	区域可利用的水量	COD 入河量	氨氮入河量
城镇居民人均氨氮排放量	0	0	0	0.9756
城镇居民人均 COD 排放量	0	0	0.8514	0
氨氮转移排放量	0	0	0	0.1383
COD 转移排放量	0	0	0.1382	0

4.5.3 调控方案及结果

由于水资源载荷系统的复杂性，对其进行调控通常会涉及多个变量，且各变量的调控水平往往存在多个，使得调控方案存在数量繁多的现象。正交试验同时兼备理论和实践基础，通过标准化正交表来安排试验方案，能快速找到优化方案，常常被用于设计多因素、多水平的优化试验（Wang B H et al.，2019，2010）。为简化调控过程和方案设计，本研究采用正交试验方法对吉林省水环境承载力进行优化调控。

有数据显示，2015 年我国的万元工业产值用水量大概是 $54m^3$，与发达国家的工业用水效率存在较大差距，如英国和日本在 2013 年的万美元工业增加值用水量分别为 $89m^3$、$38m^3$（朱启林，2016）。吉林省作为老工业基地，不仅与发达国家存在差距，还与国内先进地区存在较大差距。北京市 2015 年的万元农业产值用水量在 $400m^3$左右，而吉林省同时期则超过 $550m^3$。2015 年上海市的万元工业增加值 COD 排放量为 0.23kg，而同期的长春市为 0.44kg。对此，本研究就吉林省各市（州）的水资源、社会经济现状，参考目前发达国家和国内先进地区，设置可调变量的调控水平。

本研究的调控类型主要分为两种，一是区域内调控，即通过调控部分指标的现有发展趋势；二是跨区域调控，即通过跨区域调配水资源和污染物跨区域排放。在设计调控方案时，以区域内调控为主，再辅以跨区域调控。本研究以水量、水质要素不超载为目标，结合吉林省各市（州）的实际情况，设计出多种发展方案，分别分析、计算各种方案下的水资源承载状况，最后给出最具可行性的调控方案。其中，在选择推荐方案时遵循以下三条原则：一是方案的调控结果满足调控目标；二是方案中指标的调整幅度低，较容易完成指标的调控；三是调控方案的经济代价小。

4.5.3.1 模块一

由 4.4.5 节可知，对于以水量要素为主导的模块一中，变量“区域用水量”主要受万元农业产值用水量、万元工业增加值用水量、城镇居民生活用水定额、农村居民生活用水定额和生态环境用水率的影响，变量“区域可利用的水量”主要受调水量、再生水量和万元工业增加值用水量的影响。目前，对于调控区域的水资源数量，常用的思路是从“强载”和“减负”双向入手。因此，本研究参考上述模型中的变量灵敏度，选取变量“万元农业产值用水量”（X_1）和“万元工业增加值用水量”（X_2）作为减负手段，选取变量

“调水量”（X_3）作为强载手段。经过正交试验设计，吉林省各市（州）2030 年、2035 年和 2050 年的模块一推荐调控方案见表 4-25 ~ 表 4-27。

表 4-25　2030 年吉林省模块一推荐调控方案

地区	X_1		X_2		X_3	水量承载指数
	调控幅度/%	调控值/(m^3/万元)	调控幅度/%	调控值/(m^3/万元)	调控值/亿 m^3	
长春	10	270	-45	8.3	11	0.99
吉林	12	707	-35	71.7	—	0.99
四平	17	360	-45	15.7	2	0.99
辽源	0	412	-40	12.8	0.6	0.99
通化	-5	930	-45	34.4	4	1.00
松原	20	558	-45	16.5	15	0.98
白城	14	1395	-40	13.8	12	0.99

表 4-26　2035 年吉林省模块一推荐调控方案

地区	X_1		X_2		X_3	水量承载指数
	调控幅度/%	调控值/(m^3/万元)	调控幅度/%	调控值/(m^3/万元)	调控值/亿 m^3	
长春	5	258	-55	6.8	10	0.99
吉林	11	700	-40	66.2	—	1.00
四平	16	357	-55	12.8	1.8	1.00
辽源	-1	408	-55	9.6	0.5	0.98
通化	-10	844	-55	28.2	4	0.96
松原	15	535	-55	13.5	15	0.98
白城	15	1408	-50	11.5	12	0.99

表 4-27　2050 年吉林省模块一推荐调控方案

地区	X_1		X_2		X_3	水量承载指数
	调控幅度/%	调控值/(m^3/万元)	调控幅度/%	调控值/(m^3/万元)	调控值/亿 m^3	
长春	3	253	-75	3.8	8	0.99
吉林	10	690	-55	50	—	0.98
四平	15	254	-60	11.5	2	0.99
辽源	-1	408	-65	7.5	0.5	0.98
通化	-15	835	-70	18.8	3	0.95
松原	15	535	-60	12	15	0.99
白城	14	1395	-65	8.1	12	0.99

正如表 4-25 ~ 表 4-27 所示，在设置调控方案时会出现两种数据格式，一是以百分数，

表示变量的调控值相比2015年基础值之间的变化幅度；二是非百分数，即为变量的调控值。

4.5.3.2 模块二

水资源载荷系统作为巨系统，其各要素之间存在复杂的交互关系。模块一中的调控措施将影响模块二，如吉林省水质要素的发展情况在经过4.5.3.1节对水量指标调控后会发生变化。对此，本研究在设置模块二调控方案时，以模块一中各市（州）的推荐方案为基础。同样，对于模块二中调控指标的选取，依然参考4.4.5节中指标可调控性分析结果，选取万元工业增加值氨氮排放量（Y_1）、城镇居民人均氨氮排放量（Y_2）、氨氮转移排放量（Y_3）、万元工业增加值COD排放量（Y_4）、城镇居民人均COD排放量（Y_5）、COD转移排放量（Y_6）6个指标作为减负手段。经过正交试验设计，吉林省各市（州）2030年、2035年和2050年的模块二推荐调控方案见表4-28～表4-30。

表4-28　2030年吉林省模块二推荐调控方案

市（州）	Y_1		Y_2		Y_3	Y_4		Y_5		Y_6	水质承载指数
	调控幅度/%	调控值/(kg/万元)	调控幅度	调控值/kg	调控值/万t	调控幅度/%	调控值/(kg/万元)	调控幅度/%	调控值/kg	调控值/万t	
长春	-45	0.028	-40	1.353	0.10	-45	0.241	-40	5.908	0.20	1.20
吉林	-45	0.049	-45	1.279	-0.12	-45	0.660	-45	7.122	-0.6	1.17
四平	-30	0.042	-25	1.884	0.07	-30	1.029	-25	10.147	0	1.15
辽源	-25	0.011	-20	1.828	0.02	-25	0.518	-20	9.196	0.4	1.18
通化	-25	0.058	-30	2.072	0	-25	1.296	-30	14.451	0.7	1.20
白山	-40	0.035	-40	2.023	0	-40	0.508	-40	14.552	-0.7	1.20
松原	-45	0.040	-45	2.104	0.10	-45	0.310	-45	13.896	0.1	1.19
白城	-30	0.030	-35	1.842	0.05	-30	0.719	-35	13.913	0.25	1.16
延边	-50	0.035	-45	1.275	0	-50	1.685	-45	7.491	0	1.20

表4-29　2035年吉林省模块二推荐调控方案

市（州）	Y_1		Y_2		Y_3	Y_4		Y_5		Y_6	水质承载指数
	调控幅度/%	调控值/(kg/万元)	调控幅度	调控值/kg	调控值/万t	调控幅度/%	调控值/(kg/万元)	调控幅度/%	调控值/kg	调控值/万t	
长春	-45	0.028	-50	1.128	0.08	-45	0.241	-50	4.923	0.3	1.18
吉林	-55	0.040	-55	1.047	-0.08	-55	0.540	-55	5.827	-0.6	1.20
四平	-45	0.033	-45	1.480	0.04	-45	0.808	-45	7.973	0	1.16
辽源	-30	0.011	-40	1.371	0	-30	0.483	-40	6.897	0.3	1.18
通化	-35	0.050	-35	1.924	0	-40	1.037	-40	12.387	0.6	1.20
白山	-50	0.029	-45	1.854	0	-40	0.424	-45	13.339	-0.8	1.20
松原	-45	0.040	-50	1.913	0.11	-45	0.310	-50	12.715	0.2	1.19

续表

市（州）	Y_1		Y_2		Y_3	Y_4		Y_5		Y_6	水质承载指数
	调控幅度/%	调控值/(kg/万元)	调控幅度	调控值/kg	调控值/万 t	调控幅度/%	调控值/(kg/万元)	调控幅度/%	调控值/kg	调控值/万 t	
白城	-45	0.024	-45	1.558	0.04	-45	0.565	-45	11.773	0.15	1.15
延边	-55	0.031	-55	1.043	0	-55	1.516	-55	6.129	0	1.19

表 4-30　2050 年吉林省模块二推荐调控方案

市（州）	Y_1		Y_2		Y_3	Y_4		Y_5		Y_6	水质承载指数
	调控幅度/%	调控值/(kg/万元)	调控幅度	调控值/kg	调控值/万 t	调控幅度/%	调控值/(kg/万元)	调控幅度/%	调控值/kg	调控值/万 t	
长春	-60	0.020	-55	1.015	0.08	-70	0.131	-65	3.446	0.2	1.19
吉林	-65	0.031	-65	0.814	-0.08	-65	0.420	-65	4.532	-0.4	1.07
四平	-55	0.027	-50	1.346	0.04	-55	0.661	-50	7.248	0	1.20
辽源	-35	0.010	-50	1.143	0	-45	0.380	-45	6.322	0.1	1.18
通化	-55	0.035	-50	1.480	0	-55	0.778	-50	10.322	0.7	1.08
白山	-55	0.026	-50	1.686	0	-55	0.381	-50	12.127	-0.8	1.17
松原	-55	0.033	-60	1.530	0.14	-55	0.254	-60	10.172	0.3	1.19
白城	-55	0.019	-50	1.417	0.05	-55	0.462	-50	10.702	0.25	1.15
延边	-60	0.028	-60	0.927	0	-60	1.348	-60	5.448	0	1.20

4.5.3.3　调控结果

根据上述推荐调控方案，得到吉林省各市（州）主要指标的调控结果（表 4-31 和表 4-32）。

表 4-31　模块一调控结果

年份	指标	长春	吉林	四平	辽源	通化	白山	松原	白城	延边
2030	区域用水量/亿 m^3	33.35	34.39	12.00	3.68	16.29	3.66	32.21	25.74	12.46
	区域可利用的水量/亿 m^3	33.59	34.72	12.05	3.72	16.30	3.81	32.75	26.03	13.29
	水量承载指数	0.99	0.99	1.00	0.99	1.00	0.96	0.98	0.99	0.94
2035	区域用水量/亿 m^3	32.52	34.91	11.90	3.58	15.72	3.71	32.30	25.99	12.52
	区域可利用的水量/亿 m^3	32.92	34.97	11.91	3.65	16.37	3.81	32.84	26.07	13.29
	水量承载指数	0.97	1.00	1.00	0.98	0.96	0.97	0.98	1.00	0.94
2050	区域用水量/亿 m^3	31.21	34.8	12.14	3.63	14.71	3.73	33.03	25.80	12.72
	区域可利用的水量/亿 m^3	31.59	35.39	12.27	3.71	15.53	3.81	33.08	26.16	13.29
	水量承载指数	0.98	0.98	0.99	0.98	0.95	0.98	1.00	0.99	0.96

表 4-32　模块二调控结果

年份	指标	长春	吉林	四平	辽源	通化	白山	松原	白城	延边
2030	水功能区氨氮入河量/万 t	0. 35	0. 48	0. 13	0. 09	0. 27	0. 22	0. 15	0. 11	0. 23
	水功能区氨氮纳污能力/万 t	0. 30	0. 44	0. 11	0. 08	0. 22	0. 24	0. 12	0. 10	0. 28
	水功能区 COD 入河量/万 t	3. 72	3. 33	1. 61	0. 47	1. 52	2. 45	1. 59	1. 20	2. 01
	水功能区 COD 纳污能力/万 t	3. 10	2. 85	1. 43	0. 48	1. 46	2. 05	1. 33	1. 03	1. 68
	水质承载指数	1. 20	1. 17	1. 15	1. 18	1. 20	1. 20	1. 19	1. 16	1. 20
2035	水功能区氨氮入河量/万 t	0. 35	0. 47	0. 13	0. 09	0. 27	0. 21	0. 15	0. 11	0. 20
	水功能区氨氮纳污能力/万 t	0. 30	0. 44	0. 11	0. 08	0. 22	0. 24	0. 12	0. 10	0. 28
	水功能区 COD 入河量/万 t	3. 67	3. 43	1. 42	0. 53	1. 73	2. 46	1. 59	1. 18	2. 00
	水功能区 COD 纳污能力/万 t	3. 10	2. 85	1. 43	0. 48	1. 46	2. 05	1. 33	1. 03	1. 68
	水质承载指数	1. 18	1. 20	1. 16	1. 18	1. 20	1. 20	1. 21	1. 15	1. 19
2050	水功能区氨氮入河量/万 t	0. 36	0. 42	0. 14	0. 09	0. 24	0. 19	0. 13	0. 11	0. 18
	水功能区氨氮纳污能力/万 t	0. 30	0. 44	0. 11	0. 08	0. 22	0. 24	0. 12	0. 10	0. 28
	水功能区 COD 入河量/万 t	2. 90	3. 04	1. 50	0. 56	1. 58	2. 41	1. 58	1. 19	2. 02
	水功能区 COD 纳污能力/万 t	3. 10	2. 85	1. 43	0. 48	1. 46	2. 05	1. 33	1. 03	1. 68
	水质承载指数	1. 19	1. 07	1. 20	1. 18	1. 08	1. 17	1. 19	1. 15	1. 20

如表 4-31 所示，按照 4. 5. 3. 1 节模块一中推荐方案进行调控后，吉林省 9 个市（州）的水量承载指数在 2030 年、2035 年和 2050 年均未超过 1. 00。在具体的推荐调控方案上，9 个市（州）的调控方式和调控幅度存在差异。首先，在调控方式上，吉林市仅通过控制农业、工业用水效率来减少其水资源需求量，即仅进行了区域内调控来“减负”，而其余 8 市（州）均同时采取了“减负”和“强载”的双向调控。上述 8 市（州）的“减负”手段与吉林市类似，而“强载”手段则主要通过从其他区域或流域调水实现。其次，在调控幅度上，指标“万元农业产值用水量”在各市（州）之间的差异明显，该指标在长春市、吉林市和松原市等 5 个地区上升，而仅在辽源市和通化市下降。这种差异主要与吉林省施行的农业规划有关，如在松花江、辽河等主要河流的两侧推进“旱田改水田”规划，这将显著增加单位农业产值的用水量。

如表 4-32 所示，按照 4. 5. 3. 2 节模块二中推荐方案进行调控后，吉林省 9 个市（州）的水质承载指数在 3 个目标调控年份中均未超过 1. 20。在调控手段上，区别于水量调控，水质调控仅采用了“减负”手段。在具体的“减负”途径上，主要通过减少万元工业增加值氨氮排放量、万元工业增加值 COD 排放量和城镇居民人均氨氮排放量、城镇居民人均 COD 排放量，以及采用跨区域转移排放污染物的方式来降低区域的污染物入河量。其中，对于污染物的转移排放方式，主要是依据吉林省境内主要河流的流向，通过上下游双向进行生态补偿来实现。

综上所述，经过上述调控后，吉林省各市（州）的水量承载指数均未超过 1. 00，水质承载指数均未超过 1. 20，表明依据上述调控方案对吉林省水资源载荷系统进行调控是可行的。

4.5.4 调控措施与建议

水资源作为重要的基础资源，已逐渐成为地区国民经济发展的瓶颈，为保证吉林省水资源系统的可持续发展，有必要从开源和节流两个途径提出一系列调控措施与建议，用于解决吉林省目前和将来可能面临的水资源短缺、水环境污染、水域面积萎缩、水体流动性受阻等困境。结合已建立的吉林省水资源承载力诊断指标体系、吉林省水资源承载力模拟系统动力学模型，此部分将从具有可调控性的水量、水质两要素方面提出用于开源和节流途径的工程性措施与非工程性措施。

4.5.4.1 水量

对于水量要素，其开源途径以工程性措施为主，即通过水利工程措施、污水回用等途径增加区域可利用的水量；节流途径则主要从结构性、经济和技术性提高水资源利用率，即通过调整产业结构、统一管理水资源等措施减少区域用水量。

由 4.5.3 节可知，吉林省各市（州）模块一中的主要调控指标为万元农业产值用水量、万元工业增加值用水量、调入水量。对此，本研究分别就 3 个调控指标给出调控措施。

（1）万元农业产值用水量

吉林省耕地资源丰富、土质肥沃，是我国重要的商品粮生产基地，但由于历史欠账较多，吉林省农业用水效率低下，农业用水占全省用水比例常年超过60%，通过多重措施提高农业用水效率、控制万元农业产值用水量对吉林省水资源载荷系统可持续发展至关重要。对此，本研究给出以下措施来控制万元农业产值用水量。

1）发展节水灌溉农业。吉林省现有灌溉农田面积约 3000 万亩，规划在 2030 年超过 4500 万亩，需着力在现有和新建灌区中推广与发展节水灌溉农业。

2）因地制宜，调整农作物种植区域布局。结合吉林省水土资源特点，在中部松花江、东辽河、嫩江等取水便利的水系沿线，扩大水稻和玉米种植面积；在西部生态脆弱区，种植以大豆为主的油料作物；在东部生态屏障区，发展以玉米和大豆轮作为主的特色型种植业。

3）加强水渠节水改造，推进水田节水灌溉。对现有 137 个大中型灌区和众多小型灌区的输水渠系进行节水改造，减少灌溉用水在输送途中因渗漏而损失的水量。同时，对规划新建和续建的灌区，全部实施节水灌溉。

4）在旱区推广高效灌溉方式。在松原市、白城市、长春市西部和四平市西部地区推广喷灌、滴灌、微灌等高效节水灌溉技术。

（2）万元工业增加值用水量

受限于结构矛盾，吉林省工业用水效率偏低，有必要通过多重措施提高工业用水效率，降低万元工业增加值用水量。对此，本研究给出以下措施来控制万元工业增加值用水量。

1）实施工业转型升级。深入实施技术改造升级工作，全面提升汽车、石化等传统产业的用水效率，对高耗水、产能过剩的产业进行严格控制，甚至淘汰。同时，加快培育医药健康、装备制造等新兴产业。

2）推广新型循环水利用设备和节水工艺。在石化、纺织、造纸等高耗水企业中推广新型循环水利用设备，在生产工艺的全流程推广节水新工艺，加大工业用水重复利用率。

(3) 调入水量

吉林省水资源分布具有明显的地域特征，东部地区河流众多，水资源丰富。中西部降水不足，水资源只占全省的32.4%，水资源极其短缺。因此，合理分配水资源，实现东、中、西水源互补，对吉林省社会经济稳定发展至关重要。对此，本研究给出以下措施来控制调入水量。

1）跨流域调水。东部作为吉林省乃至东北地区河流的发源地，有必要将其丰富的水资源通过水利工程设施调往中西部。为实施上述调水，需按规划完成浑江引水工程。另外，延边朝鲜族自治州虽然整体上水资源丰富，但也在海兰河流域存在水资源短缺现象，需要通过古洞河引水工程将古洞河水资源引入海兰河。

2）流域内调水。松花江起源于水资源丰富的东部，流经主要用水区的中部和耗水区的西部，是分配水资源的核心载体。因此，加快实施松花江流域内主要水库、水系间的联通联调工程，对保障吉林省中部城市圈和西部两市的用水需求至关重要。为实施上述调水，需按规划完成牡丹江引水工程、中部城市引松供水工程、引松入长工程、哈达山枢纽引水工程等。

4.5.4.2 水质

对于水质要素，其开源途径以水利工程措施为主，即通过减少水库等水利工程设施对水体流动性的阻碍作用，同时通过人工措施加强河湖水系之间的连通性，以提高水体的自净能力；节流途径则与水量要素类似，从结构性、经济和技术性入手，降低污染物的入河量。

由4.5.3节可知，吉林省各市（州）模块二中的主要调控指标为城镇居民人均污染物排放量、万元工业增加值污染物排放量、污染物转移排放3类6个指标。对此，本研究分别就3类调控指标给出调控措施。

(1) 城镇居民人均污染物排放量

吉林省位于“黑河-腾冲”线东侧，其境内人口分布密集，城镇居民每年向水环境中排放大量污染物，导致区域水环境受到严重污染。因此，有必要通过多重措施来控制城镇居民人均污染物排放量。

1）提升城镇污水处理能力。准确统计各区域生活污水产生量，在污水处理能力不足的地方加快建设新污水处理设施。

2）提升城镇污水收集能力。加快污水管网升级改造，延伸污水管网，推进雨污分流，提高污水收集能力。

3）合理确定并严格执行污水排放标准。根据现有污水处理设施的技术水平和经济发展水平，合理确定污水排放标准，并通过加强监管，确保污水处理设施全面达标排放。

(2) 万元工业增加值污染物排放量

吉林省作为东北老工业基地，工业分布密集，每年向水环境中排放大量污染物，本研究给出以下措施来控制万元工业增加值污染物排放量。

1）严格控制企业污染物总量排放。建立覆盖所有工业污染源的排污许可制度，根据水环境容量，逐个明确污染物总量控制目标，实现工业污染源全面达标排放。

2）推进工业污水深度处理。加快工业污水处理工艺革新，推进工业污水深度处理，特别是在造纸、化工、粮食深加工等高污染行业，实现污染物排放总量减少的目标。

3）强化工业园区污染物集中预处理。在工业分布集中的工业集聚区，加快推进污水处理设施建设，工业污水经预处理达标后，方可排入污水集中处理设施，以降低污水集中处理设施的运行负荷，最终实现工业污水全面达标排放。

4）取缔污染严重的“十小”企业。全面排查各市（州）企业的污染物排放情况，结合其经济效益，依法取缔高污染、低效益的造纸、制革、印染等“十小”企业。

(3) 污染物转移排放

1）推广排污权交易。结合各市（州）水域纳污能力，通过交易排污权，实现超量污染物的排放。

2）建设跨区域排污管道。对位于禁止排污区的企业，建设排污管道，将排污口建设在允许排放的河段。对超过本地水域纳污能力的污染物，通过排污管道，将污染物转移至其他不超标水域排放。

4.5.5 小结

本研究以改善吉林省水资源状况和提升水资源承载力为目标，结合吉林省实施的水利现代化建设和水污染防治行动等相关规划，基于所建立的水资源承载力诊断指标体系和水资源承载力模拟系统动力学模型，采用正交试验方法，对吉林省水资源载荷系统进行调控研究。

1）对吉林省水资源承载力模拟系统动力学模型中主要变量的可调控性分析表明，吉林省水资源载荷系统中的水量要素负荷表征指标“区域用水量”受万元农业产值用水量的影响最大，灵敏度高达 0.6682，其次为万元工业增加值用水量。水量要素能力表征指标“区域可利用的水量”主要由调水量和再生水量驱动。水质要素负荷表征指标“水功能区污染物入河量”则主要受万元工业增加值污染物排放量、城镇居民人均污染物排放量和污染物转移排放量的影响。

2）以水资源载荷均衡为目标，参考发达国家和国内先进地区的发展水平，需要对吉林省 9 个市（州）同时进行水量和水质两要素调控。在水量调控上，除吉林市外的其余 8 个市（州）不仅要采用“减负”调控手段，还需要采取“强载”手段，如长春市在 2030 年需要将其万元农业产值用水量、万元工业增加值用水量分别控制在 $270m^3$、$8.3m^3$，并调入 11 亿 m^3 的水资源。在水质调控上，9 个市（州）主要采用“减负”手段，以改善水环境污染状况，如 2030 年长春市的万元工业增加值氨氮排放量、万元工业增加值 COD 排放量需要分别降至0.028kg、0.241kg，城镇居民人均氨氮排放量、城镇居民人均COD排放量需要分别降至1.353kg、5.908kg，并分别跨区域转移排放0.1万t、0.2万t的氨氮和COD。依据推荐方案进行调控的结果显示，吉林省各市（州）的水量承载指数均未超过1.0，水质承载指数均未超过1.2，表明本节给出的调控方案对吉林省水资源载荷系统进行调控是可行的。

3）为提升水资源承载力，吉林省需要严格控制用水需求和污染物排放，并通过工程措施提高水资源供给能力。针对水量要素的水资源承载力提升建议：①大力发展节水灌溉农业；采用因地制宜策略，调控农作物的种植区域布局；加强水渠节水改造和高效灌溉方式，提高农业用水效率。②加快实施工业转型升级，并在石化、纺织等高耗水行业中推广新型循环水利用设备和节水工艺，降低工业用水需求。③以域内的水系分布和河流流向为基础，通过新建水利工程设施，实施跨区域/流域调水，实现水资源在水量上的空间均衡。

针对水质要素的水资源承载力提升建议：①提升城镇污水处理、收集能力；合理确定并严格执行污水排放标准，以减少城镇生活污染物排放。②严格控制企业污染物总量排放；在排污工业中推广污水深度处理，同时强化工业园区污染物集中预处理的力度，从源头上减少污染物入河量；取缔污染严重的“十小”企业，以降低工业污染负荷。③建设跨区域排污管道，并推广实施排污权交易制度。

4.6 本章小结

本章在以往研究的基础上，通过引进分数阶遗传算法，提出了FOGA-EW-AHP指标筛选方法，构建了水资源承载指数模型、水资源承载力的人口-负荷-能力评价模型和水资源承载力模拟系统动力学模型，从“诊断-评价-预测-调控”方面对吉林省水资源承载力进行了多阶段研究。本研究取得的主要创新性成果如下：

1）本研究从水资源承载力内涵出发，结合可持续发展理论和系统理论，引进分数阶遗传算法，提出了FOGA-EW-AHP指标筛选方法，构建了基于“量、质、域、流”四要素的水资源承载力诊断指标体系。本研究的水资源承载力诊断研究丰富了水资源承载力评价理论方法。

2）本研究从“量、质、域、流”四要素的负荷表征指标和能力表征指标出发，构建了水资源承载状态评价的承载指数模型和水资源承载力的人口-负荷-能力评价模型。从以水量和水质要素为主导的两个模块方面建立了吉林省水资源载荷系统的系统动力学模型。本研究所建立的水资源承载力评价、预测模型，在全面分析特定区域的现状和未来水资源承载力状况时具有显著优势。

3）本研究从“量、质、域、流”四要素出发，分析水资源载荷系统中各组分间相互制约、相互影响的动态发展过程，引进正交试验方法，设计了多种综合协调型调控方案，给出了提升吉林省各市（州）水资源承载力的推荐调控方案。本研究的水资源承载力调控研究丰富了调控方案的设置方法，在选择最适合调控方案时具有优势。

第5章 中国各省级区域水资源利用效率评价

本章从投入产出视角开展水资源利用效率和承载能力研究，给出了投入产出视角下的水资源利用效率和承载能力分析框架，结合数据包络分析（data envelopment analysis，DEA）方法和Malmquist指数方法，构建中国区域水资源利用效率评价模型，分析各区域的直接水资源利用效率，结合投入产出理论对区域间虚拟水资源利用状况进行分析，对各区域的虚拟水资源利用效率进行评价，最后基于系统复杂性以及产业结构和虚拟水的影响，构建水资源利用效率评价复杂指标集和多层次熵权数据包络分析模型，并对中国31个省级行政区水资源利用效率进行综合评价。

5.1 投入产出视角下的水资源利用效率和承载能力分析框架

我国社会经济发展的程度水平不断提高，对我国的国家治理体系和治理能力现代化提出了更高的要求，根据“节水优先、空间均衡、系统治理、两手发力”的新时期水利工作方针，我国的水资源管理思路也不断向现代化改进（人民网，2014）。国家政策层面对水资源管理强调提高用水效率，推动节约用水，以及水资源供给侧改革，结合社会经济手段实现水资源的合理开发利用和保护，实现“以水定城、以水定地、以水定人、以水定产”（国家发展改革委和水利部，2019）。水资源作为人类生存发展的重要战略资源，支撑着社会经济、生产生活的方方面面，同时也承载着生态环境系统。而社会经济的发展状况也会影响水资源系统的可持续开发利用和生态环境安全，同时生态环境系统也会对人类健康和用水安全产生影响。由此可见，水资源的合理利用和水资源承载能力问题是一个复杂的系统性问题。水资源既是维持人类生命所不可或缺的物质，也是社会生产活动中的重要生产资料，因此在分析水资源问题时，可以将水资源的消耗看作系统的投入（水资源的供给），而水资源承载能力（如可承载的经济总量、环境容量、人口规模等）则对应系统的产出。由此可以基于投入产出的思想对水资源利用效率进行分析，进而根据水资源投入产出关系分析水资源的承载能力及调控机制，以实现水资源的优化配置和开发保护。

5.1.1 投入产出视角下的水资源利用效率分析

在日常生产活动和生活中，人类无时无刻不在消耗水资源，与此同时通过对水资源的利用也在不断地创造价值，而水资源利用效率就是反映水资源利用水平的重要指标（Karagiannis et al.，2003；Dhehibi et al.，2007；Zhang et al.，2016），它反映了水资源是否被充分有效的利用，同时也可以作为衡量节水效能的重要指标。本研究通过分析水资源利用效率的特性和内涵，对水资源利用效率的评价方法进行梳理，结合投入产出理论对水资源利用效率分析方法进行系统性的研究，为之后的中国区域水资源利用效率评价提供基础。

5.1.1.1 水资源利用效率特性分析

(1) 水资源利用效率的复杂性

水资源系统本身就是一个复杂的大系统，必然导致影响水资源利用效率的因素众多，也就决定了水资源利用效率的复杂性（Berger et al.，2007；Pereira and Martin，2015）。在水资源利用效率的测度方法研究中，单一指标法，如单位产值耗水量、人均用水量等指标已经不能满足需求，不足以反映在水资源开发利用全过程中的整体效率。因此多指标评价方法成为目前水资源利用效率分析的主流趋势，如产业结构、用水结构、水资源禀赋、经济发展水平、人口数量、生态环境质量等都可以作为指标用于水资源利用效率的测度（Diehl，1988；Barbara et al.，2020）。而相应地，不同区域的自然环境状况和水资源管理部门的决策也会对上述指标产生影响，进而影响水资源的综合利用效率。

(2) 水资源利用效率的系统性

系统性是指整体由于存在多层次和多维度的要素，这些要素的组合、集成以及相互作用遵循特定的规则（梁其东和迟明春，2009；轩玮，2015；程帅和张树清，2015）。而水资源利用效率的系统性，则体现在水资源系统与社会经济和生态环境的内在联系及相互作用规律上。水资源利用效率取决于用水量和所创造的综合效益，综合效益则关系到社会经济系统和生态环境的运行与水资源的划分，同时社会经济系统内部又分为不同的产业部门并带来相应的污染物排放（Ouyang et al.，2016）。不同产业部门之间存在着虚拟水资源交换的客观联系，如农业部门消耗的水资源量会以农产品的方式转移给工业部门，而工业部门的产品也将其包含的虚拟水资源量转移给其他产业（Wang et al.，2013；田贵良等，2019）。因此水资源的配置、产业规划最终都会影响社会经济总量和生态环境效益，进而影响水资源的综合利用效率（Wang and Lou，2012；Fang and Chen，2015）。因此水资源利用效率的影响因素众多，且各影响因素之间存在系统性的联系和规律（赵良仕，2014）。

(3) 水资源利用效率的投入产出性

水资源利用效率存在复杂性和系统性，所以在对水资源利用效率进行测度时要尽可能地选择较多的指标，而这些指标又存在系统性的联系，那么如何对这些指标的关系及含义进行梳理是分析水资源利用效率时所必须考虑的问题（Hu et al.，2006；Wang et al.，2010）。因此有必要从水资源利用效率的投入产出特性入手，思考水资源利用效率的内涵本质。借用经济学理论中生产函数的定义，将水资源的开发利用看作生产活动的一部分，将各类指标统一归类为投入指标和产出指标两类（Li et al.，2016），如将水资源消耗量、投资、人力资源等作为投入指标，将各行业产值、粮食产量、绿地面积等作为产出指标，这样可以使复杂的系统问题简单化，便于我们建立适当的模型对水资源利用效率进行研究。

(4) 水资源利用效率的相对有效性

单纯的分析水资源利用效率的某一个指标值，或者单一区域单一时间点的效率值是没有意义的，无法对效率的优劣进行评价，只有将不同区域的同类指标值或者效率值放在一起进行比照，才可以对效率进行排序并进行优劣评价（Campbell et al.，2004）。同样地，也可以对同一地区不同时间点的水资源利用效率值进行对比评价，或者多区域多时间点的水资源利用效率进行比较评价，这就是水资源利用效率相对有效性的含义，对水资源利用效率的评价必须基于多个样本之间的互相比较。

5.1.1.2 水资源利用效率的评价方法

根据 5.1.1.1 节对水资源利用效率特性的分析，可以把水资源利用效率看作包含水资源投入在内的一种多种投入、多种产出的比例值，它综合反映了水资源开发利用的管理效率、技术效率和规模效率。在对水资源利用效率的研究过程中，不能仅仅评价效率的高低好坏，也要同时研究其影响因素和相互关系（Fan et al.，2016）。目前，主流的水资源利用效率评价方法有非参数评价方法和参数评价方法两种。其中参数评价方法以随机前沿分析（stochastic frontier analysis，SFA）为代表，该方法需要预先确定前沿面的具体形式，即需要对生产函数进行预先的设计和估算。这对生产函数的选取提出了很高的要求，而且只能用于多投入、单产出的效率分析问题。与参数评价方法相对应的是以 DEA 为代表的非参数评价方法，该方法通过构造一个包含所有生产方式的投入产出线性组合，利用超平面将其中有效的组合连接起来就构成了一个确定性的分段前沿超平面，根据其他待评价样本点到该前沿面的距离来评价其效率的相对有效性（Bian et al.，2014）。因此，DEA 方法更适合多产出、多投入的效率分析问题，同时该方法并不需要对模型进行预先假设，便于通过线性规划的方法进行求解，利于模型的扩展及与其他模型整合。

(1) 数据包络分析方法

DEA 方法由于其非参数特性，无须预估生产函数，也无须考虑投入产出指标选取时的量纲统一问题，在分析效率时具有很强的可操作性，能得到信息更丰富的效率评价结果，特别适合用来处理多投入、多产出指标的多目标决策问题。该方法的原理主要是将每一个被评价的目标作为一个决策处理单元（decision making unit，DMU），在 DMU 的输入输出指标数量及数值不变的条件下，通过构建数学规划式与统计信息数据来确定相对有效的生产技术组合前沿超平面，建立各个 DMU 在生产前沿超平面上的投影，通过比较 DMU 及其投影点与前沿超平面的相对距离来评价它们的相对效率有效性（涂斌，2012）。DEA 方法具有适用范围广，可分析多种投入和多种产出的情况，因此比较适合用于水资源及环境领域的研究。

DEA 方法有多种计量模型，其中最具代表性的模型包括 CCR 模型、BCC 模型、ST 模型和 FG 模型等。假设某个系统中有 n 个 DMU，其中每个 DMU 有 p 个投入指标和 q 个产出指标。定义如下集合：

$$x = \begin{bmatrix} x_{11} & x_{12} & \cdots & x_{1n} \\ x_{21} & x_{22} & \cdots & x_{2n} \\ \vdots & \vdots & \ddots & \vdots \\ x_{p1} & x_{m2} & \cdots & x_{pn} \end{bmatrix} \tag{5-1}$$

$$y = \begin{bmatrix} y_{11} & y_{12} & \cdots & y_{1n} \\ y_{21} & y_{22} & \cdots & y_{2n} \\ \vdots & \vdots & \ddots & \vdots \\ y_{q1} & y_{q2} & \cdots & y_{qn} \end{bmatrix} \tag{5-2}$$

$$\boldsymbol{\omega} = [\omega_1 \omega_2 \omega_3 \cdots \omega_p]^{\mathrm{T}} \tag{5-3}$$

$$\boldsymbol{\mu} = [\mu_1 \mu_2 \mu_3 \cdots \mu_q]^{\mathrm{T}} \tag{5-4}$$

式中，$\boldsymbol{x}$ 为整体的投入指标矩阵；$\boldsymbol{y}$ 为整体的产出指标矩阵；$\boldsymbol{\omega}$ 为输入指标权向量；$\boldsymbol{\mu}$ 为产出指标权向量。上述矩阵和向量中的元素取值均大于0。令 x_j 代表矩阵 $\boldsymbol{x}$ 中的第 j 个列向量，y_j 代表矩阵 $\boldsymbol{y}$ 中的第 j 个列向量，且记 $x_0 = x_{j0}$，$y_0 = y_{j0}$，则 CCR 模型的整体线性规划式为

$$\begin{cases} \max \mu^{\mathrm{T}} y_0 \\ \text{s. t. } \dfrac{\mu^{\mathrm{T}} y_j}{\omega^{\mathrm{T}} x_j} \leqslant 1 \quad j = 1, 2, 3, \cdots, n \\ \omega^{\mathrm{T}} x_0 = 1 \\ \omega \geqslant 0, \ \mu \geqslant 0 \end{cases} \tag{5-5}$$

CCR 模型的命名取自 Charnes、Cooper 和 Rhodes 三个创始人的名字的首字母，其基本假设为规模收益不变，在所有 DMU 的效率值都不超过 1 的情况下，使得待评价单元的效率值最大化。相应地，Banker、Charnes 和 Cooper 随后根据 DMU 技术有效性原则，即模型规模收益可变的假设，提出了以三人名字首字母命名的 BCC 模型，该模型的整体线性规划式为

$$\begin{cases} \max \mu^{\mathrm{T}} y_0 + \mu_0 \\ \text{s. t. } \omega^{\mathrm{T}} x_j - \mu^{\mathrm{T}} y_j - \mu_0 \geqslant 0 \quad j = 1, 2, 3, \cdots, n \\ \omega^{\mathrm{T}} x_0 = 1 \\ \omega \geqslant 0, \ \mu \geqslant 0 \end{cases} \tag{5-6}$$

式中，μ_0 为取值在负无穷到正无穷的自由变量，其取值符号并不影响目标函数的最终结果（Banker et al., 1984）。基于规模收益递增的假设，Färe 和 Grosskopf 提出了 FG 模型，该模型的整体线性规划式为

$$\begin{cases} \max \mu^{\mathrm{T}} y_0 + \mu_0 \\ \text{s. t. } \omega^{\mathrm{T}} x_j - \mu^{\mathrm{T}} y_j - \mu_0 \geqslant 0 \quad j = 1, 2, 3, \cdots, n \\ \omega^{\mathrm{T}} x_0 = 1 \\ \omega \geqslant 0, \ \mu \geqslant 0, \ \mu_0 \leqslant 0 \end{cases} \tag{5-7}$$

相应地，Seiford 和 Thrall 提出了基于规模收益递减的 ST 模型，该模型的整体线性规划式为

$$\begin{cases}\max \mu^{\mathrm{T}} y_0 + \mu_0 \\ \text{s. t. } \omega^{\mathrm{T}} x_j - \mu^{\mathrm{T}} y_j - \mu_0 \geqslant 0 \quad j = 1, 2, 3, \cdots, n \\ \omega^{\mathrm{T}} x_0 = 1 \\ \omega \geqslant 0, \mu \geqslant 0, \mu_0 \geqslant 0 \end{cases} \tag{5-8}$$

本研究在对水资源利用效率的分析中需要考虑水资源的分配效率、技术效率，其中技术效率又包含纯技术效率和规模效率两部分（魏权龄，2000），所以本研究需要同时用到上述四种经典模型。通过简单的变化，上述四种模型可以整合到同一个规划式中：

$$\begin{cases}\max \mu^{\mathrm{T}} y_0 + \delta_1 \mu_0 \\ \text{s. t. } \omega^{\mathrm{T}} x_j - \mu^{\mathrm{T}} y_j - \delta_1 \mu_0 \geqslant 0 \quad j = 1, 2, 3, \cdots, n \\ \omega^{\mathrm{T}} x_0 = 1 \\ \omega \geqslant 0, \mu \geqslant 0, \delta_1 \delta_2 (-1) \delta_3 \mu_0 \geqslant 0 \end{cases} \tag{5-9}$$

当 $\delta_1 = 0$ 时，该模型等效于 CCR 模型，当 $\delta_1 = 1$，$\delta_2 = 0$ 时，该模型等效于 BCC 模型，当 $\delta_1 = \delta_2 = \delta_3 = 1$ 时，该模型等效于 FG 模型，当 $\delta_1 = 1$，$\delta_2 = 1$，$\delta_3 = 0$ 时，该模型等效于 ST 模型。由线性规划的理论可得该规划式的对偶模型为

$$\begin{cases}\min[\theta - \varepsilon(e_1^{\mathrm{T}} S^+ + e_2^{\mathrm{T}} S^-)] \\ \sum_{j=1}^{n} \lambda_j x_j + S^- - \theta x_0 = 0 \\ \sum_{j=1}^{n} \lambda_j y_j - S^+ - y_0 = 0 \\ \lambda_j \geqslant 0, j = 1, 2, 3, \cdots, n \\ S^+ \geqslant 0 \\ S^- \geqslant 0 \\ 0 < \theta \leqslant 1 \end{cases} \tag{5-10}$$

式中，θ 为 DMU 的有效值；ε 为非阿基米德无穷小量，S^+ 为 p 项输入的松弛变量；S^- 为 q 项输出的松弛变量；λ_j 为重新构造的一个有效 DMU 与第 j 个 DMU 的组合比例；n 为所在子集 DMU 的个数，$e_1^{\mathrm{T}} = (1, 1, \cdots, 1)_{1\times p}$，$e_2^{\mathrm{T}} = (1, 1, \cdots, 1)_{1\times q}$。

其具体含义为：

1）若 $\theta = 1$，且 $S^+ = S^- = 0$，则说明决策处理单元 DEA 有效，其规模效率和纯技术效率均有效。

2）若 $\theta < 1$，则表明决策处理单元 DEA 无效，即规模效率无效或纯技术效率无效，未达到最优状态。当 $\sum_{j=1}^{n} \lambda_j = 0$ 时，则称决策处理单元技术有效，反之决策处理单元技术无效；令 $K = 1/(\theta \sum_{j=1}^{n} \lambda_j)$，当 $K = 1$ 时，决策处理单元为规模有效，当 $K < 1$ 时，决策处理单

元的规模收益递增，当 $K>1$ 时，决策处理单元的规模收益递减。

（2）数据包络分析的应用流程

A. 问题的梳理和明确

在应用 DEA 方法对效率进行分析时，首先要确定问题研究的目标，并根据研究的目标确定研究对象的范围，根据研究对象的影响因素建立相应的层次结构。明确各种影响因素的性质，如数值是可变的还是固定的，主要的还是次要的等。梳理各要素之间的关系，确定 DMU 的选取范围和规则。本研究中效率问题的研究对象为水资源的利用效率，目标是实现水资源的合理配置与调控，DMU 的选取则对应中国各省级行政区。问题的研究结果则对应中国区域水资源利用效率的综合评价及优化改进方案。

B. 模型的构建

DEA 模型的构建首先需要考虑的是指标体系的选取，具体要求是选择的指标应能够全面地反映待评价目标的特性，并且把指标的相互关系反映到权重的约束中。同时也要考虑指标的具体现实意义，将其归为投入和产出两类指标。模型的构建还需要考虑 DMU 的选取，要保证选取的 DMU 具有相同的投入和产出、任务目标，且相互之间具有可比性。最后对模型所需的指标数据进行搜集整理，选择合适的规划模型进行计算。DEA 模型还分为投入导向模型、产出导向模型和非导向模型三类，投入导向模型是从侧重投入的角度对待评价 DMU 的无效率程度进行测量，关注的是在不减少产出的情况下，为了达到技术有效条件，各项投入应当减少的程度；与此对应的产出导向模型侧重的是在投入一定的条件下，要达到技术有效，各产出项应当增加的程度；非导向模型则同时从投入和产出两个方面进行测量。针对水资源问题的特性，水资源利用效率与水资源的管理有紧密的关系，结合已有的研究经验，本研究所采用的模型均为投入导向模型。

C. 结果分析

在完成上述步骤后，即可得到水资源利用效率的计算结果，通过比较分析，可以找到无效的单元，并对其无效的原因进行进一步分析，且给出改进方案（程强，2016）。

数据包络分析过程的整体流程图如图 5-1 所示。

（3）非期望产出的处理

在水资源的开发利用过程中，通常将水资源看作一种生产资料，与资本、劳动力等常规投入一起作为投入指标，且作为经济增长的原动力，此时 GDP、粮食产量以及带来的生态效益则是系统的期望产出。但由于生产活动中不可避免地会带来污染排放的问题，即在生产活动中既得到了有益的产出部分，也带来了非期望产出，如烟尘、废水、废气的排放，造成环境破坏，产生水质污染等恶性事件。长期以来的研究方法多聚焦于如何对环境破坏和水质污染等造成的经济损失进行评估，进而在经济产出项下将其核减剔除。但是这种方法在实际操作过程中非常困难，难以获得准确的计量模型和所需数据。在很多水资源利用效率评价研究中常常忽略环境污染等非期望产出因素的影响。因此在借助传统的 DEA 模型进行测度考虑非期望产出的效率时，必须对传统 DEA 模型进行修正（赵良仕，2014）。根据广义 DEA 模型投入、产出指标的划分原则可知，待评价 DMU 中对整体系统发展不利或对其所处生存发展环境产生负面效益的指标应作为投入指标，而对整体系统健

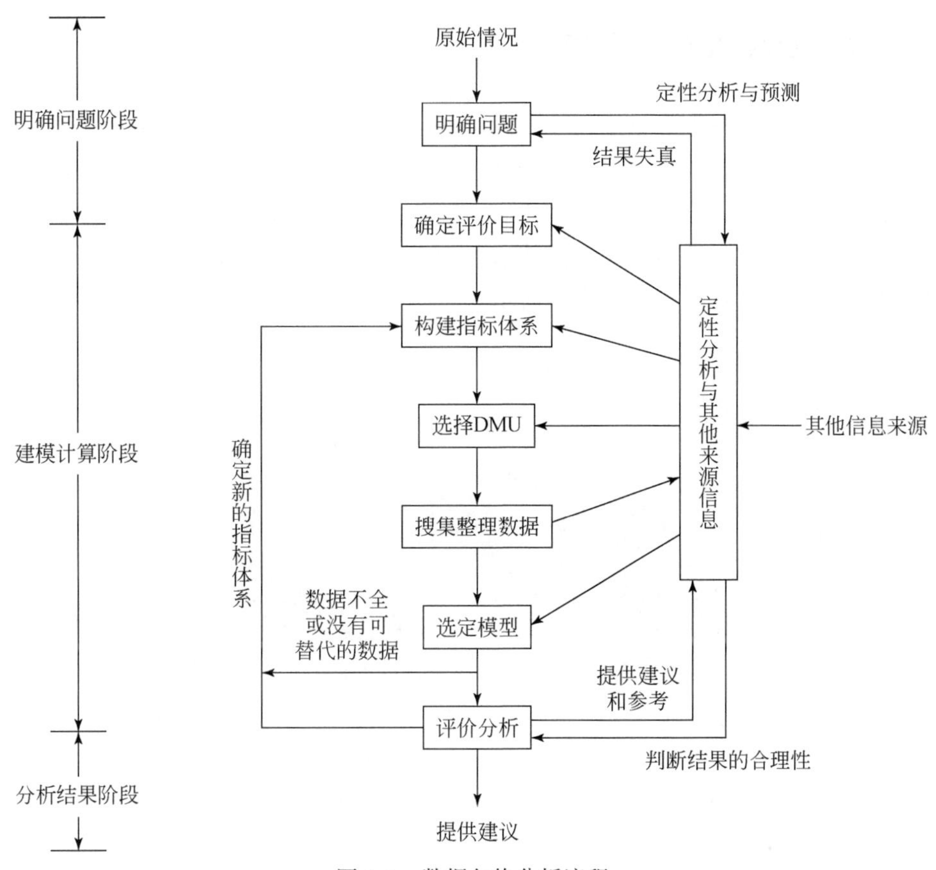

图 5-1　数据包络分析流程

康发展和所处环境产生正面效益的指标应作为产出指标（马占新和唐焕文，1999）。因此本研究针对非期望产出的处理方法为将非期望产出在模型计算时作为投入指标，并在结果分析时进行单独说明。同时 DEA 方法本身对投入和产出指标的量纲是没有要求的，因此本研究的处理方法是合理的，且具有操作简单、结果可靠的特点。

（4）超效率模型

在 DEA 模型的结果分析中，当投入和产出的指标选取过多，或者待评价 DMU 数量较少时，往往会造成多个 DMU 评价结果均为有效的情况，由于 DMU 的最大效率值为 1，会有多个 DMU 效率值均为 1 的情况。当需要对这些效率值为 1 的 DMU 进行进一步分析时，往往还需要用到 Tobit 回归模型。而本研究采用 Andersen 和 Petersen 提出的超效率模型方法，该方法的核心思想是将所有的 DMU 重新分为参考组和待评价组，也就是将待评价 DMU 的效率基于参考组 DMU 的前沿面计算得出。因此相对于参考组，待评价组的有效 DMU 的效率值通常会大于 1，从而可以对 DEA 模型的结果进行进一步的分析。本研究对超效率模型的应用主要用于水资源利用效率的跨期比较，如水资源优化配置后同优化前的比较、直接水资源利用效率与含虚拟水资源量的水资源利用效率的比较问题。相对于传统方法，基于超效率模型的分析结果更具有实用性。

5.1.2 水资源投入产出分析

前文中提到了虚拟水资源量的概念，在一般的区域水资源效率研究中，都是对区域的直接用水量及其效率进行测度，但是不同地区、不同行业在生产产品的过程中都要消耗水资源（吴晓娟，2018），而产品会在不同产业部门之间以及不同地区之间流转，其中就包含着水资源的转移，通常把包含在产品或服务中的水资源消耗量称为虚拟水资源量。部门间的水资源产品流转过程示意如图 5-2 所示。

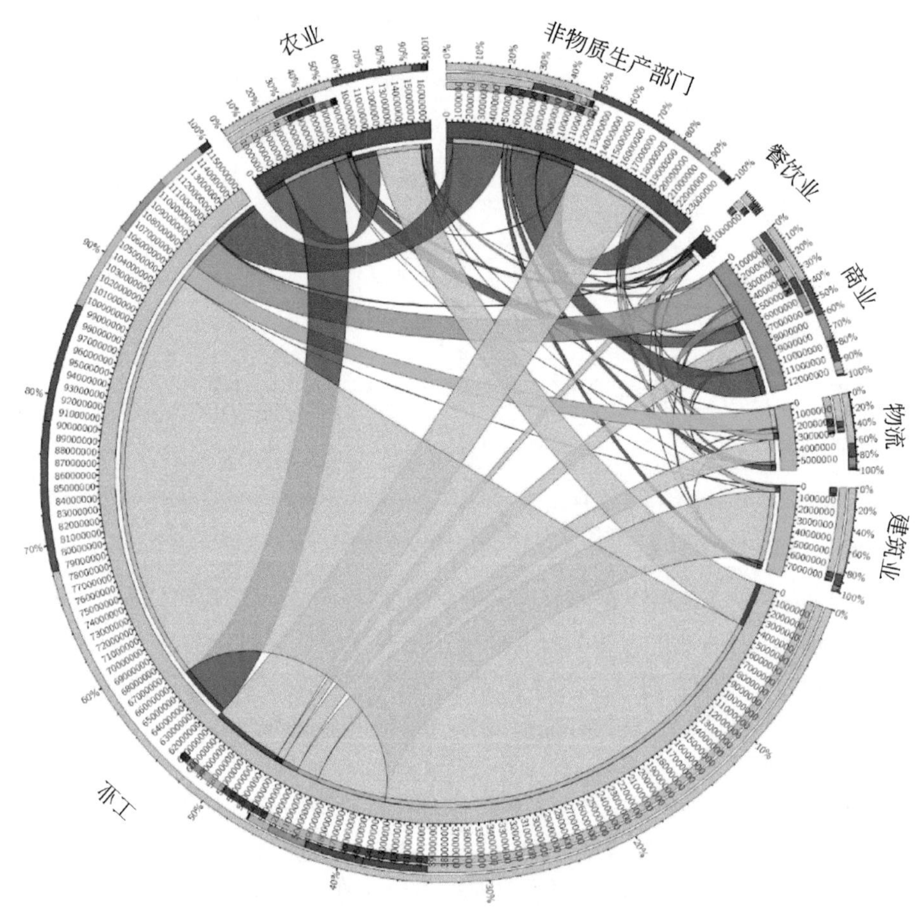

图 5-2 部门间水资源产品流转过程示意

图中数值是指该部门的增加值，单位为万元

因此只要存在商品贸易等经济活动，随时都伴随着虚拟水资源量的交换。对单个地区来说，显然利用的虚拟水资源量越多，对本地区的水资源及生态环境的保护越有利；但对于以虚拟水资源输出为主的地区，其水资源的供给能力则会承载更大的压力。虚拟水在不同产业间的流转，如工业生产需要用到农业部门的产品，而农产品再生产过程中需要消耗大量的水资源量。因此不同的产业结构、区域内和区域间的虚拟水交换会对水资源的利用效率产生很大的影响，同时不同的产业布局和贸易结构也会影响水资源的配置及区域的水资源承载能力，这也是水资源优化配置的核心（江贤武，2010）。本研究对水资源投入产出的分析主要涉及产业间的用水特性与区域水资源优化配置，以及区域间的虚拟水贸易对区域水资源利用效率的影响。可见，水资源投入产出分析是连接水资源利用效率分析与水资源优化配置的核心纽带。

5.1.2.1 投入产出分析的理论基础

(1) 投入产出分析的内涵

投入产出分析又被称为投入产出经济学，最早由里昂惕夫于 1931 年创立（Bian et al., 2014），20 世纪 90 年代以来随着计算机技术的快速发展，其得到了广泛的应用，对经济政策制定、资源的分配管理产生了重要的影响。投入产出分析的三大核心部分包括投入产出表的构建、投入产出系数分析以及投入产出模型的构建。投入产出的显著优点是可以在社会经济的产业部门层次对资源的投入与使用以及经济系统的运行进行综合分析，通过部门或区域的拆分与合并可以适应微观到宏观的各个层次。因此投入产出分析是对水资源利用效率进行全面分析及实现水资源合理调控的重要工具。通过建立包含水资源量的投入产出表及适配的数学模型，可以对产业结构及其水资源消耗规律进行系统性的分析，结合供给驱动效应和区域间的发展规划，为实现水资源优化配置、提高水资源承载能力提供决策依据（潘灶新等，2008）。

(2) 投入产出表及其特性

投入产出表也称为部门联系平衡表或产业关联表，由里昂惕夫于 1941 年提出。它以矩阵的形式描述了国民经济各部门在一定时期内（多数情况下为一年）生产活动的投入来源和产出使用去向（张晓颖和刘小峰，2010），反映出一个经济系统中各产业部门之间的数量关联关系和程度。如表 5-1 所示，一个投入产出系统主要由三个象限构成，即产业关联、初始投入和最终使用。第Ⅰ象限，即产业关联象限，其位于产业部门与产业部门间的交叉项，是投入产出表的核心部分。假定总共有 n 个产业部门，则象限中的 x_{ij}，从纵向看表示第 j 个产业部门的生产活动需要投入使用的第 i 个产业部门生产的产品的数量，称为中间投入；从横向看表示第 i 个产业部门生产的产品用于第 j 个产业部门的生产活动所消耗的数量，称为中间使用或中间需求。投入产出表中产业部门与产品是一一对应的关系，这是投入产出表的一个基本假设，即产品部门的假设，意指每个产业部门只生产本产业的产品，即每个产业只生产一种产品。第Ⅱ象限，即最终使用象限，位于产业部门与最终使用间的交叉项，象限中的 Y_i 表示第 i 个产业部门生产的产品用于最终使用的数量，这主要包括消费与投资。第Ⅲ象限，即初始投入象限，位于产业部门与初始投入间的交叉项，象限中的 V_j 表示第 j 个产业部门的生产活动需要投入使用的初始要素的数量，也称为增加值，主要包括劳动力和资本。表中的行和列合计项分别称为总产出和总投入。

表 5-1 投入产出表结构示意

投入＼产出		中间使用					最终使用	总产出
		部门 1		部门 j		部门 n		
中间投入	部门 1	x_{11}	…	x_{1j}	…	x_{1n}	Y_1	X_1
		…	…	…	…	…	…	…
	部门 i	x_{i1}	…	x_{ij}	…	x_{in}	Y_i	X_i
			…	…	…	…	…	…
	部门 n	X_{n1}	…	x_{nj}	…	x_{nn}	Y_n	X_n
初始投入 V		V_1	…	V_j	…	V_n		
总投入		X_1	…	X_j	…	X_n		

根据投入产出关系的基本原理，投入产出表具有如下特性，即投入产出表的平衡关系。

1）行平衡关系：中间使用+最终使用=总产出，即

$$\sum_{j} x_{ij} + Y_i = X_i \tag{5-11}$$

2）列平衡关系：中间投入+初始投入=总投入，即

$$\sum_{i} x_{ij} + V_j = X_j \tag{5-12}$$

3）总量平衡关系：总投入=总产出，即

$$\sum_{j} X_j = \sum_{i} X_i \tag{5-13}$$

4）部门平衡关系：每个部门的总投入=该部门的总产出，即

$$X_j = X_i \tag{5-14}$$

5）中间投入使用平衡关系：中间投入合计=中间使用合计，即

$$\sum_{i} \sum_{j} x_{ij} = \sum_{j} \sum_{i} x_{ji} \tag{5-15}$$

6）初始投入与最终使用平衡关系：总初始投入=总最终使用，即

$$\sum_{j} V_j = \sum_{i} Y_i \tag{5-16}$$

（3）投入产出系数

依据投入产出中的数据可以计算得出一些投入产出结构的相关数据，其中主要包括中间消耗系数、初始投入系数和最终使用系数等。其中，中间消耗系数也可称为直接消耗系数、生产系数，还有一些研究中称为投入产出系数，记为 a_{ij}，其中 $i=1，2，\cdots，n$，$j=1，2，\cdots，n$，是投入产出分析的核心，其表达式为

$$a_{ij} = \frac{x_{ij}}{X_{ij}} \tag{5-17}$$

式中，a_{ij}表示第 j 个部门单位总生产投入中需要直接投入第 i 个部门产品的比例，或第 j 个部门单位总产出中需要直接消耗第 i 个部门产品的比例。直接消耗系数矩阵一般用 $\boldsymbol{A}$ 来表示。

初始投入系数表示部门生产投入中要素投入的比例，记为 S_{hj}，其中 $h=(1, 2, \cdots, H)$，H 表示要素的总类型，如劳动力和资本等，其表达式为

$$S_{hj}=\frac{V_{hj}}{X_j} \tag{5-18}$$

最终使用系数表示各种最终使用中对各部门产品最终的使用比例，记为 d_{if}，其中 $f=(1, 2, \cdots, F)$，F 表示最终使用的类型，如消费、投资、调出等，其表达式为

$$d_{if}=\frac{Y_{if}}{Y_f} \tag{5-19}$$

（4）投入产出模型

A. 投入产出的行模型

如果假设中间消耗系数固定不变，则可得到如下关系式：

$$\boldsymbol{X}=\boldsymbol{A}\cdot\boldsymbol{X}+\boldsymbol{Y} \tag{5-20}$$

$$\boldsymbol{X}=(\boldsymbol{I}-\boldsymbol{A})^{-1}\cdot\boldsymbol{Y} \tag{5-21}$$

式中，$\boldsymbol{X}$ 代表总产量，为内生变量，是一个列向量；$\boldsymbol{Y}$ 代表最终需求，是外生变量，也是列向量；$\boldsymbol{A}$ 为投入产出中间消耗系数矩阵，数值固定；$\boldsymbol{I}$ 代表 n 阶单位矩阵，n 为部门数量或产出种类；$(\boldsymbol{I}-\boldsymbol{A})^{-1}$ 为里昂惕夫逆矩阵，它反映了由最终需求变动所引起的所有产业部门间的全部直接变动和间接变动，也就是乘数效应。上述关系为经典里昂惕夫行模型，是投入产出的需求拉动模型，根据投入产出表的平衡关系，可以计算最终需求的增加导致的总投入的增加量。

B. 投入产出的列模型

由于总产出等于总投入，当令 $\boldsymbol{X}^*$ 为 $\boldsymbol{X}$ 的转置矩阵，$\boldsymbol{S}$ 为初始投入时，可以得到如下关系式：

$$\boldsymbol{X}^*=\boldsymbol{A}^{\mathrm{T}}\cdot\boldsymbol{X}^*+\boldsymbol{S} \tag{5-22}$$

$$\boldsymbol{X}^*=(\boldsymbol{I}-\boldsymbol{A}^{\mathrm{T}})^{-1}\cdot\boldsymbol{S} \tag{5-23}$$

根据表 5-1 的结构可知，$\boldsymbol{X}^*$ 实际上等价于总投入或总产出，因此上述等式可以表述为投入产出的投入拉动模型，也称为投入产出列模型。根据投入产出表的平衡关系，可以计算由初始投入变动带来的总产出增加量，适用于水资源的供给侧驱动对经济社会的影响。

5.1.2.2 水资源投入产出表

（1）单区域水资源投入产出表

在早期的水资源投入产出分析中，一些学者会通过编制实物型投入产出表对水资源的利用进行研究，但是实物型投入产出表的数据调查和获取十分困难，只能应用于很小的区域，随着我国经济社会的发展，商品经济和贸易在资源配置中的作用越来越重要，国家统计局开始负责编制各地区和国家整体的价值型投入产出表。价值型投入产出表包含了电力、煤炭等资源部门，对于这些资源可以直接利用一般的价值型投入产出表进行分析，但是对于水资源利用的全面分析则需要构建单独的水资源投入产出表。本研究参考国内外的

最新研究进展，采用插入单独的水资源消耗项的方式构建所需的水资源投入产出表，其形式见表 5-2。

表 5-2　水资源投入产出表

投入＼产出		中间使用					最终使用	总产出
		部门 1	…	部门 j	…	部门 n		
中间投入	部门 1	x_{11}	…	x_{1j}	…	x_{1n}	Y_1	X_1
	…	…	…	…	…	…	…	…
	部门 i	x_{i1}	…	x_{ij}	…	x_{in}	Y_i	X_i
	…	…	…	…	…	…	…	…
	部门 n	x_{n1}	…	x_{nj}	…	x_{nn}	Y_n	X_n
耗水量 W		W_1	…	W_j	…	W_n		
初始投入 V		V_1	…	V_j	…	V_n		
总投入		X_1	…	X_j	…	X_n		

表 5-2 是在表 5-1 的基础上于第Ⅰ象限和第Ⅲ象限之间插入了耗水量 W，水资源投入产出表的编制需要在原始价值型投入产出表的基础上进一步计算各部门的用水量。我国的水资源量统计只细分到三次产业部门，因此需要结合各地区的水资源公报及用水定额进行各细分部门用水量估算，并结合水资源使用总量控制和双比例尺度法（RAS）对水资源投入产出表进行调平，利用 RAS 方法对数据进行校正的应用非常广泛，本研究不再详细阐述。

(2) 多区域水资源投入产出表

区域间存在着经济往来和商品贸易，因此不同区域的不同部门之间也必然存在着虚拟水资源量的流转。本研究利用区域间水资源投入产出分析来研究社会经济系统中不同区域不同部门之间对水资源利用的直接关系与间接关系，该方法的核心是需要建立区域间水资源投入产出表。同单区域投入产出表类似，多区域投入产出表基于单区域投入产出表，它将多个地区单独的投入产出表通过区域间的贸易关系起来，并对数据进行校正，通常利用投入产出引力模型来实现，其形式见表 5-3。

表 5-3　多区域投入产出表

投入＼产出		中间使用			最终使用			总产出
		S 地区	R 地区	T 地区	S 地区	R 地区	T 地区	
中间投入	S 地区	Z^{ss}	Z^{sr}	Z^{st}	Y^{ss}	Y^{sr}	Y^{st}	X^{s}
	R 地区	Z^{rs}	Z^{rr}	Z^{rt}	Y^{rs}	Y^{rr}	Y^{rt}	X^{r}
	T 地区	Z^{ts}	Z^{tr}	Z^{tt}	Y^{ts}	Y^{tr}	Y^{tt}	X^{t}
初始投入		VA^{s}	VA^{r}	VA^{t}	—	—	—	—
总投入		$(X^{s})^{T}$	$(X^{r})^{T}$	$(X^{t})^{T}$	—	—	—	—

同单区域水资源投入产出表的构建方法类似，多区域水资源投入产出表也是将不同地区不同部门的耗水量插入多区域投入产出表的第Ⅰ象限和第Ⅲ象限之间，其数据的获取和校正与单区域方法相同，不再重复阐述。以 S、R、T 三地区为例，多区域水资源投入产出表的形式见表 5-4。

表 5-4　多区域水资源投入产出表

投入 \ 产出		中间使用			最终使用			总产出
		S 地区	R 地区	T 地区	S 地区	R 地区	T 地区	
中间投入	S 地区	Z^{ss}	Z^{sr}	Z^{st}	Y^{ss}	Y^{sr}	Y^{st}	X^{s}
	R 地区	Z^{rs}	Z^{rr}	Z^{rt}	Y^{rs}	Y^{rr}	Y^{rt}	X^{r}
	T 地区	Z^{ts}	Z^{tr}	Z^{tt}	Y^{ts}	Y^{tr}	Y^{tt}	X^{t}
水资源投入		W^{s}	W^{r}	W^{t}	—	—	—	—
初始投入		V^{s}	V^{r}	V^{t}	—	—	—	—
总投入		$(X^{s})^{T}$	$(X^{r})^{T}$	$(X^{t})^{T}$	—	—	—	—

其中 S、R、T 代表不同的三个地区，每个地区包含多个部门。Z^{sr}代表 S 地区的产品被 R 地区使用的中间投入矩阵，Y^{sr}代表 R 地区对 S 地区产品的最终使用，V^{s}代表 S 地区各部门的中间投入向量。X^{s}代表 S 地区的总产出。其他各项的含义由此类推。

5.1.2.3　基于水资源投入产出表的虚拟水分析

(1) 水资源投入产出系数

前文中提及的基础投入产出模型只能够对投入产出表中的经济指标进行分析，为了将水资源投入产出表中的经济数据与水资源消耗数据建立起连接，本研究引入直接用水系数、完全用水系数、直接产出系数和完全产出系数的概念（谢锐等，2013）。

A. 直接用水系数

直接用水系数对应的是水资源规划中的用水定额，表示单位产值实际消耗的水资源量，反映了每个部门的直接水资源利用效率，其表达式为

$$q_j = \frac{W_j}{X_j} \tag{5-24}$$

式中，W_j为第 j 个部门的水资源消耗量；X_j为第 j 个部门的总产值。

B. 完全用水系数

完全耗水系数则考虑了部门之间的生产联系，一个部门的生产过程总会用到其他部门所生产的产品或服务，并作为中间投入，而这些中间投入产品在其生产的过程中也需要消耗水资源，而这部分被消耗的水资源虽然发生在其他部门，却是本部门生产所必需的，为了本部门的中间投入需求而发生。这些间接消耗的水资源量就是虚拟水资源量。本部门的直接用水量和间接用水量之和称为本部门的完全用水量。取向量 $\boldsymbol{Q}=(q_1, q_2, \cdots, q_n)$，则完全用水系数 **CQ** 的表达式为

$$\mathbf{CQ} = \boldsymbol{Q}(\boldsymbol{I} - \boldsymbol{A})^{-1} \tag{5-25}$$

式中，$\mathbf{CQ}=(Cq_1, Cq_2, \cdots, Cq_n)$，为向量形式，完全用水系数表示该部门单位产值所需要消耗的系统整体的水资源量。

C. 直接产出系数

直接产出系数表示部门单位用水所带来的产值，可以反映该部门的直接用水效益。其表达式为

$$o_j = \frac{X_j}{W_j} \tag{5-26}$$

D. 完全产出系数

与完全用水系数类似，完全产出系数表示该部门所消耗的单位水资源量带来的系统整体的效益，构造如下对角矩阵：

$$\boldsymbol{O} = \begin{bmatrix} o_1 & & & \\ & o_2 & & \\ & & \ddots & \\ & & & o_n \end{bmatrix}$$

则完全产出系数 **CO** 的表达式为

$$\mathbf{CO} = (\boldsymbol{I} - \boldsymbol{A})^{-1}\boldsymbol{O} \tag{5-27}$$

（2）多区域水资源投入产出系数的扩展

在社会生产活动中区域间存在着商品和服务的流通交换，相应地，区域间也存在着虚拟水资源量的转移，为了分析区域间的虚拟水资源量交换，有必要将单区域水资源投入产出系数向多区域扩展。

以表 5-4 中的三地区水资源投入产出表为例，其存在以下平衡关系：

$$\begin{bmatrix} Z^{ss} + Z^{sr} + Z^{st} \\ Z^{rs} + Z^{rr} + Z^{rt} \\ Z^{ts} + Z^{tr} + Z^{tt} \end{bmatrix} + \begin{bmatrix} Y^{ss} + Y^{sr} + Y^{st} \\ Y^{rs} + Y^{rr} + Y^{rt} \\ Y^{ts} + Y^{tr} + Y^{tt} \end{bmatrix} = \begin{bmatrix} X^{s} \\ X^{r} \\ X^{t} \end{bmatrix}$$

定义如下投入产出系数矩阵：

$$\boldsymbol{A} = \boldsymbol{Z}\boldsymbol{X}^{-1}$$

则上述平衡关系有如下变换：

$$\begin{bmatrix} A^{ss} & A^{sr} & A^{st} \\ A^{rs} & A^{rr} & A^{rt} \\ A^{ts} & A^{tr} & A^{tt} \end{bmatrix} \begin{bmatrix} X^{s} \\ X^{r} \\ X^{t} \end{bmatrix} + \begin{bmatrix} Y^{ss} + Y^{sr} + Y^{rt} \\ Y^{rs} + Y^{rr} + Y^{rt} \\ Y^{ts} + Y^{tr} + Y^{tt} \end{bmatrix} = \begin{bmatrix} X^{s} \\ X^{r} \\ X^{t} \end{bmatrix}$$

进一步整理可得如下形式：

$$\begin{bmatrix} X^{s} \\ X^{r} \\ X^{t} \end{bmatrix} = \begin{bmatrix} I - A^{ss} & -A^{sr} & -A^{st} \\ -A^{rs} & I - A^{rr} & -A^{rt} \\ -A^{ts} & -A^{tr} & I - A^{tt} \end{bmatrix}^{-1} \begin{bmatrix} Y^{ss} + Y^{sr} + Y^{st} \\ Y^{rs} + Y^{rr} + Y^{rt} \\ Y^{ts} + Y^{tr} + Y^{tt} \end{bmatrix}$$

上述形式就是多区域投入产出条件下的里昂惕夫模型，其中分块矩阵

$$\begin{bmatrix} I-A^{ss} & -A^{sr} & -A^{st} \\ -A^{rs} & I-A^{rr} & -A^{rt} \\ -A^{ts} & -A^{tr} & I-A^{tt} \end{bmatrix}^{-1}$$

即多区域投入产出模型的里昂惕夫逆矩阵。结合式（5-25）和式（5-27），即可将单区域投入产出系数推广到多区域。构造如下向量：

$$\widehat{\boldsymbol{Q}} = [Q^{S} \quad Q^{R} \quad Q^{T}]$$

则多区域完全耗水系数 MCQ 的表达形式为

$$\text{MCQ} = [Q_S \quad Q_R \quad Q_T]\begin{bmatrix} I-A^{ss} & -A^{sr} & -A^{st} \\ -A^{rs} & I-A^{rr} & -A^{rt} \\ -A^{ts} & -A^{tr} & I-A^{tt} \end{bmatrix}^{-1} \tag{5-28}$$

构造如下对角阵：

$$\boldsymbol{O} = \begin{bmatrix} O_1^S & & & & & & & & & & \\ & O_2^S & & & & & & & & & \\ & & \ddots & & & & & & & & \\ & & & O_n^S & & & & & & & \\ & & & & O_1^R & & & & & & \\ & & & & & O_2^R & & & & & \\ & & & & & & \ddots & & & & \\ & & & & & & & O_n^R & & & \\ & & & & & & & & O_1^T & & \\ & & & & & & & & & O_2^T & & \\ & & & & & & & & & & \ddots & \\ & & & & & & & & & & & O_n^T \end{bmatrix}$$

则可以将多区域完全产出系数 **MCO** 表示为

$$\mathbf{MCO} = \begin{bmatrix} I-A^{ss} & -A^{sr} & -A^{st} \\ -A^{rs} & I-A^{rr} & -A^{rt} \\ -A^{ts} & -A^{tr} & I-A^{tt} \end{bmatrix}^{-1} \boldsymbol{O} \tag{5-29}$$

5.1.3 投入产出视角下的水资源承载能力分析

5.1.3.1 水资源承载能力概念及其特征

目前，水资源承载能力尚未有公认的定义（李亚伟，2006），与水环境承载力、生态承载力和水生态承载力等概念存在较大的交叉（唐剑武和叶文虎，1998；郭秀锐等，2000）。有些学者将水资源承载能力的含义表述为某一区域的水资源在特定的发展时期内，基于一定的技术条件和经济社会发展水平，在确保维持生态环境良性转变和人类社会可持续发展的前提下，通过水资源合理配置，该区域可支撑的最优社会经济发展水平和最大人口规模（薛小杰等，2000；Cao et al.，2018）。

根据研究目的及研究区域划分不同，不同学者对水资源承载能力定义及侧重点略有不同，总体上可以归纳为以下四类：

1）用“能力”定义，如“某一区域、特定时间和状态下水资源（环境）对经济发展和生活需求的支撑能力”（王淑华，1996；崔凤军，1998；朱一中等，2002；李亚伟，2006）。水资源承载能力主要包括水环境纳污能力和水资源供给能力（魏斌和张霞，1995；高彦春和刘昌明，1997）。

2）用“容量（用水能力）”定义，如“在技术条件和社会经济发展水平达到当前阶段最优情况下，人类社会的生产生活活动和生态环境保护过程中对水资源的最大消纳能力，即水资源最大可开发利用量”（刘燕华，2000；李亚伟，2006）。

3）用能够支撑的人口或社会经济发展规模定义，如“在水资源得到合理开发利用的前提下，某一流域或行政区域在特定技术条件和社会经济发展水平下，其水资源量能够维持和承载的最大人口数量以及经济和生态环境规模总量”（邹进，2011），或“在保障维护生态良性转变和人类社会可持续发展的前提下，某一区域或流域在特定时段内的基于当前的技术水平，水资源系统可支撑的最大社会经济活动规模和确保充分有效就业的最大人口数量”（Committee to Review the Florida Keys Carrying Capacity Study and National Research Council，2001；朱一中等，2003；李清龙和闫新兴，2005；宋全香等，2006）。

4）用外部作用来定义，如“一个区域的水资源在给定的技术水平和决策偏好下一段时期内所能承载的最大人类活动规模”，或“在确保区域水功能区系统整体结构稳定且纳污能力不发生退化的前提下，区域水环境所能承受的最大人类活动扰动”（曾维华和程声通，1997；宋全香，2005；Fang et al.，2019）。

上述定义都将水资源承载能力看作水资源系统固有特性的一部分，并随所处的时间、空间和水资源开发利用技术水平的变动而变化，但在具体的内涵和前提条件上则存在明显的差异。例如，水资源最大承载能力是否基于水资源合理配置的前提，水资源承载对象的范围界定，水资源承载力的极限是否存在刚性约束，即突破水资源承载能力的上限是否会导致系统整体的崩溃，或由于资源限制社会经济规模随着接近水资源开发利用上限也达到了增长的极限，并维持稳态。

上述定义都存在着以下缺陷：①未能明确的表述水资源的承载对象范畴和社会经济发展水平的判定标准；②以孤立静止的角度看待水资源、社会经济与人口规模以及生态环境，忽视了三者之间的联系与相互作用；③未能说明水资源承载状态是否最优，水资源承载能力的外延不够清楚。综上所述，水资源承载能力在基础概念体系上的研究尚显不足，其研究视角和研究方法都有待拓宽（颜莹莹，2006）。

相比之下，水资源的最大支撑能力、规模这一内涵得到了更多学者的认可。本研究在综合考虑人口、社会、经济、资源、环境、技术、管理等要素的基础上，将水资源承载能力定义为（以概念分类能力为基础进行定义）（王薇，2012）：在一定时间、空间、发展水平的条件下，在不影响水资源及环境系统结构稳定健康和功能的前提下，水资源系统对社会经济系统的最大支撑能力（王耀南和王莉芳，2014）。其中，主体是水资源，客体是社会、经济和生态环境，承载对象是人口及其生活质量。

5.1.3.2 水资源利用效率与承载能力的协同关系

基于上述观点可知，水资源的承载对象是经济社会系统（袁鹰等，2006），目标是经济产出及人口的最大化，而实现目标最大化的过程就是水资源的优化配置，即在保障区域整体的水资源利用效率不降低且水资源可持续绿色开发利用的前提下，通过各种用水策略、工程手段和经济激励等非工程手段的组合，利用运筹学、系统科学和自动优化求解算法，统一协调区域间和各用水主体之间的综合效益与用水需求，使有限的水资源在各用水部门间得到科学的调控和配置（Rijisberman and Frans，2000；张丽，2004；花建慧，2008）。研究水资源承载力必须进行水资源优化配置及水资源利用效率的评价。通过水资源利用效率评价，可以发现影响水资源承载力的因素并给出改进的方向，判断当前的水资源配置策略是否使水资源对人口及社会经济规模的支撑能力达到最优（张丽等，2003）。同样，以水资源承载力为约束条件的水资源优化配置，可实现研究区从“不可承载”发展到“可承载”再到“可持续发展”的良性发展模式转变。可承载的社会经济这一概念与水资源投入产出分析中的区域总产出是一致的，这是利用投入产出理论进行水资源承载力分析的理论基础，同时根据投入产出的供给侧模型和需求侧模型，可以实现基于不同约束条件和优化目标的水资源调控，实现水资源的优化配置，为水资源管理政策的制定和水资源供给侧改革提供理论支持与决策建议。

5.1.4 小结

本研究从投入产出的角度出发，分析了水资源及其利用效率的特性，对 DEA 方法的理论依据和应用基础以及目前该方法在水资源利用效率研究进展进行了全面分析和论述，引入了区域间水资源投入产出分析理论，改进完善了水资源利用效率和承载能力分析的框架。通过该分析框架，结合虚拟水资源量的概念，可以有效地分析社会经济中产业结构以及区域间分工对水资源利用效率的影响，并以此为纽带梳理了水资源利用效率和水资源承载能力之间的内在联系，为水资源调控模型的构建提供了基础。

5.2 中国各省级区域水资源状况

我国的省级行政区分布地理跨度范围大，水文气候条件也不尽相同，社会经济发展水平差距明显。因此在对这些区域进行水资源利用效率评价之前应当对我国各省级行政区的水资源状况进行分析，本研究基于各省级行政区的水资源分布状况、水资源开发利用程度，结合地理信息统计分析方法对我国各省级行政区的水资源状况进行研究。

5.2.1 水资源短缺问题概述

我国面临着严重的水资源短缺问题，淡水资源总量 2.8 万亿 m^3，约占全球水资源量的6%，而人均水资源量2300m^3，仅为世界平均水平的1/4。我国地理气候条件特殊、人多水少、水资源时空分布不均，是世界上水情最为复杂、治水最具有挑战性的国家，具有水资源禀赋与经济社会发展布局不相匹配的基本特征，水资源配置与经济社会发展需求不相适应的瓶颈，这是我国长远发展面临的重大战略问题（鄂竟平，2020）。与此同时，我国还存在着严重的水资源浪费现象，我国农业“大水漫灌”的现象依然普遍，用水设施技术落后，工业用水重复率低，居民生活用水节约意识有待提高，综合看来，我国当前水资源短缺形势十分严峻。

国家发展和改革委员会协同水利部联合印发的《国家节水行动方案》指出，提高水资源利用效率，对促进我国经济社会绿色高质量发展有重要的战略意义。我国幅员辽阔，人口众多，各省级行政区水资源人口分布不均衡，发展水平也不尽相同，随着我国居民生活消费水平的提高和经济增长对水资源的消耗，加上部分区域水资源过度开发、水污染加剧，我国的水资源问题将进一步恶化。因此，对我国 31 个省级行政区的水资源利用效率进行分析评价，对于研究我国的水资源短缺问题，实现水资源的合理调控至关重要。

5.2.2 中国各省级区域水资源量分布现状

5.2.2.1 中国各省级区域水资源量现状概述

本研究参考了2008～2017年我国各省级行政区的水资源公报，并参考了流域级的水文年鉴，以及我国一级水功能区数据，统计分析了各省级行政区的水资源相关指标。在水资源量方面，考虑到区域面积对分析水资源量的影响，同时我国存在的四个直辖市也属于省级行政区，因此在分析时将北京市、天津市以及河北省统一划为京津冀地区进行考量，重庆市纳入四川省（川渝）进行分析，上海市结合水系划分的角度与江苏省（苏沪）一起分析，同理将宁夏回族自治区同甘肃省（甘宁）一起分析。

从水资源总量上看，我国的西藏和川渝地区的水资源总量最高，分别为4749.9 亿 m^3 和3123.2 亿 m^3。水资源总量较高的地区还有广西和云南，其水资源总量均高于 2000 亿 m^3，属于第二梯队的是广东、江西、湖北、福建、贵州、新疆、浙江、青海、安徽、黑龙江，其水资源总量高于 500 亿 m^3。水资源量最少的是我国的京津冀地区和山西省，分别为181.1 亿 m^3 和 130.2 亿 m^3。水资源量低于 500 亿 m^3 的地区还有陕西、苏沪、河南、吉林、海南、内蒙古、甘宁、山东以及辽宁。中国各省级区域的水资源量统计见表 5-5。

表 5-5 中国各省级区域水资源量统计 （单位：亿 m³）

地区	水资源总量	地表水资源量	地下水资源量	重复计算量
西藏	4749.9	4749.9	1086.0	1086.0
川渝	3123.2	3122.1	723.6	722.5
广西	2388.0	2386.0	446.6	444.6
云南	2202.6	2202.6	762.0	762.0
湖南	1912.4	1905.7	436.8	430.1
广东	1786.6	1777.0	440.7	431.1
江西	1655.1	1637.2	379.5	361.6
湖北	1248.8	1219.3	319.0	289.5
福建	1055.6	1054.2	287.5	286.1
贵州	1051.5	1051.5	260.8	260.8
新疆	1018.6	969.5	587	537.9
浙江	895.3	881.9	204.3	190.9
青海	785.7	764.3	355.7	334.3
安徽	784.9	717.8	201.0	133.9
黑龙江	742.5	626.5	273.2	157.2
陕西	449.1	422.6	141.6	115.1
苏沪	426.9	323.2	123.7	20.0
河南	423.1	311.2	206.5	94.6
吉林	394.4	339.8	133.3	78.7
海南	383.9	380.5	96.8	93.4
内蒙古	309.9	194.1	207.3	91.5
甘宁	249.7	240.5	152.7	143.5
山东	225.6	139.1	151.1	64.6
辽宁	186.3	161.0	86.6	61.3
京津冀	181.1	80.8	142.2	41.9
山西	130.2	87.8	104.1	61.7

从表 5-5 的数据可以看出，各省级区域的地表水资源量和地下水资源量排名与分布的总体趋势基本和水资源总量的分布相同，尤其是地表水资源量，而地下水资源量分布存在差异是由我国不同地区的气候和地理条件导致的。

5.2.2.2 中国各省级区域水资源空间分布规律

从中国各省级区域的水资源空间分布格局来看，水资源量分布的格局有较为明显的南北差异较大的特点。南方水多、北方水少，我国北方地区（长江流域以北）面积占总国土面积的一半以上，达到 63.5%，承载了全国 46% 的人口总量，但总水资源量不足全国的

1/5。这与我国受气候影响的降水特征和区域水资源禀赋条件有关。

从水资源总量的空间分布图上可以看出（图 5-3），我国水资源量主要分布在西南部区域，如西藏、川渝、广西、云南、新疆、贵州等，水资源量约占全国水资源总量的 50%。然而，京津冀、山西、内蒙古、陕西等水资源量仅占全国水资源量的 3.7%。我国东北部的黑龙江和吉林水资源量也较为充沛，约占全国水资源量的 4%。

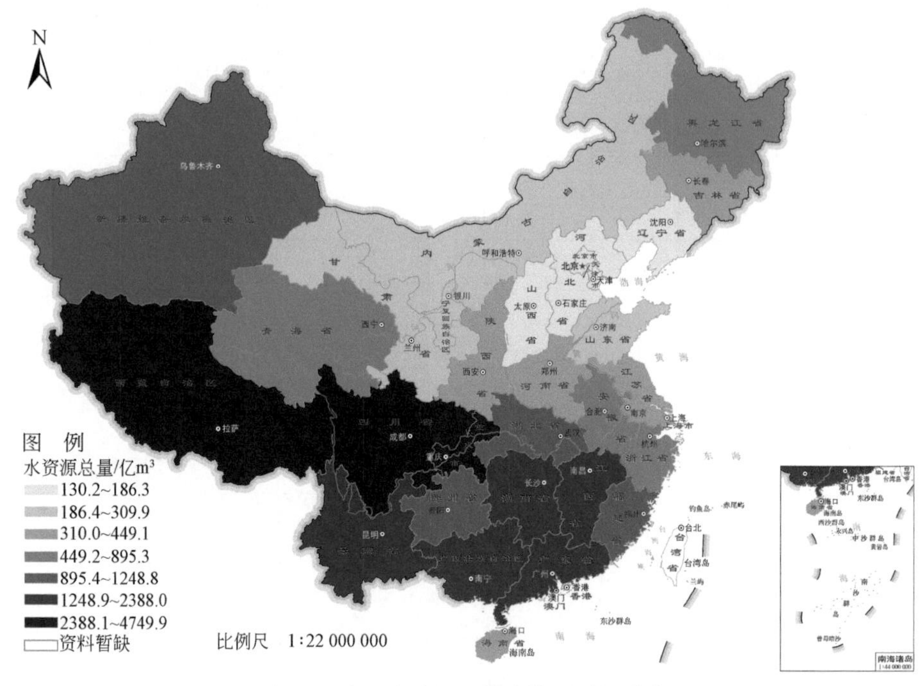

图 5-3 中国各省级区域水资源总量分布

地表水资源量是水资源总量尤为重要的部分，并占据很大的比例，因此中国各省级区域的地表水分布呈现与水资源总量分布大体一致的分布特点（图 5-4）。

我国地表水资源量主要分布在西部和南部区域，如西藏、川渝、广西、云南、新疆、贵州等，地表水资源量约占全国地表水资源总量的 52%。然而，京津冀、山西、内蒙古、陕西地表水资源量仅占全国地表水资源量的 2.8%，我国东北部的黑龙江和吉林地表水资源量约占全国地表水资源量的 3.4%。

中国各省级区域地下水资源的分布情况与地表水资源的分布有很大的关联性（图 5-5）。中国各省级区域地下水资源丰富的区域同样位于我国的西部和南部，如西藏、川渝、云南、新疆、广西、贵州等，地下水资源量约占全国地下水资源量的 46.5%。然而，我国华北、东北区域地下水资源量仅占全国地下水资源总量的 17%。其中，京津冀、山西、内蒙古、陕西地下水资源量仅占全国地下水资源量的 7.1%。我国东北部的黑龙江和吉林约占全国地下水资源量的 4.8%。

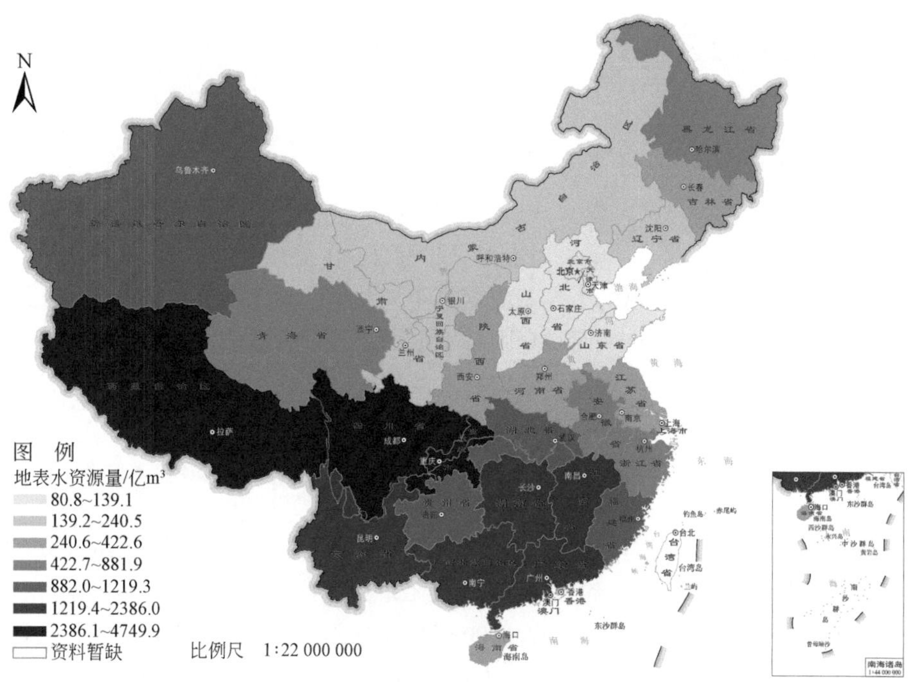

图 5-4 中国各省级区域地表水资源量分布

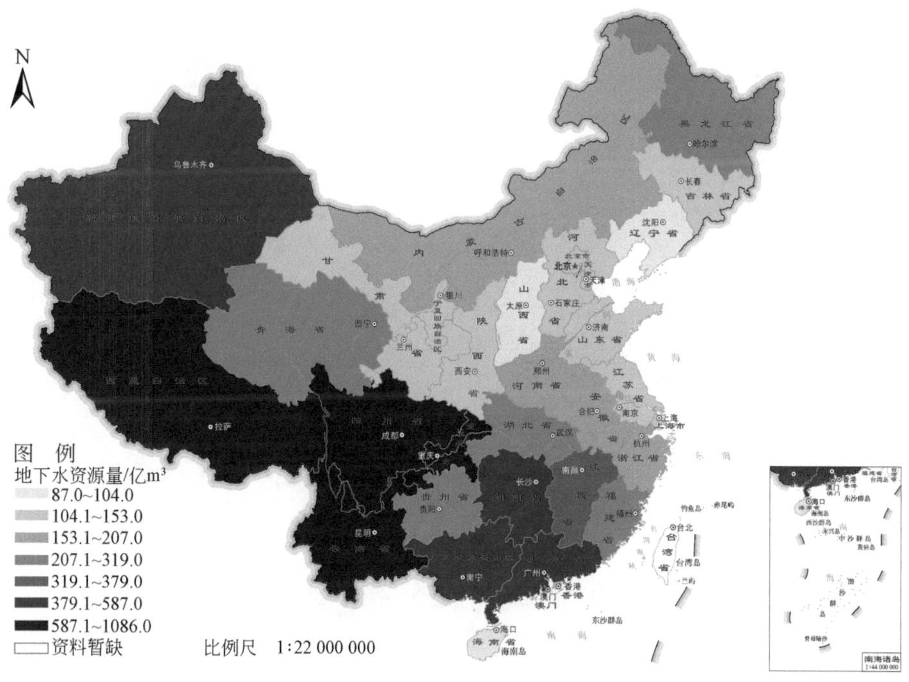

图 5-5 中国各省级区域地下水资源分布

5.2.3 中国各省级区域人均水资源量现状

5.2.3.1 中国各省级区域人均水资源量概述

采用2017年的数据对我国各省级区域的人均水资源量进行分析，其中排名最低的五位依次为天津（83.36m³）、北京（137.21m³）、上海（140.56m³）、宁夏（159.19m³）、河北（184.53m³）。人均水资源量最低的五个省级区域中，北京、天津、河北均在其列，可见京津冀地区水资源短缺问题极为突出。而联合国对于水资源严重短缺的定义为人均水资源量小于1000m³，根据这一标准，我国有1/3以上的省级区域处于水资源严重短缺的威胁之下，依次为天津、北京、上海、宁夏、河北、山东、山西、河南、辽宁、江苏、甘肃。

5.2.3.2 中国各省级区域人均水资源量空间分布

中国各省级区域的人均水资源量空间分布特点较为明显，人均水资源量较高的区域主要在中国西部的西藏、青海、新疆，以及中国南部的广西、云南、海南等，此外，中国东北部的黑龙江、吉林人均水资源量也在1000m³以上。这主要与各省级区域的水资源量分布以及人口数量有关。中国各省级区域的人均水资源量分布如图5-6和图5-7所示。

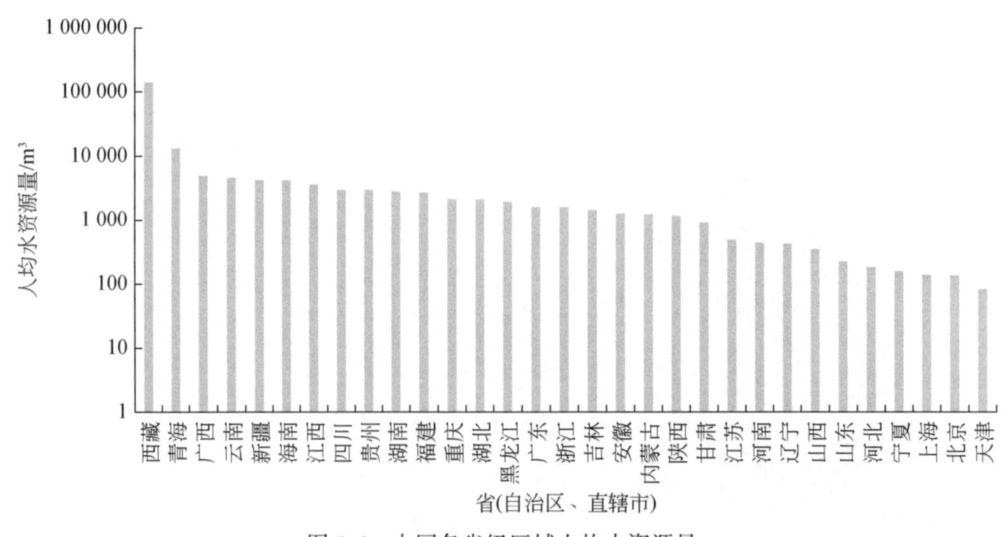

图5-6 中国各省级区域人均水资源量

5.2.4 中国各省级区域水资源特性分析

5.2.4.1 中国各省级区域水资源供需情况

根据《2017年中国水资源公报》，对中国各省级区域的供水组成比例及用水组成比例

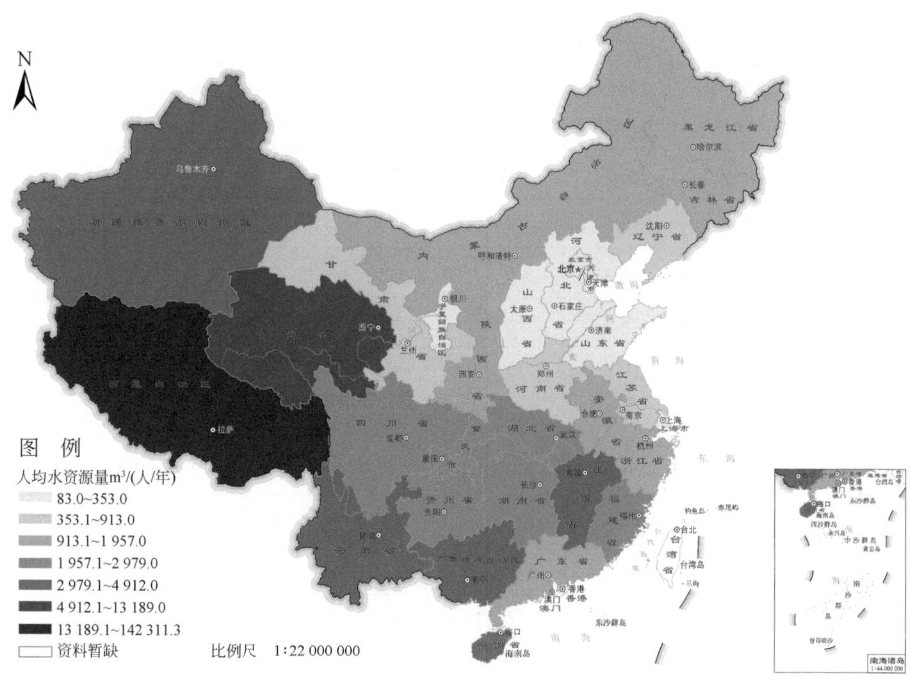

图 5-7 中国各省级区域人均水资源量分布

进行分析，具体数据见表 5-6。

表 5-6 中国各省级区域供水量与用水量比例统计 （单位:%）

省（自治区、直辖市）	用水				供水		
	农业用水比例	工业用水比例	生活用水比例	生态用水比例	地表水供水比例	地下水供水比例	其他供水比例
北京	12.9	8.8	46.2	32.1	31.4	42.0	26.6
天津	38.9	20.0	22.2	18.9	69.1	16.7	14.2
河北	69.4	11.2	14.9	4.5	32.7	63.9	3.4
山西	60.9	18.0	17.1	4.0	52.9	41.5	5.6
内蒙古	73.4	8.4	5.9	12.3	52.8	45.4	1.8
辽宁	62.2	14.2	19.4	4.2	55.2	41.6	3.2
吉林	70.9	14.3	11.1	3.7	64.3	35.3	0.4
黑龙江	89.6	5.6	4.4	0.4	53.5	46.2	0.3
上海	15.9	59.8	23.5	0.8	100.0	0.0	0.0
江苏	47.4	42.3	9.9	0.4	97.3	1.4	1.3
浙江	45.0	25.7	26.2	3.1	98.2	0.7	1.1

续表

省（自治区、直辖市）	用水				供水		
	农业用水比例	工业用水比例	生活用水比例	生态用水比例	地表水供水比例	地下水供水比例	其他供水比例
安徽	54.6	31.7	11.6	2.1	88.4	10.6	1.0
福建	47.5	33.5	17.3	1.7	97.1	2.6	0.3
江西	63.0	24.4	11.7	0.9	95.8	3.3	0.9
山东	64.0	13.8	16.5	5.7	57.8	38.0	4.2
河南	52.5	21.8	17.2	8.5	48.4	49.4	2.2
湖北	51.1	30.2	18.3	0.4	96.9	3.0	0.1
湖南	59.2	26.3	13.6	0.9	95.4	4.6	0.0
广东	50.8	24.7	23.3	1.2	96.3	3.2	0.5
广西	68.7	16.1	14.1	1.1	95.9	3.7	0.4
海南	73.1	6.6	18.5	1.8	92.8	6.8	0.4
重庆	32.8	39.3	26.5	1.4	98.3	1.4	0.3
四川	59.7	19.2	18.9	2.2	94.7	4.5	0.8
贵州	56.9	24.0	18.2	0.9	97.7	1.7	0.6
云南	69.3	14.9	13.8	1.9	95.7	2.4	1.9
西藏	86.0	4.8	8.6	0.6	88.5	11.5	0.0
陕西	62.5	15.4	18.3	3.8	62.5	35.1	2.4
甘肃	79.5	9.0	7.5	4.0	75.0	21.6	3.4
青海	74.4	9.7	11.2	4.7	80.2	19.4	0.4
宁夏	85.9	6.8	3.5	3.8	91.2	8.3	0.5
新疆	93.1	2.4	2.7	1.8	79.8	19.9	0.3

从供水角度分析，我国只有上海完全使用地表水进行水源供给。不同类型的供水比例呈明显的南北差异，在我国的北方地区地下水供给量普遍高于20%，其中河北比例最高达到63.9%，也是唯一一个地下水供给占比高于50%的省份，地下水超采仍较为明显。而我国南方地区则主要使用地表水资源作为水源。从用水角度分析，我国除北京、上海、重庆外，绝大多数地区的农业用水量为各自地区占比最大的部分，且一半以上地区的农业用水量占比高于全省的50%，这说明我国总体的水资源消耗仍以农业为主导，且农业用水效率有待提高。从工业用水角度分析，上海、江苏、重庆、福建、安徽、湖北的工业用水占比最高，依次为59.8%、42.3%、39.3%、33.5%、31.7%和30.2%。这些地区也是我国工业及装备制造领域的重点地区。通过以上分析可以看出，水资源的使用情况与区域的产

业布局发展状况密切相关。

5.2.4.2 中国各省级区域水资源开发利用程度

各省级区域的水资源开发利用强度 P_i 根据总用水量 TQ_u 和水资源总量 TQ_{re} 进行计算：

$$P_i = TQ_u / TQ_{re} \tag{5-30}$$

式中，i 表示对应的省区代码。

根据计算的结果，绘制各省级区域的水资源开发利用强度如图 5-8 所示，P_i 值越高，说明其水资源开发利用强度越高，水资源开发潜力越低，当地的水资源承载压力越大。由图 5-8 可知，宁夏、上海、天津、江苏、北京和河北的水资源开发利用强度较大，其用水总量均超过当地水资源总量的 30% 以上。

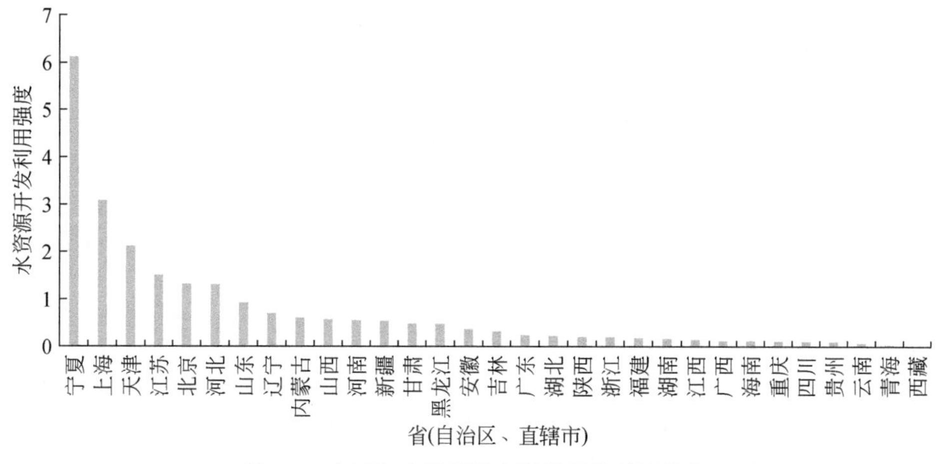

图 5-8 中国各省级区域水资源开发利用强度

水资源开发利用强度能够在很大程度上反映区域水资源的供需关系。从水资源开发利用强度的空间分布结果来看（图 5-9），宁夏、上海、江苏、京津冀等区域对水资源的开发利用强度最大。

从上述分析结果可以看出，中国各省级区域间的水资源量分布不均，人均水资源量差异极大，各地的用水结构，利用水平也不均衡，因此需要对中国各省级区域的水资源利用效率进行深入分析，达到对水资源的合理调控。

5.2.4.3 中国各省级区域水资源均衡性分析

通过引入基尼系数与全局莫兰指数对中国各省级区域水资源的均衡性进行分析。

基尼系数借鉴经济学中的概念，在通常的研究中用来衡量不同国家间或一国之内不同区域间的居民收入差距。基尼系数最大为“1”，最小等于“0”。在经济学上，基尼系数越接近 0，表明财富分配越趋向平等；基尼系数越大，则表示贫富差距越大。基尼系数被经济学之外的其他研究领域，如二氧化碳排放、水资源等领域引入，用以研究数据之间在数量上的分布特征。基尼系数越大，表示在数量上的分布越不均衡；基尼系数越小，表示

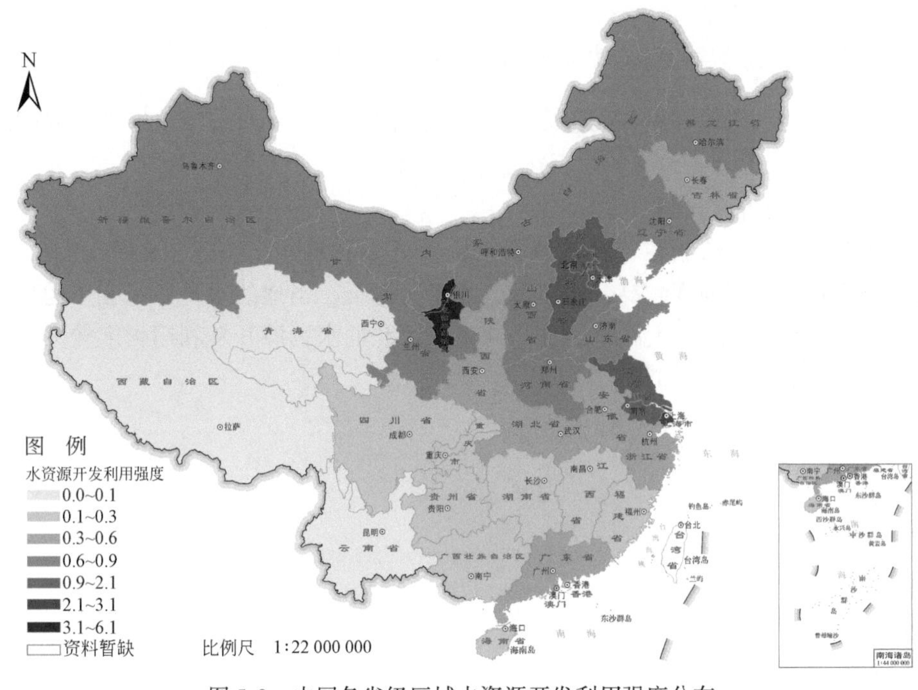

图 5-9 中国各省级区域水资源开发利用强度分布

在数量上的分布越均衡。

采用各区域的水资源消耗量拟合洛伦兹曲线，假设洛伦兹曲线和两个坐标轴所围成的面积是 S_B，假设对角线与两个坐标轴所围成的三角形的面积为 S_{A+B}，由于坐标轴的范围都是 0～1，S_{A+B}的面积为 0.5，基尼系数定义为（$S_{A+B}-S_B$）/S_{A+B}。

全局莫兰指数是一个反映空间自相关性的重要指标，该指数被广泛应用。全局莫兰指数最大为“1”，最小为“-1”。全局莫兰指数大于 0，表示空间正相关性，其值越大，空间相关性越明显。全局莫兰指数小于 0，表示空间负相关性，其值越小，空间差异越大。全局莫兰指数等于 0，空间呈随机性。该指数可通过 ArcGIS 软件工具箱中的空间自相关分析计算获取。

通过计算，得到中国各省级区域水资源总量、地表水资源量、地下水资源量、人均水资源量的基尼系数分别为 0.4770、0.5079、0.3776、0.8164。结果表明，水资源总量、地表水资源量、地下水资源量在数量上的分布有所差异，人均水资源量在数量上的分布差异巨大，数组的基尼系数计算结果为 0.8164，接近 1.0，表明各省级区域人均水资源量的分布十分不平均，差异巨大。

中国各省级区域水资源总量、地表水资源量、地下水资源量、人均水资源量的全局莫兰指数分别为 0.4500、0.2659、0.4464、0.0444。人均水资源量的全局莫兰指数为 0.0444，非常接近 0，表明人均水资源量的分布在空间上呈现很大程度上的随机性。水资源总量、地表水资源量、地下水资源量的全局莫兰指数分别为 0.4500、0.2659、0.4464，均大于 0，表明在空间上呈现正向的相关关系，但是正向相关关系并不明显。

5.2.5 小结

本研究对我国水资源量现状进行了介绍，包括我国水资源量总体短缺现状，以及我国各省级区域水资源量分布现状、人均水资源量空间分布状况，根据数据，对各省级区域水资源供需组成进行了分析，分省级区域计算了水资源开发利用程度并进行了比较分析，引入基尼系数与全局莫兰指数对各省级区域水资源均衡性进行了计算分析。

从数据来看，中国各省级区域的水资源总量、地表水资源量、地下水资源量、人均水资源量和水资源开发利用程度都表现出很大的地区差异性，并且由于不同地区的经济发展水平不一致，同时不同区域对于水资源的开发利用强度不同，对水资源的现状进行全局分析考虑，对于不同区域水资源利用效率的评价与水资源调控具有非常重要的理论和现实意义。

5.3 中国各省级区域水资源利用效率评价

中国已经成为一个干旱且水资源严重短缺的国家，但作为全球人口第一大国和世界第二大经济体，中国又是世界上水资源消耗量最多的国家。水资源和水环境成为制约我国经济社会发展的瓶颈，同时中国幅员辽阔，人口众多，各省级区域水资源人口分布不均衡，发展水平也不尽相同，随着中国居民生活消费水平的提高和经济增长，中国的水资源供需矛盾将进一步恶化。如何兼顾水资源、水环境与经济发展，统筹区域协调发展成为重中之重，水资源、水环境与人民生活健康息息相关。因此对中国 31 个省级行政区的水资源利用效率进行分析评价，对于研究中国的水资源问题至关重要。

为推动水资源可持续利用，以及为全面建设小康社会提供更好的水资源保障，党和国家与时俱进不断提出新的治水管水思路。十九届四中全会提出必须践行“绿水青山就是金山银山”的理念，全面建立资源高效利用制度。基于此，本研究结合 DEA 分析和 Malmquist 指数方法，构建中国区域水资源利用效率评价模型，分析各区域的直接水资源利用效率，结合投入产出理论对区域间虚拟水资源利用状况进行分析，并对各区域的虚拟水资源利用效率进行评价，最后基于系统复杂性以及产业结构和虚拟水的影响，构建水资源利用效率评价复杂指标集，对区域水资源利用效率进行综合评价，为之后的水资源调控提供合理依据及决策支持。

5.3.1 中国各省级区域水资源利用效率分析

5.3.1.1 基于规模效益可变的水资源利用效率分析

本研究基于规模收益可变的经典 BCC 模型，根据中国 31 个省级行政区 2011 ~ 2017 年的面板数据，对各区域 2011 ~ 2017 年的水资源利用效率进行了分析。数据来源为《中国统计年鉴》(2011~2017年)、《中国水资源公报》(2011~2017年)、《中国环境统计年鉴》(2011~2017年)及各省级区域的水资源公报、"十三五"水资源规划和经济统计年鉴等。模型的投入指标包括总用水量、供水管道长度、水利固定资产投资、废水排放量;产出指标包括GDP、常住人口、有效灌溉面积。根据5.1节中对非期望产出的处理方式,将污水排放量作为投入指标,但有一些研究将人口指标作为投入指标(邓益斌和尹庆民,2016),而本研究结合其他学者的观点,认为产出指标应对应水资源的承载能力,因此在本研究中将人口指标作为模型的产出指标更为合理。中国各省级区域水资源综合利用效率计算结果见表5-7。

表5-7 2011~2017年中国各省级区域水资源综合利用效率

省(自治区、直辖市)	2011年	2012年	2013年	2014年	2015年	2016年	2017年
北京	0.9945	1.0000	0.9491	1.0000	1.0000	0.9816	1.0000
天津	0.9094	0.9537	0.9661	1.0000	0.9854	0.9927	1.0000
河北	1.0000	1.0000	0.9993	1.0000	0.9902	1.0000	1.0000
山西	0.9557	0.8584	0.9081	0.9158	0.9163	0.9171	1.0000
内蒙古	1.0000	1.0000	1.0000	0.9864	1.0000	1.0000	1.0000
辽宁	0.6515	0.6749	0.7245	0.6996	0.7014	0.9309	1.0000
吉林	0.8344	0.7694	0.7615	0.8028	0.8238	0.9646	0.9256
黑龙江	1.0000	0.9157	0.9600	0.9274	0.9022	0.9846	1.0000
上海	0.8890	1.0000	0.8716	0.8735	0.9552	1.0000	1.0000
江苏	0.6958	0.7357	0.7808	0.7564	0.7635	0.8198	0.9109
浙江	0.8971	0.9147	0.8920	0.9272	0.9863	0.9799	1.0000
安徽	0.8098	0.6702	0.7544	0.7890	0.7759	0.8421	0.9178
福建	0.8375	0.8170	0.8110	0.8503	0.8671	0.9553	1.0000
江西	0.8591	0.9188	0.9247	0.9167	0.9334	0.9375	0.9128
山东	1.0000	1.0000	0.9965	1.0000	1.0000	1.0000	1.0000
河南	1.0000	1.0000	0.9765	1.0000	0.9702	0.9555	1.0000
湖北	0.6302	0.6729	0.7420	0.7935	0.7505	0.8204	0.8669
湖南	0.6916	0.6646	0.6651	0.6665	0.6769	0.6997	0.7415
广东	0.6216	0.6782	0.7167	0.7466	0.7411	0.8068	0.8398
广西	0.5642	0.5858	0.5940	0.6388	0.6371	0.6883	0.6871
海南	0.6759	0.7004	0.7993	0.7997	0.7784	0.7416	0.7628
重庆	0.7814	0.8725	0.9233	0.9894	1.0000	0.9963	1.0000
四川	0.7643	0.7769	0.7957	0.7603	0.8243	0.8013	0.7018

续表

省（自治区、直辖市）	2011 年	2012 年	2013 年	2014 年	2015 年	2016 年	2017 年
贵州	0.8181	0.8357	0.8782	0.9395	1.0000	1.0000	1.0000
云南	1.0000	0.9541	1.0000	1.0000	0.9534	0.9841	0.9770
西藏	0.9979	1.0000	1.0000	1.0000	0.9956	1.0000	1.0000
陕西	0.8696	0.9565	1.0000	1.0000	0.9541	0.9372	1.0000
甘肃	0.8681	0.8161	0.8411	0.8496	0.8504	0.8992	1.0000
青海	0.8851	0.8732	0.7443	0.6655	0.6618	0.6563	0.6850
宁夏	0.7305	0.7309	0.6350	0.6121	0.6584	0.6587	0.6742
新疆	1.0000	0.9528	1.0000	0.9884	0.9891	1.0000	0.9654

中国各省级区域历年水资源利用效率变动趋势如图 5-10 所示。

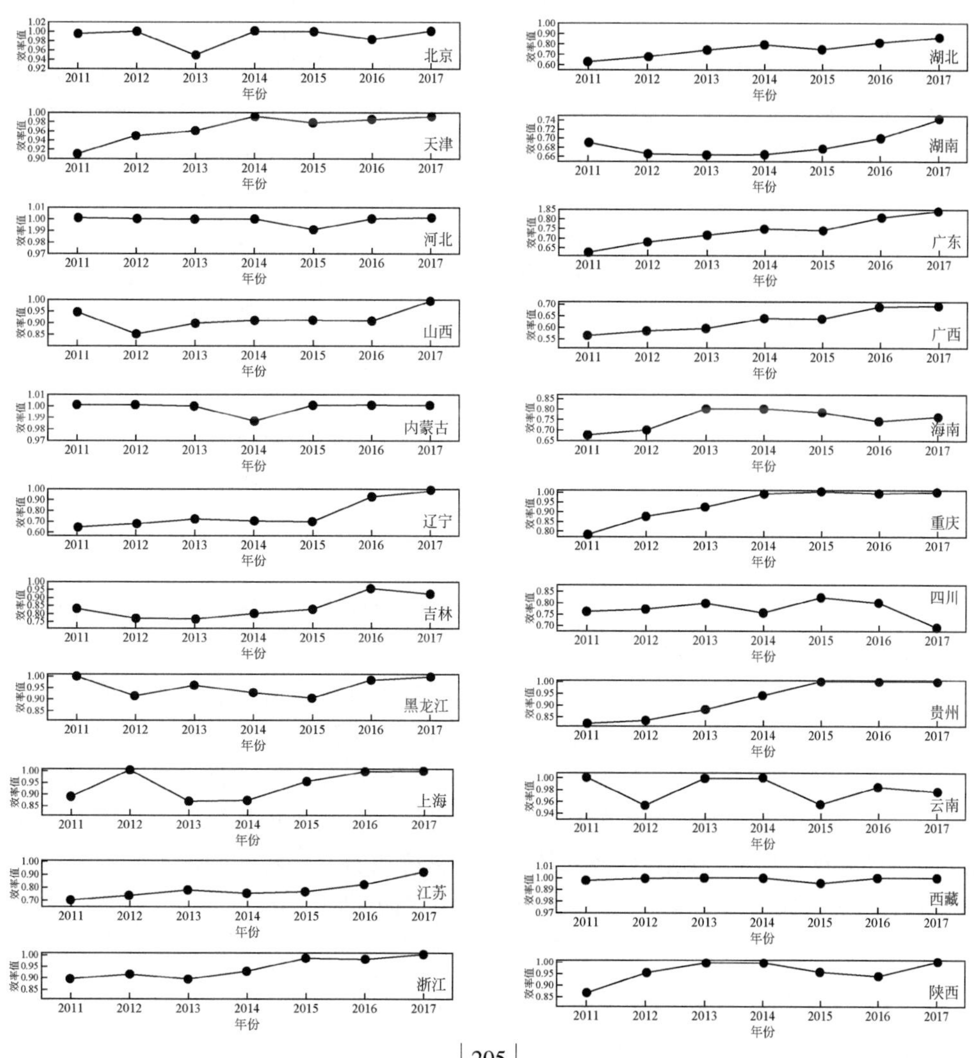

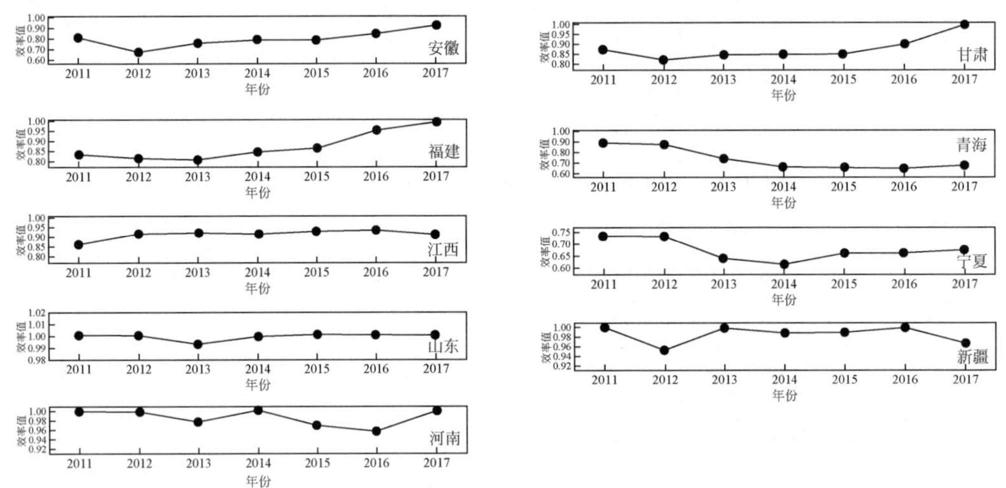

图 5-10　2011～2017 年中国各省级区域水资源综合利用效率趋势

结合表 5-7 和图 5-10 的结果可以看出，2011～2017 年全国水资源综合利用效率的总体趋势是不断提高的，其综合效率有效的区域由 2011 年的 7 个增加到 2017 年的 17 个。其中，北京、河北、内蒙古、山东、河南、西藏等一半以上年份处于效率最优的状态，仅个别年份略有降低，这说明这些地区总体的水资源利用情况较好。天津、山西、辽宁、上海、浙江、福建、重庆、贵州、甘肃的水资源利用效率呈逐渐升高的过程，这说明这些地区的水资源利用状况得到了不断的改善。黑龙江、云南、陕西、新疆的水资源利用效率都出现了明显的下降过程，其中黑龙江、陕西近年都恢复到了相对最优的状态，而云南和新疆则没有实现水资源利用效率的恢复。需要引起重视的是吉林、江苏、安徽、江西、湖北、湖南、广东、广西、海南、四川、青海、宁夏，这些区域在 2011～2017 年始终都没有达到效率最优，因此有必要对影响区域水资源利用效率的因素做进一步分析。

根据 DEA 的原理，综合效率可以进一步分解为规模效率和纯技术效率（魏权龄，2000）。三者的关系式为

$$\text{综合效率}=\text{规模效率}\times\text{纯技术效率} \tag{5-31}$$

通常意义上被评价单元有效是指被评价单元综合效率为 1 的情况，此时被评价单元必定规模有效且技术有效，即规模效率值等于 1 且纯技术效率等于 1。但当综合效率不为 1 时，也可能存在规模有效或技术有效的情况。其中技术有效是指当前被评价单元的产出相对于投入已达最大状态，即投入产出比相对于参考集已达到最优。而规模有效则是指被评价单元处于最优的生产规模，同时规模收益对应着三种状态：规模收益递增、规模收益递减和规模收益不变。当产出与投入按照固定比例增加时，规模收益不变；当投入增加且增加的产出与对应投入增量之比不断增大时，规模收益递增，反之，则规模收益递减。2011～2017 年中国各省级区域水资源利用规模效率分解结果见表 5-8。

表 5-8　2011 ~ 2017 年中国各省级区域水资源利用规模效率

省（自治区、直辖市）	参数	2011 年	2012 年	2013 年	2014 年	2015 年	2016 年	2017 年
北京	SE	0. 9945	1. 0000	0. 9491	1. 0000	1. 0000	0. 9816	1. 0000
	RTS	I	C	I	C	C	I	C
天津	SE	0. 9094	0. 9537	0. 9661	1. 0000	0. 9854	0. 9927	1. 0000
	RTS	I	I	I	C	I	I	C
河北	SE	1. 0000	1. 0000	0. 9993	1. 0000	0. 9902	1. 0000	1. 0000
	RTS	C	C	I	C	I	C	C
山西	SE	0. 9557	0. 8584	0. 9081	0. 9158	0. 9163	0. 9171	1. 0000
	RTS	I	I	I	I	I	I	C
内蒙古	SE	1. 0000	1. 0000	1. 0000	0. 9864	1. 0000	1. 0000	1. 0000
	RTS	C	C	C	I	C	C	C
辽宁	SE	0. 6515	0. 6749	0. 7245	0. 6996	0. 7014	0. 9309	1. 0000
	RTS	I	I	D	D	D	I	C
吉林	SE	0. 8344	0. 7694	0. 7615	0. 8028	0. 8238	0. 9646	0. 9256
	RTS	I	I	D	D	D	I	I
黑龙江	SE	1. 0000	0. 9157	0. 9600	0. 9274	0. 9022	0. 9846	1. 0000
	RTS	C	D	D	D	I	I	C
上海	SE	0. 8890	1. 0000	0. 8716	0. 8735	0. 9552	1. 0000	1. 0000
	RTS	I	C	I	I	I	C	C
江苏	SE	0. 6958	0. 7357	0. 7808	0. 7564	0. 7635	0. 8198	0. 9109
	RTS	D	D	D	D	D	D	D
浙江	SE	0. 8971	0. 9147	0. 8920	0. 9272	0. 9863	0. 9799	1. 0000
	RTS	D	D	D	D	D	D	C
安徽	SE	0. 8098	0. 6702	0. 7544	0. 7890	0. 7759	0. 8421	0. 9178
	RTS	D	D	D	I	I	D	D
福建	SE	0. 8375	0. 8170	0. 8110	0. 8503	0. 8671	0. 9553	1. 0000
	RTS	I	I	I	D	D	D	C
江西	SE	0. 8591	0. 9188	0. 9247	0. 9167	0. 9334	0. 9375	0. 9128
	RTS	D	D	D	D	D	D	D
山东	SE	1. 0000	1. 0000	0. 9965	1. 0000	1. 0000	1. 0000	1. 0000
	RTS	C	C	D	C	C	C	C
河南	SE	1. 0000	1. 0000	0. 9765	1. 0000	0. 9702	0. 9555	1. 0000
	RTS	C	C	D	C	D	D	C

续表

省（自治区、直辖市）	参数	2011 年	2012 年	2013 年	2014 年	2015 年	2016 年	2017 年
湖北	SE	0.6302	0.6729	0.7420	0.7935	0.7505	0.8204	0.8669
	RTS	D	D	D	D	D	D	D
湖南	SE	0.6916	0.6646	0.6651	0.6665	0.6769	0.6997	0.7415
	RTS	D	I	D	D	D	D	D
广东	SE	0.6216	0.6782	0.7167	0.7466	0.7411	0.8068	0.8398
	RTS	D	D	D	D	D	D	D
广西	SE	0.5642	0.5858	0.5940	0.6388	0.6371	0.6883	0.6871
	RTS	I	I	I	I	I	D	D
海南	SE	0.6759	0.7004	0.7993	0.7997	0.7784	0.7416	0.7628
	RTS	I	I	I	I	I	I	I
重庆	SE	0.7814	0.8725	0.9233	0.9894	1.0000	0.9963	1.0000
	RTS	I	I	I	D	C	I	C
四川	SE	0.7643	0.7769	0.7957	0.7603	0.8243	0.8013	0.7018
	RTS	D	D	D	D	D	D	D
贵州	SE	0.8181	0.8357	0.8782	0.9395	1.0000	1.0000	1.0000
	RTS	I	I	I	I	C	C	C
云南	SE	1.0000	0.9541	1.0000	1.0000	0.9534	0.9841	0.9770
	RTS	C	I	C	C	D	D	D
西藏	SE	0.9979	1.0000	1.0000	1.0000	0.9956	1.0000	1.0000
	RTS	I	C	C	C	I	C	C
陕西	SE	0.8696	0.9565	1.0000	1.0000	0.9541	0.9372	1.0000
	RTS	I	I	C	C	I	I	C
甘肃	SE	0.8681	0.8161	0.8411	0.8496	0.8504	0.8992	1.0000
	RTS	D	D	D	D	I	I	C
青海	SE	0.8851	0.8732	0.7443	0.6655	0.6618	0.6563	0.6850
	RTS	I	I	I	I	I	I	I
宁夏	SE	0.7305	0.7309	0.6350	0.6121	0.6584	0.6587	0.6742
	RTS	I	I	I	I	D	I	I
新疆	SE	1.0000	0.9528	1.0000	0.9884	0.9891	1.0000	0.9654
	RTS	C	D	C	D	D	C	D

注：SE 代表规模效率；RTS 代表规模收益；I 表示规模收益递增；C 表示规模收益不变；D 表示规模收益递减。

由表 5-8 的结果可知，在北京、天津、河北、山西四个区域，其未达到规模效率最优的年份对应的规模收益均为递增型，这表明在这些年份这些区域的水资源综合利用效率较低，其原因是在很大程度上受水资源供给量不足的限制，适当的增加水资源供应量时，会显著的提高当地的总产出。在浙江、河南、新疆三个区域，其未达到规模效率最优的年份对应的规模收益均为递减型，这表明在这些年份这些区域的水资源综合利用效率较低，其是由产业布局的不合理和管理缺失造成的，只有通过合理规划，提高节水效率和水资源管理效能才能提高水资源综合利用效率。需要引起重视的是江苏、江西、湖北、湖南、广东、四川等区域，这些区域的规模效率在历年都未达到最优的状态，且均呈现规模收益递减的状态，这表明这些区域整体的水资源消耗量过大，用水效率较低，同时由于模型在计算时将污水排放量作为投入指标，上述区域的水污染问题较为严重，应当从节水和治污两方面入手，提高水资源的综合利用效率。山东和内蒙古的规模效率整体较好，只分别在 2013 年和 2014 年出现了短暂的规模无效状态，且规模效率得分非常接近最优值。其余区域则在各年份中交替出现规模收益递增和递减的状态，这说明这些区域的水资源利用情况受到了当地水资源管理政策和产业结构的强力影响。

2011 ~ 2017 年中国各省级区域纯技术效率分解结果见表 5-9。

表 5-9　2011 ~ 2017 年中国各省级区域纯技术效率

省（自治区、直辖市）	2011 年	2012 年	2013 年	2014 年	2015 年	2016 年	2017 年
北京	1.0000	1.0000	0.9911	1.0000	1.0000	0.9958	1.0000
天津	1.0000	1.0000	1.0000	1.0000	0.9922	1.0000	1.0000
河北	1.0000	1.0000	1.0000	1.0000	0.9907	1.0000	1.0000
山西	0.9677	0.9115	0.9448	0.9807	0.9803	0.9639	1.0000
内蒙古	1.0000	1.0000	1.0000	0.9873	1.0000	1.0000	1.0000
辽宁	0.6517	0.6776	0.7313	0.7028	0.7031	0.9314	1.0000
吉林	0.8570	0.8035	0.7633	0.8043	0.8238	0.9648	0.9311
黑龙江	1.0000	0.9212	0.9993	0.9525	0.9048	0.9852	1.0000
上海	0.8987	1.0000	0.8814	0.8808	0.9605	1.0000	1.0000
江苏	0.8915	0.8915	1.0000	0.9309	0.9122	0.9716	1.0000
浙江	0.9807	1.0000	0.9638	0.9668	1.0000	1.0000	1.0000
安徽	0.8099	0.6710	0.7547	0.7916	0.7759	0.8472	1.0000
福建	0.8410	0.8190	0.8167	0.8504	0.8866	0.9595	1.0000
江西	0.8620	0.9219	0.9332	0.9386	1.0000	0.9904	0.9608
山东	1.0000	1.0000	1.0000	1.0000	1.0000	1.0000	1.0000
河南	1.0000	1.0000	0.9888	1.0000	1.0000	1.0000	1.0000
湖北	0.6377	0.6943	0.7935	0.8668	0.8277	0.9270	0.9805
湖南	0.6968	0.6658	0.6693	0.6773	0.6997	0.7430	0.7943

续表

省（自治区、直辖市）	2011 年	2012 年	2013 年	2014 年	2015 年	2016 年	2017 年
广东	0.8648	0.9940	1.0000	1.0000	0.9829	1.0000	1.0000
广西	0.5676	0.5907	0.5967	0.6444	0.6376	0.7034	0.7144
海南	0.7355	0.7529	0.8470	0.8367	0.8139	0.8194	0.8276
重庆	0.7865	0.8736	0.9234	0.9899	1.0000	0.9973	1.0000
四川	0.7771	0.7867	0.8293	0.7737	0.9221	0.8721	0.7336
贵州	0.8386	0.8598	0.8951	0.9473	1.0000	1.0000	1.0000
云南	1.0000	0.9551	1.0000	1.0000	0.9535	0.9910	1.0000
西藏	1.0000	1.0000	1.0000	1.0000	0.9998	1.0000	1.0000
陕西	0.8820	0.9703	1.0000	1.0000	0.9610	0.9519	1.0000
甘肃	0.8745	0.8277	0.8529	0.8514	0.8584	0.9014	1.0000
青海	1.0000	1.0000	0.9768	1.0000	0.9878	1.0000	1.0000
宁夏	0.7993	0.7924	0.6904	0.6225	0.6641	0.6688	0.6801
新疆	1.0000	0.9706	1.0000	0.9939	0.9926	1.0000	1.0000

由表5-9的数据可知，2011～2017年，北京、天津、河北三个区域的纯技术效率均处于较高水平，其未达到效率最优的年份，效率得分也高于0.99，这说明京津冀地区的水资源利用技术水平相对于全国其他地区较高，水资源综合利用效率偏低的原因是水资源短缺，这与表5-8的结果和当地的水资源状况是一致的。内蒙古、山东、河南、云南、西藏、青海、新疆的总体纯技术效率也都处于较高的水平，其多年纯技术效率平均值都大于0.99。

其余区域的纯技术效率都存在较大的提升空间，尤其是湖北、湖南、广西、海南、四川等几个区域，在2011～2017年的规模效率和纯技术效率均未达到最优，这表明这些区域的各要素投入组合还没有达到最优的状态，生产技术有待进一步提高。

以2011年、2013年、2015年、2017年的数据为典型，绘制中国各省级区域水资源综合利用效率分布图（图5-11～图5-14）。根据这四个年份的水资源综合利用效率分布可知，我国大部分地区的水资源利用效率处于持续向好的转变过程中，在东南沿海地区最为明显，主要原因是东南沿海地区处于改革开放的最前沿，不断吸引着优秀的人才和资金技术的流入，这些都是提高水资源利用效率的有利因素。东北地区呈现先下降后上升的过程，这与当地的社会经济发展、人口外流和产业转型升级密切相关。但我国的中西部地区和长江中下游地区仍处于水资源利用效率相对较低的地区，中西部地区由于地理位置的原因，经济发展较东部地区较为缓慢，人口分布也比东部地区较少，这些是制约西部地区水资源利用效率提升的主要因素；而长江中下游地区则水污染问题较为突出，同时产业布局多集中在高耗水行业，造成了水资源利用效率的相对低下。

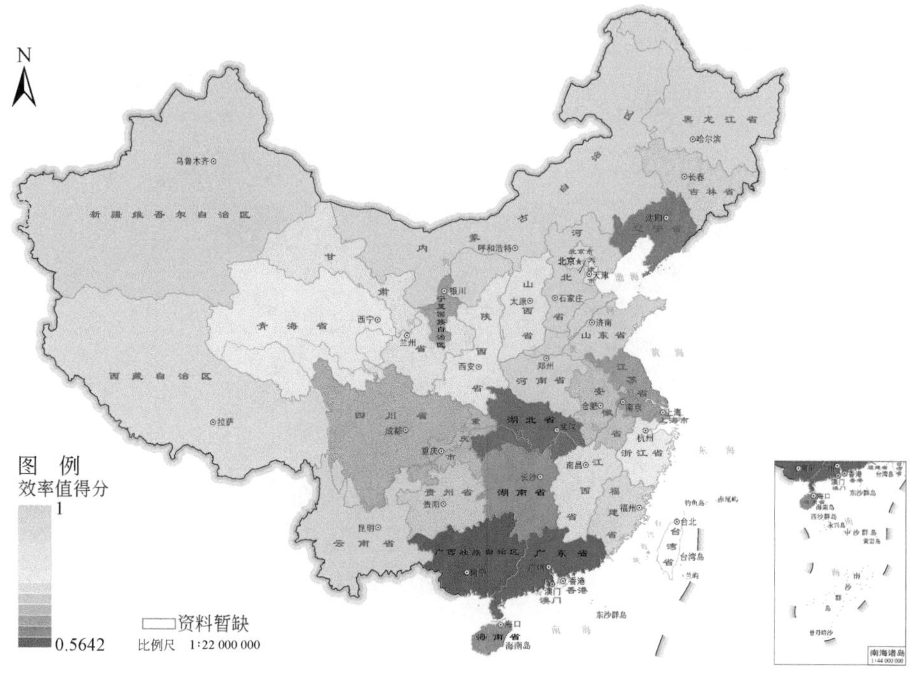

图 5-11　2011 年中国各省级区域水资源综合利用效率分布

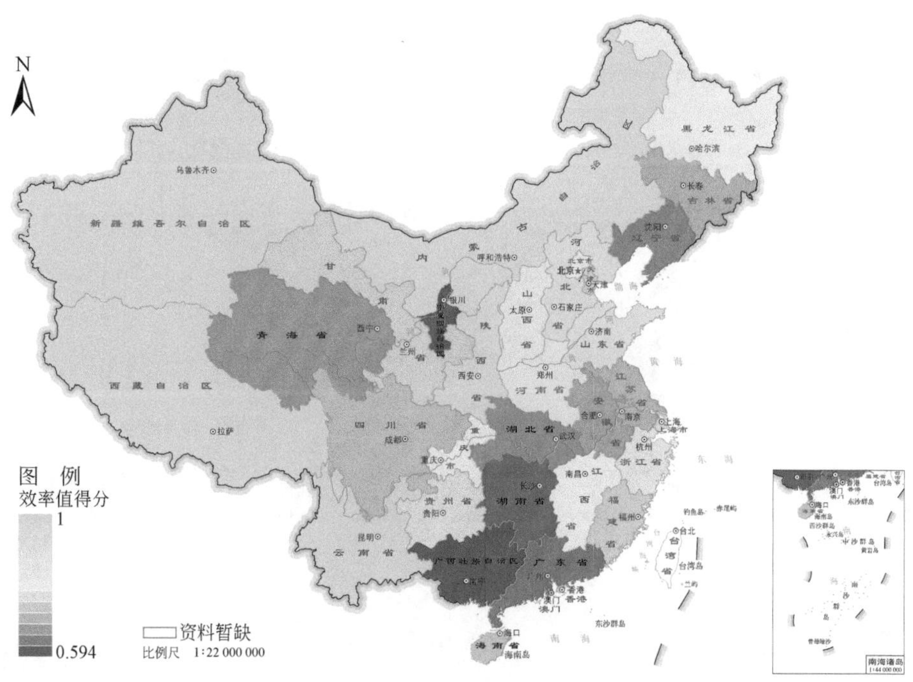

图 5-12　2013 年中国各省级区域水资源综合利用效率分布

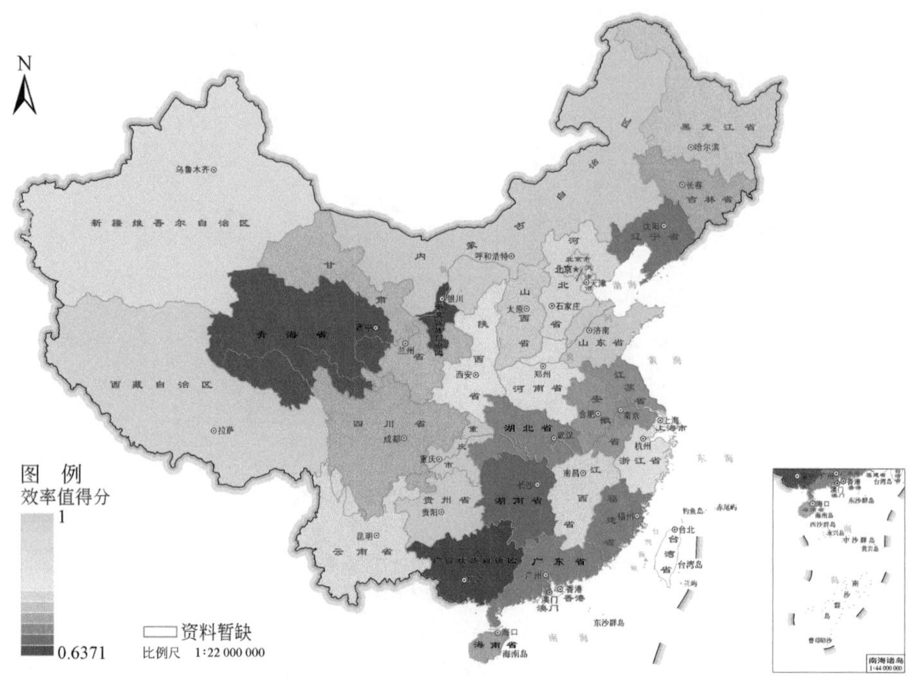

图 5-13　2015 年水资源综合利用效率分布

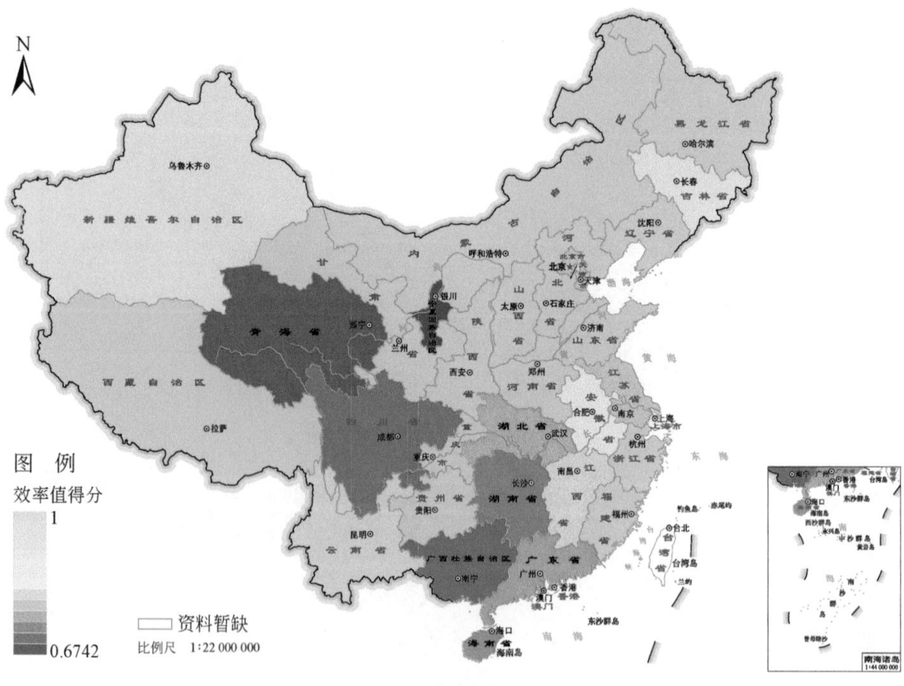

图 5-14　2017 年水资源综合利用效率分布

5.3.1.2 水资源利用效率的松弛变量分析

5.3.1.1 节对中国 31 个省级行政区的水资源利用的纯技术效率、规模效率、综合效率及其分布进行了分析，对于水资源利用效率未达到最优的区域，其改进的手段通常是减少资源的投入量，并使其产出最大化。具体到实际问题时，产出是由生产技术和资源投入量决定的，因此通常对水资源利用效率改进的建议主要针对的是如何减少投入量。本研究基于 DEA 模型对水资源利用效率进行分析，并以 2011 年和 2017 年的数据为例计算各投入指标的松弛变量，即可能存在的投入冗余，并对全国各省级区域的投入指标松弛变量进行分析，具体结果见表 5-10。

表 5-10 中国各省级区域投入指标松弛变量

省（自治区、直辖市）	2011 年			2017 年		
	总用水量/亿 m^3	总废水排放量/万 m^3	水利固定资产投资/亿元	总用水量/亿 m^3	总废水排放量/万 m^3	水利固定资产投资/亿元
北京	0	0	0	0	0	0
天津	0	0	0	0	0	0
河北	0	0	0	0	0	0
山西	0	0	0	0	0	0
内蒙古	0	0	0	0	0	0
辽宁	0	0	0	0	0	0
吉林	0	0	0	0	0	0
黑龙江	0	0	0	0	0	0
上海	0	0	0	0	0	0
江苏	−45.63	0	0	−276.83	0	0
浙江	0	0	0	0	0	0
安徽	0	0	0	−11.57	0	0
福建	−10.38	−71 931.9	0	0	0	0
江西	−49.72	−4 753.3	−26.53	−108.98	0	0
山东	0	0	0	0	0	0
河南	0	0	0	0	0	0
湖北	0	0	0	0	0	−1 150.04
湖南	−53.09	0	0	−102.05	0	0
广东	−42.45	−36 677.7	0	−5.27	−41 723.45	0
广西	−42.86	0	0	−109.15	0	0
海南	−1.42	0	0	−10.02	0	0
重庆	0	0	0	0	0	0
四川	0	0	0	−73.3	−7 844.9	0

续表

省（自治区、直辖市）	2011 年			2017 年		
	总用水量/亿 m^3	总废水排放量/万 m^3	水利固定资产投资/亿元	总用水量/亿 m^3	总废水排放量/万 m^3	水利固定资产投资/亿元
贵州	0	0	-110.59	0	0	0
云南	0	0	0	0	0	0
西藏	0	0	0	0	0	0
陕西	0	0	0	0	0	0
甘肃	0	0	0	0	0	0
青海	0	0	0	-0.55	0	0
宁夏	0	-2 589.9	0	-4.3	0	0
新疆	0	0	0	0	0	0

根据 DEA 的原理，对于某一年各投入指标的松弛变量均为 0 的区域，若其相应的水资源综合利用效率值为 1，则表明该地区处于帕累托最优状态，也称为强有效状态，因此无法得出进一步改进的数值。另一种情况是 DMU 已达技术效率最优或其投影位于前沿的强有效区域。投入指标的松弛变量一般为负值，表示该项指标的投入可减少量。从表 5-10 可以看出，2011 年江苏、福建、江西、湖南、广东、广西、海南等出现了用水量投入冗余，从投入产出关系上看，减少这部分的水资源投入是不会影响产出总量的。从废水排放量指标上看，2011 年福建、江西、广东、宁夏出现了投入冗余，其中福建和广东分别约高达 7.2 亿 m^3 和 3.7 亿 m^3，由于该指标实际为非期望产出，这说明这些区域水污染问题相对于全国其他区域更为严峻。而在 2017 年，可以看到出现水资源投入冗余的区域增多，且总体不断加大，这说明随着社会经济的发展，对水资源的消耗程度也在增大，但是相应的节水技术和产业结构调整不到位，其中产业结构对水资源利用效率的影响将在 5.3.2 节进行具体分析。在污染物排放方面，可以看出 2017 年相比 2011 年整体有了明显的好转，这是由于我国近年来对环境污染问题越来越重视，不断推进生态文明建设，出台了众多的文件和法规来约束居民生活和生产排污过程。但是也可以明显地看出广东和四川仍有加剧的情况，这两个区域是我国人口高速流入和经济发展增速较快的地区，因此可能存在管理手段和措施跟进缓慢的问题，需要引起重视。水利固定资产投资由于存在政府主导性，往往并不是以短期效益为衡量标准，因此不做具体分析。

5.3.1.3 区域水资源利用效率变化规律分析

（1）Malmquist 指数及其计算方法

一般的 DEA 模型只能针对单一时期内的效率情况进行评价，该时期内的生产技术是固定不变的，如表 5-7 中的数据只能反映各区域之间在同一年内的相对效率水平，并不能反映各区域的年际变化规律。但是通常水资源的开发利用是一个持续不断的过程，且技术水平也在不断地进步，由前文的论述可知，技术进步对提高水资源的利用效率起到关键作用。当待评价单元的投入产出数据为包含多个时间点的面板数据时，就可以对生产效率、技术效率和技术进步对水资源利用效率所起的作用进行详细分析（张风丽，2016）。通常用到的方法为全要素生产率（total factor productivity，TFP）分析，也称为 Malmquist 指数法。

Malmquist 指数的概念最早由 Malmquist 于 1953 年提出，随后由 Färe 等引入 DEA 模型，用于分析两个时期内效率的跨期比较。其计算方法为

$$\mathrm{MI}=\sqrt{\frac{E^{t}(x^{t+1},\ y^{t+1})}{E^{t}(x^{t},\ y^{t})}\times\frac{E^{t+1}(x^{t+1},\ y^{t+1})}{E^{t+1}(x^{t},\ y^{t})}} \tag{5-32}$$

式中，MI 为 Malmquist 指数；x^t 、y^t 和 x^{t+1} 、y^{t+1} 分别为待评价 DMU 在 t 和 t+1 时刻的投入和产出指标值；$E^t(x^t,\ y^t)$ 和 $E^{t+1}(x^{t+1},\ y^{t+1})$ 为待评价 DMU 在 t 和 t+1 时刻的技术效率值；$E^t(x^{t+1},\ y^{t+1})$ 为待评价 DMU 在 $t+1$ 时刻的值以 t 时刻的参考集得出的技术效率值；$E^{t+1}(x^t,\ y^t)$ 为待评价 DMU 在 t 时刻的值以 t+1 时刻的参考集得出的技术效率值。

对 MI 进行分解可以得到如下关系：

$$\mathrm{EC}=\frac{E^{t+1}(x^{t+1},\ y^{t+1})}{E^{t}(x^{t},\ y^{t})} \tag{5-33}$$

$$\mathrm{TC}=\sqrt{\frac{E^{t}(x^{t},\ y^{t})}{E^{t+1}(x^{t},\ y^{t})}\times\frac{E^{t}(x^{t+1},\ y^{t+1})}{E^{t+1}(x^{t+1},\ y^{t+1})}} \tag{5-34}$$

$$\mathrm{MI}=\mathrm{EC}\times\mathrm{TC} \tag{5-35}$$

式中，EC 为 t 和 t+1 时间的效率变化；TC 为技术变化。当规模收益可变时，可进一步得到如下关系：

$$\mathrm{PEC}=\frac{E^{t+1}(x^{t+1},\ y^{t+1}\mid \mathrm{VRS})}{E^{t}(x^{t},\ y^{t}\mid \mathrm{VRS})} \tag{5-36}$$

$$\mathrm{SEC}=\sqrt{\frac{E^{t}(x^{t},\ y^{t}\mid \mathrm{CRS})}{E^{t}(x^{t},\ y^{t}\mid \mathrm{VRS})}\times\frac{E^{t+1}(x^{t+1},\ y^{t+1}\mid \mathrm{CRS})}{E^{t+1}(x^{t+1},\ y^{t+1}\mid \mathrm{VRS})}} \tag{5-37}$$

$$\mathrm{MI}=\mathrm{PEC}\times\mathrm{SEC}\times\mathrm{TC} \tag{5-38}$$

式中，CRS 为基于规模收益不变情况下得出的效率值；VRS 为基于规模收益可变情况下得出的效率值；PEC 为纯技术效率变化；SEC 为规模效率变化。

（2）基于 Malmquist 指数的水资源利用效率分析

本研究基于 5. 3. 1. 1 节中的区域水资源效率计算成果，进一步计算 Malmquist 指数及其分解指数。中国总体 Malmquist 指数变化如图 5-15 所示。

由图 5-15 可知，中国在 2011 ~ 2017 年的 Malmquist 指数（全要素生产率）均大于 1，这表明我国的水资源利用效率整体上处于不断进步的状态，国家的宏观政策起到了有效的作用，但 Malmquist 指数呈上升—下降—上升—下降的波动状态，因此要对可能产生的效率降低保持警惕，坚持节水理念，保持技术创新和产业转型升级。从技术变化指数（TC）上看，其平均值为 1. 01，这表明整体上我国的水资源利用技术是进步的，但非常的缓慢，从图中的趋势可以看出，2012 年、2014 年和 2015 年均出现了技术退步的现象，但随后出现明显的增长，这说明我国及时发现了水资源开发利用的技术不足与管理的短板，适时地

图 5-15　中国总体 Malmquist 指数变化

调整了水资源开发利用策略。从纯技术效率指数（PEC）上看，2012～2016 年指标整体变化不大且大于 1，但 2017 年出现了明显的下降且小于 1，这说明出现了技术效率的衰退，产业结构与用水结构出现了不匹配的状况，这与同期政府工作报告的论断相一致，国家近年来也提出新的治水理念，强调水资源供给侧改革，实现“以水四定”的方针，因此需要找到实现水资源合理配置和产业有效转型升级的可行之法。从规模效率变化指数（SEC）上看，其平均值略大于 1，这说明水资源利用的规模效益变化不大，但总体上是提高的。中国各省级区域的平均 Malmquist 指数如图 5-16 所示。

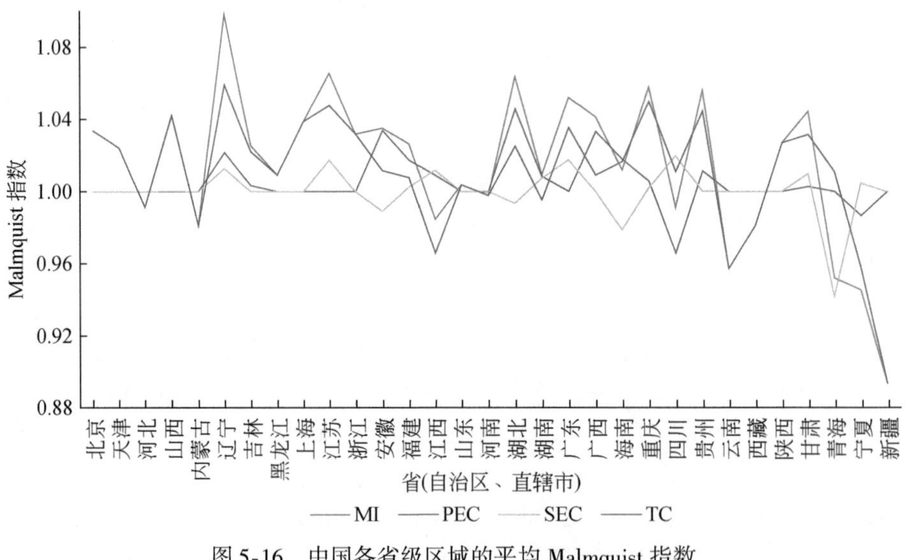

图 5-16　中国各省级区域的平均 Malmquist 指数

由图 5-16 可知，全国大部分区域的平均 Malmquist 指数大于 1，说明这些区域的水资源利用效率整体呈改善的趋势，但河北、内蒙古、四川、甘肃、青海、新疆的水资源利用效率总体呈下降趋势。详细的省级尺度 Malmquist 指数及其分解指数的多年变化趋势如图 5-17 ~ 图 5-20 所示。从技术变化指数（TC）分析，结合图 5-20 可以看出大部分区域的各年度技术变化指数大于 1，是正向变化的，而河北、内蒙古、江西、河南、湖南、云南、西藏、宁夏、新疆等区域出现多个年份变化为负向的情况，这些区域更应该考虑从技术手段入手，提高节水效率和水资源管理效能。参考纯技术效率指数（PEC）、规模效率变化指数（SEC），绝大部分区域的指标值在各年度都是大于或等于 1，这些区域的技术效率和规模效率的变化都是正向的，结合式（5-8），可以推断河北、内蒙古、江西、河南、湖南、云南、西藏、新疆等区域水资源利用效率降低的主要原因是技术变化的衰退。只有湖北和湖南存在规模效率的降低，四川和宁夏存在技术效率的降低。

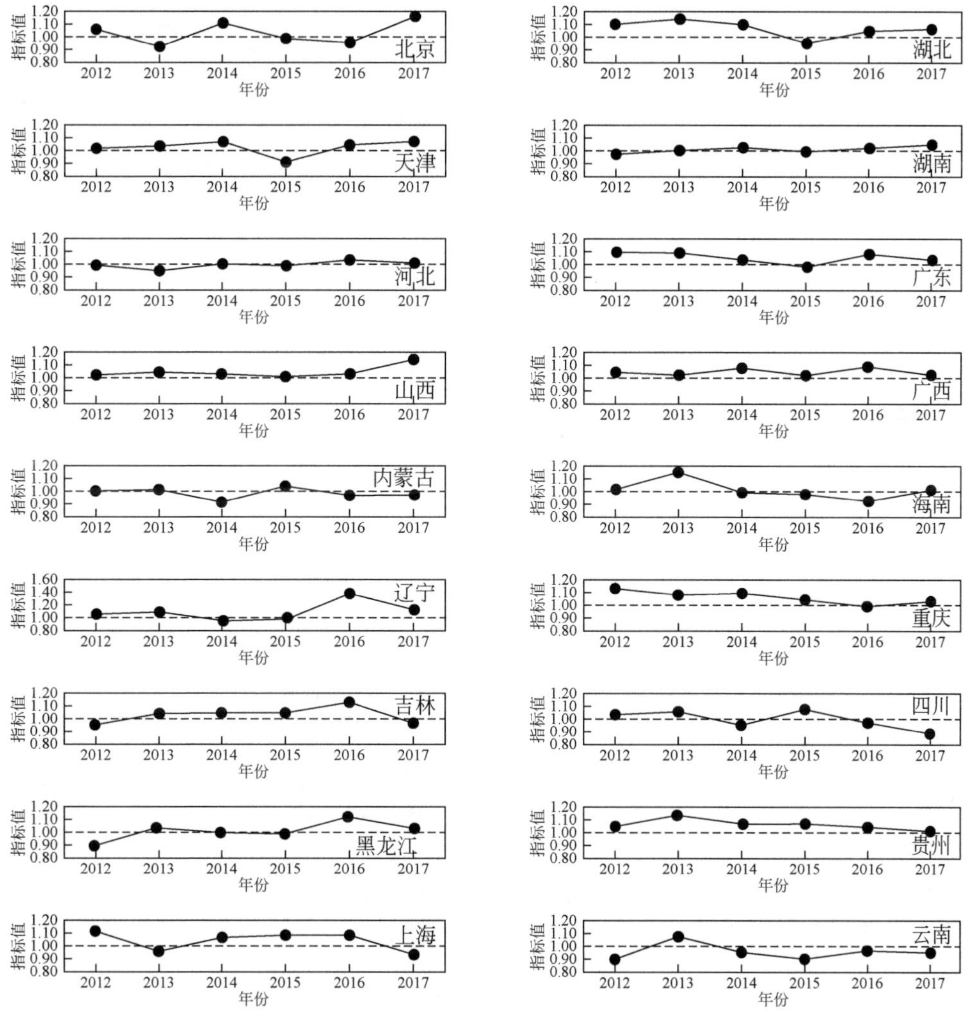

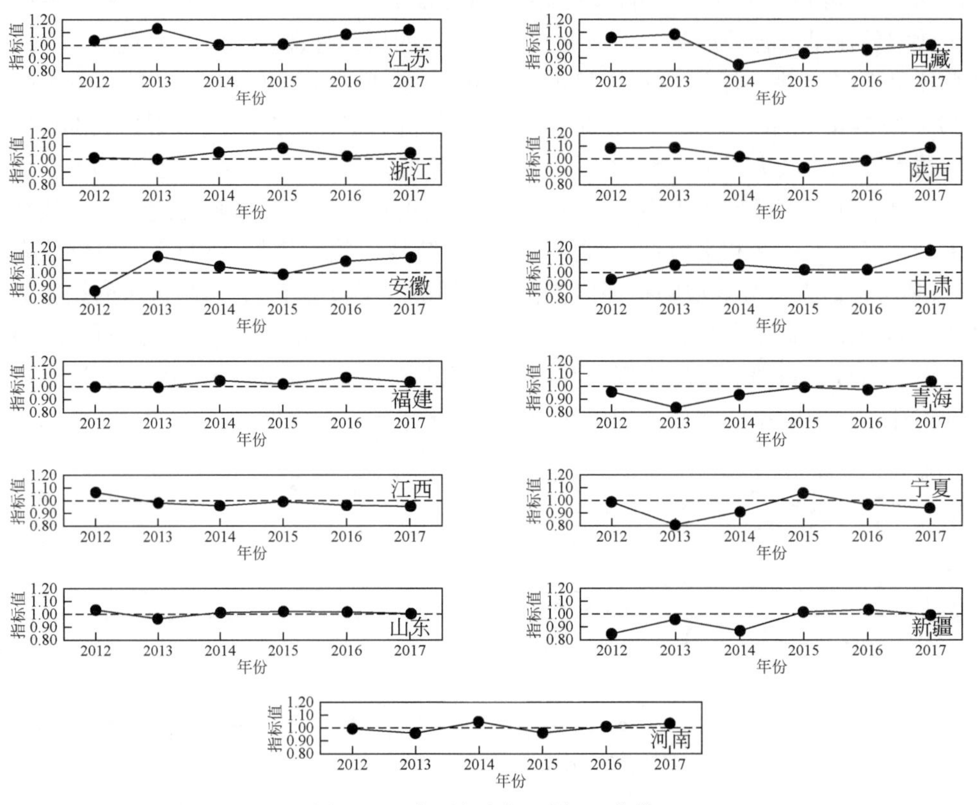

图 5-17　中国各省级区域 MI 指数

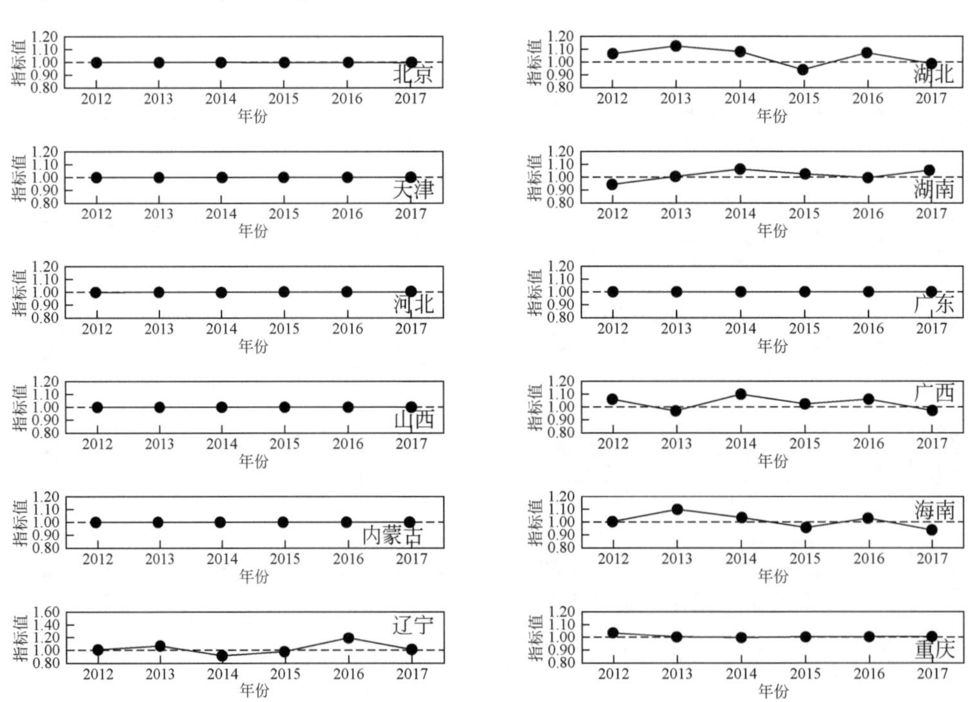

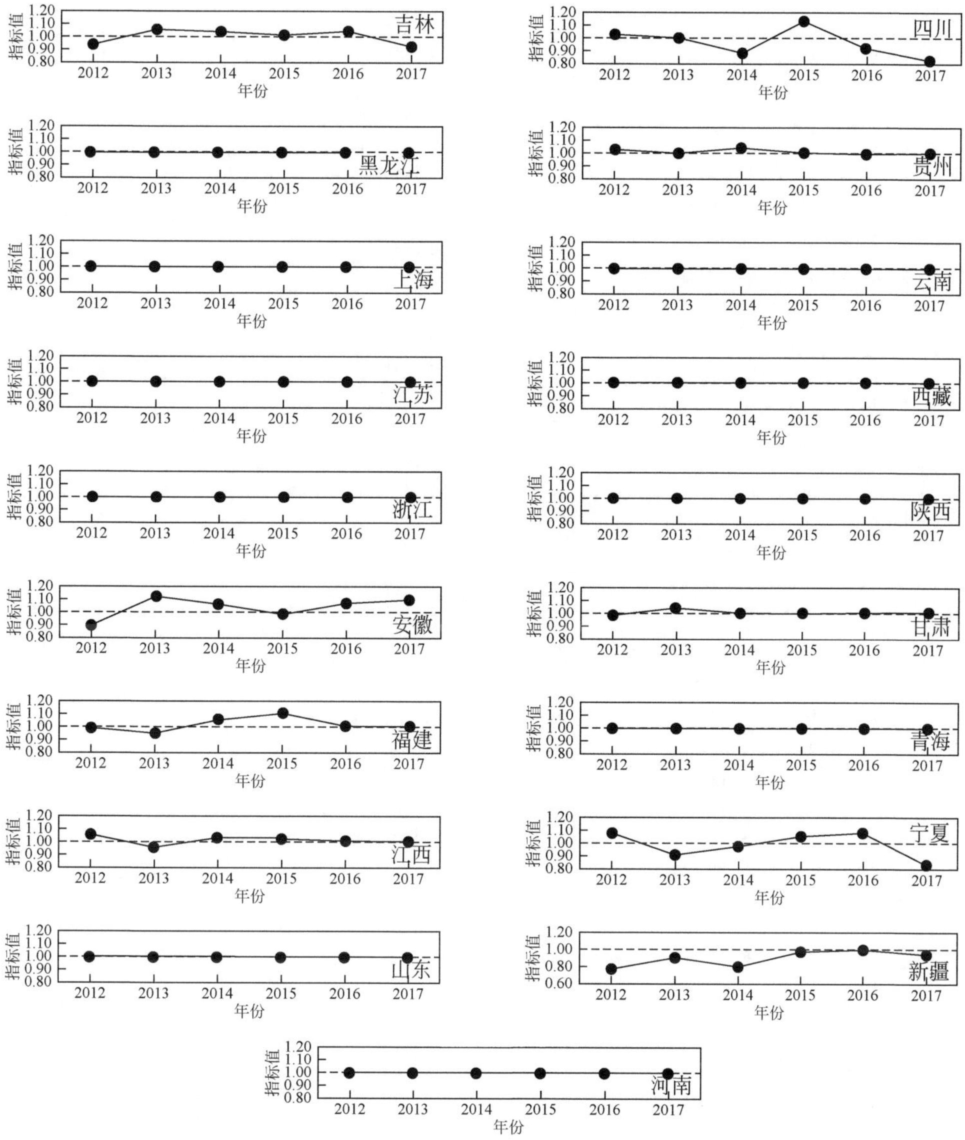

图 5-18　中国各省级区域纯技术效率指数（PEC）

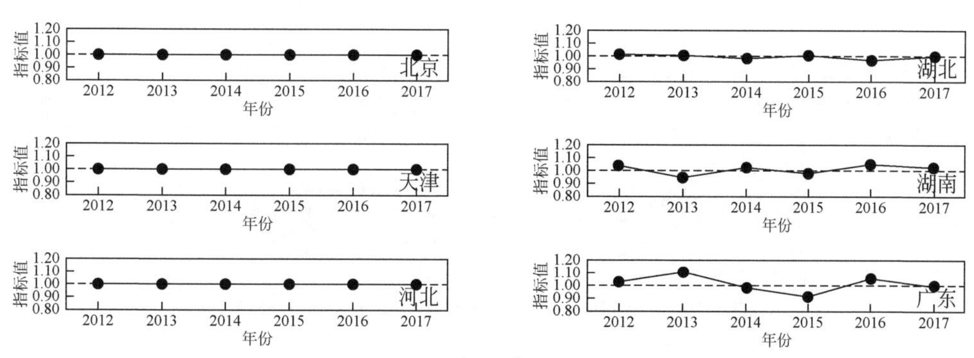

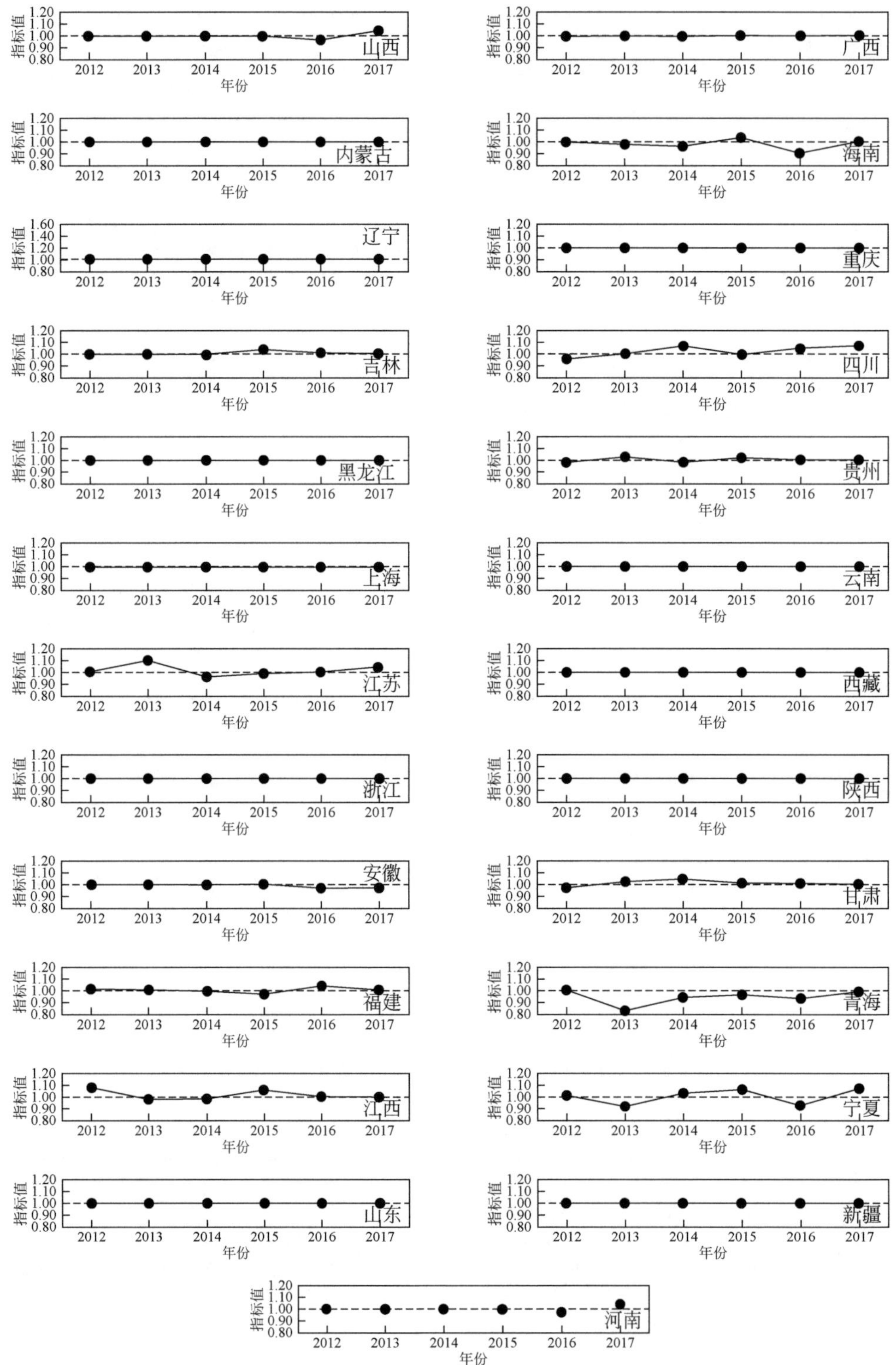

图 5-19　中国各省级区域规模效率变化指数（SEC）

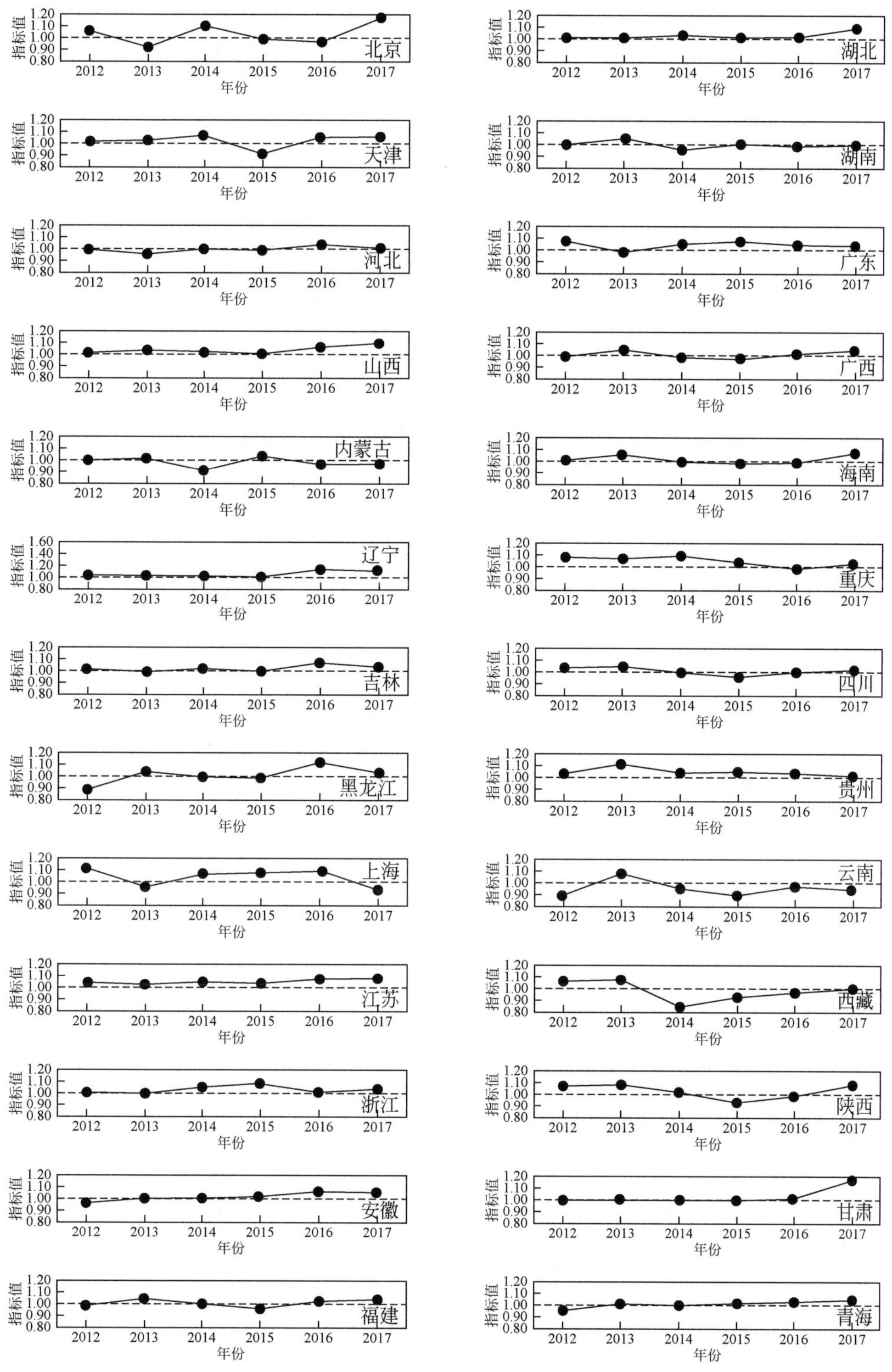
北京
天津
河北
山西
内蒙古
辽宁
吉林
黑龙江
上海
江苏
浙江
安徽
福建
湖北
湖南
广东
广西
海南
重庆
四川
贵州
云南
西藏
陕西
甘肃
青海
指标值
年份
2012
2013
2014
2015
2016
2017

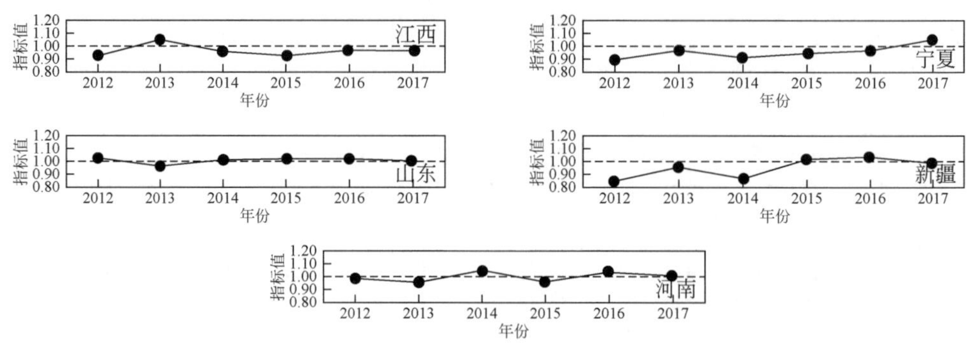

图 5-20　中国各省级区域技术变化指数（TC）

5.3.2　基于虚拟水资源量的区域水资源利用效率分析

5.3.2.1　区域间的虚拟水资源分析

由 5.2 节的研究可知，区域的产业结构对区域水资源利用效率影响非常大，这主要是由于不同产业部门的耗水强度不同，也就是单位产值耗水量不同。而由于不同区域的生产活动并不是封闭的，不同区域间的不同部门存在产品的中间投入，即虚拟水资源量的转移，如北京市的服务业部门在生产活动中会消费来自河北省的农产品，而这部分农产品在生产过程中的直接耗水量计入了河北省，而带来的高额附加值则计入了北京市的总产出。为了分析不同区域在生产活动中对水资源的实际占用情况和利用效率，需要对区域间的虚拟水资源量进行分析。目前计算虚拟水资源量的常用方法有水足迹法和投入产出法（雷玉桃和蒋璐，2012），本研究则基于后者，即投入产出法进行计算。

（1）中国区域间水资源投入产出表的构建

本研究以中国投入产出学会编制的《2015 年中国投入产出表（延长表)》为基础，并参考 Zheng 等（2020）提出的区间投入产出表核算方法，编制中国 31 省级行政区域间水资源投入产出表，将原表中的 31 区域 42 部门，转换为 31 区域 7 部门的区域间联系表，即中间投入产出部分为 217×217 的矩阵，原表中的其他行列项则做对应的加总合并，部门合并的关系见表 5-11。根据《2015 年中国水资源公报》得到不同区域的分部门耗水量，并作为行向量插入合并后表格的第Ⅰ、第Ⅲ象限之间。该表的核心投入产出矩阵的结构并未受到影响，仍满足投入产出的平衡关系。该区域间水资源投入产出表的简化形式同表 5-4，只是地区数量由 S、R、T 三个区域变为 31 个省级行政区，每个区域内包含 7 个部门，即 7×7 矩阵。

表 5-11　部门合并关系

部门分类	原始分类	部门代码
农业部门	农林牧渔产品和服务	01

续表

部门分类	原始分类	部门代码
矿产与能源部门	煤炭采选产品	02
	石油和天然气开采产品	03
	金属矿采选产品	04
	非金属矿和其他矿采选产品	05
	电力、热力的生产和供应	25
	燃气生产和供应	26
金融与房地产部门	金融	33
	房地产	34
水的供应部门	水的生产和供应	27
制造业部门	食品和烟草	06
	纺织品	07
	纺织服装鞋帽皮革羽绒及其制品	08
	木材加工品和家具	09
	造纸印刷和文教体育用品	10
	石油、炼焦产品和核燃料加工品	11
	化学产品	12
	非金属矿物制品	13
	金属冶炼和压延加工品	14
	金属制品	15
	通用设备	16
	专用设备	17
	交通运输设备	18
	电气机械和器材	19
	通信设备、计算机和其他电子设备	20
	仪器仪表	21
	其他制造产品	22
	废品废料	23
	金属制品、机械和设备修理服务	24
建筑业部门	建筑	28
服务与交通业部门	批发和零售	29
	交通运输、仓储和邮政	30
	住宿和餐饮	31
	信息传输、软件和信息技术服务	32
	租赁和商务服务	35

续表

部门分类	原始分类	部门代码
服务与交通业部门	科学研究和技术服务	36
	水利、环境和公共设施管理	37
	居民服务、修理和其他服务	38
	教育	39
	卫生和社会工作	40
	文化、体育和娱乐	41
	公共管理、社会保障和社会组织	42

(2) 中国区域间虚拟水资源消耗分析

根据前面构建的31区域水资源投入产出表，并结合式（5-25）和式（5-27）即可计算得出中国31区域7部门的直接耗水系数、完全耗水系数和用水乘数（有些学者称为拉动系数或扩张系数)。其中，中国各省级区域的直接耗水数据如图5-21所示。

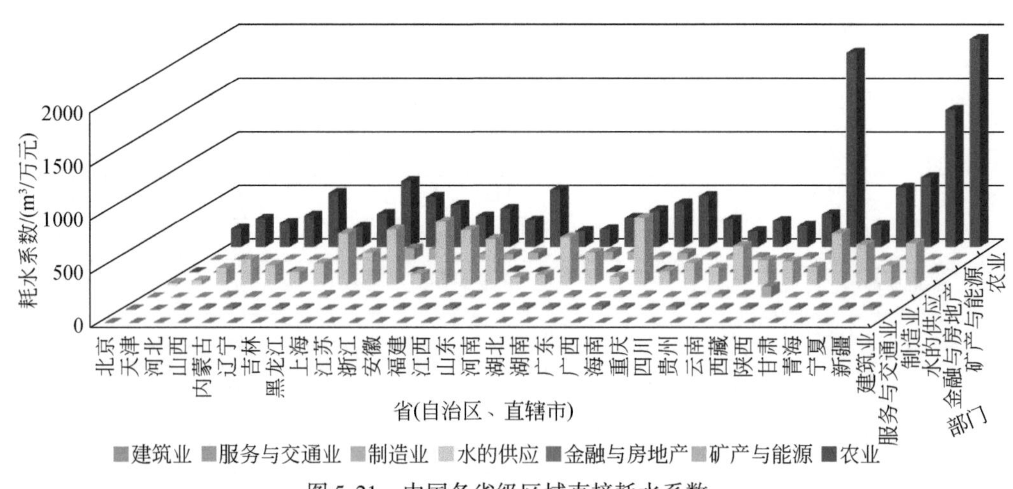

图5-21　中国各省级区域直接耗水系数

直接耗水系数反映了不同区域的不同部门在利用水资源过程中的直接用水强度，由图5-21可知，在不同部门分类中，农业和水的供应部门对水资源的直接消耗系数最大，这些部门对水资源的直接依赖程度最高，单位产值耗水量大，其次是矿产和能源部门。从区域上看，新疆、西藏和宁夏的农业直接耗水系数最大，相比其他地区，这些地区的社会经济发展水平相对落后，水资源利用技术和管理水平有很大的提升空间。其他农业直接耗水系数较高的地区则是我国传统的农业区域，如东北地区和华北地区。

进一步分析中国各省级区域的完全耗水系数，如图5-22所示。

完全耗水系数反映了各产业部门对系统水资源的整体依赖程度，从图5-22可以看出，除农业部门和供水部门的初始直接耗水系数较高导致完全耗水系数也较高外，制造业和矿产与能源部门的完全耗水系数也较大，为了进一步分析完全耗水效应，引入用水乘数指

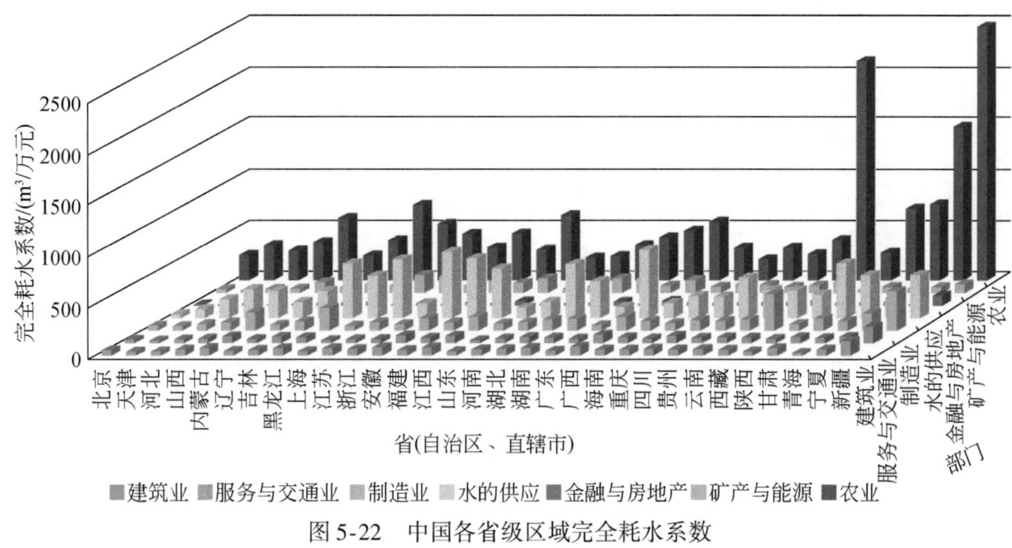

图 5-22　中国各省级区域完全耗水系数

标，它代表完全耗水系数与直接耗水系数的比值，反映了某一部门的用水量增加引起的系统总体耗水量的增加程度，其计算结果如图 5-23 所示。

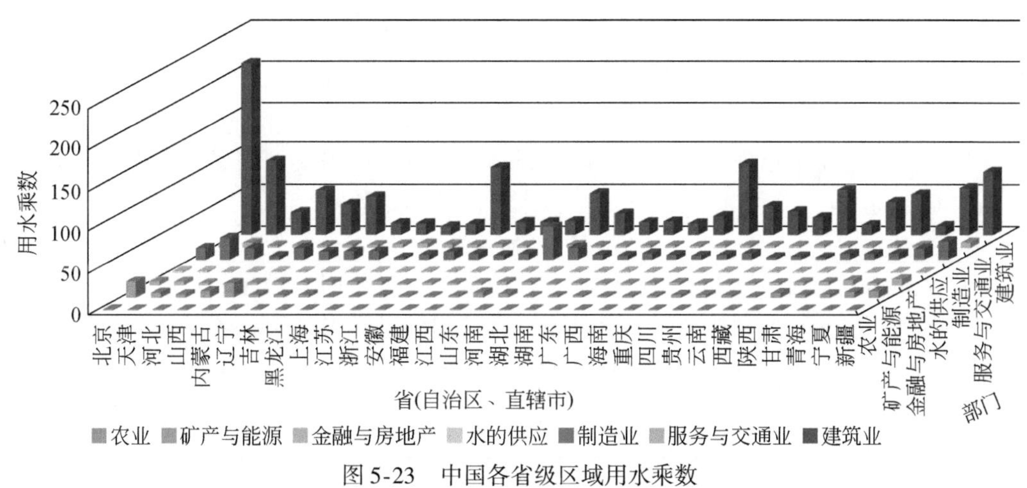

图 5-23　中国各省级区域用水乘数

由图 5-23 可以看出，建筑业和制造业的用水乘数最为突出，说明这两个部门与其他部门联系最为密切，是虚拟水流动存在的主要部门，如果要想提高这两个部门的产出，会消耗系统大量的水资源量。农业作为第一产业，对其他产业起到支撑的作用，是主要的虚拟水流出部门，因此可以看出农业的用水乘数是最低的。从区域上看，华北地区和沿海地区的用水乘数更大，说明这些地区的非农产业占比更大，需要从其他地区及部门获取大量的虚拟水资源量。

为了具体分析虚拟水资源量在各区域及不同部门的流入流出情况，本研究需要引入虚拟水转移矩阵的概念。在参考 5.1 节中区域间水资源投入产出分析理论的基础上，构造如下水资源直接消耗系数对角阵：

$$\widehat{\boldsymbol{Q}} = \begin{bmatrix} q_1^{\mathrm{S}} & & & & & & & & & & & \\ & q_2^{\mathrm{S}} & & & & & & & & & & \\ & & \ddots & & & & & & & & & \\ & & & q_n^{\mathrm{S}} & & & & & & & & \\ & & & & q_1^{\mathrm{R}} & & & & & & & \\ & & & & & q_2^{\mathrm{R}} & & & & & & \\ & & & & & & \ddots & & & & & \\ & & & & & & & q_n^{\mathrm{R}} & & & & \\ & & & & & & & & q_1^{\mathrm{T}} & & & \\ & & & & & & & & & q_2^{\mathrm{T}} & & \\ & & & & & & & & & & \ddots & \\ & & & & & & & & & & & q_n^{\mathrm{T}} \end{bmatrix}$$

式中，q_1^{S} 表示 S 区域的第一个部门的直接用水系数，其余项含义类推，同时令 $\boldsymbol{P}$ 为整个区域间投入产出表的中间投入产出矩阵，则有如下关系：

$$\mathbf{VW} = \boldsymbol{P}\widehat{\boldsymbol{Q}} \begin{bmatrix} I - A^{\mathrm{ss}} & -A^{\mathrm{sr}} & -A^{\mathrm{st}} \\ -A^{\mathrm{rs}} & I - A^{\mathrm{rr}} & -A^{\mathrm{rt}} \\ -A^{\mathrm{ts}} & -A^{\mathrm{tr}} & I - A^{\mathrm{tt}} \end{bmatrix}^{-1} \tag{5-39}$$

式中，**VW** 为完全需水矩阵，括号中的内容为多区域投入产出模型的里昂惕夫逆矩阵。令 **VW** 减去其自身的转置矩阵即为最终的虚拟水资源转移矩阵：

$$\mathbf{PVW} = \mathbf{VW} - \mathbf{VW}^{\mathrm{T}} \tag{5-40}$$

由式（5-40）可知，当区域数量为 31，且部门数为 7 时，**PVW** 即为 217×217 的方阵，矩阵中每一行元素之和代表一个区域中一个部门的最终虚拟水转移量，负值代表净流出，正值代表净流入。根据上述公式得到的各区域部门的最终虚拟水转移数据见表 5-12。

表 5-12　区域间虚拟水净转移　（单位：亿 m³）

省（自治区、直辖市）	农业	矿产与能源	金融与房地产	水的供应	制造业	服务与交通业	建筑业	合计
江苏	−77.90	−35.65	64.99	−51.64	1128.88	235.54	−129.88	1134.34
山东	−39.13	−10.68	3.62	−29.49	323.74	58.42	−42.79	263.69
广东	−78.96	3.05	28.13	−37.95	324.36	51.21	−79.83	210.01
河南	−13.27	−12.71	2.33	−65.70	264.65	23.25	−63.71	134.84
河北	−21.17	−4.69	−2.54	−14.64	123.59	30.96	−32.96	78.55
湖南	−33.92	−23.46	−0.24	−29.66	162.79	56.44	−64.72	67.23
福建	−36.15	−12.18	10.82	−23.61	139.09	29.78	−50.90	56.85

续表

省（自治区、直辖市）	农业	矿产与能源	金融与房地产	水的供应	制造业	服务与交通业	建筑业	合计
安徽	-42.80	-24.91	0.77	-35.24	174.90	20.97	-70.34	23.35
上海	-36.09	-24.54	19.99	-17.95	33.51	62.11	-46.01	-8.98
湖北	-43.45	-34.93	7.25	-27.04	132.09	9.83	-55.08	-11.33
吉林	-20.41	-17.08	-6.69	-23.33	78.58	-3.42	-27.30	-19.65
广西	-37.32	-19.20	-2.19	-18.76	96.07	2.28	-50.12	-29.24
内蒙古	-44.80	10.88	4.85	-30.56	45.39	12.18	-36.88	-38.94
四川	-34.60	-20.86	2.81	-40.47	110.19	3.40	-62.33	-41.86
辽宁	-21.18	-28.36	3.27	-36.53	53.48	26.84	-41.91	-44.39
浙江	-45.67	-17.34	12.54	-29.68	59.31	43.40	-68.51	-45.95
江西	-46.05	-34.05	-6.51	-37.06	107.95	19.61	-56.79	-52.90
天津	-26.96	-8.90	-0.44	-26.09	24.73	7.80	-34.21	-64.07
陕西	-15.83	8.68	-8.87	-22.72	9.27	-4.77	-36.94	-71.18
黑龙江	-107.87	-14.59	-5.51	-25.01	84.54	31.52	-37.07	-73.99
新疆	-99.27	-5.06	-13.56	-8.25	29.14	54.64	-43.20	-85.56
青海	-16.29	-15.23	-15.80	-15.97	-16.39	-13.27	-8.12	-101.07
西藏	-12.19	-18.44	-11.41	-9.60	-26.11	-7.57	-16.96	-102.28
宁夏	-36.48	-11.76	-1.49	-8.59	-3.21	-11.19	-35.71	-108.43
重庆	-15.60	-23.15	-6.41	-8.93	-2.84	-3.68	-54.16	-114.77
贵州	-14.23	-8.82	-8.58	-23.66	-14.10	-6.92	-44.40	-120.71
北京	-36.72	-12.52	3.66	-27.81	-35.80	11.48	-55.38	-153.09
山西	-39.41	5.75	1.92	-31.21	-37.54	-0.18	-57.90	-158.57
海南	-18.81	-17.27	-11.38	-7.66	-40.57	-15.59	-53.76	-165.04
甘肃	-40.79	-22.39	-14.76	-19.59	-9.12	-13.58	-47.87	-168.10
云南	-28.66	-34.38	-9.42	-29.16	-13.22	-15.13	-58.79	-188.76

根据表 5-12 的结果可知，江苏、山东、广东、河南、河北、湖南、福建、安徽的虚拟水资源量是净流入的状态，其余区域则都属于虚拟水资源量净流出的状态。江苏作为我国的制造业中心，承担着较大份额的制造业产品的产出，根据上文可知，制造业的产品蕴含着大量的虚拟水消耗，因此江苏的虚拟水资源输入量是最高的。山东和广东也是我国的工业大省，因此其虚拟水资源输入量紧随江苏之后。河北、河南是基建行业大省，由上文的用水乘数分析可知，建筑业对整体的虚拟水消耗拉动很大，所以这两个省也是虚拟水资源净流入的地区。而在虚拟水资源净流出的地区，北京虽然作为直辖市，人口面积相对于其他地区来说较少，但是虚拟水资源净流出量位居前五名，一方面是由北京市的产业布局导致的，另一方面是由于北京作为我国的首都，其人口流动性及过境流量非常大，北京市

对其他地区的虚拟水资源输出量较大。从行业部门角度来看，每个省级区域的农业都是虚拟水资源的净流出部门，其中黑龙江和新疆作为我国重要的农业基地和粮食主产区，其农业部门的虚拟水资源输出量最大。建筑业也是各省级区域虚拟水资源净流出的部门，这是由于建筑业也属于高耗水部门，同时也是支撑其他部门发展的必要部门。根据以上分析可知，虚拟水在区域间及部门间的流动非常普遍，而且虚拟水资源交换量在有些区域已经超越了实际用水量，但虚拟水在各区域间的净流入流出量总和为0，满足水量守恒。因此虚拟水资源量对区域的水资源利用效率影响非常显著。

5.3.2.2 基于虚拟水资源消耗量的效率评价

根据5.3.2.1节的分析可知，一个区域的生产活动中不但会直接消耗本区域内的水资源，同时由于区域间的投入产出关系，也会以产品贸易中虚拟水的形式间接的消耗其他区域的水资源。为了客观衡量区域间虚拟水转移对区域水资源利用效率的影响，本研究将区域间转移的虚拟水资源量部分纳入水资源效率评价模型的水资源投入总量指标中，替代原有的直接用水量，实现对区域水资源利用效率的评价。设替换后的水资源投入指标为 W_i^{T}，则

$$W_i^{\mathrm{T}} = W_i^{\mathrm{R}} + W_i^{\mathrm{V}} \tag{5-41}$$

式中，W_i^{T} 为第 i 个区域的水资源投入指标值；W_i^{R} 为第 i 个区域直接用水量；W_i^{V} 为第 i 个区域虚拟水净转移量。为了防止指标出现负值或0值的情况发生，影响DEA模型的评价精度，继续对 W_i^{T} 进行如下变换：

$$\mathrm{WI}_i = \frac{W_i^{\mathrm{T}} - W_{\min}^{\mathrm{T}}}{W_{\max}^{\mathrm{T}} - W_{\min}^{\mathrm{T}} + 1} \tag{5-42}$$

式中 WI_i 为第 i 个区域最终的水资源投入指标值；$W_{\min}^{\mathrm{T}}$ 为全部指标值中的最小值；$W_{\max}^{\mathrm{T}}$ 为全部指标值中的最大值。该变化的实质，就是把原始数据区间映射到［1，2］区间上来，水资源投入指标 W_i^{T} 本身只是衡量各区域对水资源消耗的相对程度，而DEA方法的本质也是衡量各DMU的相对有效程度，因此该变换并没有影响原始数据的有效信息，只是为了模型求解精度，尽可能地减少0值和负值指标的出现而进行的技巧性变换，原始指标数据也应与调整数据一起进行对应变化。

由于两组数据只有用水量存在不同，为了更好地对比虚拟水量的影响，本研究对这两组数据之间的Malmquist指数进行计算，以原始数据为 t 时期，调整后的数据为 $t+1$ 时期，结果如图5-24所示。

对比图5-24可知，虚拟水资源的转移对区域的水资源利用效率有明显影响，通过调整后的指标值，有一半以上区域的Malmquist指数大于1，这说明考虑虚拟水的影响后，这些区域的水资源利用效率评分得到了提升，且区域间整体的差异在减少。农业占比较大的区域效率得分普遍得到了提高。其意义在于，客观的分析产业结构对水资源利用效率的影响，不同区域有其固有的产业定位，发展模式也必须兼顾地方的实际情况，如高科技含量、金融房地产等高产出值且低直接耗水量的行业，按传统的指标评价方法分析，确实会具有较高的区域水资源利用效率，但并不是所有区域都具备发展这些行业的条件，而我国

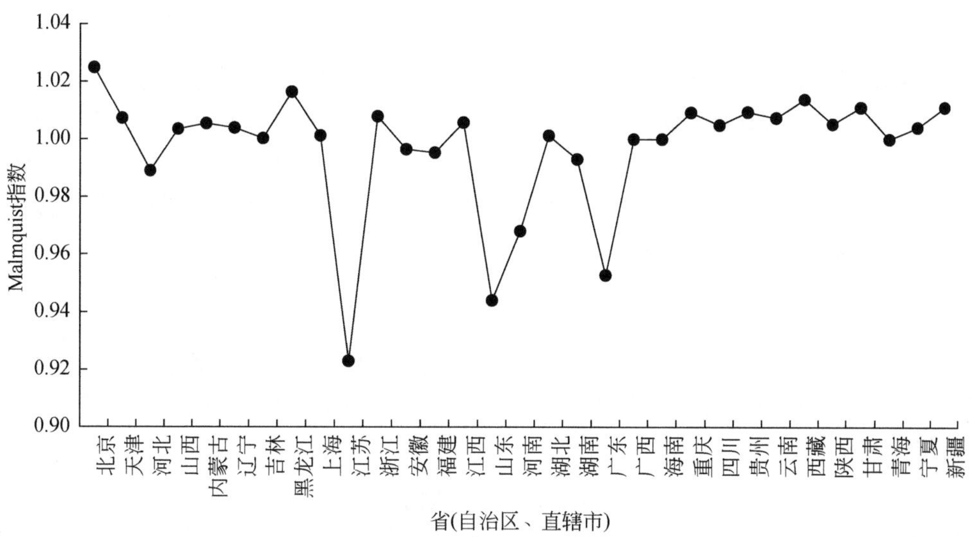

图 5-24　基于虚拟水调整的 Malmquist 指数

的传统农业大省，由于其产业特性和我国对农产品价格的宏观调控，必然导致这些区域的直接耗水量大，且总体的产出价值不高，但是这是维护我国粮食安全和社会稳定所必须付出的代价。因此过分地强调产业结构对这些区域是不公平的，以单一的一次评价结果为依据提出的决策建议也是不可靠的。在分析水资源利用效率问题时，并不能简单的通过单一方法或一次评价就可以反映水资源问题的全貌，需要结合多种指标，多种技术从不同角度对水资源利用效率问题进行分析。

5.3.3　基于复合指标集的区域水资源利用效率评价

影响水资源利用效率的因素众多，且内部关系复杂，简单的选取指标并进行计算往往不能客观地反映实际问题。但投入产出分析需要基于区域间投入产出表，而我国一般每五年才由国家统计局更新发布一次中国各区域投入产出表，区域间投入产出表的实际调查统计编制的过程更为复杂。在我们日常的分析中，并不需要每次都进行大规模的经济统计分析，而是经常需要实时分析任意一年任意区域尺度的水资源利用效率，如何找到一种可以兼顾区域间产业结构和定位以及水资源禀赋和环境污染负荷的水资源效率评价方法就显得尤为重要，在效率评价中不仅有区域间用水结构的影响，指标体系的选取与构建同样十分重要，当待评价 DMU 数量较少而选取的指标数量过多时，往往容易造成全部待评价单元效率值为 1 的情况，导致评价模型失效。同时选取的指标内涵范围太广，往往会造成模型主要指标不突出，导致评价结果偏离其研究目标而失去意义。为了解决上述不足，本研究提出了一种基于多层次熵权法的改进 DEA 模型（multi-level entropy weighting DEA，MEW-DEA），并根据这一模型对中国 31 省（自治区、直辖市）2017 年的水资源利用效率进行了分析。

5.3.3.1 研究方法

通常DEA模型将指标分为两类，即投入指标和产出指标，通过将指标代入模型进而得到待评价DMU的相对效率值。而本研究的思路是在原始的投入和产出指标分类基础上，构建一个复合的指标层。由新构建的指标层作为新的投入产出指标，代替原有的指标输入DEA模型并进行计算。这样就可以解决输入指标相对于DMU过多的问题，同时也可以使模型指标的含义更为突出和明确。

5.3.3.2 复合指标集的构建

为了具体的评价中国31省（自治区、直辖市）的水资源利用效率，本研究选取了23个原始指标，并根据其实际含义分成六大类，这六大类也就是新构成的复合指标层，具体的分类和含义见表5-13。

表5-13 复合指标集

指标	复合指标层	原始指标
投入指标	水利工程投入指标	供水管道长度
		水利固定资产投资
	用水数据指标	农业用水
		工业用水
		生活用水
		生态环境用水
		人均用水
	水污染负荷指标	总废水排放量
		COD
		氨氮
		总氮
		总磷
产出指标	水资源禀赋指标	地表水资源量
		地下水资源量
		人均水资源量
	经济指标	第一产业
		第二产业
		第三产业
		人均GDP
		就业人口总和
	农业产出指标	有效灌溉面积
		粮食产量
		人均粮食产量

在 DEA 模型的投入指标和产出指标选取中，通常将 DMU 的投入或者对整体系统造成负面影响的指标作为投入指标；相反地，将 DMU 的产出或者对整体系统有积极作用的指标作为产出指标。根据这一思想，我们将污染物的排放指标作为 DEA 模型的投入指标，而将水资源禀赋指标作为产出指标。加入水资源禀赋指标的好处是，可以衡量区域水资源消耗量与当地的现有水资源量之间的错位问题，如河北本身是极度缺水的地区，但仍会向北京和天津输出高耗水的农产品和工业品，这本身会对水资源系统产生负面影响。根据表 5-13的指标分类，我们将各合成指标所包含的原始指标，通过赋权重就可以计算得出各项合成指标的值。为了避免主观赋权对结果带来的影响，以及最大化的保留原始指标所包含的信息，本研究采用熵权法进行权重计算。

5.3.3.3　多层次熵权指标计算

本研究的权重计算与一般的多目标综合评价计算权重含义不同，一般的熵权法评价会将所有的指标作为同一个层次进行权重计算，而本研究为了结合 DEA 的投出产出观点，构建了多层次熵权法。该方法根据 5.3.3.2 节的指标分类，在每一个复合指标层内，对隶属于该指标层内的指标进行单独的权重计算，也就是说每一个复合指标所包含的各子项的权重值总和为 1。根据每一个复合指标层内各子项的权重得分，计算出该复合层的综合得分，用该数值作为新的投入产出数据代入 DEA 模型中进行效率评价。其步骤如下。

1）将每一个原始指标标准化。

正向影响的指标：

$$r_{ij} = \frac{x_{ij} - x_{i\min}}{x_{i\max} - x_{i\min}} \tag{5-43}$$

负向影响的指标：

$$r_{ij} = \frac{x_{i\max} - x_{ij}}{x_{i\max} - x_{i\min}} \tag{5-44}$$

式中，r_{ij} 为第 i 个负荷指标层中第 j 个评价指标的标准化数值；x_{ij} 为标准化前第 i 个负荷指标层中第 j 个评价指标的原始数值；$x_{i\min}$ 、$x_{i\max}$ 分别为第 i 个负荷指标层中的最小数值、最大数值。

2）构建决策矩阵

$$\boldsymbol{R} = (r_{ij})_{m\times n} \tag{5-45}$$

其中矩阵 $\boldsymbol{R}$ 有 m 个子指标，每个子指标有 n 个样本点。

3）计算指标熵值 H_i

$$H_i = \frac{-1}{\log_e n}\sum_{j=1}^{n} f_{ij}\log_e f_{ij} \tag{5-46}$$

$$f_{ij} = \frac{r_{ij}}{\sum_{j=1}^{n} r_{ij}} \tag{5-47}$$

式中，$i = 1, 2, \cdots, m$，当 $f_{ij} = 0$ 时，则 $f_{ij}\log_e f_{ij} = 0$。

4）计算指标权重值 W_j

$$W_j = \frac{1 - H_j}{n - \sum_{j=1}^{n} H_j} \tag{5-48}$$

5）对每一个复合指标重复上述过程。

6）计算每一个复合指标值

$$SI_j = \sum_{i=1}^{m} X_{ij} W_j \tag{5-49}$$

对 2017 年中国 31 省（自治区、直辖市）的 23 个原始指标进行分组熵权计算，得到的各指标权重值见表 5-14。

表 5-14　多层次熵权法计算结果

指标	复合指标层	原始指标	权重
投入指标	水利工程投入指标	供水管道长度	0.4797
		水利固定资产投资	0.5203
	用水数据指标	农业用水	0.1823
		工业用水	0.2184
		生活用水	0.1724
		生态环境用水	0.2276
		人均用水	0.1993
	水污染负荷指标	总废水排放量	0.1953
		COD	0.2002
		氨氮	0.1983
		总氮	0.1963
		总磷	0.2099
产出指标	水资源禀赋指标	地表水资源量	0.3263
		地下水资源量	0.2612
		人均水资源量	0.4125
	经济指标	第一产业	0.2015
		第二产业	0.2157
		第三产业	0.1950
		人均 GDP	0.2011
		就业人口总和	0.1867
	农业产出指标	有效灌溉面积	0.3572
		粮食产量	0.3657
		人均粮食产量	0.2771

由表 5-14 的结果可知，在水利工程投入指标中，供水管道长度和水利固定资产投资的权重值分别为 0.4797 和 0.5203，这说明 31 省（自治区、直辖市）的水利工程投入中，资金投入的差异更大。而在用水数据指标中，生态环境用水的权重最大，而生活用水的权重最小，为 0.1724。这说明各省（自治区、直辖市）的生活用水数据差异较小，而生态环境用水的差异最大，由于中国目前的政策偏向于生态环境的治理，生态环境用水权重的增加是合理的。农业用水的权重较低，这可以适当提高农业用水大省的水资源利用效率得分，传统的以投入和产出作为衡量标准必然导致工业化程度较高和第三产业发达的地区效率更高，而本研究通过权重计算，减少产业结构和分工带来的影响，可以更为综合的评价水资源利用效率。水污染负荷指标相对权重平均，可见中国 31 省（自治区、直辖市）的水污染种类和排放量相对分布平均差异较小。从水资源禀赋指标可以看出，地下水资源量分布差异较小，地表水资源量分布差异较大，同时由于人口分布的差异，人均水资源量的差异非常明显。对经济指标权重分析，可以看出各省（自治区、直辖市）的第二产业差异最大，第三产业差异最小。农业产出指标中，增加有效灌溉面积和粮食产量的权重，有利于提高农业大省的水资源利用效率得分，这是较为合理的。计算最终得出的复合指标值及效率得分见表 5-15。

表 5-15　中国各省级区域复合指标值及效率得分

省（自治区、直辖市）	综合效率	水利工程投入指标	用水数据指标	水污染负荷指标	水资源禀赋指标	经济指标	农业产出指标
北京	1.000	0.339	0.224	0.158	0.103	0.400	0.100
天津	1.000	0.223	0.149	0.171	0.100	0.321	0.129
河北	0.921	0.430	0.251	0.446	0.124	0.385	0.517
山西	1.000	0.173	0.159	0.253	0.124	0.217	0.259
内蒙古	1.000	0.329	0.385	0.195	0.152	0.278	0.521
辽宁	0.958	0.213	0.218	0.321	0.125	0.311	0.322
吉林	1.000	0.229	0.210	0.212	0.146	0.248	0.522
黑龙江	1.000	0.213	0.288	0.271	0.190	0.279	0.900
上海	1.000	0.246	0.202	0.291	0.102	0.410	0.109
江苏	1.000	0.762	0.490	0.714	0.138	0.791	0.485
浙江	0.919	0.603	0.269	0.488	0.190	0.541	0.195
安徽	0.718	0.412	0.321	0.414	0.180	0.340	0.542
福建	0.775	0.490	0.260	0.402	0.218	0.417	0.176
江西	0.709	0.320	0.266	0.416	0.270	0.281	0.333
山东	1.000	0.538	0.298	0.583	0.136	0.685	0.617
河南	0.878	0.565	0.383	0.461	0.156	0.481	0.683
湖北	0.739	0.547	0.305	0.484	0.232	0.443	0.400
湖南	0.699	0.586	0.316	0.504	0.294	0.378	0.416

续表

省（自治区、直辖市）	综合效率	水利工程投入指标	用水数据指标	水污染负荷指标	水资源禀赋指标	经济指标	农业产出指标
广东	1.000	0.735	0.430	0.900	0.285	0.778	0.237
广西	0.632	0.332	0.292	0.400	0.327	0.292	0.258
海南	1.000	0.124	0.147	0.141	0.148	0.173	0.127
重庆	0.99	0.383	0.165	0.292	0.162	0.297	0.207
四川	0.768	0.555	0.303	0.585	0.358	0.429	0.416
贵州	0.961	0.382	0.169	0.296	0.213	0.242	0.234
云南	0.898	0.345	0.207	0.344	0.378	0.261	0.297
西藏	1.000	0.100	0.165	0.100	0.900	0.118	0.144
陕西	0.953	0.553	0.176	0.254	0.152	0.300	0.235
甘肃	0.808	0.167	0.196	0.202	0.139	0.162	0.247
青海	1.000	0.119	0.133	0.128	0.240	0.135	0.124
宁夏	0.926	0.131	0.196	0.129	0.103	0.151	0.193
新疆	0.771	0.314	0.510	0.229	0.275	0.228	0.459

5.3.3.4 结果分析

根据以上结果，北京、天津、山西、内蒙古、吉林、黑龙江、上海、江苏、山东、广东、海南、西藏和青海的水资源利用效率已达到最佳，表明这些地区在基于当前产业分工的条件下，其水资源管理政策已经较为适合，水资源开发利用的技术水平也与当地的现状相协调。河北、辽宁、浙江、重庆、贵州、陕西和宁夏的水资源利用效率得分均在0.9以上，表明这些地区的水资源利用效率相对较高，但仍有改进的空间。与此同时，仍有许多地区的水资源利用效率低于0.8，特别是湖南和广西，已经低于0.7，表明这些地区在水资源过度投入、水污染问题和水利开发的资金技术上都面临严峻的挑战，需要提高警惕。从水资源利用效率分布图来看（图5-25），中国东北是我国的粮食主产区，由于该地区的农业现代化程度高，东北地区的水资源利用效率高于中国其他农业地区。长江中游地区总体的水资源利用效率最低，尽管水资源丰富，水系发达，但航运和水资源的过度开发已引起该地区严重的水污染问题。同时这些地区在生产活动中通常较少优先考虑节水问题，这也导致这些地区的水资源利用效率较低。

以上研究结果表明，多层次熵权DEA模型可以有效地减少DEA模型的输入和输出所需的实际指标的数量，同时使指标的含义更明确，结果分析更有指向性。同时保留了原始指标集的所有信息。此外，评估结果可在没有区域间水资源投入产出表的条件下，兼顾考虑不同省份之间产业结构和分工的差异，使评估更加客观合理。

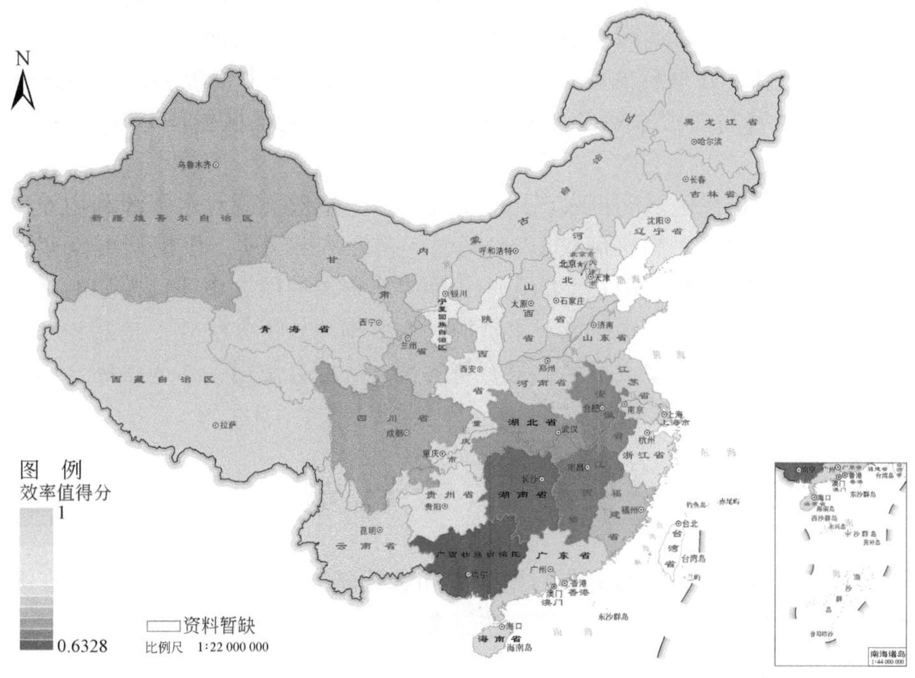

图 5-25 基于多层次熵权 DEA 模型评价的中国各省级区域水资源利用效率

5.3.4 小结

本研究基于规模收益可变（VRS）的 DEA 模型对中国 31 个省级行政区 2011 ~ 2017 年的水资源利用效率进行了分析，同时通过对综合效率的分解，分析了无效状态地区的影响因素，以及规模收益的状态，并结合 DEA 松弛变量分析技术，给出了水资源利用效率可能的改进方向，减少投入冗余。基于全要素生产率分析（Malmquist 指数）及其分解技术，详细分析了 31 个省级行政区的水资源利用效率年际变化趋势，实现了水资源利用效率分析由静态到动态的过渡，同时分析了水资源利用效率变化中技术进步、生产规模和管理水平所起到的具体作用与过程。研究结果表明，我国的整体水资源利用效率处于不断提高的状态，但是各省级区域呈分化态势，个别区域甚至出现由技术衰退导致的水资源利用效率降低。我国的水资源利用技术进步水平较低，急需引进资金及高端人才技术，以科技手段提高节水效能和水资源利用效率。

通过区域间水资源投入产出分析，本研究分析了 31 个省级行政区之间的商品贸易中的虚拟水流转过程。通过耗水系数，分析了不同区域的产业结构及耗水特征以及对水资源利用效率的影响模式。基于虚拟水净转移矩阵，分析了我国 31 个省级行政区之间的虚拟水净输入输出。研究结果表明，农业部门是我国直接耗水强度最高的部门，同时也是主要的虚拟水净输出部门，对其他部门起到了重要的支撑作用，其次是建筑业，直接耗水强度大，同时与其他部门依存程度高。而拉动效应分析则表明，建筑业及制造业是最大的虚拟水流入部门，其单位产值的增加会极大地带动系统整体的水资源消耗。我国总体上的虚拟水流动是从内陆地区向沿海地区流动，由农业、建筑业、矿产与能源向制造业、服务及交通业流动。本研究基于调整后的虚拟水资源使用量，对区域水资源利用效率进行二次评价，结果表明，区域间虚拟水资源转移的客观存在，拉大了区域间水资源利用效率的差距。

为了能够在没有准确区域间投入产出表的年份，也能够实现对水资源利用效率全面客观的评价，本研究提出了多层次熵权 DEA 模型，评价结果表明，该模型可以兼顾不同区域产业结构和分工对水资源利用效率的影响，使得水资源利用效率评价模型的指标含义更为明确，结果更加容易解读。本研究对水资源利用效率的分析方法并不是互相独立的，各方法之间互有交叉组合，侧重点不同，只有将各种方法综合使用，才能得到全面的用水效率信息，为水资源的合理调控提供支持。

5.4 本章小结

本章从投入产出视角开展水资源利用效率和承载能力研究，对中国 31 个省级行政区进行了水资源综合利用效率评价和区域间水资源投入产出分析，并提出了多层次熵权 DEA 模型，主要结论如下。

1）构建了投入产出视角下的水资源利用效率和承载能力分析框架，并基于区域间水资源投入产出分析和 DEA 模型对区域间虚拟水资源利用效率进行了评价，揭示了不同区域间的虚拟水流动路径和虚拟水在不同产业部门间的流转规律，有效测度了产业结构、区域分工对水资源利用效率的影响。

2）构建了多层次熵权 DEA 模型，将区域水资源禀赋指标、产业结构分工指标、水资源投入指标、经济社会发展指标、生态环境指标纳入统一的评价分析框架内，该方法可有效解决传统数据包络模型当选取参数过多导致模型失效的问题，同时使指标含义更明确，结果分析更有指向性，避免了指标内涵相差过大时导致的评价结果与评价目标的偏离问题。多层次熵权 DEA 模型的应用结果表明，该方法有效地减少了原始数据包络模型的输入和输出所需的实际指标的数量，同时保留了原始指标集的所有信息，可以兼顾不同区域产业结构和分工对水资源利用效率的影响。

第 6 章　区域水资源调控模型及其应用

本章结合投入产出平衡原理及水资源系统理论构建了区域水资源调控模型，对模型的求解过程和参数初始化过程进行了研究。以河北省作为典型区域，开展了模型的应用研究，并针对河北省的水资源管理和产业转型升级提供了配套政策建议。

6.1　区域水资源调控模型研究

随着全国节水行动的推进和水资源供给侧改革理念的推广，如何合理调控水资源的配置和用水政策，对提高水资源综合利用效率，实现节水目标至关重要。本研究对区域水资源调控模型的研究，基于系统动力学方法，对水资源系统-社会经济-生态环境的整体响应框架机制进行建模，并在社会经济模块中嵌入水资源投入产出模型，以此来定量分析水资源调控策略对社会经济的交互影响过程。

6.1.1　水资源调控的内涵及模型的边界

根据文献综述的研究结果来看，目前关于水资源调控的相关研究成果很多，但对于水资源调控的内容及目标尚无统一的标准。从研究对象上看，一些学者以整个流域作为研究区，强调流域内的整体调控，流域内存在天然的水系联通和水文联系，因此在分析水质水量调度问题时有很强的物理意义（邢端生等，2005；窦明等，2010；艾克热木·阿布拉等，2019；尚熳廷等，2019；Grill et al.，2019）。但从用水端分析，用水主体主要是社会经济的各部门和用水户，而这些部门的用水量和产生的效益是以行政区域划分的，随着国民经济的不断发展，虚拟水贸易和跨流域调水工程都在打破传统的流域边界，因此很多学者开始以城市、省级行政边界作为水资源调控的研究对象，以此来分析水资源和经济社会的交互影响（张文范等，2009；宋国君和何伟，2014；俞雅乖和刘玲燕，2017；邓建伟等，2018；胡运玲，2019）。

从调控的方法及目标上看，一些研究采用综合指标评价法或系统动力学方法，通过设定指标值的变化，得到不同调控方案的评分，得分较高的方案即最优调控方案（张妍和于相毅，2013；秦剑，2015；张钧茹，2016；李志林，2018；杨光明等，2019）。但该方法并不能反映各指标变动的原因及其相互联系，尤其是社会经济指标，各指标之间存在明显的经济学联系。为此，一些研究通过计量经济学的手段，构建一般均衡模型，将水资源完全作为一种商品的价值量来衡量，该方法基于瓦尔拉斯法则及零利润条件、无过度需求作为基本假设，以产品价格和要素价格作为模型的最优均衡解（Go et al.，2015；Taylor，

2016；Holmoy，2016；Fujimori et al.，2017；Kiho，2019）。该方法的优点是充分考虑了水资源的价值及经济学意义，但该方法并不能有效地考虑水资源的供给和分配的具体过程，同时由于侧重经济学原理，该方法在水资源管理方面的研究只能依靠税收机制和财政收费等手段，这与我国现行的水资源管理制度存在偏差。由于我国水资源属于全民所有，我国法律规定水资源不能由国家以外的主体享有所有权，同时由于我国独有的制度优势，我国的水资源分配和管理并不是完全市场化以追求最大经济效益为目标的，这样可以更为合理的保护和利用水资源，从更为长远的民族利益角度实现水资源利用的综合效益最大化。本研究构建的区域水资源调控模型整体流程如图 6-1 所示。

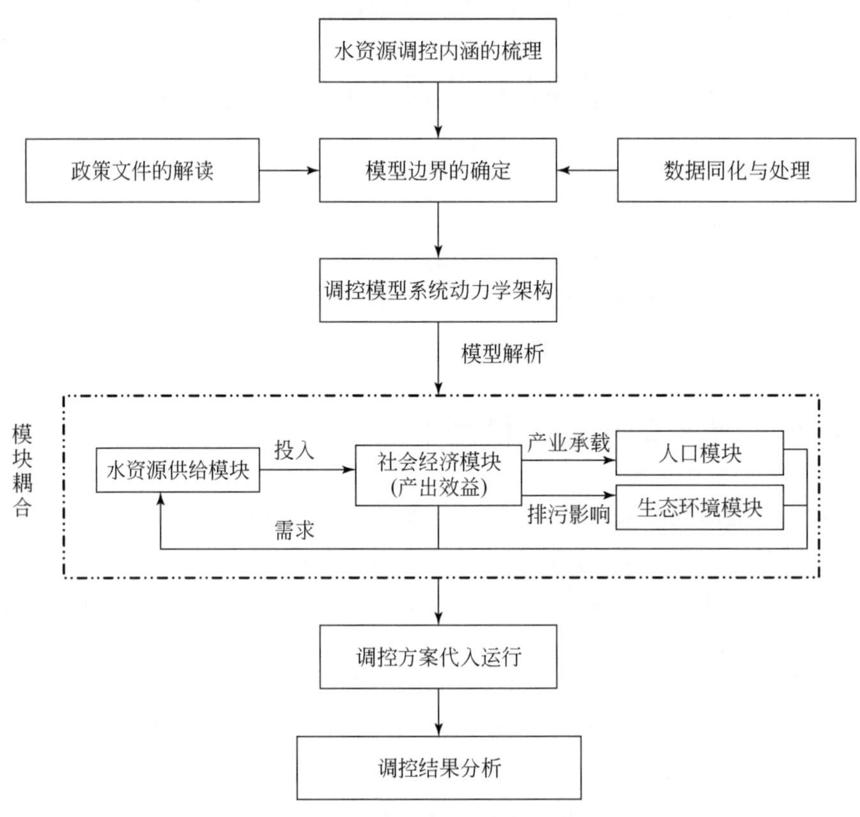

图 6-1　区域水资源调控模型构建流程

基于上述观点，本研究认为水资源的调控应包含两部分内容，即供水量的调节和耗水量的控制，其中耗水量控制则包含生产活动、居民生活、生态环境耗水及污染排放，同时涉及社会经济活动的部分，通过构建水资源投入产出模型进行模拟，社会经济模块与其他模块的耦合则利用系统动力学模型实现。为了使模型的结果有意义，需要对模型的边界进行设定，即水资源的利用要满足区域水资源管理中对用水总量、用水效率和水功能区纳污能力的要求，同时人口与经济发展指标要与区域的实际现状相匹配。

6.1.2 调控模型的构建

6.1.2.1 社会经济模块及其核心方程

由6.1.1节的研究可知，社会经济系统是水资源消耗的核心部分，而产业结构的调整会明显的影响水资源的消耗及就业人口规模，而人口规模也会显著的影响水资源消耗，相关的研究和统计数据结果表明，北京、上海、广州、深圳等中国发达城市，居民生活用水占比已经超过20%，北京甚至已经超过了工业用水和农业用水的总和（Sun et al., 2019；赵志博等，2019；周斌等，2019）。为了具体分析产业结构和人口规模调控对水资源的消耗与影响，本研究在区域间水资源投入产出表的基础上进行进一步调整和细化。在调控模型中，由于不同区域的自然条件和社会经济情况各不相同，各区域的产业政策和规划也不尽相同，为了符合精准施策的理念，本研究将对单一区域的调控方案进行研究，在原有投入产出表的基础上，对调控区域以外的区域进行数据汇总，构成调控模型投入产出表中的中间使用国内调入调出项和国内调入调出最终使用合计项。在本区域最终使用项中分别列出农村居民最终消费项和城镇居民最终消费项。在初始投入项中将劳动者报酬项单独列出。中间投入产出部分及水资源消耗项仍按前文研究中的7部门划分，即农业部门、矿产与能源部门、金融与房地产部门、水的供应部门、制造业部门、建筑业部门、服务与交通业部门。最终的调控模型投入产出表的结构见表6-1。

根据投入产出原理可知，表6-1的各项仍需满足投入产出平衡关系。

1）行平衡关系：中间使用+最终使用+国内调入调出+出口=总产出

$$\sum_j x_{ij} + AO_i + YR_i + YU_i + YG_i + IF_i + EX_i = X_i \tag{6-1}$$

式中，$\sum_j x_{ij}$ 为本地区中间使用合计；AO_i 为调出至国内其他地区的中间使用合计；YR_i 为农村居民最终消费；YU_i 为城镇居民最终消费；YG_i 为政府机构最终使用；IF_i 为调出至国内其他地区的最终使用合计；EX_i 为对国外的出口。

2）列平衡关系：中间投入+初始投入+国外进口投入=总投入

$$\sum_i x_{ij} + AI_j + IM_j + VL_j + VO_j = X_j \tag{6-2}$$

式中，$\sum_i x_{ij}$ 为本地区中间投入合计；AI_j 为国内其他地区调入的中间投入合计；IM_j 为国外进口投入合计；VL_j 为劳动者报酬；VO_j 为其他初始投入。

其他平衡关系如总量平衡关系、部门平衡关系、中间投入使用平衡关系、初始投入与最终使用平衡关系则与式（5-13）~式（5-16）一致。当模拟产业结构调整及最终消费需求对水资源需求的影响时，最终需求矩阵和总产出向量会发生改变，为了满足投入产出技术约束，需要把行平衡关系转换为包含投入产出系数矩阵的形式。

在投入产出分析中，通常认为在短期内（3~5年）投入产出表的直接消耗系数变化是不大的，因此我国会每五年在逢2和逢7的年份开展投入产出表的编制工作，在逢5的

表 6-1　调控模型投入产出表

投入＼产出		本地区中间使用							调出至国内其他地区的中间使用合计(AO)	本地区最终使用			调出至国内其他地区的最终使用合计(IF)	出口(EX)	总产出
		部门 1	部门 2	部门 3	部门 4	部门 5	部门 6	部门 7		农村居民最终消费(YR)	城镇居民最终消费(YU)	政府机构最终使用(YG)			
本地区中间投入	部门 1	x_{11}	x_{12}	x_{13}	x_{14}	x_{15}	x_{16}	x_{17}	AO_1	YR_1	YU_1	YG_1	IF_1	EX_1	X_1
	部门 2	x_{21}	x_{22}	x_{23}	x_{24}	x_{25}	x_{26}	x_{27}	AO_2	YR_2	YU_2	YG_2	IF_2	EX_2	X_2
	部门 3	x_{31}	x_{32}	x_{33}	x_{34}	x_{35}	x_{36}	x_{37}	AO_3	YR_3	YU_3	YG_3	IF_3	EX_3	X_3
	部门 4	x_{41}	x_{42}	x_{43}	x_{44}	x_{45}	x_{46}	x_{47}	AO_4	YR_4	YU_4	YG_4	IF_4	EX_4	X_4
	部门 5	x_{51}	x_{52}	x_{53}	x_{54}	x_{55}	x_{56}	x_{57}	AO_5	YR_5	YU_5	YG_5	IF_5	EX_5	X_5
	部门 6	x_{61}	x_{62}	x_{63}	x_{64}	x_{65}	x_{66}	x_{67}	AO_6	YR_6	YU_6	YG_6	IF_6	EX_6	X_6
	部门 7	x_{71}	x_{72}	x_{73}	x_{74}	x_{75}	x_{76}	x_{77}	AO_7	YR_7	YU_7	YG_7	IF_7	EX_7	X_7
国内其他地区调入的中间投入品(AI)		AI_1	AI_2	AI_3	AI_4	AI_5	AI_6	AI_7							
国外进口投入合计(IM)		IM_1	IM_2	IM_3	IM_4	IM_5	IM_6	IM_7							
水资源消耗量(W)		W_1	W_2	W_3	W_4	W_5	W_6	W_7							
初始投入	劳动者报酬(VL)	VL_1	VL_2	VL_3	VL_4	VL_5	VL_6	VL_7							
	其他初始投入(VO)	VO_1	VO_2	VO_3	VO_4	VO_5	VO_6	VO_7							
总投入(X)		X_1	X_2	X_3	X_4	X_5	X_6	X_7							

注：部门 1 ~7 依次代表农业部门、矿产与能源部门、金融与房地产部门、水的供应部门、制造业部门、建筑业部门、服务与交通业部门。

年份编制投入产出表的更新延长表。国外其他地区，如美国、日本则要更久时间才会更新一次投入产出表。由国家统计局调查公布的投入产出表可靠性和精度很高，但由于调查的成本高和耗时长，投入产出表的公布具有延迟性，通常某一年份的投入产出表要在若干年之后公布，各省级区域及区域间的投入产出表则需要更长的时间。

因此国内外大多数学者都利用最近的投入产出系数对短期内的产业结构变动及产出变动问题进行研究。参照前文的研究，取 $\boldsymbol{A}$ 为本地区中间投入产出系数矩阵，则式（6-1）可改写为

$$\boldsymbol{X} = \boldsymbol{A} \cdot \boldsymbol{X} + \mathbf{YR} + \mathbf{YU} + \mathbf{YG} + \mathbf{IF} + \mathbf{EX} \tag{6-3}$$

$$\boldsymbol{X} = (\boldsymbol{I} - \boldsymbol{A})^{-1} \cdot (\mathbf{YR} + \mathbf{YU} + \mathbf{YG} + \mathbf{IF} + \mathbf{EX}) \tag{6-4}$$

式中，$\boldsymbol{X}$ 为总产出列向量；**YR** 为农村居民最终消费列向量；**YU** 为城镇居民最终消费列向量；**YG** 为政府机构最终使用列向量；**IF** 为国内调入调出列向量；**EX** 为对国外的出口列向量。式（6-4）为式（6-3）的里昂惕夫逆矩阵形式。

在研究水资源价格变动及劳动者收入改变对经济系统影响时，则需要在投入产出列平衡关系中引入价格变量，对每个部门的列平衡有如下关系：

$$\sum_i p_j \times x_{ij}^* + p_j^{\mathrm{AI}} \times \mathrm{AI}_j^* + p_j^{\mathrm{IM}} * \mathrm{IM}_j^* + p^{\mathrm{VL}} \times \mathrm{VL}_j^* + p^{\mathrm{VO}}\,\mathrm{VO}_j^* = p_j X_j^* \tag{6-5}$$

式中，p_j 为各中间投入产品的价格；p_j^{AI} 为国内其他地区调入产品的价格；p_j^{IM} 为进口产品的价格；p^{VL} 为劳动者价格；p^{VO} 为其他投入要素的价格。此处的价格为相对价格，在初始状态下取值为 1，因此带有 * 号上角标的变量在初始状态时数值与式（6-2）中对应的项数值是相等的，但其含义为对应要素和产品的相对投入量。将式（6-5）左右两端分别除以总产出 X_j，则等式可表示为如下矩阵形式：

$$\boldsymbol{p} = \boldsymbol{A}^{\mathrm{T}} \cdot \boldsymbol{p} + \boldsymbol{S}^{\mathrm{AI}} \# \boldsymbol{p}^{\mathrm{AI}} + \boldsymbol{S}^{\mathrm{IM}} \# p^{\mathrm{IM}} + S^{\mathrm{VL}} \cdot p^{\mathrm{VL}} + S^{\mathrm{VO}} \cdot p^{\mathrm{VO}} \tag{6-6}$$

式中，#代表矩阵的阿达马乘积，即对应位置元素相乘；$\boldsymbol{p}$ 为本区域内各部门产品的价格列向量；$\boldsymbol{A}^{\mathrm{T}}$ 为中间系数矩阵的转置矩阵；$\boldsymbol{S}^{\mathrm{AI}}$ 为从国内其他地区调入的中间投入产品消耗系数行向量；$\boldsymbol{p}^{\mathrm{AI}}$ 为从国内其他地区调入的中间投入产品价格行向量；$\boldsymbol{S}^{\mathrm{IM}}$ 为进口商品投入消耗系数行向量；p^{IM} 为投入进口商品的价格；S^{VL} 为劳动者报酬消耗系数；p^{VL} 为劳动者价格；S^{VO} 为其他投入要素消耗系数；p^{VO} 为其他要素价格。将式（6-6）进一步变换，可以得到包含里昂惕夫逆矩阵的形式：

$$\boldsymbol{p} = (\boldsymbol{I} - \boldsymbol{A}^{\mathrm{T}})^{-1}(\boldsymbol{S}^{\mathrm{AI}} \# \boldsymbol{p}^{\mathrm{AI}} + \boldsymbol{S}^{\mathrm{IM}} \# p^{\mathrm{IM}} + S^{\mathrm{VL}} \cdot p^{\mathrm{VL}} + S^{\mathrm{VO}} \cdot p^{\mathrm{VO}}) \tag{6-7}$$

式（6-7）就是水资源投入产出的价格调控方程，需要注意的是，此时的价格已经失去了货币单位的意义，其代表的是价格相对变动的指数，如劳动者价格提升一倍，势必会引起商品价格的上升，此时价格 p 的变化量也是以相对比例的形式体现，并不代表商品的实际货币计价变化。

6.1.2.2 社会经济模块与人口模块的响应关系

马克思主义经济学认为，经济发展对人口规模起着决定性的作用，不同的社会经济水平和结构对应着不同的人口增长规律，同时人也是一切经济活动和资源开发利用的起点与

终点，没有人口的支撑也就不存在生产与消费需求。在现代社会中，经济结构的转变导致人口从农业部门不断流向非农业部门，从劳动力需求低的区域向需求高的区域转移，使得自身获得更好的生存和发展机会。随着劳动人口收入的增加，人们也会追求更好的物质生活，进而促进社会生产活动。经济模块与人口模块的响应关系如图 6-2 所示。

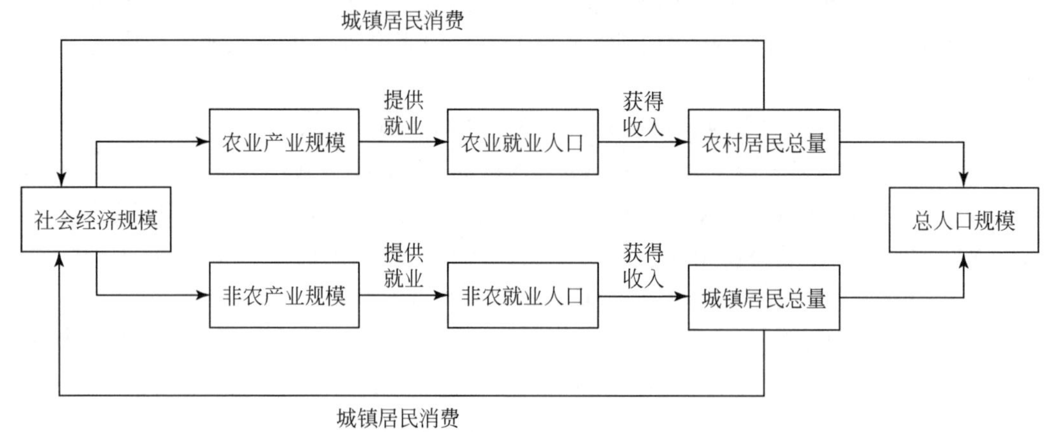

图 6-2　经济模块与人口模块响应关系

由图 6-2 的关系可知，各经济部门提供就业岗位，劳动者通过劳动获得报酬，进而可以赡养子女或老人。而全体人口的消费需求决定了社会经济生产的规模。人口总量与经济规模的关系如下：

$$N_{\mathrm{p}} = \gamma\left(\frac{\mathrm{GDP}_{\mathrm{agri}}}{l_{\mathrm{pr}}} + \frac{\mathrm{GDP}_{\mathrm{nagri}}}{l_{\mathrm{pu}}}\right) \tag{6-8}$$

式中，N_{p} 为总人口规模；$\mathrm{GDP}_{\mathrm{agri}}$ 为农业部门增加值，其值等于农业部门的初始投入和最终消费；$\mathrm{GDP}_{\mathrm{nagri}}$ 为非农产业部门增加值，其值为表 6-1 中部门 2 ~ 7 的增加值之和；l_{pr} 为农业部门人均劳动生产率；l_{pu} 为非农产业部门劳动生产率；γ 为人口就业比，其值为总人口与就业人口的比值；$\mathrm{GDP}_{\mathrm{agri}}/l_{\mathrm{pr}}$ 为农业就业人口数；$\mathrm{GDP}_{\mathrm{nagri}}/l_{\mathrm{pu}}$ 为非农产业就业人口数。

人口规模对经济产出的影响以居民消费的拉动效应体现，其关系如下：

$$\mathrm{YR}_{\mathrm{T}} + \mathrm{YU}_{\mathrm{T}} = \alpha\omega_{\mathrm{r}}\,\mathrm{NE}_{\mathrm{r}} + \beta\omega_{\mathrm{u}}\,\mathrm{NE}_{\mathrm{u}} \tag{6-9}$$

式中，YR_{T} 为农村居民消费总和；YU_{T} 为城镇居民消费总和；α 为农村居民消费收入比；β 为城镇居民消费收入比；ω_{r} 为农业部门就业者人均收入；ω_{u} 为非农业部门就业者人均收入；NE_{r} 为农业就业人口数；NE_{u} 为非农业部门就业人口数。

6.1.2.3　水资源及生态环境约束

鉴于我国严峻的水资源形势，自 2011 年起，全国开始推行最严格水资源管理制度，严控区域用水“三条红线”。因此模型的边界条件需满足区域水资源规划中用水总量、用水效率和纳污能力的刚性约束。结合“以水四定”理念，在一定的技术条件下，给定水资源总供给量及其在社会经济各部门间的分配方案会直接决定区域可承载的社会经济总产出和人口规模。区域的总供水量计算公式如下：

$$W_p = W_s + W_g + W_t \tag{6-10}$$

式中，W_p 为总供水量；W_s 为地表水供水量；W_g 为地下水供水量；W_t 为外调水资源量。通常总供水量等于总用水量，总供水量可表示为各产业部门用水之和：

$$W_p = W_1 + W_2 + W_3 + W_4 + W_5 + W_6 + W_7 \tag{6-11}$$

等式的右端对应表 6-1 中的各部门直接用水量。由于直接用水系数 $q_j = W_j/X_j$，则式（6-11）可变换为如下形式：

$$W_p = \sum_j q_j X_j \quad (j = 1, 2, 3, 4, 5, 6, 7) \tag{6-12}$$

根据总量控制和效率控制的要求，有如下约束关系：

$$\sum_j q_j X_j \leqslant \text{区域可供水量上限} \tag{6-13}$$

$$q_j \leqslant \text{区域万元产值耗水量上限} \tag{6-14}$$

本研究以省级行政区域为基本研究单元，因此水功能区纳污能力按分解到各省级行政区的排污控制目标来计算，其中主要包括化学需氧量（COD）、氨氮、总氮、总磷及总污水排放量。由于缺少详细的各行业排污统计数据，本研究根据总产值及排污系数来计算污染物排放量，其计算方法如下：

$$Q_s = \mu_s \times X \tag{6-15}$$

$$Q_{NH} = \mu_{NH} \times X \tag{6-16}$$

$$Q_{TN} = \mu_{TN} \times X \tag{6-17}$$

$$Q_{TP} = \mu_{TP} \times X \tag{6-18}$$

式中，Q_s 为总废水排放量；Q_{NH} 为氨氮排放总量；Q_{TN} 为总氮排放量；Q_{TP} 为总磷排放量；X 为区域总产值；μ_s 为万元产值废水排放量；μ_{NH} 为万元产值氨氮排放量；μ_{TN} 为万元产值总氮排放量；μ_{TP} 为万元产值总磷排放量。

从约束角度来看，各污染物排放总量应当小于区域制定的污染物控制指标，而当确定了污染物排放控制总量之后也可以反推污染物排放系数，此时得到的各污染物排放系数可以作为产业引进和转型的标准，即新引进的项目或项目改造升级后的排污系数必须小于反推的各项污染物排放系数，这样才可以保证污染物排放总量的不断降低，实现生态环境的良性转变。

6.1.3 模型的求解

6.1.3.1 模型的开发环境

本模型的核心模块基于 GAMS 软件开发，在数据处理方面结合了 EXCEL 和 MATLAB 等软件。GAMS 软件的全称为通用代数建模系统（general algebraic modeling system），它既是一门高级编程语言，也是大规模线性系统、复杂非线性规划系统、受约束非线性系统和混合松弛互补规划系统的专业求解器，近年来在资源规划和社会经济系统建模领域得到了广泛的认可与应用（钟甫宁和叶春辉，2004；孙亮和陈文颖，2013；周翔南，2015；段梦，2019）。本研究采用的 GAMS 内核版本为 25.13，开发环境为 GAMS Studio Win64，求解器选择为 MCP（图 6-3）。

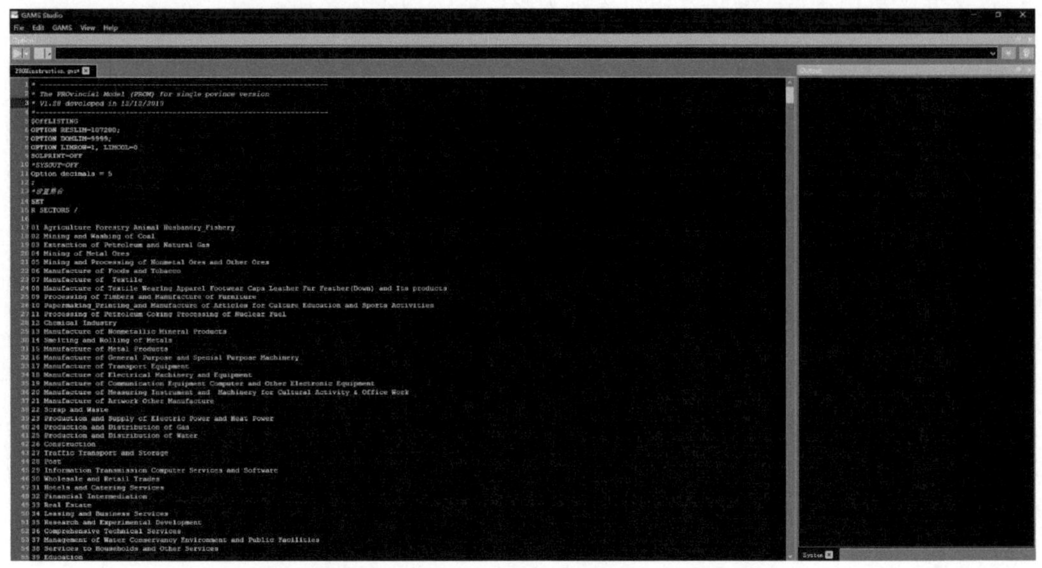

图 6-3 GAMS 软件开发环境及部分源代码

6.1.3.2 模型初始化

GAMS 程序的设计理念与其他高级编程语言有较大的不同，GAMS 语言聚焦于待求解问题本身的逻辑层次结构，而非算法。通常的 GAMS 程序必须包含如下部分：所需数据集定义（Sets）、参数定义（Parameter）、变量定义（Variable）、结构方程（Equation）及求解器选择（Solve）（李晓玲，1999）。其中数据集定义对应调控模型中各经济部门的划分及水资源投入产出表中的各项数据结构。这里的参数和变量的含义同一般的模型概念不同，其分别代表调控模型求解过程中的非调控指标和调控指标，根据调控方案的不同，非调控指标与调控指标之间是可以相互转换的。例如，在技术水平不变条件下，当分析产业规模扩大对水资源的消耗影响时，直接耗水系数为固定值，属于模型的参数，而总产出和水资源消耗量则为变量。当分析用水效率进步对水资源消耗及总产出的影响时，则需要将直接耗水系数和总产出设定为变量，总用水量设定为参数。结构方程部分则对应调控模型中的各项平衡关系和约束。

（1）模型初始化赋值

在本研究建立的水资源调控模型中，模型大多数参数和变量的初始值可以直接从水资源投入产出表中读取，其他如人口数据和污染物排放数据等则可以从统计年鉴中获取。模型中的系数，如水资源消耗系数、污染物排放系数、劳动者平均收入和人均劳动生产率则由模型初始状态平衡关系计算得出，即认为模型在初始状态下的各项系数的取值可以使模型满足各项平衡方程的要求。

(2) 调控方案初始化

调控方案是调控模型运行的核心，调控方案的制定必须保证方案的可行性、合理性及结果的可比性。因此调控方案的制定和筛选必须建立在对区域水资源供需现状与社会经济现状的详细调查的基础之上，同时还需参考区域的经济发展规划、水资源保护规划和生态环境保护规划等相关政策文件，制定供水约束和排污约束。根据不同调控方案和目标，生成对应的情景模式，即最终的调控指标和非调控指标组合及调控指标变化量。

(3) 模型的结构方程

由调控模型的结构可知，对于不同的区域数据和调控方案，模型的平衡关系和约束关系是固定的，因此模型的结构方程也是固定的。在本研究中，调控模型的结构方程为式(5-13)～式(5-16)、式(6-2)、式(6-4)、式(6-7)～式(6-10)、式(6-12)～式(6-18)构成的方程组。

6.1.3.3 模型求解流程

调控模型的整体求解流程如图 6-4 所示。

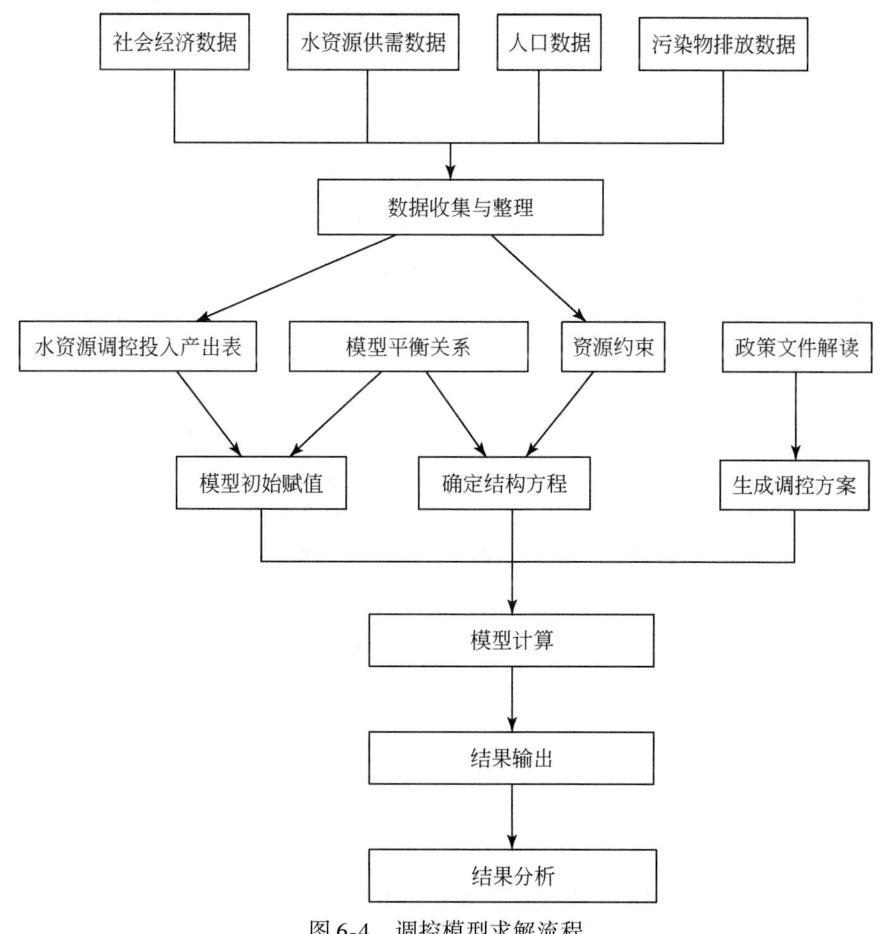

图 6-4　调控模型求解流程

6.1.4 小结

构建水资源调控模型，是分析水资源调控策略的基础。本研究以区域间投入产出数据为基础，构建了包含国内调入调出项的单区域水资源投入产出表，结合系统动力学方法将人口规模、污染排放、水资源消耗数据与水资源投入产出表中的数据建立了联系，同时引入了价格指数平衡关系，补充扩展了投入产出模型平衡方程。依托 GAMS 语言开发了水资源调控模型，通过对区域水资源、社会经济、生态环境相关政策的解读，灵活设置程序的参数与变量组合及改变量，可以实现不同水资源调控方案的模拟，并对调控结果进行分析。

6.2 调控模型应用及实证分析

根据水资源调控模型的研究成果，本研究选取河北省作为典型区域对模型进行应用研究，同时对模型初始状态数据进行分析，并通过情景模拟的方法，结合河北省现行水资源规划及生态环境保护规划分析不同水资源调控方案对社会经济和人口规模以及水资源消耗量的影响，并对调控结果进行分析，给出政策建议。

6.2.1 区域概况

河北位于我国的华北平原，具体方位为北纬 36°05′~42°40′，东经 113°27′~119°50′，东临渤海。境内有海河和辽河两大水系，环绕首都北京和天津两个直辖市。河北是我国水资源形势严峻的重点地区，人均水资源量不足全国水平的 1/7，属于典型的资源型缺水地区。河北地下水超采问题仍十分严重，其地下水供给量占比高达 63.9%（2017 年）。而河北也是我国传统的农业大省，是重要的粮棉生产地区，同时建筑业在产业结构中占比高达 33.4%（2015 年），可见河北的主要产业多集中在高耗水行业，这与其水资源禀赋并不匹配。由于地理位置及功能区划，河北还要保障北京和天津的供水安全及生态安全，这给河北的水资源调控带来了更大的压力。2017 年 4 月 1 日，中共中央、国务院印发通知，决定设立河北雄安新区，伴随京津冀一体化进程加速，承接京津产业转移升级的大趋势，将会给河北的水资源调控和社会经济发展带来新的机遇与挑战。结合上述因素，本研究以河北作为典型研究区，重点从产业结构调整和用水效率提升方面对河北的水资源调控进行实证分析。

6.2.2 模型应用研究

6.2.2.1 模型初始状态分析

基于 2015 年中国区域间水资源投入产出分析的研究成果，将河北以外区域的中间投入和贸易数据进行汇总，可得到河北水资源投入产出表，具体形式与表 5-2 一致。模型的大部分数据，如各行业增加值、居民消费及耗水量可以由该表直接读取。结合图 6-5 可以看出，河北各部门中，建筑业的经济占比最高，为 33.39%，其次是制造业，为 30.03%，排名第三的农业占比高于金融业与房地产、矿产与能源等部门。水的供应部门的增加值最低，这与我国的水资源定价机制有关，国家总体层面上对水资源等与民生息息相关的资源进行了价格补贴。

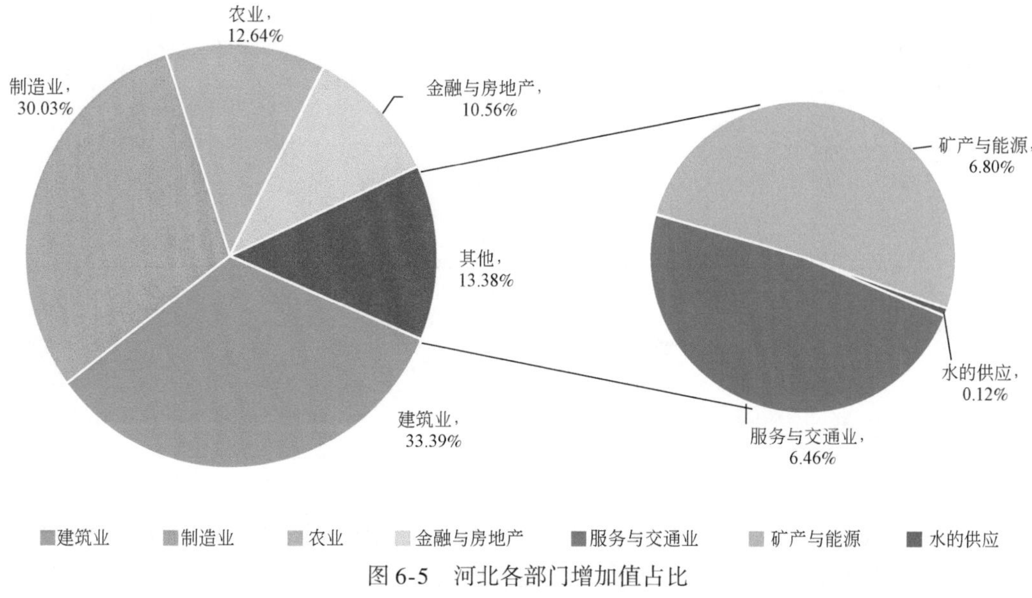

图 6-5　河北各部门增加值占比

从耗水量来看，河北耗水量最多的部门是农业，总消耗水资源量为 135.3 亿 m^3，占河北总用水量的 72.2%，其次是建筑业为 24.2 亿 m^3，制造业耗水量为 17.3 亿 m^3。以上三个部门占河北总用水量的 94% 以上。各部门耗水量数据及占比如图 6-6 所示。

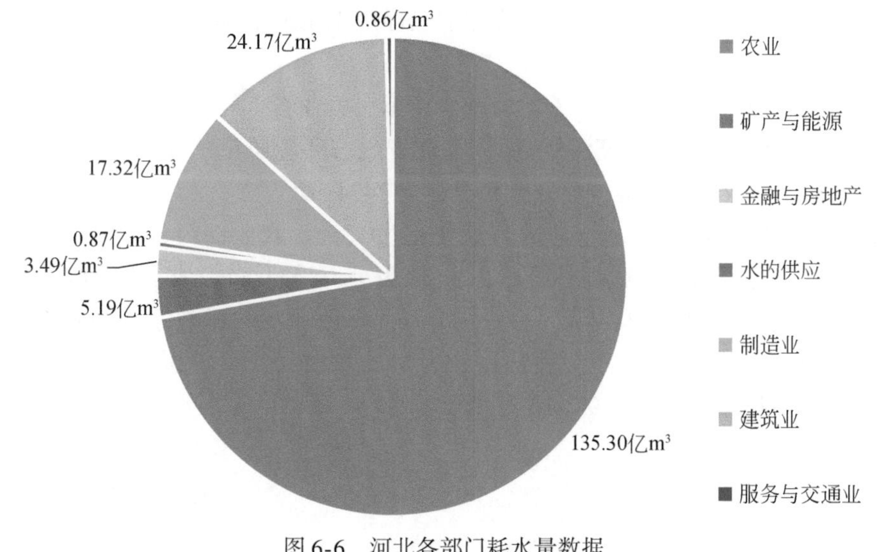

图 6-6　河北各部门耗水量数据

模型的耗水系数、投入产出系数、居民消费收入比等参数则可以通过水资源投入产出表中的数据间接计算得出，其计算方法已在前文研究中进行了说明。河北各部门的万元产值耗水强度如图 6-7 所示。从图中可以看出，农业部门的万元产值耗水强度最高，为 226.3t，其次是水的供给部门和建筑业部门，服务与交通业部门的万元产值耗水强度最低，为 1.6t。

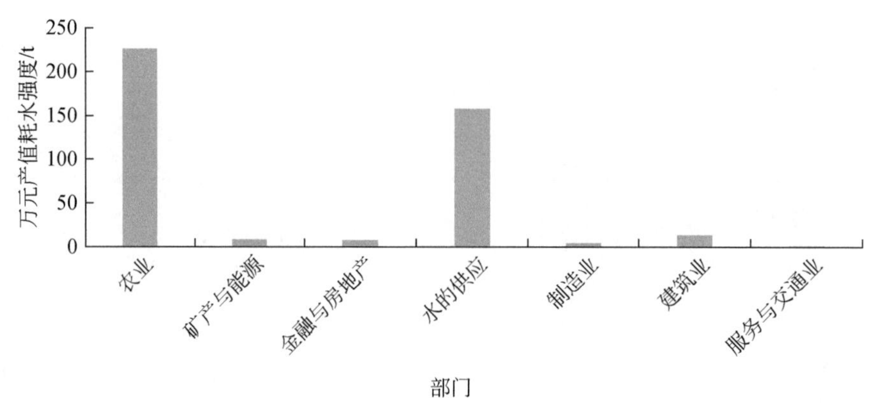

图 6-7　河北各部门万元产值耗水强度

河北各部门间水资源投入产出关系如图 6-8 所示，由图可知，河北农业作为最主要用水部门，其用水量通过农产品投入的形式大量输出到其他部门，其中对农业部门依赖程度最高的是制造业，其次是建筑业及矿产与能源。对其他部门水资源转移量排在第二位的是建筑业，其主要转移对象为制造业、金融与房地产，表明这些部门相互依存度较高。排在第三位的是制造业，其主要转移对象依次为矿产与能源、建筑业和农业。其余部门相对水资源转移关系较弱且耗水量相比上述部门较少。从河北对国内其他区域的虚拟水资源调入调出量来看，河北只有制造业、服务与交通业是净虚拟水输入部门，其余部门都是净虚拟水输出部门。

总人口规模、就业人口数量、人均劳动生产率、就业者人均收入、人口就业比、污染物排放系数则需要结合《河北经济年鉴》《河北省生态环境质量状况公报》等统计数据进行计算。以 2015 年数据为基准，河北人口总量为 7424.92 万人，农村就业人口 1387.83 万人，城镇就业人口 2824.67 万人，总人口就业比为 1.76。农业部门劳动生产率为 2.51 万元/(人・a)，非农产业部门劳动生产率为 8.53 万元/(人・a)，农业部门人均年收入为 2.43 万元，非农产业部门人均年收入为 5.11 万元。河北污水排放系数为 4t/万元；COD 排放系数为 1.55×10^{-3}t/万元；氨氮排放系数为 1.25×10^{-4}t/万元；总氮排放系数为 4.87×10^{-4}t/万元；总磷排放系数为 5.94×10^{-5}t/万元。

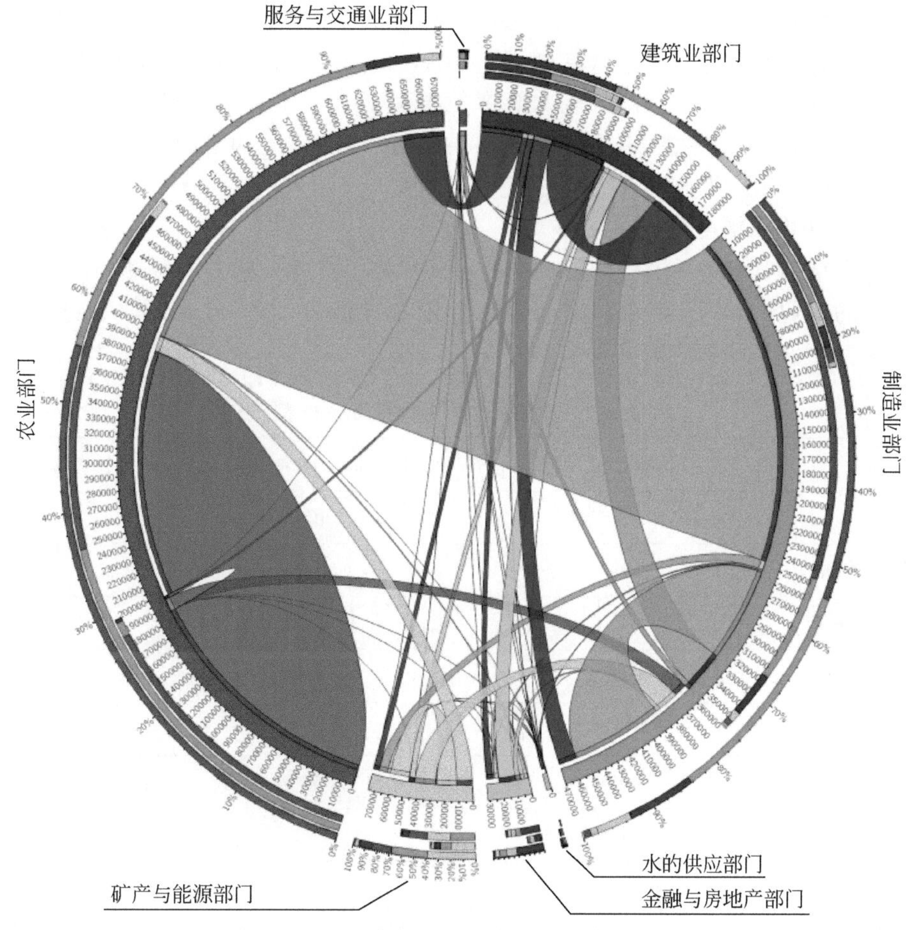

图 6-8 河北各部门间水资源投入产出关系

6.2.2.2 模型灵敏度分析

(1) 耗水系数灵敏度分析

各部门的耗水系数反映了各部门的用水效率及节水技术水平，为了分析河北不同部门耗水系数变动对系统水资源消耗总量的影响，分别对各部门的耗水系数施加-10%的变动，保持产业结构规模不变，计算相应的系统水资源消耗变化量，结果见表 6-2。

表 6-2 耗水系数调控灵敏度分析表

耗水系数降低 10%	农业	矿产与能源	金融与房地产	水的供应	制造业	建筑业	服务与交通业
总耗水量变化量/亿 m^3	-13.53	-0.52	-0.35	-0.09	-1.73	-2.42	-0.09
总水资源消耗量变化率/%	-7.23	-0.28	-0.19	-0.05	-0.93	-1.29	-0.05

由表6-2数据可以看出，农业部门耗水系数对系统整体水资源消耗量的影响最大，参数的灵敏度最高，农业部门用水效率每提高10%，会使系统用水总量减少7.23%，其次是建筑业和制造业，这两个部门的用水效率每提高10%，会使系统用水总量减少1.29%和0.93%，其余部门影响相对较弱。上述结果表明，河北应当重点控制农业用水量和建筑业用水量，进行节水技术改造升级，提高用水效率。

（2）产业结构灵敏度分析

不同产业结构对水资源消耗的影响十分显著，为了具体分析各产业部门结构调整对系统总耗水量的影响，分别对各部门增加值施加10%的变动，保持耗水系数不变。计算相应的总耗水量变化量，计算结果见表6-3。

表6-3　产业结构调控灵敏度分析表

部门	增加值变化量/亿元	水资源总消耗增加量/亿t	耗水量增加率/%
农业	348.47	10.26	5.48
矿产与能源	187.74	1.08	0.58
金融与房地产	291.1	0.83	0.45
水的供应	3.22	0.05	0.03
制造业	828.1	12.54	6.70
建筑业	921.29	6.15	3.28
服务与交通业	178.05	0.18	0.10

表6-3中各部门增加值变化量均按原始增加值提高10%得到，由表可知，河北省制造业、农业、建筑业的增长对水资源依赖程度最高，一方面由于这些部门初始状态下在社会经济中所占比例较高，绝对增量大，另一方面由于这些部门自身的直接耗水系数和间接耗水系数较高。从万元增加值耗水量来看，农业部门和水的供应部门最高，分别为294t和167t，其次是制造业，为151t，其他部门相对较低。此处的万元增加值耗水量表示各部门每提高万元增加值所需的系统总体水资源增加量，由此可知，产业结构调整在不同部门之间灵敏度存在较大差异，其中农业部门、水的供应部门、制造业部门最为灵敏，其次是建筑业部门、矿产与能源部门及金融与房地产部门，服务与交通业最低。因此产业结构调整应重点考虑由高灵敏度部门向低灵敏度部门转移。

6.2.2.3　调控情景设定与模拟

（1）情景设定

在模型数据初始化的基础上，结合河北省现行的水资源开发利用红线和生态环境质量底线，从节水水平、产业结构调整程度出发，设置不同的河北省水资源调控情景，计算不同方案下的经济社会发展状况、水资源消耗量和污染物排放量。相应的情景模式如下。

情景1：大规模产业结构调整强节水技术进步模式。在该模式下，农业增加值减少5%，建筑业增加值减少5%，同时等比例提高服务与交通业和金融与房地产的增加值，并保持系统的总增加值不变。同时将各行业耗水系数降低20%。

情景2：一般规模产业结构调整中等节水进步模式。在该模式下，只将建筑业增加值减少5%，同时等比例提高除水的供给部门和制造业部门以外的各非农业部门的增加值，并保持系统的总增加值不变。同时将各行业耗水系数降低10%。

情景3：提高水的供给部门产品价格模式。在该模式下，将水的供给部门产品价格指数提高一倍。同时保持产业结构和耗水系数不变。

情景4：水资源供给驱动模式。在该模式下，根据总用水量不增加的原则，将供水总量上限设置为187.2亿m^3，同时将各行业增加值变动幅度设置为±20%，其他参数不变，求解可承载的最大经济社会规模。

(2) 结果分析

情景1和情景2的计算结果见表6-4。

表6-4 情景1和情景2结果表

部门	情景1		情景2	
	耗水量/亿t	变化率/%	耗水量/亿t	变化率/%
农业	103.96	-23.16	121.27	-10.37
矿产与能源	4.11	-20.76	4.77	-8.13
金融与房地产	3.01	-13.62	3.24	-7.00
水的供应	0.37	-57.10	0.52	-40.15
制造业	13.82	-20.19	15.57	-10.12
建筑业	18.72	-22.55	21.05	-12.88
服务与交通业	0.71	-17.82	0.79	-9.14
合计	144.70	-22.70	167.21	-10.68

由表6-4可知，在情景1模式下，河北省的水资源总消耗量减少了22.70%，为144.70亿t，可见在大规模产业结构调整强节水技术进步模式下，系统整体对水资源消耗量的改进十分显著。产业结构对减少水资源消耗的贡献率为11.9%。在情景2模式下，以保证农业规模不变的情况下，河北省的水资源总消耗量减少了10.68%，为167.21亿t。产业结构对减少水资源消耗的贡献率为6.37%。综合情景1和情景2的结果，产业结构调整对减少水资源消耗量有明显的作用，但不如提高产业部门的直接用水效率带来的效益可观，因此对水资源的调控还需坚持节水优先的理念，但是节水技术的进步需要科研技术的突破与资金支持，具有很强的不确定性，因此产业结构调整作为切实有效的操作手段是必不可少的。

在情景 3 模式下，水的供给部门产品价格指数提高 100%，必然会导致其他部门产品价格指数相应提升，具体结果见表 6-5。

表 6-5　水的供给部门产品价格指数调控结果　（单位：%）

部门	农业	矿产与能源	金融与房地产	水的供应	制造业	建筑业	服务与交通业
价格指数变化	0.04	0.26	0.06	100	0.17	0.09	0.17

由表 6-5 可知，河北省的总体供水价格偏低，供水价格提升对其他部门产品价格影响并不明显，在初始投入不变的情况下，供水价格提升会导致各部门产品总产量的降低，一定程度上会导致水资源消耗量的减少，但需要引起重视的是产量降低也会引起消费不足，促使企业进一步减产，甚至引起通货膨胀。因此在水资源调控中要慎重采用价格手段。

在情景 4 模式下，模型的最终优化结果见表 6-6。

表 6-6　调控模型优化结果

部门	增加值			用水量		
	初始增加值/亿元	最终增加值/亿元	变化率/%	初始用水量/亿 m^3	最终用水量/亿 m^3	变化率/%
农业	3 484.67	2 783.17	-20.12	135.30	116.02	-14.25
矿产与能源	1877.40	2 230.08	18.79	5.19	7.27	40.08
金融与房地产	2 910.99	3 458.64	18.81	3.49	5.12	46.70
水的供应	32.24	32.17	-0.22	0.87	0.86	-1.15
制造业	8 280.98	8 489.38	2.52	17.32	20.59	18.88
建筑业	9 212.87	10 997.33	19.37	24.17	36.23	49.90
服务与交通业	1 780.47	2 015.79	13.22	0.86	1.11	27.59
合计	27 579.62	30 006.56	8.80	187.20	187.20	0.00

由表 6-6 可知，当系统的总增加值最大化时，总耗水量也达到供水上限，系统会优先选择农业和水的供应部门作为产业结构调整的目标，将其规模缩减带来的剩余可供水量分配给其余各部门。其中建筑业获得的转移水资源量最多，增加值增长率最高，其次是制造业、矿产与能源、金融与房地产，服务与交通业最少，这表明该部门对水资源的依赖程度最小。系统的总经济增长率为 8.80%，结果中的增加值按 2015 年价格计算。在该情景模式下，最大可承载人口规模为 8142.82 万人，满足 4626.6 万人的就业需求。根据本研究

采用的污染物排放系数核算法推算，在当前污染物排放系数条件下污染物排放将会增加，为达到确保生态环境质量下限的要求，任何调控模式都应满足污染物排放不再增长的条件。因此在该情景模式下，污水排放系数、COD 排放系数、总氮排放系数、总磷排放系数应分别降低 9%。

6.2.3 河北省水资源管理政策建议

6.2.3.1 河北省水资源管理所面临的现实困境与挑战

(1) 河北省经济产业结构与水资源消耗困境

从整体模拟结果来看，当河北省总耗水量也达到供水上线时，缩减农业部门规模，带来的剩余可供水量分配给其余各部门。但是从现实情况来看，以 2017 年为例，河北省第一产业吸纳就业人员 1366.9 万人，占据了河北省当年就业人数的 32.49%，农业部门吸纳了河北省大量的就业人员，极大地缓解了当地就业压力。仅从经济社会稳定来看，河北省很难直接削减农业部门的产出水平。但是，从部门生产效率来看，河北省农业部门，32.49% 的就业人员仅仅提供了当年全省 9.21% 的产值。这一因素的核心原因在于农业部门人力资本含量较低，资本积累较差。

事实上，前期农村集体土地权属问题导致土地难以大规模集中利用。同时，虽然家庭联产承包责任制的生产体系下的小农经济生产体系，在其诞生的年代有效地激励了农民生产积极性，但是应该看到任何制度都具有时代的局限性。就河北省而言，农业部门的核心是要逐步提升其整体产出效率，这中间需要的资本投入，是现有制度体系下的家庭生产单元难以承担的。从未来的发展趋势来看，河北省最优选择应该是借助当前土地两权化三权的经营流转入市改革的重大机遇，积极推进土地整合，加快农业产业部门的效率提升，优化整体种植结构，有效降低水资源消耗。

此外，考虑到河北省产业结构的特殊属性，在地区自然资源禀赋充足的条件下，河北省严重依赖煤炭、钢铁、水泥、重化等传统高能耗产业部门。在此发展路径下，河北地方已经形成与之配套的产业生态；同时，由于前期投入巨大，地方形成路径依赖，同时由于地方形成相关利益关联，产业调整的难度极大。

出现上述现象的原因主要有两个方面，第一，煤炭、钢铁、水泥、重化整体技术水平要求不高，容易快速形成产业规模，提高经济增速；同时，在“靠山吃山”的发展策略与唯 GDP 的干部考核评价体系下，地方产业选择和产业发展过程中缺乏顶层设计。第二，由于当前整体经济形势下行压力较大，产业调整过程稍有不慎，极易引发地方系统性风险，从而加大结构调整的难度。为保证区域整体水资源的优化使用，且同时满足区域发展的诉求，必须要构建一套综合政策体系。

(2) 京津冀协同发展对区域水资源管理政策提出的挑战

京津冀协同发展战略，疏解非首都功能，是中共中央审时度势、高瞻远瞩结合国际国内发展的整体发展态势做出的重要战略决定。北京的非首都功能疏解，对河北的产业结构调整会带来重要的机遇。但应该清楚地看到，在北京城市功能疏解过程中，首先被清退的就是低效的高污染、高能耗企业。而河北省从自身产业结构来说，短时间内迅速承接高端环节并无可能，一方面缺乏产业生态；另一方面人力资本匹配性较差。然而，一旦大规模承接低效企业的转移，会加大自身环境资源需求的压力，但是在经济短期下滑的过程中，在缓解地方财政收入与就业双重压力下，要谨防地方政府的短期机会主义行为。同时，从未来的发展体系来看，即使是高端产业的引进选择也需要慎重考虑，因为尽管部分高端产业的生产环节附加值极高，但是由于产业生态的整体配套环节需要大量高耗水生产环节，直接带来地区内部大量直接或间接水消耗。

因此，在未来京津冀协同发展过程中，河北省的产业选择以及整体产业环节的安排需要的是系统性政策机制体系。其中应该包括对产业及产业生态环节的系统性研究，详细调查各环节生产的水资源消耗，严控消耗指标。另外也需要在整体水资源、环境监督等诸多领域做出详细的研究与配套体系。

(3) 雄安新区建设下水资源需求的现实诉求

自 2014 年京津冀协同发展上升为国家战略之后，雄安新区的建设逐渐被提上日程，从雄安新区总体规划设置可知，初期建设面积约 $100km^2$，中期发展区面积约 $200km^2$，远景规划 $1770km^2$。同时，雄安新区建设过程中严格划定了区域发展的生态红线，特别是对白洋淀湿地整体生态环境做出了严格规定。雄安新区的建设对带动河北省的经济社会转型发展有着非同寻常的意义。但对河北省而言，雄安新区的建设势必会对河北省有限的水资源使用提出更高的要求。

鉴于目前河北省水资源供给现状，无论是雄安新区的建设过程，还是完成后续城区建设后的整体城市运营，都将面临严峻的水资源挑战。在雄安新区建设的大背景下，河北省为保证水资源的稳定供给，经济社会的平稳发展，必须逐步实现其产业结构的全面调整。从整体策略来看，首先农业要向集约化、资本密集化发展，全面提升农业生产效率，同时还要适度减少农业产业占比。在制造业领域，要积极借助京津冀协同发展的整体背景，逐步由以煤、钢、重化为主体的结构向装备制造业环节升级。同时，在服务业领域，要充分把握自身人口优势，结合自身人力资本结构现状，以服务外包等多种形式，逐步提升服务业总体发展质量。此外，对于房地产、金融等行业的发展，要坚决配合中央的政策安排，必须要在区域内部全力配合产业的整体转型。

6.2.3.2 河北省政策建议

(1) 河北省水资源管控政策体系的整体思路

水作为人类生产和生活的基本要素资源，其供给约束直接影响了一个区域的经济发展潜力。因此，中央在《京津冀协同发展规划纲要》中就明确指出，未来京津冀地区的城市发展建设规模，要充分考量区域的水资源承载能力，做到“以水定产，以水定人”。由此可见，水资源已经作为未来区域发展，特别是京津冀地区发展的重要考虑因素。

鉴于河北省以及京津冀地区水资源禀赋，尽管有南水北调等一系列重大调水项目的支撑，但是区域依然处于水资源的紧平衡的状态。河北省的地下水超采依然严峻，由此产生的地面下沉等诸多问题，已经对区域发展产生直接的影响。因此，对该区域的水资源优化必须纳入整体政策体系考量。

从水资源使用属性来看，一般将水资源划分为生产用水和生活用水两部分。其中生活用水由于其需求弹性相对较小，而且供水管道等诸多设备改造投入成本较高、边际收益较低，在现有区域财政紧平衡的条件下，改造调整收益较低。而生产用水则具备较强的调整空间，即可以通过产业体系升级和既有体系的优化改造，转变区域水资源消耗结构。同时，从短期应急效果来看，亦可以通过加大污水处理，强化环保监督等多种方式改变用水现状。此外，从政策实施制定的主体来看，尽管优化调整区域产业结构，可以带来经济社会整体效益的提升。但是短期之内，势必会使区域内部矛盾突出。由于中国采取的是中央、省、市、区县、乡镇五级财政管理体系，越是下渗到基层政府，产业政策的调整越是对其财税收入、区域就业与稳定等多重现实利益产生影响。因此，政策制定安排过程中，必须通过一系列机制设施的保障，才能保证政策顺利实施。其次在政策制定过程中，必然会影响微观个体利益，所以在政策调控过程中如何通过市场化的方式，通过构建完善的水资源产业结构调整政策机制，分批次、有节奏的在保证区域整体经济社会稳步发展的同时，达成水资源充分优化利用，实现区域长期可持续发展，就成为整个政策研究的核心考量因素。

（2）河北省水资源管理的综合政策措施建议

河北省水资源管理的综合政策措施，主要包括了短期优化与长期升级两个部分。短期优化策略的核心是围绕水资源存量提升与资源再利用能力的提升，重点关注污水的处理与再利用。长期升级策略的核心则是通过把握河北省的区位优势，充分利用好国家重大战略以及重要政策发布后的发展机遇，围绕“以水四定”这一策略，通过构建一系列政策配套措施的完善，逐步推动河北省整体产业体系价值链升级，全面提升区域水资源利用效率。

从短期优化策略来看，由于产业结构调整的时间周期较长，短期之内最为有效的策略就是补齐生态环境短板，加强各类生活、工业污水的治理。在此过程中，重点要加强三方面工作，第一，借助环保督察，严格各类工业企业的排污检查，以行政压力逐级向产业部门传导，保证现有治污设备的使用。第二，借助当前全社会资本回报率较低、投资风险较大的宏观环境，充分利用污水处理厂投资期长、收益稳定这一特性，发挥财政杠杆的撬动作用，利用 BOT、PPP 等融资形式，通过社会资本的引入，加快推进区域内部的污水处理厂的建设工作。利用污水处理后的二次利用补给区域生态、环境甚至是部分农作物用水。第三，逐步完善区域内部的环境税收机制，以及补偿机制，如污水排放配额交易制度等方式，构建激励相容的财税费体系，完成对企业主体的激励。

从长期升级策略来看，由于水资源与产业结构的高度关联性，必须逐步推动区域产业结构升级。在产业结构升级过程中，势必会有企业的进入和退出，这中间又要影响到居民就业，甚至有可能对地方金融系统产生影响。因此，整体实施步骤的节奏，要充分保证地方产业升级过程中居民就业的转换与消纳，以及企业债务的平稳过渡。

对于河北省而言，其农业产业的结构调整核心前提就是要保证农业，特别是粮食生产的稳定与就业的整体吸纳。为此，河北省需要全面提升农业生产的资本化水平、科技化水平，以资本投入，技术带动全面提升农业水资源利用效率。同时，逐步加快农业产业化发展，特别是农产品深加工等行业的发展，加快农业产业价值链的提升。此外，河北省可充分借助京津冀一体化的重大优势，积极鼓励北京市重点农业科研院所的节水农业项目在河北省的推广与落地，加大对节水、抗旱作物的引入，并在保证粮食生产的基础上，逐步调整区域内部种植业结构，有效降低水资源使用。

从建筑业发展来看，一方面近期受国内、国际经济形势的影响，国家加大了一批新基建项目。另一方面河北省为配合雄安新区建设，未来 5 ~ 10 年市场都将对全省建筑业保持较高的需求。在此背景下，河北省建筑业未来应该重点关注用水效率提升，加快推进河北省内建筑企业的科技化发展，重点推动发展装配式建筑、节能环保建筑产业发展。在建筑施工过程中，加快节水施工技术的推广，并尝试建立资源使用清单报备制度，在工程监管和审批过程中，严格监督用水量等指标，对于超标企业建立相应的处罚和准入机制。

从河北省制造业与服务业发展格局来看，未来河北省的产业发展必须借助自身的基础禀赋，形成与北京市、天津市一体化发展的格局，这既是政治要求，也是河北省的最优策略选择。同时，考虑到一般城市群发展 300km 的半径辐射效应，未来河北省需要形成两大组团。第一就是以北京为核心的 300km 半径的京津冀协同示范发展组团，逐步构建以北京为核心的中心-外围产业结构体系。第二就是以石家庄为技术、资本配置中心的南部发展组团。

在京津冀协同示范发展组团内部，其整体产业升级过程，要充分利用协同发展的政策优势，重点发挥北京、天津在金融、科技等领域的优势。借助外部资源，降低区域内部虚拟水资源使用。与此同时，在构建协同发展产业的选择过程中，在此组团内的保定、唐山都具有良好的装备制造基础，以及一定的高校和人力资本优势。在制造业领域重点发展大型装备组装、机械制造、电子装备制造等行业。在服务业领域，则可重点关注软件外包、文化创意产业外包等附加值相对较高的产业引入，再逐步淘汰小型冶炼加工制造、低效化工、小型造纸等产业。同时，加快做好地方配套产业的相关整合，培植新的产业生态体系，以此做到就业吸纳，以及整体的结构升级。

对于南部发展组团区域，包括石家庄、邢台、邯郸、衡水，应当充分利用石家庄在金融资本配置领域的区位优势，以发展产业资本为核心。同时，重点加快邢台、邯郸等地区煤炭、钢铁等传统重工业产业体系的升级改造，以技术密集程度提升，带动区域内部产业发展水平的提升，降低单位 GDP 的水资源消耗。与此同时，可结合当地具体生产现状，重点发展节水节能生态产业园区，以点带面推动整体产业升级。在服务产业方面，可借助网络平台经济等多种方式，结合地方特色，在产业升级的同时，优化区域用水结构。

最后，正如前文所述，任何政策的设计必须有一套相应配套的机制保证其能顺利执行。从目前中国资源配置方式来看，地方政府所受激励会直接影响整体政策实施。为此，核心配套机制中为保证各级政府不会因为自身的机会主义行为，以及追求短期经济利益，而造成水资源的低效利用。具体来看，可尝试建立地区自然资源生态账户、官员离任自然资源审核等诸多制度方式，完善官员考核机制。此外，还可借助卫星遥感、大数据等诸多技术手段，建立中央、省、市、区县、乡镇五级联网监控报备体系，全面加强区域政策监管体系。

6.2.4 小结

本研究在水资源调控模型研究的基础上，以河北省作为典型区进行应用研究。基于模型初值分析，对河北省的社会经济产业结构及用水现状进行了系统分析，明确了河北省的用水结构特性。结合耗水系数和产业结构单部门调整对模型的灵敏度进行了分析，研究结果表明，不同部门的耗水系数及结构调整存在较强的灵敏度差异，而产业结构调整的良性方向是从高灵敏度部门向低灵敏度部门转移。根据不同节水进步水平和产业结构调整规模，设置不同水资源调控情景，对不同调控方案的影响进行分析，结果表明，当河北省将产业重心由农业和建筑业向服务与交通业、金融与房地产转移时，河北省的耗水量有显著的降低，但效果并不如直接提高用水效率可观。因此节水优先是水资源调控的优先策略。对供水价格调控的研究表明，河北省的供水价格偏低，价格改变对系统的整体影响程度较小，但由于价格具有宏观经济效应，因此在水资源的调控过程中应当谨慎采用。在水资源优化配置情景中，系统可承载的经济总量提高约 8.8%，最大可承载人口规模提高约 9.2%，就业岗位数量增加 8.9%，相比调控前，水资源利用效率和水资源承载能力得到了有效提升。

基于调控模型的结果分析，结合京津冀一体化和雄安新区建设的大趋势，对河北省水资源管控提出了综合政策配套建议，总体来看，提升河北省水资源利用效率以及区域的可持续发展能力的核心在于推动河北省产业结构的升级，全面建立水资源环境友好型产业体系。在此过程中，河北省必须充分借助雄安新区建设、京津冀协同发展以及土地流转入市改革等政策或重大战略机遇，优化整体的制度环境，严格“以水四定”，采取分区施策因地制宜的策略，利用市场化等诸多方式，加快推动技术装备投资，拓展社会分工体系，加快实现产业内部结构和价值链升级，整体结构优化，水资源利用效率提升。

6.3 本章小结

在水资源利用效率研究的基础上，结合投入产出平衡原理及水资源系统理论构建了区域水资源调控模型，对模型的求解过程和参数初始化过程进行了研究。以河北省为典型区域，开展模型的应用研究，对模型进行了灵敏度分析，结合情景模拟的方法，分析不同调控方案对水资源的消耗情况和经济社会的发展状况，并针对河北省的水资源管理和产业转型升级提供了配套政策建议。取得的主要研究成果如下：

1）基于投入产出平衡关系和水资源系统理论构建了区域水资源调控模型。从水资源系统角度出发，明确了水资源调控模型的边界及水资源调控的内涵，基于投入产出平衡关系，构建了水资源调控模型投入产出表及经济模块的核心方程，结合系统动力学方法建立了经济模块与人口模块、资源供给模块和生态环境模块的关系方程，扩展了模型的结构方程。根据模型的边界条件，构建了相关的约束方程，对模型的求解过程、参数初始化过程和调控方案设置进行了研究，丰富和发展了水资源调控模型。

2）本研究以我国水资源问题最为突出的河北省为典型区域，对调控模型进行应用和实证分析。结果表明，河北省各部门中建筑业的经济占比最高，其次是制造业，排名第三的是农业部门。河北省耗水量最多的部门是农业，占河北省总用水量的72.2%，其次是建筑业和制造业。农业作为河北省最主要的用水部门，其用水量通过农产品投入的形式大量输出到其他部门，其中对农业部门依赖程度最高的是制造业，其次是建筑业及矿产与能源。对其他部门水资源转移量排在第二位的是建筑业，其主要转移对象为制造业、金融与房地产。排在第三位的是制造业，其主要转移对象为矿产与能源和建筑业。不同部门的耗水系数及结构调整存在较强的灵敏度差异，而产业结构调整的良性方向是从高灵敏度部门向低灵敏度部门转移，根据该原则对产业结构进行调整，河北省的耗水量有显著的降低，但效果并不如直接提高用水效率可观。因此节水优先是水资源调控的首选策略。根据模型自动优化方案，在保证河北省供水量上限不增加的条件下，系统可承载的经济总量提高约8.8%，最大可承载人口规模提高约9.2%，相比调控前，水资源利用效率和水资源承载能力得到了有效提升。

参考文献

艾克热木·阿布拉，王月健，凌红波，等.2019. 塔里木河流域水资源变化趋势及用水效率分析. 石河子大学学报（自然科学版），37（1）：112-120.

安彬，肖薇薇.2016. 基于水足迹理论的江西省水资源时空特征分析. 江西农业学报，28（8）：74-78，82.

安强，魏传江，贺华翔，等.2019. 基于模糊综合评价法的河南省中原城市群水资源承载力评价研究. 节水灌溉，（12）：65-71.

白桦，刘广奇，张志果，等.2018. 基于污染物当量的城市污水处理效率评价方法研究. 给水排水，54（11）：21-26.

白惠婷，刘玉春，赵晗，等.2019. 京津冀城郊农业园区水资源利用效率评价方法及实例. 中国农村水利水电，（10）：84-92.

白金生.2015. 突变理论在环境科学研究中的应用. 环境科学与管理，40（11）：70-73.

边杨子.2017. 北京市用水量变化的驱动因素分析.2017 中国环境科学学会科学与技术年会论文集（第二卷）. 北京：中国环境科学学会.

卞锦宇，黄昌硕，耿雷华，等.2019. 水资源承载力诊断指标体系构建及关键诊断因子识别. 节水灌溉，（7）：56-61.

蔡守华，张展羽，张德强.2004. 修正灌溉水利用效率指标体系的研究. 水利学报，5（5）：111-115.

蔡玉程，刘阳.2014. 吉林省人口城镇化问题研究. 人口学刊，36（5）：105-112.

曹雷.2015. 基于最严格水资源管理制度的用水效率分析. 西安：长安大学.

陈国卫，金家善，耿俊豹.2012. 系统动力学应用研究综述. 控制工程，19（6）：921-928.

陈强，杨晓华.2007. 基于熵权的 TOPSIS 法及其在水环境质量综合评价中的应用. 环境工程，（4）：75-77，5.

陈涛.2019. 城市经济的活力与发展路径——基于污水排放量的研究. 西部金融，（5）：71-74.

陈武，李凡修，梅平.2002. 应用多目标决策–理想点法综合评价水环境质量. 环境工程，20（3）：64-65.

陈小三，王洪淼.2017. 辽源市城区水资源可持续发展问题的探讨. 内蒙古水利，（2）：50-51.

陈妍彦，张玲玲.2014. 水资源约束下的区域产业结构优化研究. 水资源与水工程学报，25（6）：50-55.

程国栋.2002. 承载力概念的演变及西北水资源承载力的应用框架. 冰川冻土，24（4）：361-367.

程强.2016. 基于 DEA 模型的包头市建筑产业效率研究. 包头：内蒙古科技大学.

程帅，张树清.2015. 基于系统性策略的灌溉水资源时空优化配置. 应用生态学报，26（1）：321-330.

崔凤军.1998. 城市水环境承载力及其实证研究. 自然资源学报，（1）：58-62.

崔海升.2014. 基于系统动力学模型的哈尔滨市水资源承载力预测研究. 哈尔滨：哈尔滨工业大学.

崔琬茁，张弘，刘韬，等.2009. 二元水循环理论浅析. 东北水利水电，27（9）：7-8.

邓建伟，金彦兆，胡想全.2018. 甘肃省水资源投入产出分析. 水资源与水工程学报，29（1）：62-66.

邓晓军，杨琳，吴春玲，等.2013. 广西水资源与社会经济发展协调度评价. 中国农村水利水电，（3）：14-17.

邓雪，李家铭，曾浩健，等.2012. 层次分析法权重计算方法分析及其应用研究. 数学的实践与认识，42（7）：93-100.

邓益斌，尹庆民.2016. 基于加性 DEA-Tobit 模型的中国水资源利用效率分析. 江西农业学报，28（1）：79-84.

丁华，邱卫国.2013. 基于生态足迹的上海市水资源生态承载力评价. 人民长江，44（15）：19-21.

董璟琦，杨晓华，杨海真，等 . 2009. 基于改进 TOPSIS 法的规划环评情景方案建立方法及应用 . 环境科学与管理，34（7）：162-169.
窦明，左其亭，胡瑞，等 . 2010. 淮河流域水环境综合承载能力 . 水科学进展，21（2）：248-254.
杜湘红 . 2014. 水资源环境与社会经济系统耦合建模和仿真测度——基于洞庭湖流域的研究 . 经济地理，34（8）：151-155.
段梦 . 2019. 基于 GAMS 的中国多区域 CGE 模型构建及应用 . 北京：中国农业科学院 .
段新光，栾芳芳 . 2014. 基于模糊综合评判的新疆水资源承载力评价 . 中国人口·资源与环境，24（163）：119-122.
鄂竟平 . 2020-03-23. 坚持节水优先建设幸福河湖 . 人民日报，第 14 版 .
方国华，钟淋涓，吴学文，等 . 2010. 水资源利用和水污染防治投入产出最优控制模型研究 . 水利学报，41（9）：1128-1134.
高飞 . 2012. 基于复杂自适应系统理论的水利——经济协调发展研究 . 昆明：昆明理工大学 .
高晓冬，耿雷华，刘恒，等 . 2013. “十二五”全国万元工业增加值用水量目标可达性分析 . 水利经济，31（5）：1-5.
高彦春，刘昌明 . 1997. 区域水资源开发利用的阈限分析 . 水利学报，（8）：73-79.
郜俊峰 . 2019. 太原市污水排放量调查方法分析 . 安徽建筑，（7）：191-193.
桂春雷 . 2014. 基于水代谢的城市水资源承载力研究——以石家庄市为例 . 北京：中国地质科学院 .
郭金玉，张忠彬，孙庆云 . 2008. 层次分析法的研究与应用 . 中国安全科学学报，18（5）：148-153.
郭晓英，陈兴伟，陈莹，等 . 2015. 基于粗糙集和 BP 神经网络组合法的水资源承载力动态变化分析 . 南水北调与水利科技，13（2）：236-240.
郭秀锐，毛显强，冉圣宏 . 2000. 国内环境承载力研究进展 . 中国人口资源与环境，10（3）：29-31.
国家发展改革委，水利部 . 2019. 国家发展改革委 水利部关于印发《国家节水行动方案》的通知 http://zfxxgk. ndrc. gov. cn/web/iteminfo. jsp? id=16153［2020-12-01］.
韩雅清，苏时鹏 . 2015. 福建省水资源利用效率的静态与动态分析——基于 DEA-BCC 和 DEA-Malmquist 两步法 . 资源开发与市场，31（5）：578-583.
郝芝建，李嘉第，郑斌 . 2018. 基于多目标决策分析的钦州市水资源承载力评价 . 人民长江，39（12）：124-128.
何君 . 2014. 气候变化背景下黄淮海流域干旱时空多尺度识别与评估研究 . 北京：北京师范大学 .
贺辉辉，丁珏，程宇，等 . 2017. 安徽省淮河流域水环境承载力动态评价研究 . 环境科学与技术，40（S2）：280-287.
胡启玲，董增川，杨雁飞，等 . 2019. 基于联系数的水资源承载力状态评价模型 . 河海大学学报（自然科学版），47（5）：425-432.
胡永宏 . 2002. 对 TOPSIS 法用于综合评价的改进 . 数学的实践与认识，（4）：572-575.
胡运玲 . 2019. 区域水资源利用效率评价 . 南昌：江西财经大学 .
花建慧 . 2008. 淮北市水资源合理配置及承载能力的研究 . 北京：中国地质大学 .
黄家伟 . 2007. 基于 Agent 的复杂水资源系统仿真研究 . 天津：天津大学 .
黄垒，张礼中，朱吉祥，等 . 2019. 河南省水资源承载力时空特征分析 . 南水北调与水利科技，17（1）：54-60.
惠泱河，蒋晓辉，黄强，等 . 2001. 水资源承载力评价指标体系研究 . 水土保持通报，21（6）：30-34.
贾嵘，沈冰，蒋晓辉，等 . 1999. 区域水资源潜力综合评判 . 西北工业大学学报，27（5）：44-49.
贾艳红，赵军，南忠仁，等 . 2006. 基于熵权法的草原生态安全评价——以甘肃牧区为例 . 生态学杂志，

25（8）：1003-1008.
江贤武．2010. 农产品贸易虚拟水对水资源可持续利用的影响分析．北京：中国社会科学院研究生院．
姜秋香，董鹤，付强，等．2015. 基于SD模型的城市水资源承载力动态仿真——以佳木斯市为例．南水北调与水利科技，13（5）：827-831.
姜秋香，付强，王子龙．2011. 三江平原水资源承载力评价及区域差异．农业工程学报，27（9）：184-190.
姜秋香．2011. 三江平原水土资源承载力评价及其可持续利用动态仿真研究．哈尔滨：东北农业大学．
姜文来．1998. 水资源价值论．北京：科学出版社．
金菊良，董涛，郦建强，等．2018a. 不同承载标准下水资源承载力评价．水科学进展，29（1）：31-39.
金菊良，沈时兴，郦建强．2018b. 基于联系数的区域水资源承载力评价与诊断分析方法．华北水利水电大学学报（自然科学版），39（1）：1-9.
金菊良，魏一鸣，丁晶．2001. 水质综合评价的投影寻踪模型．环境科学学报，（4）：431-434.
金菊良，吴开亚，李如忠，等．2007. 信息熵与改进模糊层次分析法耦合的区域水安全评价模型．水力发电学报，26（6）：61-66.
金菊良，杨晓华，丁晶．2000. 基于实数编码的加速遗传算法．四川大学学报，32（4）：20-24.
雷玉桃，蒋璐．2012. 中国虚拟水贸易的投入产出分析．经济问题探索，（3）：116-120.
李连刚，张平宇，刘文新，等．2017. 吉林省县域环境污染的时空演变特征与影响因素．应用生态学报，30（7）：2361-2370.
李玲，潘雪倩，夏威夷，等．2018. 基于SD模型的重庆市水资源承载力模拟分析．中国农村水利水电，（5）：128-133.
李令跃，甘泓．2000. 试论水资源合理配置和承载能力概念与可持续发展之间的关系．水科学进展，11（3）：307-313.
李明才．2012. 吉林省五大水系水污染现状及防治对策．吉林水利，（12）：42-44.
李宁，张文丽，李经伟．2016. “三条红线”约束下的鄂尔多斯市水资源承载力评价．中国农村水利水电，（1）：8-11.
李清龙，闫新兴．2005. 水环境承载力量化方法研究进展与展望．地学前缘，（S1）：43-48.
李庆国．2018. 吉林省国有工业企业发展情况研究与思考．统计与管理，（12）：3-7.
李世祥，成金华，吴巧生．2008. 中国水资源利用效率区域差异分析．中国人口·资源与环境，18（3）：215-220.
李晓玲．1999. GAMS系统中的数据库设计．西北大学学报（自然科学版），（1）：16-18.
李旭．2009. 社会系统动力学．上海：复旦大学出版社．
李旭宏，李玉民，顾政华，等．2004. 基于层次分析法和熵权法的区域物流发展竞争态势分析．东南大学学报（自然科学版），34（3）：398-401.
李亚伟．2006. 水资源系统模糊决策、评价与预测方法及应用．大连：大连理工大学．
李燕，张兴奇．2017. 基于主成分分析的长江经济带水资源承载力评价．水土保持通报，37（4）：172-178.
李原园，郦建强，秦福兴．2004. 科学分析水资源规律，制定水资源合理配置方案．水利规划与设计，（S1）：44-49.
李志林．2018. 基于系统动力学的卫运河区域水资源优化配置研究．天津：天津大学．
李志敏，廖虎昌．2012. 中国31省市2010年水资源投入产出分析．资源科学，34（12）：2274-2281.
李祚泳．1997. 投影寻踪技术及其应用进展．自然杂志，19（4）：224.

郦建强，陆桂华，杨晓华，等 . 2004a. 区域水资源承载能力综合评价的 GPPIM. 河海大学学报，32（1）：1-4.
郦建强，陆桂华，杨晓华 . 2004b. 流域水资源承载能力综合评价的多目标决策模型 . 水文，24（4）：1-4.
郦建强，王平，郭旭宁，等 . 2019. 水资源空间均衡要义及基本特征研究 . 水利规划与设计，10：1-5.
郦建强，杨晓华，陆桂华，等 . 2009. 流域水资源承载能力综合评价的改进隶属度模糊物元模型 . 水力发电学报，28（1）：78-83.
梁其东，迟明春 . 2009. 区域水资源优化配置系统性可持续发展理论研究 . 水利建设与管理，29（6）：71-74.
刘昌明，成立 . 2000. 黄河干流下游断流的径流序列分析 . 地理学报，（3）：257-265.
刘朝露，陈星，崔广柏，等 . 2019. 临海市水资源承载力动态变化及驱动因素分析 . 水资源与水工程学报，30（1）：46-52.
刘春生，廖虎昌，熊学魁，等 . 2011. 美国水资源管理研究综述及对我国的启示 . 未来与发展，34（6）：45-49.
刘佳骏，董锁成，李泽红 . 2001. 中国水资源承载力综合评价研究 . 自然资源学报，26（2）：258-269.
刘建卫，李想，张柏良，等 . 2014. 白城市水资源现状及洪水资源利用对策 . 吉林水利，（7）：51-54.
刘金华，汪党献，龙爱华，等 . 2010. 基于熵理论的水资源与经济社会协调发展模糊综合评价模型 . 中国水利水电科学研究院学报，8（2）：81-87.
刘童，杨晓华，宋帆 . 2019a. 水资源承载力评价的 Logistic 集对分析模型及其应用 . 华北水利水电大学学报（自然科学版），40（1）：27-33.
刘童，杨晓华，薛淇芮 . 2020. 系统动力学模型在吉林省水资源承载力的仿真应用 . 中国农村水利水电，（1）：106-110.
刘童，杨晓华，赵克勤，等 . 2019b. 基于集对分析的水资源承载力动态评价：以四川省为例 . 人民长江，50（9）：94-100.
刘童 . 2020. 基于载荷均衡的水资源承载力诊断评价与预测调控研究——以吉林省为例 . 北京：北京师范大学 .
刘学智，李王成，赵自阳，等 . 2017. 基于投影寻踪的宁夏农业水资源利用率评价 . 节水灌溉，（11）：51-56，60.
刘燕华 . 2000. 柴达木盆地水资源合理利用与生态环境保护 . 北京：科学出版社 .
刘渝，杜江，张俊飚 . 2007. 湖北省农业水资源利用效率评价 . 中国人口 · 资源与环境，（6）：60-65.
龙腾锐，姜文超 . 2003. 水资源（环境）承载力的研究进展 . 水科学研究进展，14（2）：249-253.
陆泉志，陆桂军，范稚莲，等 . 2018. 污染排放约束下广西种植业用水效率及其时空格局研究——基于超效率 SBM-Undesirable 模型与 ESDA 方法 . 中国农村水利水电，（9）：7-11.
吕锋，崔晓辉 . 2002. 多目标决策灰色关联投影法及其应用 . 系统工程理论与实践，1：103-108.
吕跃进 . 2002. 基于模糊一致矩阵的模糊层次分析法的排序 . 模糊系统与数学，16（2）：79-85.
麻秋玲，林惠花 . 2013. 基于突变级数法的福州市生态安全评价 . 福建师范大学学报（自然科学版），29（3）：118-124.
马海良，黄德春，张继国，等 . 2012. 中国近年来水资源利用效率的省际差异：技术进步还是技术效率 . 资源科学，34（5）：794-801.
马海良，丁元卿，王蕾 . 2017. 绿色水资源利用效率的测度和收敛性分析 . 自然资源学报，32（3）：406-417.

马璐璐 . 2013. 中国省级地区水资源资产效率评价研究 . 太原：山西财经大学 .
马艳敏，郭春明，王颖，等 . 2018. 吉林省西部主要水体面积动态变化遥感监测 . 水土保持通报，38（5）：249-255.
马永杰，云文霞 . 2012. 遗传算法研究进展 . 计算机应用研究，29（4）：1201-1206，1210.
马玉龙 . 2018. 基于指标体系的新疆农业水资源高效利用评价 . 广东水利水电，270（8）：9-11，28.
马云东，胡明东 . 1997. 改进的 AHP 法及其在多目标决策中的应用 . 系统工程理论与实践，6：40-45.
马占新，唐焕文 . 1999. DEA 有效单元的特征及 SEA 方法 . 大连理工大学学报，（4）：115-120.
买亚宗，孙福丽，石磊，等 . 2014. 基于 DEA 的中国工业水资源利用效率评价研究 . 干旱区资源与环境，28（11）：42-47.
门宝辉，蒋美彤 . 2019. 基于生态足迹法的水资源承载力研究 . 南水北调与水利科技，17（5）：29-36.
孟丽红，陈亚宁，李卫红 . 2008. 新疆塔里木河流域水资源承载力评价研究 . 中国沙漠，28（1）：185-190.
孟令爽，唐德善，史毅超 . 2018. 基于主成分分析法的用水效率评价 . 人民长江，49（5）：36-40.
孟钰 . 2014. 基于组合模型的流域水资源利用效率评估研究 . 郑州：郑州大学 .
莫崇勋，莫桂燕，阮俞理，等 . 2017. 五元集对分析在澄碧河流域径流分类中的运用 . 广西大学学报（自然科学版），42（1）：379-385.
牟海省，刘昌明 . 1994. 我国城市设置与区域水资源承载力协调研究刍议 . 地理学报，（4）：338-344.
牛文娟，王慧敏 . 2007. 演化博弈在水资源多 Agent 系统发展分析中的应用 . 水利经济，（3）：8-11.
潘灶新，陈晓宏，刘德地 . 2008. 区域水危机评价的指标体系与方法 . 灌溉排水学报，（4）：85-88，95.
彭少明 . 2004. 河流域水资源调控方案研究 . 西安：西安理工大学 .
钱颂迪 . 2002. 运筹学 . 北京：清华大学出版社 .
钱文婧，贺灿飞 . 2011. 中国水资源利用效率区域差异及影响因素研究 . 中国人口 · 资源与环境，21（2）：54-60.
秦剑 . 2015. 水环境危机下北京市水资源供需平衡系统动力学仿真研究 . 系统工程理论与实践，35（3）：671-676.
秦莉云，金忠青 . 2000. 淮河流域水污染防治与可持续发展 . 海河水利，21（5）：14-16.
秦莉云，金忠青 . 2001. 淮河流域水资源承载能力的评价分析 . 水文，21（3）：14-17.
秦涛 . 2010. 宝鸡市水资源优化配置及投入产出分析研究 . 西安：西安理工大学 .
曲耀光，樊胜岳 . 2000. 黑河流域水资源承载力分析计算与对策 . 中国沙漠，20（1）：1-8.
曲耀光，刘凤景 . 1991. 乌鲁木齐河流域的水资源及其转化模型 . 水科学进展，2（4）：244-250.
屈小娥 . 2017. 陕西省水资源承载力综合评价研究 . 干旱区资源与环境，31（2）：91-97.
人民网 . 2014. 人民日报：水安全战略需要四重奏 . http://opinion. people. com. cn/n/2014/1008/c1003-25784537. html[2020-12-01].
任俊霖，李浩，伍新木，等 . 2016. 长江经济带省会城市用水效率分析 . 中国人口 · 资源与环境，26（5）：101-107.
阮本青，沈晋 . 1998. 区域水资源适度承载能力计算模型 . 土壤侵蚀与水土保持学报，4（3）：57-61.
尚熳廷，王小军，刘明朝，等 . 2019. 长江流域省区用水总量与用水效率控制评估 . 人民长江，50（1）：84-88.
沈满洪，陈庆能 . 2008. 水资源经济学 . 北京：中国环境科学出版社：98-125.
沈雪娇，田兆伟 . 2011. 层次分析法在惠州市水资源分配中的应用 . 广东水利水电，（7）：49-51.
沈珍瑶，谢彤芳 . 1997. 一种改进的灰关联分析方法及其在水环境质量评价中的应用 . 水文，3：13-15.

施熙灿，林翔岳，梁青福，等.1982. 考虑保证率约束的马氏决策规划在水电站水库优化调度中的应用. 水力发电学报，(2)：11-21.
施雅风，曲耀光.1992. 乌鲁木齐河流域水资源承载力及其合理利用. 北京：科学出版社.
侍孝瑞，王远坤，卞锦宇，等.2018. 水资源承载力关键驱动因素识别研究. 南京大学学报（自然科学），54（3）：628-636.
税朋勃，季吉，周嵘.2013. 北京市中小型水库现状问题及对策. 中国水利，(S1)：25-27.
宋帆，杨晓华.2018. 基于改进突变级数法的长江下游水资源承载力评价. 南水北调与水利科技，16（3）：24-32，58.
宋光兴，杨德礼.2003. 模糊判断矩阵的一致性检验及一致性改进方法. 系统工程，21（1）：110-116.
宋国君，何伟.2014. 中国城市水资源利用效率标杆研究. 资源科学，36（12）：2569-2577.
宋全香，左其亭，杨峰.2006. 定性与定量相结合的城市水资源承载能力研究. 郑州：中国水论坛学术研讨会.
宋全香.2005. 城市水资源承载力及优化配置研究. 郑州：郑州大学.
苏晟霖.2017. 基于AHP法的灌区综合效益影响评价. 水利科学与寒区工程，3（12）：47-49.
苏时鹏，黄森慰，孙小霞，等.2012. 省域水资源可持续利用效率分析. 中国生态农业学报，20（6）：803-809.
孙才志，姜坤，赵良仕.2017. 中国水资源绿色效率测度及空间格局研究. 自然资源学报，32（12）：1999-2011.
孙才志，李红新.2008. 辽宁省水资源利用相对效率的时空分异. 资源科学，(10)：1442-1448.
孙继彬，翟啸鹏.2008. 浅析白山市水资源合理配置. 吉林水利，(11)：39-41.
孙亮，陈文颖.2013. 基于GAMS的CCUS源汇匹配动态规划模型. 清华大学学报（自然科学版），53（4）：421-426.
谭红梅.2016. 吉林省建设"一带一路"北向开放窗口研究. 西伯利亚研究，43（2）：17-21.
唐剑武，叶文虎.1998. 环境承载力的本质及其定量化初步研究. 中国环境科学，18（3）：36-39.
田贵良，李娇娇，李乐乐.2019. 基于多区域投入产出模型的长江经济带虚拟水流动格局研究. 中国人口·资源与环境，29（3）：81-88.
田永旌.2015. 新型城镇化背景下土地综合整治效益评价研究. 上海：华东理工大学.
童绍玉，彭海英.2015. 中国水资源短缺的空间差异分析. 昆明：云南省第四届生态文明与生态经济学术大会.
涂斌.2012. 中国公共文化支出效率研究. 广州：华南师范大学.
汪克亮，刘悦，史利娟，等.2017. 长江经济带工业绿色水资源效率的时空分异与影响因素——基于EBM-Tobit模型的两阶段分析. 资源科学，39（8）：1522-1534.
王好芳.2003. 区域水资源可持续开发与社会经济协调发展研究. 南京：河海大学.
王浩，刘家宏.2016. 国家水资源与经济社会系统协同配置探讨. 中国水利，(17)：7-9.
王浩，王成明，王建华，等.2004. 二元年径流演化模式及其在无定河流域的应用. 中国科学：技术科学，34（s1）：42-48.
王建华，江东.1999. 水资源承载力的概念与理论. 甘肃科学学报，11（2）：1-4.
王建华，翟正丽，桑学锋，等.2017. 水资源承载力指标体系及评判准则研究. 水利学报，48（9）：1023-1029.
王竞优.2017. 基于DEA模型的中国环境保护重点城市水资源利用效率分析//中国环境科学学会.2017中国环境科学学会科学与技术年会论文集（第三卷）. 中国环境科学学会：10.

王楠，张文静，周强 . 2014. 基于模糊综合评判的吉林省松原市农业水资源承载能力分析 . 中国人口 · 资源与环境，24（3）：110-113.

王淑华 . 1996. 区域水环境承载力及其可持续利用研究 . 北京：北京师范大学 .

王顺久，侯玉，张欣莉，等 . 2003. 流域水资源承载能力的综合评价方法 . 水利学报，（1）：88-92.

王薇 . 2012. 黄河三角洲水土资源承载力综合评价研究 . 泰安：山东农业大学 .

王文圣，金菊良，丁晶，等 . 2009. 水资源系统评价新方法——集对评价法 . 中国科学 E 辑：技术科学，39（9）：1529-1534.

王文圣，李跃清，金菊良，等 . 2010. 水文水资源集对分析 . 北京：科学出版社 .

王彦孟，令爽 . 2019. 基于熵权理想点的水资源承载力风险评价 . 人民长江，50（4）：142-146.

王耀南，王莉芳 . 2014. 基于可变集理论的水资源承载力综合评价——以陕西省为例 . 未来与发展，（2）：38-43.

王友贞，施国庆，王德胜 . 2005. 区域水资源承载力评价指标体系的研究 . 自然资源学报，20（4）：597-604.

王云霞 . 2010. 北京市生态承载力与可持续发展研究 . 北京：中国矿业大学（北京）.

王震 . 2014. 我国粮食主产区农业水资源利用效率及影响因素分析 . 南京：南京农业大学 .

魏斌，张霞 . 1995. 城市水资源合理利用分析与水资源承载力研究——以本溪市为例 . 城市环境与城市生态，8（4）：19-24.

魏权龄 . 2000. 数据包络分析（DEA）. 科学通报，（17）：1793-1808.

吴晓娟 . 2018. 黑河流域虚拟水战略适宜性评价研究 . 西安：西安科技大学 .

席裕庚，柴天佑，恽为民 . 1996. 遗传算法综述 . 控制理论与应用，13（6）：697-708.

夏军，朱一中 . 2002. 水资源安全的度量：水资源承载力的研究与挑战 . 自然资源学报，17（5）：262-269.

夏军，张永勇，王中根，等 . 2006. 城市化地区水资源承载力研究 . 水利学报，（12）：1482-1488.

谢锐，孙玉磊，乔海曙 . 2013. 基于投入产出模型的湖南省水资源环境经济效用分析 . 中国管理科学，21（S2）：677-683.

新疆水资源软科学课题研究组 . 1989. 新疆水资源及其承载能力和开发战略对策 . 水利水电技术，（6）：2-9.

邢端生，吴泽宁，左其亭，等 . 2005. 基于多维调控方案的黄河流域水资源可承载程度评价 . 干旱区地理，（2）：229-233.

邢旭光，史文娟，张译丹，等 . 2013. 基于主成分分析法的西安市地下水资源承载力评价 . 水文，33（2）：35-38.

徐江，李翔宇，曹忠威 . 2019. 吉林省民营企业发展的现状、问题及对策 . 税务与经济，（3）：103-107.

徐敏 . 2007. 基于复杂性理论的河湖环境系统模型研究 . 长沙：湖南大学 .

徐小玲，梁煦枫，梁秀娟，等 . 2013. 白山市农村土地整治工程水资源供需平衡分析 . 水利水电技术，44（2）：24-27，39.

徐中民 . 1999. 情景基础的水资源承载力多目标分析理论及应用 . 冰川冻土，21（2）：99-106.

许光清，邹骥 . 2005. 可持续发展与系统动力学 . 经济理论与经济管理，（1）：69-72.

许光清，邹骥 . 2006. 系统动力学方法：原理、特点与最新展望 . 哈尔滨工业大学学报（社会科学版），8（4）：72-77.

许新宜，杨中文，王红瑞，等 . 2013. 水资源与环境投入产出研究进展及关键问题 . 干旱区地理，36（5）：818-830.

许有鹏 . 1993. 干旱区水资源承载能力综合评价研究：以新疆和田河流域为例 . 自然资源学报，8（3）：229-237.
轩玮 . 2015. 引汉济渭是一项系统性跨流域水资源配置工程——访水利部水利水电规划设计总院原副院长、教授级高级工程师董安建 . 中国水利，（14）：57-59.
薛建军，姚桂基 . 1997. 人工神经网络在水质评价中的应用 . 水文，（3）：37-39.
薛小杰，惠泱河，黄强，等 . 2000. 城市水资源承载力及其实证研究 . 西北农业大学学报，（6）：135-139.
颜莹莹 . 2006. 城市水资源承载力的概念和内涵 . 广州：中国城市规划年会 .
杨芳瑜，孙根年，范佩 . 2013. "十一五" 我国 30 个省区节水绩效及耗水系数方程的构建 . 陕西师范大学学报（自然科学版），（6）：74-79，98.
杨光明，时岩钧，杨航，等 . 2019. 基于系统动力学的水资源承载力可持续发展评估——以重庆市为例 . 人民长江，50（8）：6-13.
杨丽英，许新宜，贾香香 . 2009. 水资源效率评价指标体系探讨 . 北京师范大学学报（自然科学版），45（5）：642-646.
杨纶标，罗文标，高英仪 . 2001. 模糊蕴涵与作用关系 . 华南理工大学学报（自然科学版），（8）：1-3.
杨明杰 . 2018. 玛纳斯河流域水资源多维临界调控技术研究 . 石河子：石河子大学 .
杨瑞祥，侯保灯，鲁帆，等 . 2019. 雄安新区水资源承载力分析及提升途径研究 . 水利水电技术，50（10）：1-9.
杨硕，张丽，张春玲，等 . 2018. 基于投入产出模型的北京市水资源经济效益评价与分析 . 中国水利水电科学研究院学报，16（3）：220-226.
杨晓华，陆桂华，郦建强 . 2002. 混合加速遗传算法在流域模型参数优化中的应用 . 水科学进展，（3）：340-344.
杨晓华，沈珍瑶 . 2008. 智能算法及其在资源环境系统建模中的应用 . 北京：北京师范大学出版社 .
杨晓华，夏星辉 . 2016. 气候变化背景下流域水资源系统脆弱性评价与调控管理 . 北京：科学出版社 .
杨晓华，杨志峰，郦建强 . 2003. 水环境模型参数识别的一种新方法 . 水科学进展，（5）：554-557.
杨晓华，杨志峰，沈珍瑶，等 . 2004. 区域水资源开发利用程度评价的 RBF 网络模型 . 环境科学，25：31-34.
杨晓华，杨志峰，沈珍瑶，等 . 2005. 水环境非线性时序预测的高精度 RBF 网络模型 . 水科学进展，（6）：788-791.
杨永健 . 2014. 多 Agent 系统理论及其应用研究 . 电脑知识与技术，10（22）：5293-5296.
杨育红，阎百兴，沈波，等 . 2009. 第二松花江流域非点源污染输出负荷研究 . 农业环境科学学报，28（1）：161-165.
姚水萍 . 2006. 富阳市投入产出模型和水资源优化配置模型 . 杭州：浙江大学 .
叶逸 . 2018. 城市水资源承载力评价、预测与安全调控——以北京市为例 . 北京：北京师范大学 .
尹杰杰，崔远来，刘方平，等 . 2016. 基于模糊综合评价的赣抚平原灌区水资源承载力研究 . 节水灌溉，（8）：131-134，140.
游进军 . 2005. 水资源系统模拟理论与实践 . 北京：中国水利水电科学研究院 .
于婷婷，宋玉祥，浩飞龙，等 . 2016. 吉林省经济效率差异与空间格局演变 . 地理科学，36（7）：1066-1072.
余盼，熊峰 . 2015. 安徽省水资源生态足迹动态分析：2005—2013. 南京林业大学学报（人文社会科学版），15（1）：79-86.

俞雅乖，刘玲燕 . 2017. 中国水资源效率的区域差异及影响因素分析 . 经济地理，37（7）：12-19.
袁鹰，甘泓，王忠静，等 . 2006. 浅谈水资源承载能力研究进展与发展方向 . 中国水利水电科学研究院学报，4（1）：62-67.
曾维华，程声通 . 1997. 区域水环境集成规划刍议 . 水利学报，（10）：77-82.
张波，虞朝晖，孙强，等 . 2010. 系统动力学简介及其相关软件综述 . 环境与持续发展，（2）：1-4.
张春红 . 2014. 基于层次分析法对岳城水库脆弱性的分析与评价 . 邯郸：河北工程大学 .
张风丽 . 2016. 资源环境约束下新疆产业转型路径研究 . 石河子：石河子大学 .
张恒 . 2009. 基于博弈分析的石羊河流域水资源配置研究 . 西安：西安理工大学 .
张杰，邓晓军，翟禄新，等 . 2018. 基于熵权的广西水资源可持续利用模糊综合评价 . 水土保持研究，25（5）：385-389.
张捷，熊俊 . 2019. 虚拟水资源视角的产业结构优化研究 . 产经评论，10（4）：109-121.
张金萍，郭兵托 . 2010. 宁夏平原区种植结构调整对区域水资源利用效用的影响 . 干旱区资源与环境，24（9）：22-26.
张军，张仁陟，周冬梅 . 2012. 基于生态足迹法的疏勒河流域水资源承载力评价 . 草业学报，21（4）：267-274.
张钧茹 . 2016. 基于系统动力学的京津冀地区水资源承载力研究 . 北京：中国地质大学（北京）.
张磊 . 2013. 安徽省淮河流域用水效率评估及控制指标研究 . 合肥：合肥工业大学 .
张礼兵，金菊良，吴贻名，等 . 2002. 确定水资源工程环境评价指标权重的方法 . 农业系统科学与综合研究，18（3）：192-196.
张丽，董增川，张伟 . 2003. 水资源承载能力研究进展与展望 . 水利水电技术，（4）：2-5，64.
张丽 . 2004. 基于生态的流域水资源承载力研究 . 南京：河海大学 .
张琳，张苗 . 2007. 南水北调江苏受水区水资源承载力研究 . 水利科技与经济，13（3）：183-184.
张铃，张钹 . 2000. 遗传算法机理的研究 . 软件学报，11（7）：945-952.
张伟，朱明琪，黄丹丹，等 . 2010. 应用层次分析法确定城市生活污水排放总量影响因素的权值 . 环境科学与管理，35（3）：54-57.
张文范，张辉，赵继军 . 2009. 吉林省水资源现状及保护 . 东北水利水电，27（4）：37-39.
张晓颖，刘小峰 . 2010. 工业增加值与废水排放量之间的关系研究 . 环境科学与管理，35（11）：5-9.
张辛雨 . 2015. 吉林省融入“一带一路”的路径分析与思考 . 长春金融高等专科学校学报，（6）：72-77.
张妍，于相毅 . 2003. 长春市产业结构环境影响的系统动力学优化模拟研究 . 经济地理，（5）：681-685.
张勇传，李福生，熊斯毅，等 . 1981. 水电站水库群优化调度方法的研究 . 水力发电，（11）：48-52.
赵春风，刘丰铭，邱志雄，等 . 2015. 砂土中竖向和水平荷载共同作用下的单桩承载特性研究 . 岩土工程学报，37（1）：183-190.
赵建世 . 2003. 基于复杂适应理论的水资源优化配置整体模型研究 . 北京：清华大学 .
赵克勤，黄德才，陆耀忠 . 2000. 基于 a+bi+cj 型联系数的网络计划方法初探 . 系统工程与电子技术，（2）：29-31.
赵良仕 . 2014. 中国省际水资源利用效率测度、收敛机制与空间溢出效应研究 . 大连：辽宁师范大学 .
赵志博，赵领娣，王亚薇，等 . 2019. 不同情景模式下雄安新区的水资源利用效率和节水潜力分析 . 自然资源学报，34（12）：2629-2642.
郑二伟，麻荣永，李琳，等 . 2014. 基于层次分析法的广西水资源可持续利用评价 . 水资源与水工程学报，（3）：57-61.
郑佳，肖长来，邵景力，等 . 2009. 吉林省白城市地下水数值模拟及其变化趋势 . 现代地质，23（1）：

130-136.
郑雯，刘金福，王智苑，等 . 2011. 基于突变级数法的闽南海岸带生态安全评价 . 福建林学院学报，31（2）：146-150.
郑玉萍，黄骁卓，林健，等 . 2018. 天津市水资源节约评价方法与实例 . 中国水利，851（17）：21-25.
郑玉昕 . 2013. 天津市污水排放量预测与污水水质及资源化利用研究 . 天津：天津大学 .
钟甫宁，叶春辉 . 2004. GAMS 在安徽省农业生产结构调整最优决策中的应用 . 安徽农业大学学报，（3）：372-375.
周必翠 . 2008. 宿迁市沿运灌区水资源投入产出与优化配置模型研究 . 扬州：扬州大学 .
周斌，桑学锋，秦天玲，等 . 2019. 我国京津冀地区良性水资源调控思路及应对策略 . 水利水电科技进展，39（3）：6-10，17.
周丽 . 2016. 基于多元统计分析的浙江省水资源承载力综合评价 . 浙江水利科技，44（1）：48-52.
周薇，李筱菁 . 2010. 基于信息熵理论的综合评价方法 . 科学技术与工程，10（23）：5839-5843.
周翔南 . 2015. 水资源多维协同配置模型及应用 . 北京：中国水利水电科学研究院 .
周云哲，粟晓玲，周正弘 . 2019. 基于“量-质-域-流”四维指标体系的水资源荷载状况评价——以黑河流域三地市为例 . 干旱地区农业研究，37（3）：215-223，231.
周云哲 . 2018. 基于“量质域流”的水资源荷载均衡评价——以黄河流域为例 . 西安：西北农林科技大学 .
周振民，李延峰，范秀，等 . 2016. 基于 AHP 和改进熵权法的城市节水状况综合评价研究 . 中国农村水利水电，2：37-41.
朱玲燕 . 2016. 基于系统动力学的典型喀斯特地区水资源承载力评价研究——以遵义市为例 . 重庆：重庆师范大学 .
朱启林 . 2016. 北京市用水水平评价与分析 . 人民长江，47（SI）：80-54.
朱启荣 . 2007. 中国工业用水效率与节水潜力实证研究 . 工业技术经济，（9）：48-51.
朱一中，夏军，谈戈 . 2002. 关于水资源承载力理论与方法的研究 . 地理科学进展，（2）：180-188.
朱一中，夏军，谈戈 . 2003. 西北地区水资源承载力分析预测与评价 . 资源科学，25（4）：43-48.
朱运海，彭利民，杜敏，等 . 2010. 区域水资源承载力评价国内外研究综述 . 科学与管理，3：21-24.
邹进 . 2011. 水资源承载力的可持续开发与潜力挖掘 . 全国水资源合理配置与优化调度及水环境污染防治技术专刊，21-26.
邹志红，孙靖南，任广平 . 2005. 模糊评价因子的熵权法赋权及其在水质评价中的应用 . 环境科学学报，25（4）：552-556.
左其亭 . 2017. 水资源承载力研究方法总结与再思考 . 水利水电科技进展，37（3）：1-6.
Afzal M，Adams W A. 1992. Heterogeneity of soil mineral nitrogen in pasture grazed by cattle. Soil Science Society of America Journal，56（4）：1160-1166.
Ait-Aoudia M N，Berezowska-Azza G E. 2016. Water resources carrying capacity assessment：The case of A lgeria's capital city. Habitat International，58：51-58.
Alamanos A，Latinopoulos D，Papaioannou G. 2019. Integrated Hydro-Economic Modeling for Sustainable Water Resources Management in Data-Scarce Areas：The Case of Lake Karla Watershed in Greece. Water Resources Management，33（9）：2775-2790.
Alvaro C，Katrin R，Richard S J. 2011. Water scarcity and the impact of improved irrigation management a CGE analysis. Agricultural Economics，（42）：305-323.
Arrow K，Bolin B，Costanza R. 1995. Economic growth，carrying capacity，and the environment. Science，268：520-521.

Banker R D, Charnes A, Cooper W W. 1984. Some models for estimating technical and scale inefficiencies in data envelopment analysis. Management Science, 30 (9): 1078-1092.

Barbara A W, Yolanda L, Beatriz M, et al. 2020. Cross-sectoral implications of the implementation of irrigation water use efficiency policies in Spain: A nexus footprint approach. Ecological Indicators, 109: 105795.

Beatriz C, Javier U, Amaya M G. 2016. A new indicator to estimate the efficiency of water and energy use in agro-industries. Journal of Cleaner Production, 180: 81-96.

Benoit G, Christophe S B, Olivier T, et al. 2013. The MAELIA Multi-Agent Platform for Integrated Analysis of Interactions Between Agricultural Land-Use and Low-Water Management Strategies//Alam S, Parunak H. Multi-Agent-Based Simulation XIV. MABS 2013. Lecture Notes in Computer Science, vol 8235. Springer, Berlin, Heidelberg.

Bentur A, Mindess S, Banthia N. 1986. The behaviour of concrete under impact loading: experimental procedures and method of analysis. Materials and Structures, 19 (5): 371-378.

Berger T, Birner R, Mccarthy N, et al. 2007. Capturing the complexity of water uses and water users within a multi-agent framework. Water Resources Management, 21 (1): 129-148.

Bian Y, Yan S, Xu H. 2014. Efficiency evaluation for regional urban water use and wastewater decontamination systems in China: A DEA approach. Resources, Conservation and Recycling, 83: 15-23.

Bouman B A M. 2007. A conceptual framework for the improvement of crop water productivity at different spatial scales. Agricultural Systems, 93 (3): 43-60.

Campbell H E, Johnson R M, Larson E H. 2004. Prices, Devices, People, or Rules: The Relative Effectiveness of Policy Instruments in Water Conservation 1. Review of policy research, 21 (5): 637-662.

Cao T, Wang S G, Chen B. 2018. Virtual water analysis for the Jing-Jin-Ji region based on multiregional input-output model. Acta Ecologica Sinica, 38 (3): 788-799.

Chaplin-Kramer R, Sharp R P, Weill C. 2019. Global modeling of nature's contributions to people. Science, 366 (6462): 255-258.

Charnes A, Cooper W W, Rhodes E. 1978. Measuring the efficiency of decision making units. European Journal of Operational Research, 2 (6): 429-444.

Cheng F, Su F Z, Chen M, et al. 2019. An evolving assessment model for environmental carrying capacity: A case study of coral reef islands. Journal of Environmental Management, 233: 543-552.

Committee to Review the Florida Keys Carrying Capacity Study, National Research Council. 2001. Interim Review of the Florida Keys Carrying Capacity Study. Washington D C: National Academy Press.

Cook W D, Seiford L M. 2008. Data envelopment analysis (DEA): Thirty years on. European Journal of Operational Research, 192 (1): 12-14.

Cortelezzi A, Barranquero R S, Marinelli C B. 2019. Environmental diagnosis of an urban basin from a social-ecological perspective. Science of the Total Environment, 678: 267-277.

Daily G C, Ehrlich P R. 1996. Socioeconomic Equity, Sustainability, and Earth's Carrying Capacity. Ecological Applications, 6 (4): 991-1001.

Dewan S, Min C K. 1997. The Substitution of Information Technology for Other Factors of Production: A Firm Level Analysis. Management Science, 43 (12): 1660-1675.

Dhehibi B, Lachaal L, Elloumi M, et al. 2007. Measuring irrigation water use efficiency using stochastic production frontier: An application on citrus producing farms in Tunisia. African Journal of Agricultural and Resource Economics, 1 (311): 1-15.

Diehl S. 1988. Foraging efficiency of three freshwater fishes: effects of structural complexity and light. Oikos, 53 (2): 207-214.

Dixon P B, Rimmer M T. 2016. Johansen's legacy to CGE modelling: Originator and guiding light for 50 years. Journal of Policy Modeling, 38 (3): 421-435.

Du X H, Zhang T. 2014. Hunan Normal University. The Simulation to Coupling Development Between Water Resource & Environment and Socio-economic System: Dongting Lake Ecological Economic Zone as an Example. Scientia Geographica Sinica, 34 (8): 151-155.

D'Agostino V, Bertoldi G. 2014. On the assessment of the management priority of sediment source areas in a debris-flow catchment. Biology and Fertility of Soils, 39 (5): 656-668.

Epele L B, Manzo L M, Grech M G, et al. 2018. Disentangling natural and anthropogenic influences on Patagonian pond water quality. Science of the Total Environment, 613-614: 866-876.

Falkemark M, Lundqvist J. 1998. Towards water security: political determination and human adaptation crucial. Natural Resources Forum, 21 (1): 37-51.

Fan G, Zhong D, Yan F, et al. 2016. A hybrid fuzzy evaluation method for curtain grouting efficiency assessment based on an AHP method extended by D numbers. Expert Systems with Applications, 44: 289-303.

Fang D, Chen B. 2015. Ecological network analysis for a virtual water network. Environmental Science and Technology, 49 (11): 6722-6730.

Fang H, Gan S, Xue C. 2019. Evaluation of regional water resources carrying capacity based on binary index method and reduction index method. Water Science and Engineering, 12 (4): 263-273.

Friedman J H, Tukey J W. 1974. A Projection Pursuit Algorithm for Exploratory Data-Analysis. IEEE Transactions on Computers, 23 (9): 881-890.

Fujimori S, Hasegawa T, Masui T. 2017. AIM/CGE V2.0: Basic Feature of the Model. Post-2020 Climate Action, Singapore: Springer: 305-328.

Gleick P H, Palaniappan M. 2010. Peak water limits to freshwater withdrawal and use. PNAS, 107: 11155-11162.

Go D S, Lofgren H, Ramos F M, et al. 2015. Estimating parameters and structural change in CGE models using a Bayesian cross-entropy estimation approach. Economic Modelling, (52): 790-811.

Gregg T T, Gross D. 2007. Water efficiency in Austin, Texas, 1983-2005: An historical perspective. Journal American Water Works Association, 77 (2): 76-86.

Grill G, Lehner B, Thieme M, et al. 2019. Mapping the world's free-flowing rivers. Nature, 569 (7755): 215.

Guo L W, Ning T Y, Nie L P, et al. 2016. Interaction of deep placed controlled-release urea and water retention agent on nitrogen and water use and maize yield. European Journal of Agronomy, 75: 118-129.

GWP. 2015. China's Water Resources Management Challenge. https://www.gwp.org/globalassets/global/toolbox/publications/technical-focus-papers/tfpchina_2015.pdf[2020-12-10].

Holland J H. 1995. Hidden Order: How Adaptation Builds Complexity. New York: Basic Books.

Holmoy E. 2016. The development and use of CGE models in Norway. Journal of Policy Modeling, 38 (3): 448-474.

Hu J L, Wang S C, Ye F Y. 2006. Total-factor water efficiency of regions in China. Resources Policy, 31: 217-230.

Johnson S, Guangxing W, Anderson A B. 2011. Identification of superfluous roads in terms of sustainable military land carrying capacity and environment. Journal of Terramechanics, 48 (2): 97-104.

Jonathan H M. 1999. Carrying capacity in agriculture: globe and regional issue. Ecological Economics, 29 (3): 443-461.

Karagiannis G, Tzouvelekas V, Xepapadeas A. 2003. Measuring irrigation water efficiency with a stochastic production frontier. Environmental and resource economics, 26 (1): 57-72.

Katsuhiro K. 2000. Water- absorbing agent and its production process and use: US 2000. Application: EP19990105941[1999-03-24].

Kiho J. 2019. Statistical Identification of Key Parameters of Korean CGE Model. Journal of Economics Studies, 37 (1): 141-160.

Kroner R, Qin S Y, Cook C N, et al. 2019. The uncertain future of protected lands and waters, Science, 364 (6443): 881.

Li G, Huang D, Li Y. 2016. China's input- output efficiency of water- energy- food nexus based on the data envelopment analysis (DEA) model. Sustainability, 8 (9): 927.

Li H Y, Zhang R, Wang F X. 2011. Effects of water- retaining agent on soil water moverment and water use efficiency of maize sowed with absolved water- storing irrigation. Transactions of the Chinese Society of Agricultural Engineering, 27 (3): 37-42.

Li X X, Wang K S, Liu L, et al. 2011. Application of entropy weight and TOPSIS method in safety evaluation of coal mines. Procedia Engineering, 26: 2085-2091.

Li Y, Barker R. 2004. Increasing water productivity for paddy irrigation in China. Paddy and Water Environment, 2 (4): 187-193.

Liu S F, Chen J H. 2007. Water resources carrying capacity based on the theory of ANN. Resources Science, 29 (1): 99-105.

Milano M, Ruelland D, Dezetter A, et al. 2013. Modeling the current and future capacity of water resources to meet water demands in the Ebro basin. Journal of Hydrology, 500 (11): 114-126.

Moorthi P V P, Singh A P, Agnivesh P. 2018. Regulation of water resources systems using fuzzy logic: a case study of Amaravathi dam. Applied Water Science, 8 (5): 132.

Ngana J O, Mwalyosi R B B, Yanda P, et al. 2004. Strategic development plan for integrated water resources management in Lake Manyara sub-basin, North-Eastern Tanzania. Physics and Chemistry of the Earth, 29 (15-18): 1219-1224.

Odum E P. 1971. Fundamentals of Ecology. Philadelphia: Saunders: 178.

Ouyang Y, Xu D, Leininger T D, et al. 2016. A system dynamic model to estimate hydrological processes and water use in a eucalypt plantation. Ecological Engineering, 86: 290-299.

Percia C, Oron G, Mehrez A. 1997. Optimal operation of regional system with diverse water quality sources, Journal of Water Resources Planning and Management, 123 (2): 105-115.

Pereira A S, Martin J W. 2015. Exploring the complexity of oil sands process- affected water by high efficiency supercritical fluid chromatography/orbitrap mass spectrometry. Rapid Communications in Mass Spectrometry, 29 (8): 735-744.

Rijisberman M A, Frans H. 2000. Different approaches to assessment of design and management of sustainable urban water system. Environment Impact Assessment Review, 129 (3): 333-345.

Song X M, Kong F Z, Zhan C S. 2011. Assessment of Water Resources Carrying Capacity in Tianjin City of China. Water Resources Management, 25: 857-873.

Statyukha G, Kvitka O, Shakhnovsky A, et al. 2009. Water- efficiency as Indicator for Industrial Plant

Sustainability Assessment. Computer Aided Chemical Engineering, (9): 1227-1232.
Sun B Y, Yang X H, Zhang Y P, et al. 2019. Evaluation of Water Use Efficiency of 31 Provinces and Municipalities in China Using Multi-Level Entropy Weight Method Synthesized Indexes and Data Envelopment Analysis. Sustainability, 11 (17): 4556.
Sun S, Fang C L, Lv J Y. 2017. Spatial inequality of water footprint in China: A detailed decomposition of inequality from water use types and drivers. Journal of Hydrology, 553: 398-407.
Taylor L. 2016. CGE applications in development economics. Journal of Policy Modeling, 38 (3): 495-514.
Tuffa S, Treydte A C. 2017. Modeling Boran cattle populations under climate change and varying carrying capacity. Ecological Modelling, 352: 113-127.
Udimal T B, Jincai Z, Ayamba E C, et al. 2017. China's water situation; the supply of water and the pattern of its usage. International Journal of Sustainable Built Environment, 6 (2): 491-500.
Wang B H, Jin Y, Luo Y G. 2010. Parametric optimization of EQ6110HEV hybrid electric bus based on orthogonal experiment design. International Journal of Automotive Technology, 11 (1): 119-125.
Wang B H, Lin R, Liu D C, et al. 2019. Investigation of the effect of humidity at both electrode on the performance of PEMFC using orthogonal test method. International Journal of Hydrogen Energy, 44 (26): 13737-13743.
Wang C, Wang W, Qu S, et al. 2018. Macroeconomic water resources input- output analysis in Shandong Province. IOP Conference Series Earth and Environmental Science, 191 (1): 012131.
Wang Q R, Liu R M, Men C, et al. 2019. Temporal-spatial analysis of water environmental capacity based on the couple of SWAT model and differential evolution algorithm. Journal of Hydrology, 569: 155-166.
Wang Y X, Wang Y, Su X L, et al. 2019. Evaluation of the comprehensive carrying capacity of interprovincial water resources in China and the spatial effect. Journal of Hydrology, 575: 794-809.
Wang Z L, Lou Y. 2012. Assessing the efficiency of water supply based on DEA. International Journal of Digital Content Technology and its Applications, 6 (22): 544-551.
Wang Z Y, Huang K, Yang S S, et al. 2013. An input-output approach to evaluate the water footprint and virtual water trade of Beijing, China. Journal of Cleaner Production, 42: 172-179.
Widodo B, Lupyanto R, Sulistiono B, et al. 2015. Analysis of Environmental Carrying Capacity for the Development of Sustainable Settlement in Yogyakarta Urban Area, Procedia Environmental Sciences, 28: 519-527.
Wouters Y, Bamba G, Galerie A, et al. 2004. Oxygen and water vapour oxidation of 15cr ferritic stainless steels with different silicon contents. Materials Science Forum, 461-464: 839-848.
Wu Y M, Chen Z X, Xia P P. 2018. An extended DEA-based measurement for eco-efficiency from the viewpoint of limited preparation. Journal of Cleaner Production, 195: 721-733.
Xiang Z, Chen X, Lian Y. 2016. Quantifying the vulnerability of surface water environment in humid areas based on DEA method. Water Resources Management, 30 (14): 5101-5112.
Yang X H, Liu T, Li Y Q. 2019. A fractional-order genetic algorithm for parameter optimization of the moisture movement in a bio-retention system. Thermal science, 23 (4): 2343-2350.
Yang Y H, Wu J C, Wu P T, et al. 2012. Response of water use of winter wheat at different growth stages to nitrogen fertilizer and water-retaining agent. Chinese Journal of Eco-Agriculture, 20 (7): 888-894.
Yong J. 2009. China's Water Scarcity. Journal of Environmental Management, 90 (11): 3185-3196.
Zhang F, Wang Y, Ma X J, et al. 2019. Evaluation of resources and environmental carrying capacity of 36 large

cities in China based on a support- pressure coupling mechanism. Science of the Total Environment, 688: 838-854.

Zhang J, Zhang C L, Shi W L, et al. 2019. Quantitative evaluation and optimized utilization of water resources-water environment carrying capacity based on nature-based solutions. Journal of Hydrology, 568: 96-107.

Zhang T, Peng J, Liang W, et al. 2016. Spatial-temporal patterns of water use efficiency and climate controls in China's Loess Plateau during 2000-2010. Science of the total environment, 565: 105-122.

Zheng H, Zhang Z, Wei W, et al. 2020. Regional determinants of China's consumption-based emissions in the economic transition. Environmental Research Letters, 15 (7): 1-14.

Zyoud S H, Kaufmann L G. 2016. A framework for water loss management in developing countries under fuzzy environment: integration of Fuzzy AHP with Fuzzy TOPSIS. Expert Systems with Applications, 61: 86-105.